高等教育工程造价专业“十三五”规划系列教材

土木工程施工

TUMU GONGCHENG SHIGONG

主　编⊙董　博　罗　祥
副主编⊙高　波　周云川

西南交通大学出版社
·成　都·

图书在版编目（CIP）数据

土木工程施工／董博，罗祥主编．—成都：西南交通大学出版社，2017.1
高等教育工程造价专业“十三五”规划系列教材
ISBN 978-7-5643-5252-3

Ⅰ．①土… Ⅱ．①董… ②罗… Ⅲ．①土木工程－工程施工－高等学校－教材 Ⅳ．①TU7

中国版本图书馆 CIP 数据核字（2017）第 001770 号

高等教育工程造价专业“十三五”规划系列教材

土木工程施工

主编　董　博　罗　祥

责任编辑	张　波
封面设计	墨创文化
出版发行	西南交通大学出版社 （四川省成都市二环路北一段 111 号 西南交通大学创新大厦 21 楼）
发行部电话	028-87600564　028-87600533
邮政编码	610031
网　　址	http://www.xnjdcbs.com
印　　刷	四川五洲彩印有限责任公司
成品尺寸	185 mm × 260 mm
印　　张	21.5
字　　数	535 千
版　　次	2017 年 1 月第 1 版
印　　次	2017 年 1 月第 1 次
书　　号	ISBN 978-7-5643-5252-3
定　　价	45.00 元

课件咨询电话：028-87600533
图书如有印装质量问题　本社负责退换

高等教育工程造价专业“十三五”规划系列教材

建设委员会

序

21 世纪，中国高等教育发生了翻天覆地的变化，从相对数量上看中国已成为全球第一高等教育大国。

自 20 世纪 90 年代中国高校开始出现工程造价专科教育起，到 1998 年在工程管理本科专业中设置工程造价专业方向，再到 2003 年工程造价专业成为独立办学的本科专业，如今工程造价专业已走过了 25 个年头。

据天津理工大学公共项目与工程造价研究所的最新统计，截至 2014 年 7 月，全国约 140 所本科院校、600 所专科院校开设了工程造价专业。2014 年工程造价专业招生人数为本科生 11 693 人，专科生 66 750 人。

如此庞大的学生群体，导致工程造价专业师资严重不足，工程造价专业系列教材更显匮乏。由于工程造价专业发展迅猛，出版一套既能满足工程造价专业教学需要，又能满足本、专科各个院校不同需求的工程造价系列教材已迫在眉睫。

2014 年，由云南大学发起，联合云南省 20 余所高等学校成立了“云南省大学生工程造价与工程管理专业技能竞赛委员会”，在共同举办的活动中，大家感到了交流的必要和联合的力量。

感谢西南交通大学出版社的远见卓识，愿意为推动工程造价专业的教材建设搭建平台。2014 年下半年，经过出版社几位策划编辑与各院校反复地磋商交流，成立工程造价专业系列教材建设委员会的时机已经成熟。2015 年 1 月 10 日，在昆明理工大学新迎校区专家楼召开了第一次云南省工程造价专业系列教材建设委员会会议，紧接着召开了主参编会议，落实了系列教材的主参编人员，并在 2015 年 3 月，出版社与系列教材各主编签订了出版合同。

我认为，这是一件大事也是一件好事。工程造价专业缺教材、缺合格师资是我们面临的急需解决的问题。组织教师编写教材，一是可以解教材匮乏之急，二是通过编写教材可以培养教师或者实现其他专业教师的转型发展。教师是一个特殊的职业——是一个需要不断学习更新自我的职业，也是特别能接受新知识并传授新知识的一个特殊群体，只要任务明确，有社会需要，教师自会完成自身的转型发展。因此教材建设一举两得。

我希望：系列教材的各位主参编老师与出版社齐心协力，在一两年内完成这一套工程造价专业系列教材编撰和出版工作，为工程造价教育事业添砖加瓦。我也希望：各位主参编老师本着对学生负责、对事业负责的精神，对教材的编写精益求精，努力将每一本教材都打造成精品，为培养工程造价专业合格人才贡献力量。

中国建设工程造价管理协会专家委员会委员
云南省工程造价专业系列教材建设委员会主任　张建平
2015 年 6 月

前　言

土木工程施工实践性强，涉及的知识面广，技术发展迅速，学生必须结合工程实践，综合运用相关学科的理论基础知识，才能正确掌握、学好这门课程，才能科学合理地解决生产过程中遇到的实际问题。

本教材参照现行施工及验收规范编写而成，主要阐述土木工程施工的基本知识、施工工艺，力求反映当前先进成熟的施工技术和施工组织方法，本教材力求内容精练、结构合理、图文并茂、易于理解。内容包括土方工程、桩基础工程、脚手架与垂直运输设备 、砌体结构工程、钢筋混凝土结构工程、预应力混凝土工程、结构安装工程、防水工程、装饰工程，每章有学习要点和复习题。

参加编写本教材的教师都从事过多年教学工作，具有丰富的经验。全书共 9 章，其具体分工如下：第 1 章、第 5 章和第 6 章由董博（云南民族大学）编写，第 2 章和第 3 章由罗祥（云南农业大学）编写，第 4 章和第 8 章由高波（昆明学院）编写，第 7 章和第 9 章由周云川（云南农业大学）编写；董博负责统稿。

本书可作为工程造价和工程管理专业的本科、专科教材或参考书，也可作为其他相关专业或从事土木工程施工技术和管理人员的参考用书。

由于编者水平有限，时间仓促，不足之处在所难免，请读者批评指正。

编　者

2017 年 1 月

目　录

第1章 土方工程

【学习要点】

① 概述：掌握土的工程性质；熟悉土的含水率和土的渗透性及土方边坡的概念；了解土方工程施工的内容和土方工程分类。

② 土方量计算：掌握基坑（槽、沟）土方量计算，了解场地平整土方量的计算方法。

③ 土方开挖：掌握基坑降水方法和流砂产生的原因与防治；掌握土方边坡的留设原则和稳定分析；掌握单斗挖土机的土方开挖方式和一般要求。熟悉人工降低地下水位方法的适用范围和轻型井点设计计算思路；熟悉土壁支护形式和适用范围；熟悉土方开挖后基坑（槽、沟）的验收内容和方法，了解土方施工前的准备工作和轻型井点的设计计算；了解喷射井点、电渗井点、管井井点的降水原理。

④ 土方填筑与压实：掌握填土压实的方法和影响填土压实的因素，熟悉土料选择及填土压实的一般要求，了解填土压实的质量要求。

⑤ 地基处理：了解地基处理方法、分类及适用范围。

1.1 概　述

1.1.1 土方工程施工的内容

土木工程施工中，常见的土方工程有，场地平整、平整场地、基坑（槽）和管沟开挖、地坪填土、路基填筑及基坑回填等；需要考虑土方边坡的稳定、土方开挖方式的确定、土方开挖机械的选择和组织以及土壤的填筑与压实等问题，土方施工的准备工作和辅助工程有，排水、降水、土壁支撑等。

建筑工程项目具备开工的最基本条件是“三通一平”。三通一平具体指：水通、电通、路通和场地平整。水通，专指给水；电通，指施工用电接到施工现场具备施工条件；路通，指场外道路已铺到施工现场周围入口处，满足车辆出入条件；场地平整，指拟建建筑物及条件现场基本平整，无需机械平整，人工简单平整即可进入施工的状态。

场地平整与平整场地的区别：

场地平整：场地内的障碍物已经全部拆除，满足施工企业在中标后的施工组织设计中的生产区、生活区在施工活动中的平面布置，以及测量建筑物的坐标、标高、施工现场抄平放线的需要。

平整场地：《房屋建筑与装饰工程工程量计算规范》（GB 50854—2013）中定义为室外设计地坪与自然地坪平均厚度在 ±0.3 m 以内的就地挖、填、找平。按设计图示尺寸以建筑物外墙外边线每边各加 2 m 以平方米面积计算。

1.1.2 土方工程施工的特点

土方工程施工主要有以下特点：施工面积和工程量大，劳动繁重；大多为露天作业，施工条件复杂，施工中易受地区气候条件影响；土体本身是一种天然物质，种类繁多，施工时受工程地质和水文地质条件的影响也很大。因此，为了减轻劳动强度、提高劳动生产效率、确保土方在施工阶段的安全、加快工程进度和降低工程成本，在组织施工时，应根据工程特点和周边环境，制定合理施工方案，尽可能采用新技术和机械化施工，为其后续工作尽快做好准备。

1.1.3 土的工程分类

在土方工程施工和工程预算定额中，根据土的开挖难易程度，将土分为如表 1.1 所示的 8 类。前 4 类为一般土：松软土、普通土、坚土、砂砾坚土；后 4 类为岩石：软石、次坚石、坚石、特坚石。正确区分和鉴别土的种类，可合理地选择施工方法和准确地套用定额计算土方工程费用。

表 1.1 土的工程分类与开挖方法和工具

土的分类	土的名称	土的密度/（t/m³）	土的可松性系数		开挖方法和工具
			K_s	K_s'	
一类土（松软土）	砂土、粉土、冲积砂土层、种植土、淤泥（泥炭）	0.5 ~ 1.5	1.08 ~ 1.17	1.01 ~ 1.03	用锹、锄头挖掘，少许用脚蹬
二类土（普通土）	粉质黏土；潮湿的黄土；夹有碎石、卵石的砂；粉土；种植土、填土	0.11 ~ 1.6	1.20 ~ 1.30	1.03 ~ 1.04	用锹、锄头挖掘，少许用镐翻松
三类土（坚土）	软及中等密实黏土；重粉质黏土、砾石土；干黄土；含有碎石、卵石的黄土、粉质黏土；压实的填土	1.75 ~ 1.9	1.14 ~ 1.28	1.02 ~ 1.05	主要用镐，少许用锹、锄头挖掘，部分用撬棍

续表

土的分类	土的名称	土的密度/（t/m³）	土的可松性系数		开挖方法和工具
			K_s	K'_s	
四类土（砂砾坚土）	坚硬密实的黏性土或黄土；含碎石、卵石的中等密实的黏性土或黄土；粗卵石；天然级配砂石；软泥灰岩	1.9	1.26～1.32（除泥灰岩，蛋白石外）	1.06～1.09（除泥灰岩，蛋白石外）	先用镐、撬棍，后用锹挖掘，部分用楔子及大锤
		1.9	1.33～1.37（泥灰岩，蛋白石）	1.11～1.15（泥灰岩，蛋白石）	
五类土（软石）	硬质黏土；中密的页岩、泥灰岩、白垩土；胶结不紧的砾岩；软石灰岩及贝壳石灰岩	1.1～2.7	1.30～1.45	1.10～1.20	用镐或撬棍、大锤挖掘，部分使用爆破方法
六类土（次坚石）	泥岩、砂岩、砾岩；坚实的页岩、泥灰岩、密实的石灰岩；风化的花岗岩、片麻岩及正长岩	2.2～2.9			用爆破方法开挖，部分用风镐
七类土（坚石）	大理石；辉绿岩；玢岩；粗或中粒花岗岩；坚实的白云岩、砂岩、砾岩、片麻岩、石灰岩；微风化安山岩；玄武岩	2.5～3.1			用爆破方法开挖
八类土（特坚石）	安山岩；玄武岩；花岗片麻岩；坚实的细粒花岗岩、闪长岩、石英岩、辉长岩、辉绿岩、玢岩、角闪岩	2.7～3.3	1.45～1.50	1.20～1.30	用爆破方法开挖

1.1.4 土的工程性质

土的工程性质对土方工程的施工方法、机械设备的选择、基坑（槽）降水、劳动力消耗以及工程费用等有直接的影响，其主要工程性质如下。

1. 土的含水率

土的含水率是指土中水的质量与固体颗粒质量之比，以百分率表示，即

$$\omega = \frac{m_1 - m_2}{m_2} \times 100\% = \frac{m_w}{m_s} \times 100\% \tag{1.1}$$

式中　m_1——含水状态时土的质量（kg）；

m_2——烘干后土的质量（kg）；

m_w——土中水的质量（kg）；

m_s——固体颗粒的质量（kg）。

土的含水率随气候条件、季节和地下水的影响而变化，它对降低地下水、土方边坡的稳定性及填方密实程度有直接的影响。

2. 土的可松性

自然状态下的原状土经开挖后内部组织被破坏，其体积因松散而增加，以后虽经回填压实，仍不能恢复其原来的体积，土的这种性质称为土的可松性。土的可松性用可松性系数表示，即

$$K_s = \frac{V_2}{V_1} \tag{1.2}$$

$$K_s' = \frac{V_3}{V_1} \tag{1.3}$$

式中　K_s——土的最初可松性系数；

K_s'——土的最终可松性系数；

V_1——土在自然状态下的体积（m^3）；

V_2——土挖出后在松散状态下的体积（m^3）；

V_3——土经回填压实后的体积（m^3）。

V_3指的是土方分层填筑时在土体自重、运土工具重量及压实机具作用下压实后的体积，此时，土壤变得密实，但一般情况下其密实程度不如原状土，$V_3 > V_1$。

土的最初可松性系数K_s是计算车辆装运土方体积及选择挖土机械的主要参数；土的最终可松性系数K_s'是计算填方所需挖土工程量的主要参数，K_s、K_s'的大小与土质有关。根据土的工程分类，相应的可松性系数参见表1.1。

3. 土的渗透性

土的渗透性是指土体被水透过的性质。土体孔隙中的自由水在重力作用下会发生流动，当基坑（槽）开挖至地下水位以下时，地下水会不断流入基坑（槽）。地下水在渗流过程中受到土颗粒的阻力，其大小与土的渗透性及地下水渗流的路程长短有关。法国学者达西根据图1.1所示的砂土渗透实验，发现水在土中的渗流速度（v）与水力坡度（i）成正比，即

$$v = ki \tag{1.4}$$

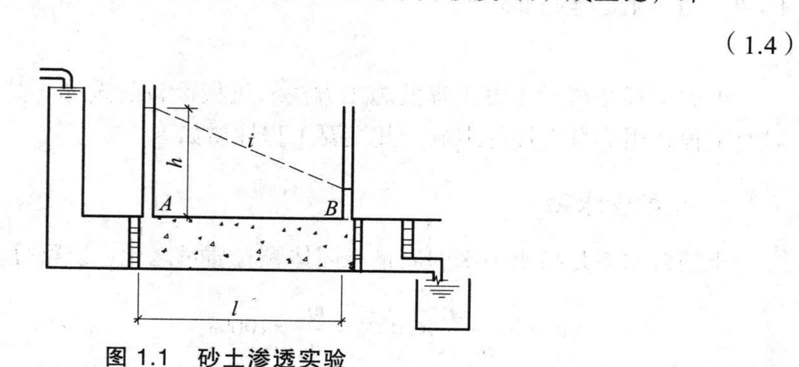

图1.1　砂土渗透实验

水力坡度 i 是 a，b 两点的水位差 h 与渗流路程 l 之比，即 $i=h/l$。显然，渗流速度 v 与 h 成正比，与渗流的路程长度 l 成反比。比例系数 k 称为土的渗透系数（m/d 或 cm/d）。它与土的颗粒级配、密实程度等有关，一般由试验确定，表 1.2 的数值可供参考。

表 1.2 土的渗透系数参考值

土的种类	渗透系数/（m/d）	土的种类	渗透系数/（m/d）
粉质黏土、黏土	<0.01	含黏性土的中砂及纯细砂	5～20
粉质黏土	0.01～0.1	含黏土的粗砂及纯中砂	10～30
含粉质黏土的粉砂	0.1～0.5	纯粗砂	20～50
纯粉砂	0.5～1.0	粗砂夹砾石	50～100
含黏土的细砂	1.0～5.0	砾石	50～150

土的渗透系数是选择人工降低地下水位方法的依据，也是分层填土时确定相邻两层结合面形式的依据。

1.2 土方量计算

土方量是土方工程施工组织设计的主要数据之一，是采用人工挖掘时组织劳动力或采用机械施工时计算机械台班和工期的依据。土方量的计算要尽量准确。

1.2.1 场地平整土方量计算

场地平整是将现场平整成施工所要求的设计平面。场地平整前，应根据建设工程的性质、规模、施工期限和施工水平及基坑（槽）开挖的要求等，确定场地平整与基坑（槽）开挖的施工顺序，确定场地的设计标高并计算挖填土方量。但建筑物范围内厚度在 ±0.3 m 以内的人工平整场地不涉及土方量的计算问题。

场地平整与基坑（槽）开挖的施工顺序通常有三种不同情况。

（1）先平整整个场地，后开挖建筑物或构筑物基坑（槽）。这样可使大型土方机械有较大的工作面，能充分发挥其效能，也可减少与其他工作（如排水、移树等）的互相干扰，但工期较长。此种顺序适用于场地挖填土方量较大的工程。

（2）先开挖建筑物或构筑物的基坑（槽），后平整场地。这种顺序是指建筑物或构筑物的基础施工完毕后再进行场地平整，这样可减少许多土方的重复开挖，加快施工速度。此方法适用于地形较平坦的场地。

（3）边平整场地，边开挖基坑（槽）。当工期紧迫或场地地形复杂时，可按照现场施工的具体条件和施工组织的要求划分施工区。施工时，可先平整某一区场地后，随即开挖该区的基坑（槽）；或开挖某一区的基坑（槽），并在完成基础后再进行该区的场地平整。

无论哪种施工顺序，场地平整设计标高的确定及挖填土方量计算方法相同，其步骤和方法如下。

1．场地设计标高的确定

场地设计标高一般由设计单位确定，它是进行场地平整和土方量计算的依据。

1）确定场地设计标高时需考虑的因素

对较大面积的场地，合理选择设计标高对土方工程量和工程进度的影响很大，在确定场地设计标高时，必须结合实际情况选择设计标高。主要考虑因素有：① 满足生产工艺和运输的要求；② 尽量利用地形，以减少挖填土方量；③ 场地内的挖方、填方尽量平衡，且土方量尽量小，以便降低土方施工费用；④ 场内要有一定的泄水坡度（$i \geqslant 2‰$），能满足排水的要求；⑤ 考虑最高洪水水位的要求。

2）场地设计标高确定步骤和方法

（1）初步确定场地设计标高 H。

初步确定场地设计标高要根据场地挖填土方量平衡的原则进行，即场内土方的绝对体积在平整前后是相等的。

① 在具有等高线的地形图上将施工区域划分为边长 a=10 ~ 40 m 的若干个（N）方格（图1.2），如果地形起伏较大建议方格边长取 5 m 为宜，这样计算出的土方量更为准确。

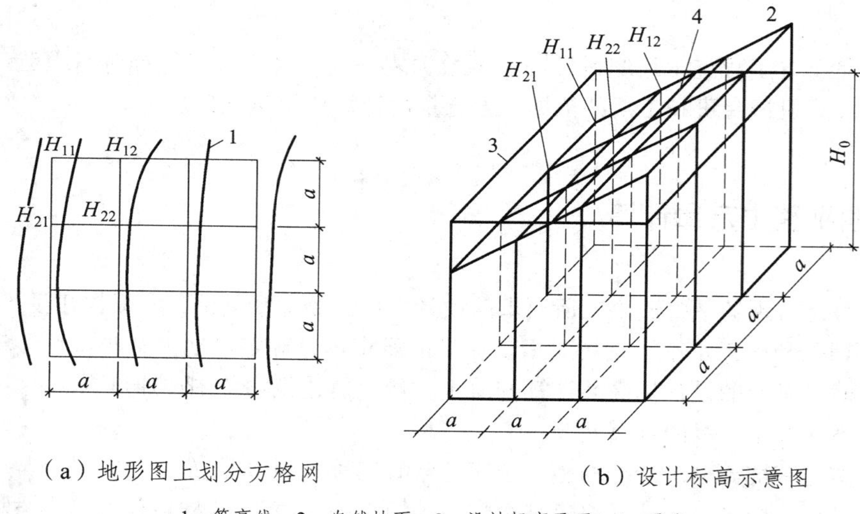

（a）地形图上划分方格网　　（b）设计标高示意图

1—等高线；2—自然地面；3—设计标高平面；4—零线

图 1.2　场地设计标高计算简图

② 确定各小方格的角点高程。可根据地形图上相邻两等高线的高程，用插入法计算求得；也可用一张透明纸，上面画 6 根等距离的平行线，把该透明纸放到标有方格网的地形图上（图1.3），将 6 根平行线的最外两根分别对准 A，B 两点，这时 6 根等距离的平行线将 A，B 之间的高差分成 5 等份，于是便可直接读得 C 点的地面标高。此外，在无地形图的情况下，也可以在地面用木桩或钢钎打好方格网，然后用仪器直接测出方格网各角点标高。

③ 按填挖方平衡原则确定设计标高 H_0，即

$$H_0 N a^2 = \sum\left(a^2 \frac{H_{11}+H_{12}+H_{21}+H_{22}}{4}\right) \tag{1.5}$$

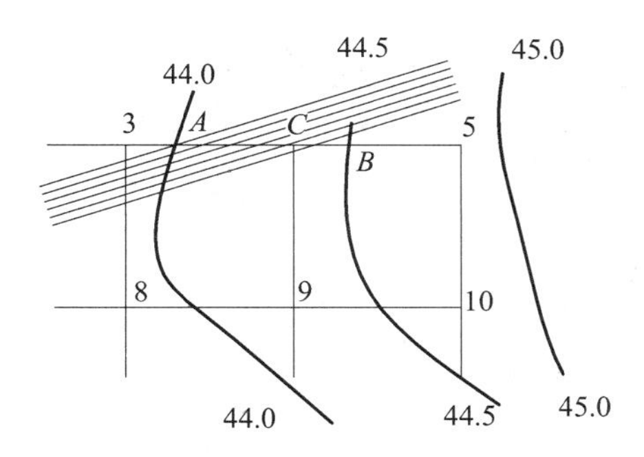

图 1.3 内插法的图解法

$$H_0 = \frac{\sum(H_{11} + H_{12} + H_{21} + H_{22})}{4N} \tag{1.6}$$

从图 1.2（a）可知，H_{11}是一个方格的角点标高，H_{12}和H_{21}均为两个方格公共的角点标高，H_{22}则是4个方格公共的角点标高，它们分别在式（1.6）中要加1次、2次、4次。因此，式（1.6）可改写成下列形式：

$$H_0 = \frac{\sum H_1 + 2\sum H_2 + 3\sum H_3 + 4\sum H_4}{4N} \tag{1.7}$$

式中 H_1——一个方格仅有的角点标高（m）；
H_2——两个方格共有的角点标高（m）；
H_3——三个方格共有的角点标高（m）；
H_4——四个方格共有的角点标高（m）。

（2）场地设计标高H_0的调整。

按式（1.8）计算的设计标高H_0是一个理论值，还要根据实际情况，考虑场地外就近借（弃）土、土的可松性、场地泄水坡度等因素对H_0的影响。

① 土的可松性影响。

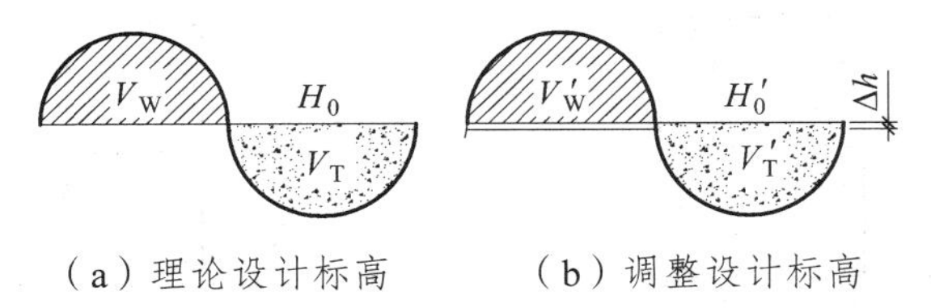

图 1.4 设计标高调整计算示意

由于土具有可松性，一般填土会有多余，需相应地提高设计标高。如图 1.4 所示，设Δh为土的可松性引起的设计标高的增加值，则设计标高调整后的总挖方体积V'_W为

$$V'_W = V_W - F_W \Delta h \tag{1.8}$$

总填方体积为

$$V'_T = V'_W K'_s = (V_W - F_W \Delta h) \tag{1.9}$$

此时，填方区的标高也应与挖方区的一样，提高Δh，即

$$\Delta h = \frac{V_T' + V_T}{F_T} = \frac{(V_W - F_W \Delta h)K_s' - V_T}{F_T} \tag{1.10}$$

整理得

$$\Delta h = \frac{V_W(K_s' - 1)}{F_T + F_W K_s'} \tag{1.11}$$

则考虑可松性后，场地设计标高调整为

$$H_0' = H_0 + \Delta h \tag{1.12}$$

式中　V_W——不考虑可松性时的总挖方体积；

V_T——不考虑可松性时的总填方体积；

F_W——不考虑可松性时的总挖方面积；

T——不考虑可松性时的总填方面积。

② 场地泄水坡度的影响。

考虑可松性影响的场地设计标高 H_0'；对应的场地处于同一水平面，但实际上由于排水的要求，场地表面需有一定的泄水坡度。因此，还需根据场地单面泄水或双面泄水的要求，计算出场地内各方格角点实际施工所需的设计标高。

a. 考虑单向泄水时的设计标高。

单向泄水时的设计标高的确定方法是将调整后的 H_0'；作为场地中心线的标高（图 1.5），则场地内任意一点的设计标高为

$$H_n = H_0' \pm li \tag{1.13}$$

式中　H_n——场地内任意一点的设计标高；

l——该点至中心线（标高）的距离；

i——场地泄水坡度。

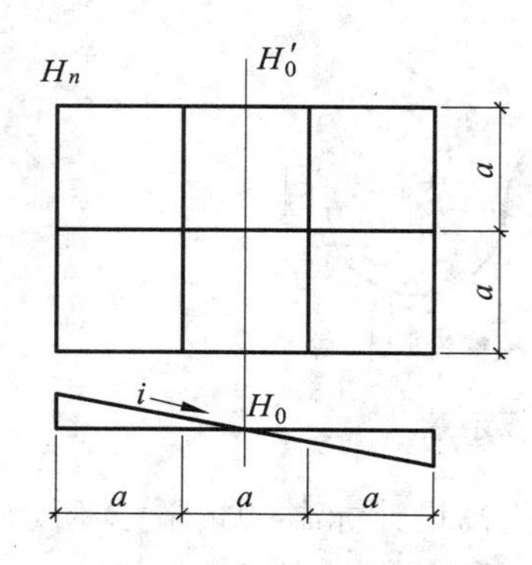

图 1.5　场地单向泄水坡度示意

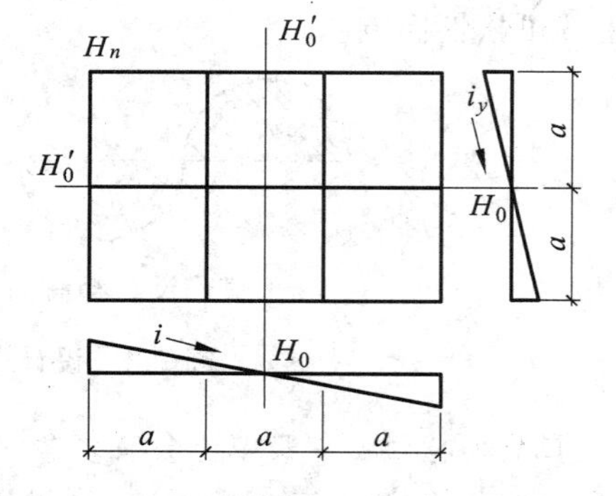

图 1.6　场地双向泄水坡度示意

b. 考虑双向泄水时的设计标高。

双向泄水时的设计标高的确定方法，同样是将调整后的 H_0' 作为场地纵横方向的中心线标高（图 1.6），则场地内任意一点的设计标高为

$$H_n = H_0' \pm l_x i_x \pm l_y i_y \tag{1.14}$$

式中　l_x——该点沿 x–x 方向到场地中心线的距离；

l_y——该点沿 y–y 方向到场地中心线的距离；
i_x——场地沿 x–x 方向的泄水坡度；
i_y——场地沿 y–y 方向的泄水坡度。

2. 场地平整土方量的计算

场地平整土方量的计算有方格网法和横截面法 2 种。横截面法是将要计算的场地划分成若干横截面后，用横截面计算公式逐段计算，最后将逐段计算结果汇总。横截面法计算精度较低，可用于地形起伏变化较大的地区。对于地形较平坦地区，一般采用方格网法。其计算步骤如下。

1）计算场地各方格角点的施工高度

各方格角点的施工高度按下式计算

$$h_n = H_n - H_n' \tag{1.15}$$

式中 h_n——角点施工高度（m），即挖填高度，以“+”为填，“–”为挖；
H_n——角点的设计标高（m）；
H_n'——角点的自然地面标高（m）。

2）确定零线

零线是方格网中的挖填分界线，确定其位置的方法是：先求出一端为挖方，另一端为填方的方格边线上的零点，即不挖不填的点，然后将相邻的零点相连即成为一条折线，这条折线就是要确定的零线。

确定零点的方法如图 1.7 所示。设 h_1 为填方角点的填方高度，h_2 为挖方角点的挖方高度，O 为零点，则可求得零点位置为

$$x = \frac{\alpha h_1}{h_1 + h_2} \tag{1.16}$$

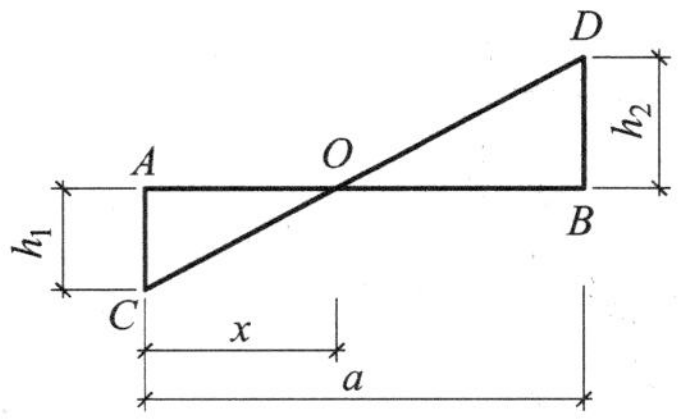

图 1.7　确定零点的计算简图

3）计算各方格挖填土方量

零线求出后，场地的挖填区随之标出，便可按“四方棱柱体法”或“三角棱柱体法”计算出各方格的挖填土方量。

（1）用四方棱柱体法计算挖填土方量。

方格网中的零线将方格划分为下述 3 种类型。

① 方格四个角点全部为挖（或填），如图 1.8 所示无零线通过的方格，其土方量为

$$V = \frac{a^2}{4}(h_1 + h_2 + h_3 + h_4) \tag{1.17}$$

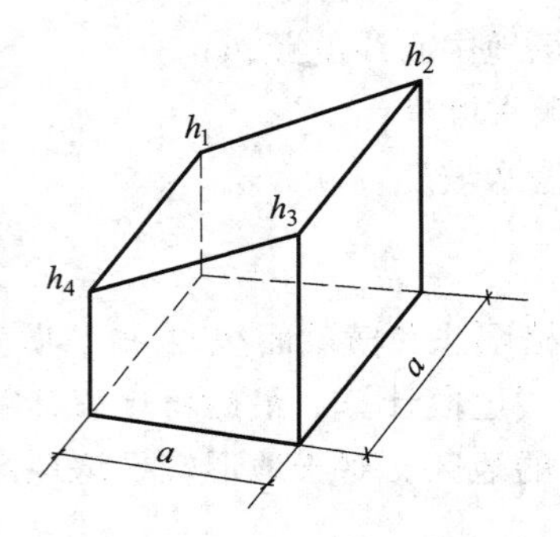

图 1.8　全挖（或全填）的方格

② 方格的相邻两角点为挖方，另两角点为填方（图 1.9），其挖方部分土方量为

$$V_{1,2}=\left(\frac{h_1^2}{h_1+h_4}+\frac{h_2^2}{h_2+h_3}\right)\frac{a^2}{4} \tag{1.18}$$

填方部分土方量为

$$V_{3,4}=\left(\frac{h_3^2}{h_2+h_3}+\frac{h_4^2}{h_1+h_4}\right)\frac{a^2}{4} \tag{1.19}$$

③ 方格的三个角点为挖方，另一角点为填方（或相反）（图 1.10），其填方部分土方量为

$$V_4=\frac{a^2}{6}\cdot\frac{h_4^3}{(h_1+h_4)(h_1+h_4)} \tag{1.20}$$

挖方部分土方量为

$$V_{1,2,3}=\frac{a^2}{6}\cdot(2h_1+h_2+2h_3-h_4)+V_4 \tag{1.21}$$

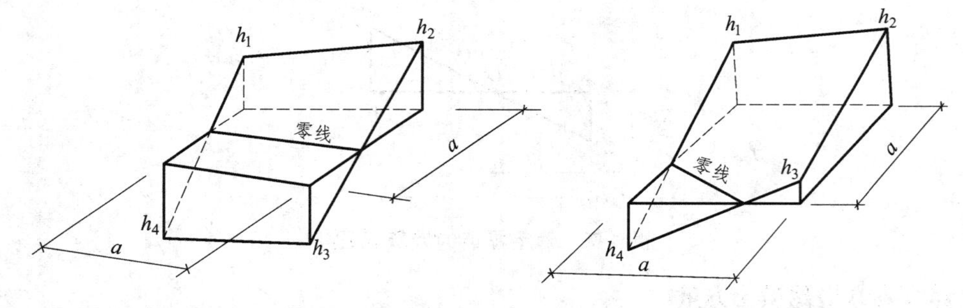

图 1.9　两挖和两填的方格　　图 1.10　三挖和一填的方格

（2）用三角棱柱体法计算挖填土方量。

三角棱柱体法是将每一方格顺地形的等高线沿对角线方向划分为两个三角形，然后分别计算每一个三角棱柱（锥）体的土方量。

① 三角形为全挖或全填时（图 1.11（a）），其土方量为

$$V=\frac{a^2}{6}(h_1+h_2+h_3) \tag{1.22}$$

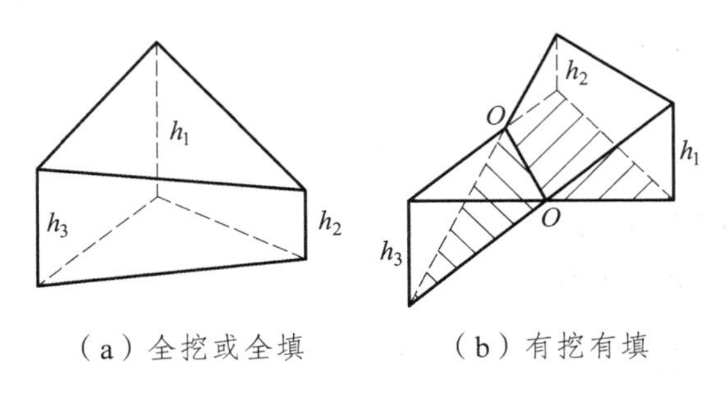

（a）全挖或全填　　（b）有挖有填

图 1.11　三角棱柱体法

② 三角形有挖有填时（图 1.11（b）），则其零线将三角形分为两部分，一个是底面为三角形的锥体，一个是底面为四边形的楔体，其土方量分别为

$$V_{锥}=\frac{a^2}{6}\cdot\frac{h_3^3}{(h_1+h_3)(h_2+h_3)} \tag{1.23}$$

$$V_{楔}=\frac{a^2}{6}\left(\frac{h_3^3}{(h_1+h_3)(h_2+h_3)}-h_3+h_2+h_1\right) \tag{1.24}$$

计算土方量的方法不同，其结果精度亦不相同。当地形平坦时，常采用四方棱柱体法，可将方格划分得大些；当地形起伏变化较大时，则应将方格划分得小些，或采用三角棱柱体法计算，计算结果较准确。

4）计算边坡土方量

场地的挖方区和填方区的边沿都需要做成边坡，以保证挖方、填方区土壁稳定和施工安全。

边坡土方量计算不仅用于平整场地，而且可用于修筑路堤、路堑的边坡挖、填土方量计算，其计算方法常采用图解法。

图解法是根据地形图和边坡竖向布置图或现场测绘，将要计算的边坡划分成两种近似的几何形体进行土方量计算，一种为三角棱锥体，如图 1.12 中①～③、⑤～⑩所示，另一种为三角棱柱体，如图 1.12 中④所示。

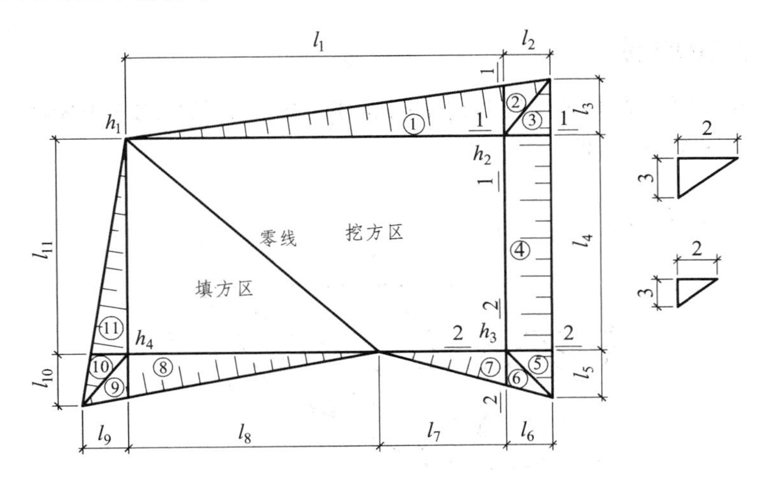

图 1.12　场地边坡平面图

（1）三角棱锥体边坡体积。

$$V_1=\frac{1}{3}A_1l_1 \tag{1.25}$$

式中 l_1——边坡①的长度（m）；

A_1——边坡①的端面积（m^2），

$$A_1=\frac{h_2mh_2}{2}=\frac{m}{2}h_2^2 \tag{1.26}$$

式中 h_2——角点的挖土高度（m）；

m——边坡的坡度系数。

（2）三角棱柱体边坡体积。

当两端横断面面积相差不大时

$$V_4=\frac{A_1+A_2}{2}l_4$$

当两端横断面面积相差很大时

$$V_4=\frac{l_4}{6}(A_1+4A_2+A_3) \tag{1.27}$$

式中 l_4——边坡④的长度（m）；

A_1、A_2、A_3——边坡④两端及中部横断面面积（m^2）。

5）计算土方总量

将挖方区（或填方区）所有方格计算的土方量和边坡土方量汇总，即得该场地挖方和填方的总土方量。

1.2.2 基坑（槽）、管沟土方量计算

1. 基坑土方量的计算

基坑土方量的计算可近似按立体几何中拟柱体（由两个平行的平面做底的一种多面体）体积的公式计算（图 1.13），即

$$V=\frac{H}{6}(A_1+4A_0+A_2) \tag{1.28}$$

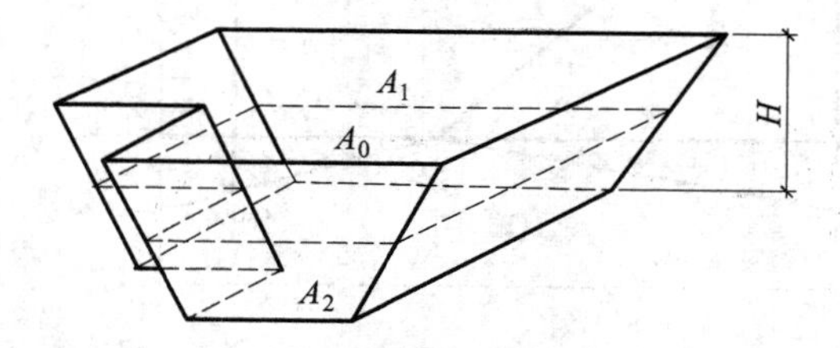

图 1.13 基坑土方计算简图

式中　H——基坑挖深（m）；

A_1、A_2——基坑上、下平面的面积（m^2）；

A_0——基坑中部的截面面积（m^2）。

2. 基槽、管沟土方量的计算

基槽和管沟比基坑的长度大、宽度小。为了保证计算的精度，可沿长度方向分段计算土方量（图 1.14），即

$$V_i = \frac{l_i}{6}(A_{i1} + 4A_{i0} + A_{i2}) \tag{1.29}$$

式中　l_i——第 i 段的长度（m）；

A_{i1}、A_{i2}——第 i 段两端部的截面面积（m^2）；

A_{i0}——第 i 段中部截面面积（m^2）。

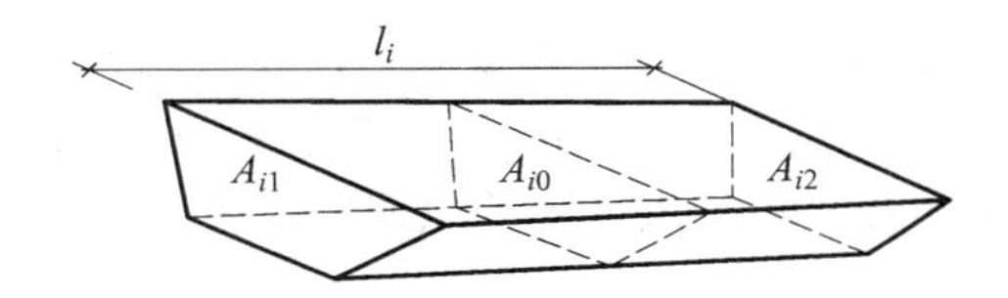

图 1.14　基槽土方计算简图

若沟槽两端部亦放坡，则第一段和最后一段按三面放坡计算。

将各段土方量相加，即得总土方量

$$V = \sum_{i=1}^{n} V_i \tag{1.30}$$

基坑（槽）或管沟开挖的底口尺寸，除了考虑垫层尺寸外，还应考虑施工工作面和排水沟宽度。施工工作面宽度视基础形式确定，一般不大于 0.8 m；排水沟宽度视地下水的涌入量而定，一般不大于 0.5 m。

1.3　土方开挖

1.3.1　土方施工前的准备工作

在土方工程施工前，应做好以下各项准备工作。

① 场地清理。包括拆除施工区域内的房屋、地下障碍物；拆除或搬迁通信和电力设备、上下水管道和其他构筑物；迁移树木；清除树墩及含有大量有机物的草皮、耕植土和河道淤泥等。

② 地面水排除。场地内积水会影响施工，故地面水和雨水均应及时排走，使得场地内保持干燥。地面水的排除一般采用排水沟、截水沟、挡水土坎等。临时性排水设施应尽可能与永久性排水设施结合使用。

③ 修好临时设施及供水、供电、供压缩空气（当开挖石方时）管线，并试水、试电、试气。搭设必需的临时建筑，如工具棚、材料库、油库、维修棚、办公和生活临时用房等。

④ 修建运输道路。修筑场地内机械运行的道路（宜结合永久性道路修建），路面宜为双车道，宽度不小于 6 m，路侧应设排水沟。

⑤ 安排好设备运转。对需进场的土方机械、运输车辆及各种辅助设备进行维修检查、试运转，并运往现场。

⑥ 编制土方工程施工组织设计。主要确定基坑（槽）的降水方案，确定挖、填土方和边坡处理顺序及方法，选择及组织土方开挖机械，选择填方土料及回填方法。

1.3.2 基坑（槽）、管沟降水

在地下水位较高的地区开挖基坑或沟槽时，土的含水层被切断，地下水会不断地渗入基坑。雨季施工时，雨水也会落入基坑。为了保证施工的正常进行，防止出现流砂、边坡失稳和地基承载能力下降等现象，必须在基坑或沟槽开挖前或开挖时，做好降水、排水工作。基坑或沟槽的降水方法可分为明排水法和人工降低地下水位法。

1. 流砂及其防治

1）地下水简介

地下水即为地面以下的水，主要是由雨水、地面水渗入地层或水蒸气在地层中凝结而成。地下水可分为上层滞水（结合水）、潜水和层间水（自由水）3 种，如图 1.15 所示。

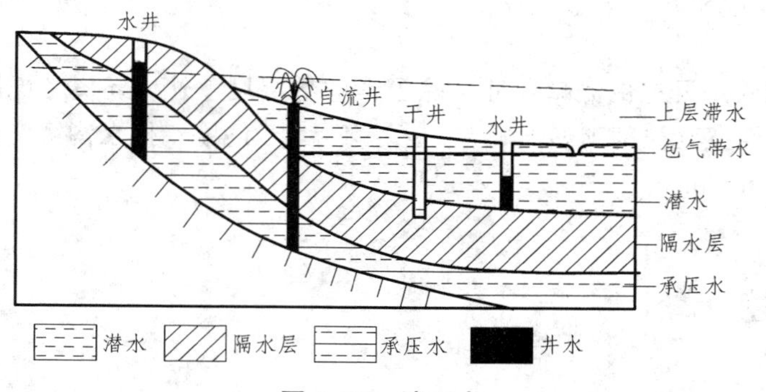

图 1.15　地下水

（1）上层滞水。

它是含在岩石和土孔隙中的水，不受重力作用的影响，以大气降水和水蒸气凝结作为补源，也可由潜水毛细管作用引升而成悬浮状态存在。由于它没有明显的水平方向移动，所以在此层水中打井或采取一般抽水措施是无效的。

（2）潜水。

它是存在于地面以下，第一个稳定隔水层（不透水层）顶板以上的自由水，有一个自由水面。其水面受地质、气候及环境的影响，雨季时水位高，旱季时水位下降；附近有河、湖等地表水存在时也会互相补给。潜水面至地表的距离称潜水的理藏深度，潜水面以下至隔水层顶板的距离为含水层厚度。这种水在重力作用下能水平移动。孔、打井至该层时，孔、井中的水面即为潜水水位，其标高即为地下水位标高。

（3）层间水。

层间水是埋藏于两个隔水层（不透水层）之间的地下水。当水充满两个隔水层之间时，含水层会产生静水压力，由稳定的隔水层承受这种压力，这种水称为承压层间水。它没有自由水面，也不会由地表水源补给，其水位、水量受气候的影响较潜水小。若打井到达此含水层时，水会自动喷出。当水未充满两个隔水层时，称为无压层间水。

2）地下水流网

水在土中稳定渗流时，水流情况不随时间而变，土的孔隙比和饱和度也不变，流入任意单元体的水量等于该单元体流出的水量，以保持平衡。若用流网表示稳定渗流，其流网由一组流线和一组等势线组成（图1.16）。

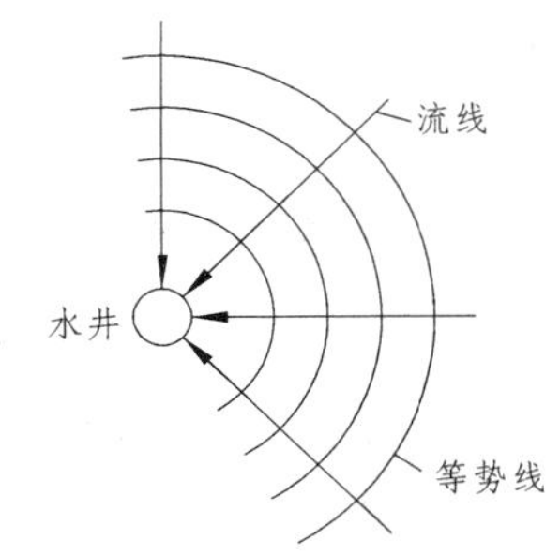

图1.16 流网示意

流线是指地下水从高水位向低水位渗流的路线。等势线是指在平面或剖面上各水流线上水头值相等的点连成的线。等势线与流线相互正交。

如果根据降水方案绘出相应的流网，就可直观地考察水体土体中的渗流途径，更主要的是流网可用于计算基坑（槽）的渗流量（涌水量）及确定土体中各点的水头和水力梯度。

3）动水压力与流砂

当基坑（槽）挖土到达地下水位以下，而土质是细砂或粉砂，又采用明排水法时，基坑（槽）底下面的土会呈流动状态而随地下水涌入基坑，这种现象称为流砂。此时，土体完全丧失承载能力，边挖边冒，造成施工条件恶化，难以达到设计深度，严重时会造成边坡塌方及附近建筑物、构筑物下沉、倾斜、倒塌等。因此，在施工前必须对工程地质和水文地质资料进行详细调查研究，采取有效措施，防止流砂产生。

（1）动水压力。

动水压力是指流动中的地下水对土颗粒产生的压力。动水压力的性质可通过图1.17的试验来说明。

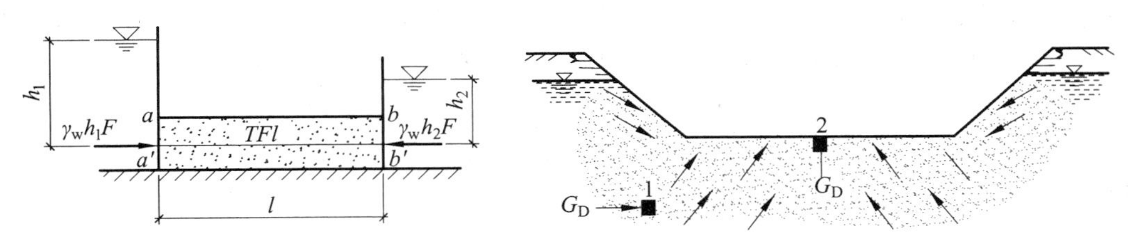

（a）水在土中渗流时的力学现象　　（b）动水压力对地基土的影响

图1.17 动水压力原理

在图1.17（a）中，由于高水位的左端（水头 h_1）与低水位的右端（水头 h_2）之间存在水头差值，当水由左端向右端流经长度为 l、断面面积为 F 的土体时，作用于土体上的力有：土体左端 a–a 截面处的总水压力为 $\gamma_w h_1 F$，其方向与水流方向一致（γ_w 为水的重度）；土体右

端 b–b 截面处的总水压力为 $\gamma_w h_2 F$，其方向与水流方向相反。而土颗粒骨架对水的阻力为 TFl（T 为单位土体阻力）。根据作用力与反作用力原理，得

$$\gamma_w h_1 F - \gamma_w h_2 F = -TFl$$

简化得

$$T = \frac{h_1 + h_2}{l}\gamma_w \tag{1.31}$$

水头差与渗流路程长度之比，即为水力坡度，用 i 表示。

则式（1.31）可写成

$$T = -i\gamma_w \tag{1.32}$$

由于单位土体阻力与水在土中渗流时对单位土体的压力 G_D 大小相等，方向相反，所以

$$G_D = -T = i\gamma_w \tag{1.33}$$

从式（1.32）可以看出，动水压力 G_D 与水力坡度成正比，其水位差值 $\Delta h = h_1 - h_2$ 越大，G_D 越大；而渗流路程 l 越长，G_D 则越小。

（2）流砂产生的原因。

水流在水位差作用下，对单位土体（土颗粒）产生动水压力（图 1.17（a）），而动水压力方向与水流（流线）方向一致。对于图 1.17（b）中的单位土体 1 而言，水流线向下，则动水压力向下，与重力方向一致，土体趋于稳定；对单位土体 2 而言，水流线向上，则动水压力向上，与重力方向相反，这时土颗粒在水中不但受到水的浮力，而且还受到向上的动水压力作用，有向上举的趋势。当动水压力等于或大于土的浸水重度 γ' 时，即

$$G_D \geqslant \gamma' \tag{1.34}$$

则土颗粒处于悬浮状态，土的抗剪强度等于零，土颗粒可随渗流的水一起流入基坑（槽）。此时如果土质为砂质土，即发生流砂现象。当 $G_D \geqslant \gamma'$ 时的水力坡度称为产生流砂的临界水力坡度。

当地下水位越高，坑（槽）内外水位差越大时，动水压力越大，就越容易发生流砂现象。

实践经验表明，具有下列性质的土，在一定动水压力作用下，就有可能发生流砂现象。① 土的颗粒组成中，黏粒含量小于 10%，粉粒的粒径为 0.005 ~ 0.05 mm，含量大于 75%；② 在土的颗粒级配中，土的不均匀系数小于 5；③ 土的天然孔隙比大于 43%；④ 土的天然含水率大于 30%。因此，流砂现象经常发生在细砂、粉砂及粉质砂土中。实践还表明，在可能发生流砂的土质处，基坑（槽）挖深超过地下水位线 0.5 m 时就会发生流砂现象。

此外，当基坑（槽）底部位于不透水层内，而其下面为承压蓄水层，基坑（槽）底不透水层的覆盖厚度的重量小于承压水的顶托力时，基坑（槽）底部便可能发生管涌现象（图 1.18）。即

$$H\gamma_w > h\gamma \tag{1.35}$$

式中 H——压力水头（m）；

h——坑（槽）底不透水层厚度（m）；

γ_w——水的重度（kN/m^3）；

γ——土的重度（kN/m^3）。

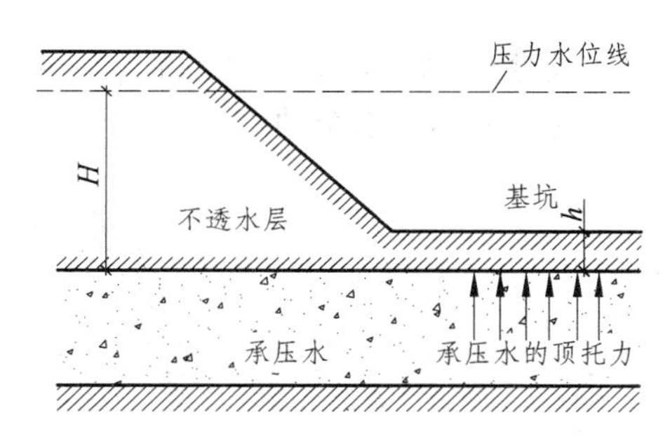

图 1.18 管涌冒砂

（3）流砂的防治。

从以上分析可以看出，发生流砂的主要条件是动水压力的大小和方向。因此，在基坑（槽）开挖中，防止流砂的途径一是减小或平衡动水压力；二是改变动水压力的方向，设法使动水压力的方向向下，或是截断地下水流；三是改善土质。其具体措施如下：

① 在枯水期施工。因为枯水期地下水位低，基坑内外水位差小，动水压力小，此时施工不易发生流砂。

② 打板桩。此法是将板桩打入基坑（槽）底下面一定深度，以增加地下水的渗流路程，从而减少水力坡度，降低动水压力，防止流砂发生。目前所用的板桩有钢板桩、钢筋混凝土板桩、木板桩等。此法需要大量板桩，一次投资较高，但钢板桩、木板桩可回收再利用，钢筋混凝土板桩又可作为地下结构的一部分（如工程桩、衬墙等），所以，在深基础施工中常用钢筋混凝土板桩，在管沟、基槽施工中常使用钢板桩和木板桩。

③ 水下挖土。采用不排水法施工，使得坑（槽）内外水压相平衡，消除动水压力（$\Delta h=0$），从而防止流砂产生。此法在沉井挖土下沉过程中常被采用。

④ 筑地下连续墙、地下连续灌注桩。此法是在基坑周围先灌注一道钢筋混凝土的连续墙或连续的圆形桩，以承重、挡土、截水并防止流砂现象发生。此法在深基坑支护中常被采用。

⑤ 筑水泥土墙。此法是在基坑（槽）周围连续将土和水泥拌和成一道水泥土墙，既可以挡土又可以挡水。

⑥ 人工降低地下水位。如采用轻型井点等降水方法，使得地下水的渗流向下，动水压力的方向也朝下，从而可有效地防止流砂现象发生，并增大了土颗粒间的压力。

⑦ 改善土质。主要方法是向易产生流砂的土质中注入水泥浆或硅化注浆。硅化注浆是以硅酸钠（水玻璃）为主剂的混合溶液或水玻璃水泥浆，通过注浆管均匀地注入地层，浆液赶走土粒间或岩土裂隙中的水分和空气，并将砂土胶结成一整体，形成强度较大、阻止性能好的结石体，从而防治流砂。

此外，在含有大量地下水土层或沼泽地区施工时，还可以采用土壤冻结法、烧结法等，截止地下水流入基坑（槽）内，以防止流砂现象的产生。

当基坑（槽）出现局部或轻微流砂现象时，可抛入石块、土（或砂）袋把流砂压住。如果坑（槽）底冒砂太快，土体已失去承载力，此法则不可行。因此，对位于易发生流砂地区的基础工程，应尽可能采用桩基或沉井施工，以节约防治流砂所增加的费用。

2. 明排水法

明排水法又称集水井法（图 1.19），属于重力降水。它是采用截、疏、抽的方法来进行排水，即在基坑开挖过程中，沿基坑底周围或中央开挖排水沟，并设置一定数量的集水井，使得基坑内的水经排水沟流向集水井，然后用水泵抽走。

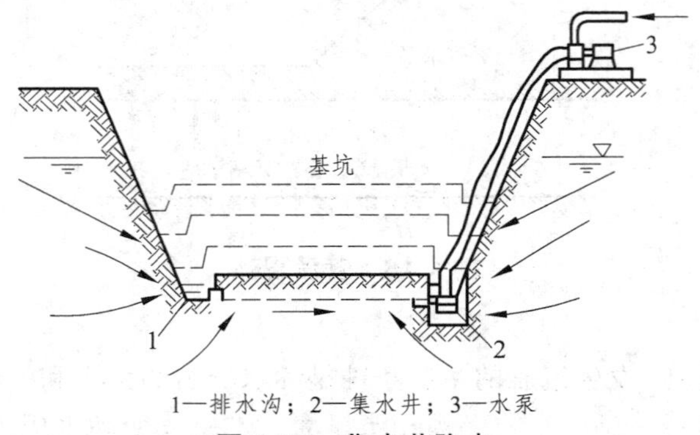

1—排水沟；2—集水井；3—水泵

图 1.19 集水井降水

施工中，应根据基坑（槽）底涌水量的大小、基础的形状和水泵的抽水能力，决定排水沟的截面尺寸和集水井的个数。排水沟和集水井应设在基础边线 0.4 m 以外。当坑（槽）底为砂质土时，排水沟边缘应离开坡脚不小于 0.3 m，以免影响边坡稳定。排水沟的宽度一般为 0.3 m，深度为 0.3 ~ 0.5 m，并向集水井方向保持 3 ‰左右的纵向坡度；每间隔 20 ~ 40 m 设置一个集水井，其直径或宽度为 0.6 ~ 0.8m，深度随挖土深度增加而加深，且应低于挖土面 0.7 ~ 1.0 m。集水井每积水到一定深度后，应及时将水抽出坑外。基坑（槽）挖至设计标高后，集水井底应比沟底低 0.5 m 以上，并铺设碎石滤水层。为了防止井壁由于抽水时间较长而将泥砂抽出及井底土被搅动而塌方，井壁可用竹、木、砖、水泥管等进行简单加固。

用明排水法降水时，所采用的抽水泵主要有离心泵、潜水泵（图 1.20）、软轴泵等，其主要性能包括流量、扬程和功率等。选择水泵时，水泵的流量和扬程应满足基坑涌水量和坑底降水深度的要求。

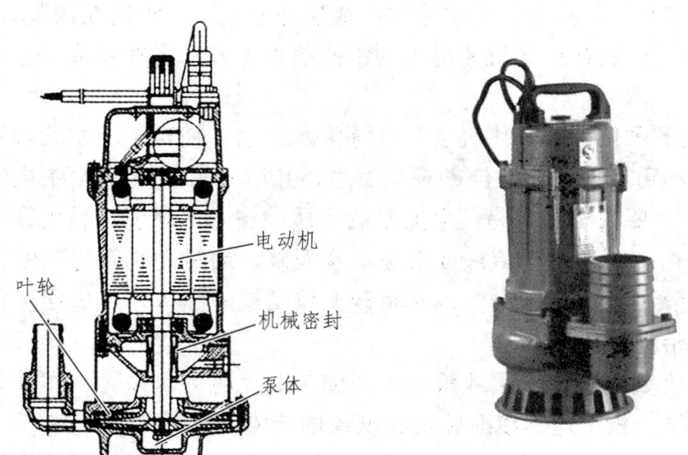

图 1.20 潜水泵工作简图

明排水法由于设备简单、排水方便，工程中采用比较广泛。它适用于水流较大的粗粒土层的排水、降水，因为水流一般不会将粗粒带走；也可以用于渗水量较小的黏性土层降水，即渗透系数为 7.0 ~ 20.0 m/d 的土质。降水深度在 5 m 以内。该方法不适宜细砂土和粉砂土层，因为地下水渗出会带走细粒而发生流砂现象，使得边坡坍塌、坑底凸起而难以施工。在这种情况下就必须采取有效的措施和方法防止流砂现象的发生。

3. 人工降低地下水位

人工降低地下水位就是在基坑（槽）开挖前，预先在基坑（槽）四周埋设一定数量的滤水管（井），利用抽水设备从中抽水，使地下水位降低至坑（槽）底标高以下，直至基础施工结束为止。这样，可使所挖的土始终保持干燥状态，改善了施工条件。同时，还使动水压力方向向下，从根本上防止流砂发生，并增加土中有效应力，提高土的强度和密实度。在降水过程中，基坑（槽）附近的地基会有一定的沉降，施工时应加以注意。

人工降低地下水位的方法有轻型井点、喷射井点、电渗井点、管井井点（大口井）等，各种方法的选用可视土的渗透系数、降水深度、工程特点、设备条件及经济条件等（参照表 1.3）。其中以轻型井点的理论最为完善，应用较广。但目前很多深基坑（槽）降水都采用大口井方法，它的设计是以经验为主、理论计算为辅，目前我国尚无这种井的规程。下面重点介绍轻型井点的理论和大口井的成功经验。

表 1.3 降水井类型及适用条件

降水井类型	渗透系数/（m/d）	降水深度/m	土质类型	水文地质特征
轻型井点	0.1～20.0	单级<6	填土、粉土、黏性土、砂土	上层滞水或水量不大的潜水
		多级<20		
喷射井点	0.1～20.0	<20		
电渗井点	<0.1	按井点确定	黏性土	
管井井点	1.0～200.0	>5	粉土、砂土、碎石土、可熔岩、破碎带	含水丰富的潜水、承压水、裂隙水

1）轻型井点

轻型井点（图 1.21）是沿基坑四周或一侧每隔一定距离埋入井点管（下端为滤管）至蓄水层内，井点管上端通过弯联管与总管连接，利用抽水设备将地下水从井点管内不断抽出，使原有地下水位降至坑底以下的一种降水方法。

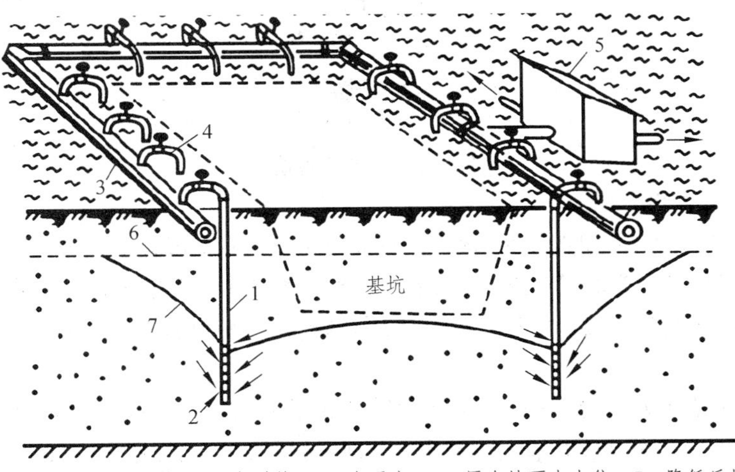

1—井点管；2—滤管；3—总管；4—弯联管；5—水泵房；6—原有地下水水位；7—降低后地下水水位线

图 1.21 轻型井点降低地下水位全貌图

（1）轻型井点的设备。

轻型井点设备主要包括井点管、滤管、集水总管、抽水设备等。

① 滤管。

滤管长 1.0 ~ 1.2 m，它与井点管用螺丝套头连接。滤管是井点设备的重要部分，其构造是否合理，对抽水效果影响很大。滤管（图 1.22）的骨架管为外径 38 ~ 57 mm 的无缝钢管，管壁上钻有直径 12 ~ 18 mm 星状排列的小圆孔，滤孔面积为滤管表面积的 20% ~ 50%。骨架管外包两层孔径不同的滤网。网孔过小，则阻力大，容易堵塞；网孔过大，则易进入泥砂。因此，内层滤网宜采用 30 ~ 40 眼/cm^2 的生丝布或铁丝布，外层粗滤网宜采用 5 ~ 10 眼/cm^2 的塑料纱布或铁丝布。为了使流水畅通，避免滤孔淤塞，在骨架管与滤网之间用小塑料管或铁丝绕成螺旋形隔开。滤网外面用带孔的薄铁管或粗铁丝网保护，滤管下端为一铸铁头。

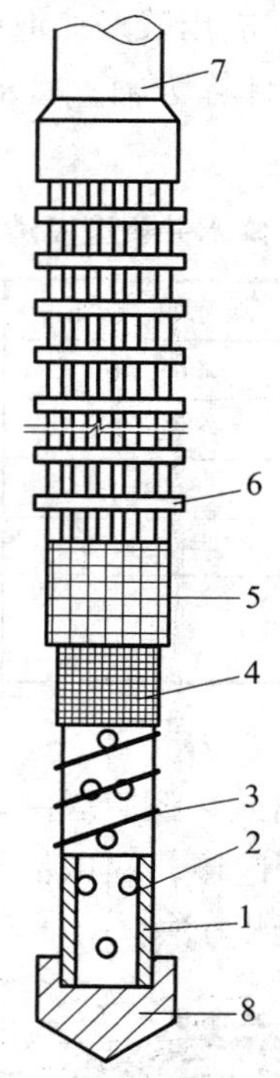

1—钢管；2—管壁上小孔；3—缠绕的铁丝；4—细滤网；5—粗滤网；
6—粗铁丝保护网；7—井点管；8—铸铁头

图 1.22 滤管构造

② 井点管和弯联管。

井点管长 5 ~ 7 m，宜采用直径为 38 ~ 57 mm 的无缝钢管，可整根或分节组成。井点管的上端用弯联管与总管相连。弯联管宜装有阀门，以便检修井点。近年来，有的弯联管采用透明塑料管，可随时观察井点管的工作情况；有的采用橡胶管，可避免两端不均匀沉降而引起泄漏。

③ 集水总管。

集水总管为内径 100 ~ 127 mm 的无缝钢管，每节长 4 m，其间用橡胶套管连接，并用钢箍固定，以防漏水。总管上还装有与弯联管连接的短接头，间距为 0.8 ~ 1.6 m。

④ 抽水设备。

轻型井点的抽水设备主机由真空泵、离心水泵和水汽分离器组成，称为真空泵轻型井点。

其工作原理如图 1.23 所示。抽水时先开动真空泵 13，管路中形成真空将水吸入水汽分离器 6 中，然后开动离心泵 14 将水抽出。

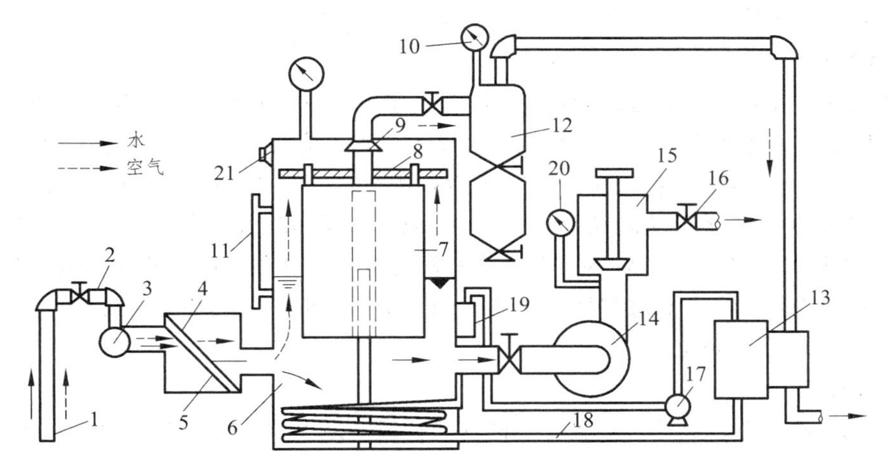

1—井点管；2—弯联管；3—总管；4—过滤箱；5—过滤网；6—水汽分离器；7—浮筒；8—挡水布；9—阀门；10—真空表；11—水位计；12—副水汽分离器；13—真空泵；14—离心泵；15—压力箱；16—出水管；17—冷却泵；18—冷却水管；19—冷却水箱；20—压力表；21—真空调节阀

图 1.23　真空泵轻型井点抽水设备工作简图

如果轻型井点设备的主机由射流泵、离心泵、循环水箱等组成，则称为射流泵轻型井点，其工作原理如图 1.24 所示。抽水时，利用离心泵将循环水箱中的水送入射流器内，由喷嘴喷出，由于喷嘴处断面收缩而使水流速度骤增，压力骤降，使射流器空腔内产生部分真空，把井点管内的气、水吸入水箱，待水箱内的水位超过泄水口时即自动溢出，排至指定地点。射流泵井点系统的降水深度可达 6 m，但其所带动的井点管一般只有 30 ~ 40 根，若采用两台离心泵和两个射流器联合工作，就能带动井点管 70 根，集水总管长 100 m。这种设备与上述真空泵轻型井点相比，具有结构简单、制造容易、成本低、耗电少、使用维修方便等优点，便于推广使用。

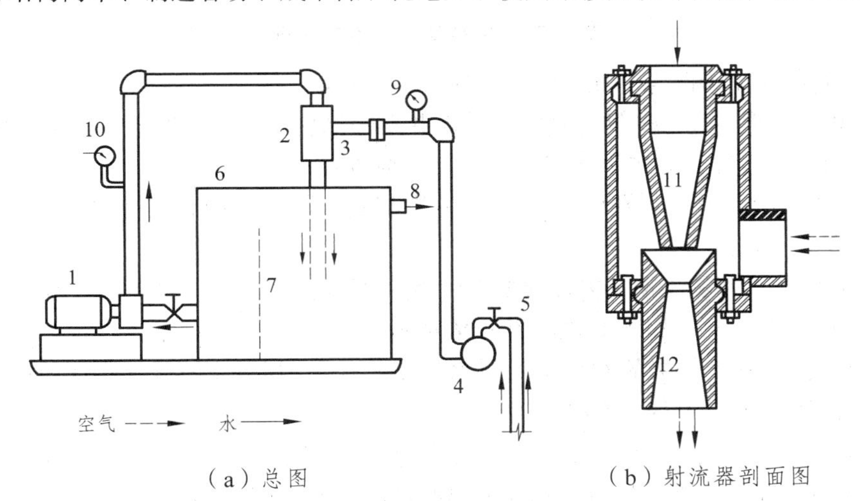

（a）总图　　　　（b）射流器剖面图

1—离心泵；2—射流器；3—进水管；4—总管；5—井点管；6—循环水箱；7—隔板；8—泄水口；9—真空表；10—压力表；11—喷嘴；12—喉管

图 1.24　射流泵轻型井点设备工作原理示意

（2）轻型井点的布置。

轻型井点的布置应根据基坑大小和深度、土质、地下水位高低与流向、降水深度要求等而定。井点布置是否恰当，对降水效果、施工速度影响很大。

① 平面布置。

当基坑或沟槽宽度小于 6 m，水位降低值不大于 6 m 时，可采用单排井点，布置在地下水流的上游一侧，其两端的延伸长度一般以不小于坑（槽）宽度为宜（图 1.25）。如基坑宽度大于 6 m 或土质不良、渗透系数较大时则宜采用双排井点。当基坑面积较大（$L/B\leqslant5$，降水深度 $S\leqslant5$ m，坑宽 B 小于 2 倍的抽水影响半径 R）时，宜采用环形井点（图 1.26）。当基坑面积过大或 $L/B>5$ 时，可分段进行布置。无论哪种布置方案，井点管距离基坑（槽）壁一般不宜小于 0.7 ~ 1.0 以防漏气。井点管间距应根据土质、降水深度、工程性质等确定，一般为 0.8 ~ 1.6 m，或由计算和经验确定。

② 高程布置。

井点管的埋置深度 H（不包括滤管）按下式计算（图 1.25（b）、图 1.26（b））

$$H\geqslant H_1+h+iL \tag{1.36}$$

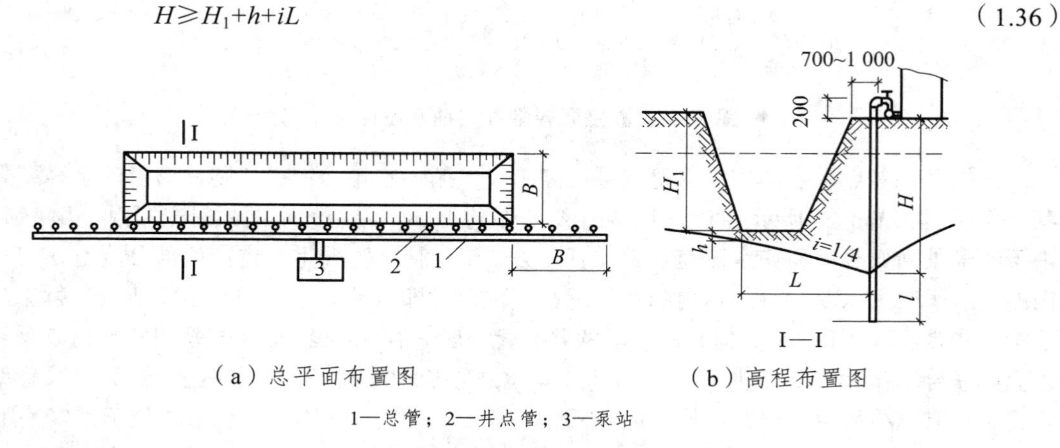

（a）总平面布置图　　（b）高程布置图

1—总管；2—井点管；3—泵站

图 1.25　单排线状井点的布置

式中　H_1——井点管埋置面至基坑（槽）底的距离（m）；

h——基坑（槽）底面单排井点时为远离井点一侧坑（槽）底边缘，双排、环形时为坑中心处至降低后地下水位的距离，一般为 0.5 ~ 1.0 m；

i——地下水降落坡度，根据众多工程实测结果，环形、双侧井点宜为 1/10，单排井点宜为 1/4；

L——井点管至基坑（槽）中心的水平距离[单排井点为井点管至基坑（槽）另一侧的水平距离（m），如图 1.25、图 1.26 所示。

如果根据式（1.36）算出的 H 值大于降水深度 6 m（一层井点管标准长度一般也为 6 m），则应降低井点管埋置面，以适应降水深度要求。

当一级（一层）井点未达到上述埋置及降水深度要求时，即 $H_1+h+iL>6.0$ m−（0.2 ~ 0.3）m 时，可视土质情况，先用其他方法排水（如明排水法），挖去一层土再布置井点系统；或采用二级井点，即先挖去第一级井点所疏干的土，然后再布置第二级井点，使降水深度增加（图 1.27）。

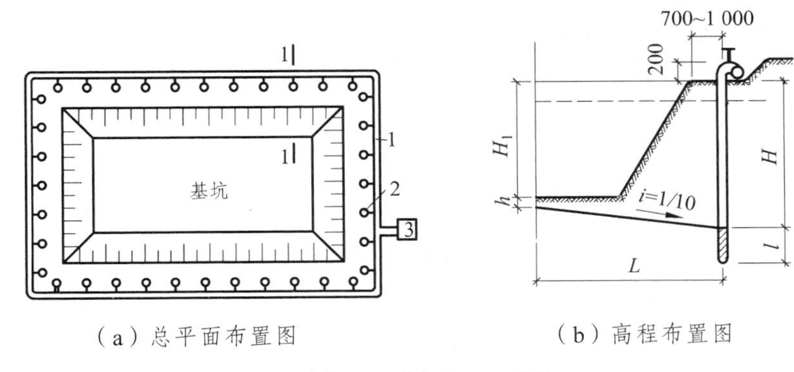

（a）总平面布置图　　　（b）高程布置图

1—总管；2—井点管；3—泵站

图 1.26　环形井点的布置

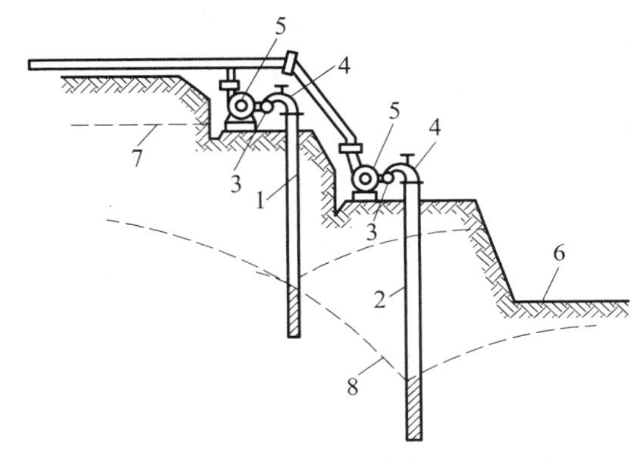

1—一级井点；2—二级井点；3—集水总管；4—连接管；5—水泵；
6—基坑；7—原有地下水位线；8—降低后地下水位线

图 1.27　二级轻型井点

（3）轻型井点的计算。

轻型井点计算包括涌水量的计算、井点管数量与井距确定以及抽水设备的选用等。

① 轻型井点系统涌水量的计算。

轻型井点系统涌水量的计算式以裘布依的水井理论为依据的。根据井底是否到达不透水层，水井分为完整井与非完整井。根据地下水有无压力，水井又分为无压井与承压井。两方面结合，则有无压完整井、无压非完整井、承压完整井、承压非完整井等之分。水井的类型如图 1.28 所示。各类井的涌水量的计算方法不同，其中以无压完整井的理论较为完善，其精度能满足工程施工设计的要求。

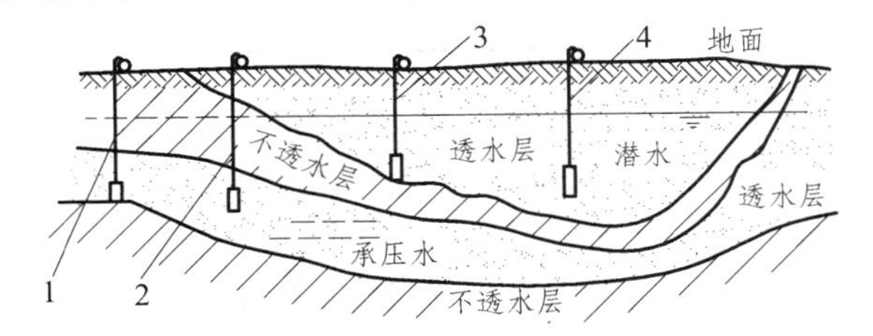

1—承压完整井；2—承压非完整井；3—无压完整井；4—无压非完整井

图 1.28　水井的类型

a. 无压完整井涌水量的计算。

无压完整井环状井点系统（图 1.29（a））涌水量的计算公式为

$$Q = 1.366k\frac{(2H - S)S}{\lg R - \lg x_0} \tag{1.37}$$

式中 Q——井点系统的涌水量（m^3/d）；

K——土的渗透系数（m/d），由试验室或现场抽水试验确定；

H——含水层厚度（m）；

S——水位降低值（m）；

R——抽水影响半径（m），常用计算式为

$$R = 1.95S\sqrt{HK} \tag{1.38}$$

x_0——环状井点系统的假想半径（m），对于矩形基坑，当其长度与宽度之比不大于 5 时，则

$$x_0 = \sqrt{\frac{F}{\pi}} \tag{1.39}$$

F——环状井点系统（井点中心）包围的面积（m^2）。

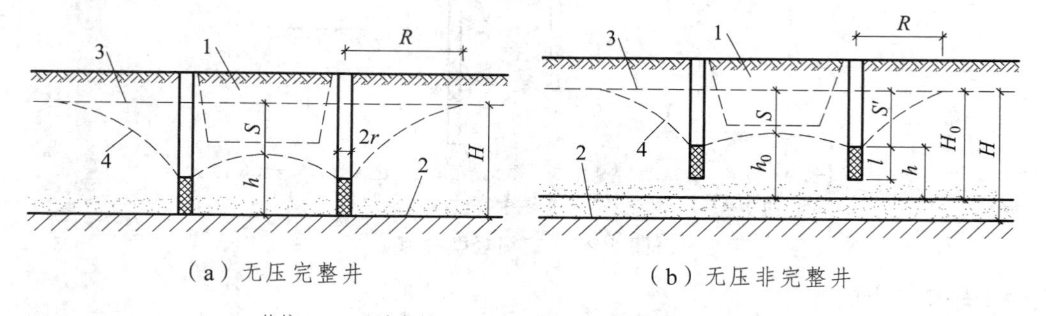

（a）无压完整井　　（b）无压非完整井

1—基坑；2—不透水层；3—地下水位线；4—降水后水位影响线

图 1.29　无压完整井环状井点系统

b. 无压非完整井涌水量的计算。

无压非完整井环状井点系统（图 1.29（b））井底地下水也受抽水的影响，地下水不仅从井的侧面流入，也从井底流入，因此，其涌水量比无压完整井的要大。为了简化计算，仍采用式（1.37），用有效影响深度 H_0 去替换 H。查表 1.4，当算得 H 于实际含水层厚度 H 时，仍取 H_0

表 1.4　有效影响深度 H_0

$S'/(S'+l)$	0.2	0.3	0.5	0.8
H_0	1.3（$S'+l$）	1.5（$S'+l$）	1.7（$S'+l$）	1.85（$S'+l$）

c. 承压完整井涌水量的计算。

承压完整井环状井点系统（图 1.30（a））涌水量的计算公式为

$$Q = 2.73K\frac{MS}{\lg R - \lg x_0} \tag{1.40}$$

d. 承压非完整井涌水量的计算。

承压非完整井环状井点系统（图 1.30（b））涌水量的计算公式为

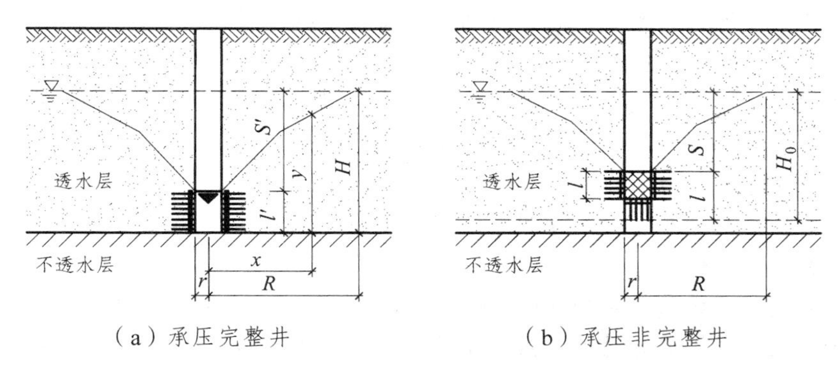

（a）承压完整井　　（b）承压非完整井

图 1.30 承压环状井点涌水量计算简图

$$Q = 2.73K\frac{MS}{\lg R - \lg x_0}\cdot\sqrt{\frac{M}{l + 0.5r}}\cdot\sqrt{\frac{2M - l}{M}} \tag{1.41}$$

式中 M——承压含水层厚度（m）；

r——井点管的半径（m）；

l——井点管进入含水层的深度（m）。

② 井点管数量与井距的确定。

a. 井点管数量。

单根井点管的出水量 g（m^3/d）取决于滤管的构造和尺寸及土的渗透系数，可按下式计算

$$g = 65\pi dl^3\sqrt{K} \tag{1.42}$$

式中 d——滤管直径（内径，m）；

Z——滤管长度（m）；

K——土的含水层渗透系数（m/d）。

由此得到井点管最少根数 n 为

$$n = 1.1Q/g \tag{1.43}$$

式中 1.1——考虑井点管堵塞等因素的备用系数。

b. 井点管间距 D（m）

$$D = l/n \tag{1.44}$$

式中 L——总管长度（m）；

n——井点管根数。

c. 确定井点管间距时应注意的问题。

井点管间距不能过小，否则彼此干扰大，出水量会显著减小，一般取滤管周长的 5～10 倍，即 $5\pi d \sim 10\pi d$；在渗透系数小的土中，井距不应完全按计算取值，还要考虑抽水时间，否则井距较大时水位降落需时间很长，因此在此类土中井距宜取得较小些；在基坑（槽）周

围拐角和靠近地下水流方向（河边）一边的井点管应适当加密；井距应与总管上的接头间距相配合，取接头间距的整数倍；当采用多级井点排水时，下一级井距应小于上一级井距。经过综合考虑确定了实际井点管间距后，再确定所需的井点管根数和总管长度。

（4）轻型井点系统的施工。

轻型井点施工工艺流程为：施工准备→井点管布置→总管排放→井点管埋设→弯联管连接→抽水设备安装→井点管系统运行→井点管系统拆除。其施工要点如下：

① 井点管埋设。

井点管埋设的方法有射水法、水冲法、钻孔法和套管法，一般采用水冲法，它包括冲孔和埋管两个过程。

冲孔时，先用起重设备将直径 50 ~ 70 mm 的冲管吊起，并插在井点位置上，然后开动高压水泵，将土冲松。在冲孔过程中，冲管应垂直插入土中，并做上下左右摆动，以加剧土体松动，边冲边沉。冲孔直径不应小于 300 mm，以保证井管四周有一定厚度的砂滤层，冲孔深度应比滤管底深 500 mm 左右，以防冲管拔出时，部分土颗粒沉于孔底而触及滤管底部。各层土冲孔所需水流压力视土质而定。

井孔冲成后，立即拔出冲管，插入井点管，并在井点管和孔壁间迅速填灌砂滤层，以防孔壁坍塌。砂滤层的填灌质量是保证轻型井点顺利工作的关键，一般应采用洁净的粗砂，填灌要均匀，填灌到滤管顶上 1.0 ~ 1.5 m，以保证水流畅通。井点填砂后，井点管上口距地面 1.0 m 范围内须用黏土封口，以防漏气。

② 井点管系统运行。

井点管系统运行中，应保证连续抽水，并准备双电源，正常出水规律为“先大后小，先浑后清”。如不上水，或水一直较深，或出现清水后又浑浊等情况，应立即检查并纠正。真空度是判断井点系统良好与否的尺度，应经常观察，一般真空度应不低于 55.3 ~ 66.7 kPa，如真空度不够，通常是因为管路漏气，应及时修好。对于井点管的淤塞，可通过听管内水流声，手扶管壁感到振动等简便方法进行检查，如井点管淤塞太多，严重影响降水效果时，应逐个用高压水反冲洗井点管或拔除重新埋设。

③ 井点管拆除。

地下建、构筑物完工并进行土方回填后，方可拆除井点系统。井点管拆除一般多借助于倒链、起重机等，所形成孔洞用土或砂填塞。对地基有防渗要求时，地面以下 2 m 应用黏土填实。

④ 施工质量控制要点。

集水总管、滤管和泵的位置及标高应正确；井点系统各部件均应安装严密，防止漏气；隔膜泵底应平整稳固，出水的接管应平接，不得上弯，皮碗应安装准确、对称，确保在工作时受力平衡；在降水过程中，应定时观测水流量、真空度和井内的水位；另外应对水位降低域内的建筑物进行沉降观测，发现沉陷或水平位移过大时，应及时采取防护技术措施。

（5）轻型井点降水设计例题。

【例 1.1】某工程基础施工需开挖如图 1.31 所示的基坑，其中，基坑底宽 10 m，长 15 m，深 4.1 m，挖土边坡为 1∶0.5。经地质钻探查明，在靠近天然地面有厚 0.5 m 的黏土层，此土层下面为厚 7.4 m 的极细砂层（渗透系数 K=20 m/d），再下面又是不透水的黏土层。现决定用一套轻型井点设备进行人工降低地下水位，然后开挖土方，试对该井点系统进行设计。

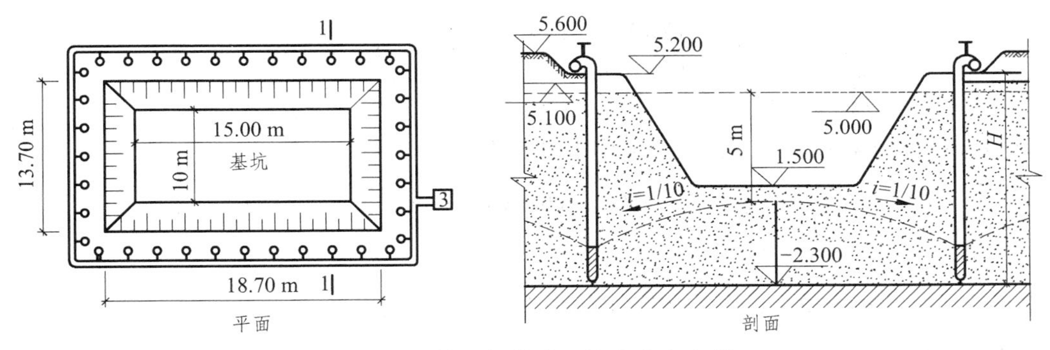

图 1.31　某工程基础开挖前井点布置

【**解**】① 井点系统布置。

该基坑底尺寸为 10 m×l5 m，边坡为 1∶0.5，表层为 0.5 m 厚黏土。为使总管接近地下水位，可先挖土 0.4 m 深，在+5.20 m 处布置井点系统，则布置井点系统处基坑上口的尺寸为 13.70 m×18.70 m；考虑井管距基坑边 1 m，则井点管所围成的平面面积为 15.70 m×20.70 m；由于基坑长宽比小于 5，且基坑宽度小于 2 倍抽水影响半径 R（可查表计算），故按环形井点布置。

井点管采用 6 m 长，且外露于埋设面 0.2 m，则高程布置如下：

根据式（1.30）要求的埋深其值小于实际埋深（6.0−0.2）m=5.8 m。基坑中心要求降水深度 $H \geqslant H_1+h+iL$=[（5.2−1.5）+0.5+1/10×15.7/2]m，其值小于实际能达到的降水深度，故采用一级井点系统即可。

取滤管长度为 1.0 m，则滤管底口标高为−1.6 m，距−2.3 m 处不透水的黏土层 0.7 m，故此井点系统为无压非完整井环状井点系统。

② 基坑涌水量计算。

涌水量计算公式为

$$Q=1.366K\frac{(2H_0-S)S}{\lg R-\lg x_0}$$

抽水有效影响深度 H_0，由表 1.4 得

$$S'/(S'+l)=5.6/(5.6+1)=0.848$$

$$H_0=1.85(S'+l)=1.85\times(5.6+1)\ \text{m}=12.21\ \text{m}$$

实际含水量厚度

$$H=[5.0-(-2.3)]\ \text{m}=7.3\ \text{m}$$

$H_0>H$，故取 $H_0=H=7.3$ m。

抽水半径

$$R=1.95S\sqrt{HK}=1.95\times(3.5+0.5)\times\sqrt{7.3\times20}\ \text{m}=94.25\ \text{m}$$

基坑假想半径

$$x_0=\sqrt{\frac{F}{\pi}}=\sqrt{\frac{15.7\times20.7}{3.14}}\ \text{m}=10.17\ \text{m}$$

则涌水量

$$Q = 1.366 \times 20 \times \frac{(2 \times 7.3 - 4) \times 4}{\lg 94.25 - \lg 10.17} \text{ m}^3/\text{d} = 520.26 \text{ m}^3/\text{d}$$

③ 计算井点管数量和间距。

取井点管直径 d 为 38 mm，则单根出水量 g 为

$$g = 65\pi d l^3 \sqrt{K} = 65 \times 3.14 \times 0.038 \times 1.2 \times \sqrt[3]{20} \text{ m}^3/\text{d} = 21.05 \text{ m}^3/\text{d}$$

所以井点管的计算数量 n 为

$$n = 1.1Q/g = 1.1 \times 520.26/21.05 = 27.19 \text{（根）}$$

则井点管的平均间距 D 为

$$D = \frac{L}{n} = \frac{(15.7 + 20.7) \times 2}{27.19} \text{ m} = 2.68 \text{ m}$$

取 D=2.0 m，故实际布置如下：

长边为 20.7/2.0+1≈11 根；短边为 15.7/2.0+1≈9 根。

④ 抽水设备选用。

抽水设备所带动的总管长度为 76.0 m，所以选一台 W5 型干式真空泵井点管总数为 38 根，选择一台切 QJD-90 型射流泵。

水泵所需流量为

$$Q_1 = 1.1Q = 1.1 \times 520.26 \text{ m}^3/\text{d} = 572.29 \text{ m}^3/\text{d} = 23.85 \text{ m}^3/\text{d} = 6.62 \text{ L/s}$$

水泵的吸水扬程为

$$H_S \geqslant (6.0 + 1.0) \text{ m} = 7.0 \text{ m}$$

根据 Q_1、H_S 的数值即可确定离心泵型号。

2）喷射井点

当基坑（槽）开挖较深而地下水位较高、降水深度超过 6 m 时，采用一级轻型井点已不能满足要求，则必须采用二级或多级轻型井点才能收到预期效果，但是这会增加设备数量和基坑（槽）的开挖土方量，延长工期，往往不够经济。此时宜采用喷射井点，该方法降水深度可达 8 ~ 20 m，在 K=3 ~ 50 m/d 的砂土最有效，在 K = 0.1 ~ 3 m/d 粉砂、淤泥质土中效果也很显著。

喷射井点根据工作时使用液体或气体的不同，分为喷水井点和喷气井点两种。其设备主要由喷射井点、高压水泵（或空气压缩机）和管路组成（图 1.32）。

喷射井点的布置有单排布置（基坑宽小于 10 m）、双侧布置（基坑宽大于 10 m）及环形布置（同轻型井点，见图 1.32（c））几种。每套喷射井点制在 30 根左右，井点间距采用 2 ~ 3 m，其涌水量计算和埋设方法与轻型井点相似。

3）电渗井点

当土的渗透系数很小（K < 0.1 m/d），采用轻型井点、喷射井点进行基坑（槽）降水效果很差时，宜改用电渗井点降水。

电渗井点是以原有的井点管（轻型井点或喷射井点）本身作为阴极，沿基坑（槽）外围布置，并采用套管冲枪成孔埋设；以钢管（直径 50 ~ 75 mm）或钢筋（直径 25 mm 以上）作阳极，埋在井点管内侧（图 1.33）。阳极埋设应垂直，严禁与相邻阴极相碰，阳极外露出地面

200 ~ 400 mm，其入土深度应比井点管深 500 m，以保证能将水降到所要求的深度。阴阳极的间距一般为 0.8 ~ 1.0 m 轻型井点）或 1.2 ~ 1.5 m（喷射井点），并按平行交错排列。阴阳电极的数量宜相等，必要时阳极数量可多于阴极数量。

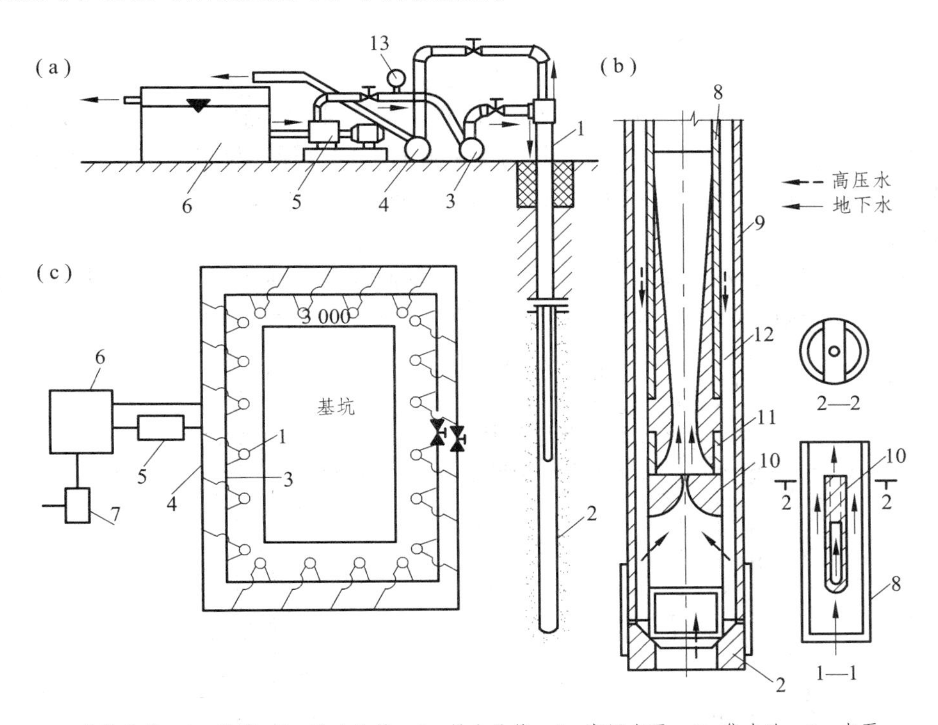

1—喷射井管；2—滤管；3—进水总管；4—排水总管；5—高压水泵；6—集水池；7—水泵；
8—内管；9—外管；10—喷嘴；11—混合室；12—扩散管；13—压力表

图 1.32 喷射井点设备及平面布置

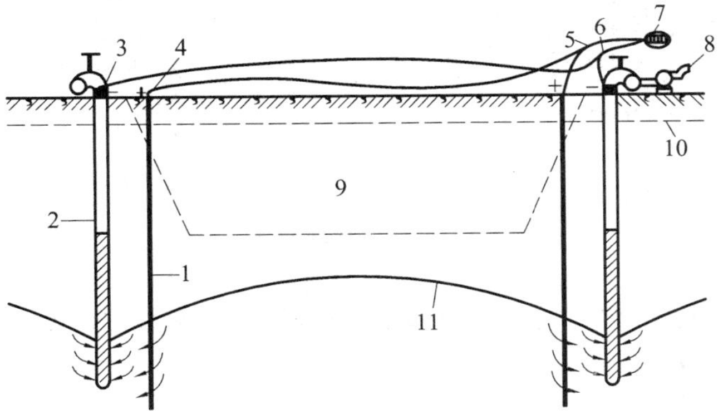

1—阳极；2—阴极；3—用扁钢、螺栓或电线将阴极连通；4—用钢筋或电线将阳极连通；5—阳极与发电机连接电线；
6—阴极与发电机连接电线；7—直流发电机（或直流电焊机）；8—水泵；9—基坑；
10—原有水位线；11—降水后的水位线

图 1.33 电渗井点布置示意

电渗井点适用于黏土、粉质黏土、淤泥等土质中的降水，它是轻型井点或喷射井点的辅助方法。

4）管井井点

当土的渗透系数大（$K>10$ m/d）、地下水丰富时，可用管井井点（图 1.34）。由于管井井点排水量大、降水深，较轻型井点的降水效果好，故可代替多组轻型井点。

（1）管井井点系统主要设备。

① 滤水井管。

滤水井管上部的井管部分采用直径 200 mm 以上的钢管、塑料管或混凝土管；下部滤水部分可用钢筋焊接骨架（图 1.34（a））或采用与上部井管相同直径和材料的带孔管（图 1.34（b））或采用无砂混凝土滤管，管外包孔眼为 1 ~ 2 mm 的滤网，滤管长 2 ~ 3 mm。

② 吸水管。

吸水管采用直径 50 ~ 100 mm 的胶管或钢管，其底部装有逆止阀。吸水管插入滤水井管，长度应大于抽水机械抽吸高度，同时应沉入管井内抽水时的最低水位以下。

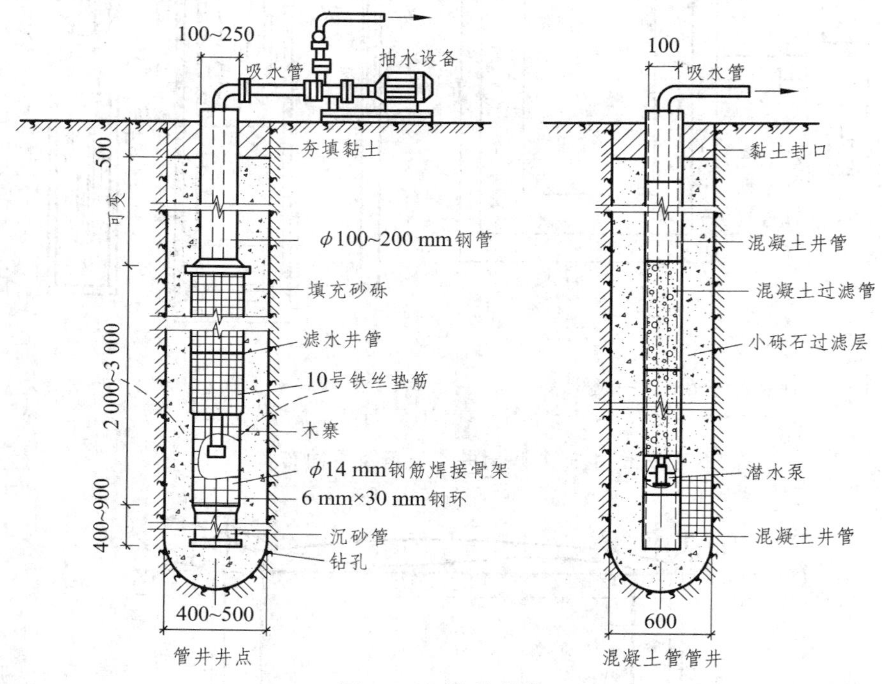

图 1.34 管井井点

③ 水泵。

一般每个管井装置一台潜水泵，也可采用离心泵。离心泵抽水深度小于 6 m，开泵前需灌满水才能进行，施工不方便。

（2）管井布置及埋设。

管井井点一般沿基坑外围每隔 10 ~ 50 m 距离设置一口井。井中心距地下构筑物边缘的距离，依据所用钻机的钻孔方法而定：当采用泥浆护壁套管法时不小于 3 m；当采用泥浆护壁冲击式钻机成孔时为 0.5 ~ 1.0 m。钻孔直径应比滤管外径大 200 mm 以上。管井下沉前应清洗，并保持滤网的通畅，滤水井管放于孔中心，下端用木塞堵塞管口。井壁与孔壁之间用 3 ~ 15 mm 砾石填充作为过滤层，地面下 0.5 m 内用黏土填充压实。井管埋设深度和距离应根据降水面积和深度及含水层的渗透系数确定，其最大深度可达 10 m。

（3）井管的拔出。

井管使用完毕后，滤水井管可拔出重复使用。拔出方法是在井口周围挖深 0.3 m，用钢丝绳将管口套紧，然后用起重机械将井管慢慢拔出。所形成孔洞用砂砾填实，上部 0.5 m 用黏土填充夯实。将滤水井壁洗去泥砂后储存备用。

管井井点涌水量的计算同轻型井点基本相同。根据井底是否达到不透水层，亦分为完整井和非完整井。

5）无砂混凝土管井井点

无砂混凝土管井井点是近年来在软土、高水位地区常使用的基坑（槽）的降水方法。它是由管井井点和深井井点发展而来的。

无砂混凝土管井施工工艺为：布井→制管→成孔→接管→下管→校正→管井就位→灌过滤层→洗井→抽水→回填。

无砂混凝土管井的布置方案多以理论计算为主（仿轻型井点或管井井点），辅以实践经验。目前使用的井深为 8 ~ 30 m，井径（内径）为 300 ~ 720 mm，成孔直径通常为 500 ~ 900 mm，井距为 80 ~ 25 m。无砂管井工作适用性强，例如，在使用中可以调整井内水位变化、影响半径 R 和涌水量 Q，甚至可采用停抽水、封井和减少抽吸频率的办法控制降水，因此无砂管井降水成功率相当高。

无砂混凝土管井的钻孔、埋设方法同管井井点一致，其井点系统适用于各种土层。

6）砂（砾）渗井

砂（砾）渗井是一种辅助管井的降水方法。在深大基坑降水时除按设计布设降水井外，宜视情况在基坑内布设一定数量的渗水井（或抽水井），含水层渗透性较小时宜在周边抽水井之间布设一定数量的渗水井。渗水井施工时，先钻孔至透水性好的土层而后填砂，将上层水渗至渗水井底，利用抽水井在渗水井底土层抽水。

1.3.3　土方边坡与土壁支护

土方开挖之前，在编制土方工程施工组织设计时，应确定出基坑（槽）及管沟的边坡形式及开挖方法，确保土方开挖过程中和基础施工阶段土体的稳定。可选择的边坡类型如图 1.35 所示。

1. 土方边坡

1）土方边坡类型

土方边坡类型由场地土类别、开挖深度、周围环境、技术经济的合理性等因素决定，常用的土方边坡类型有直线形、折线形、阶梯形和分级形（图 1.36）。

当场地为一般黏性土或粉土，基坑（槽）及管沟周围具有堆放土料和机具的条件，地下水位较低，或降水、放坡开挖不会对相邻建筑物产生不利影响，具有放坡开挖条件时，可采用局部或全深度的放坡开挖方法。如开挖土质均匀可放成直线形；如开挖土质为多层不均且差异较大，可按各层土的土质放坡成折线形或阶梯形。

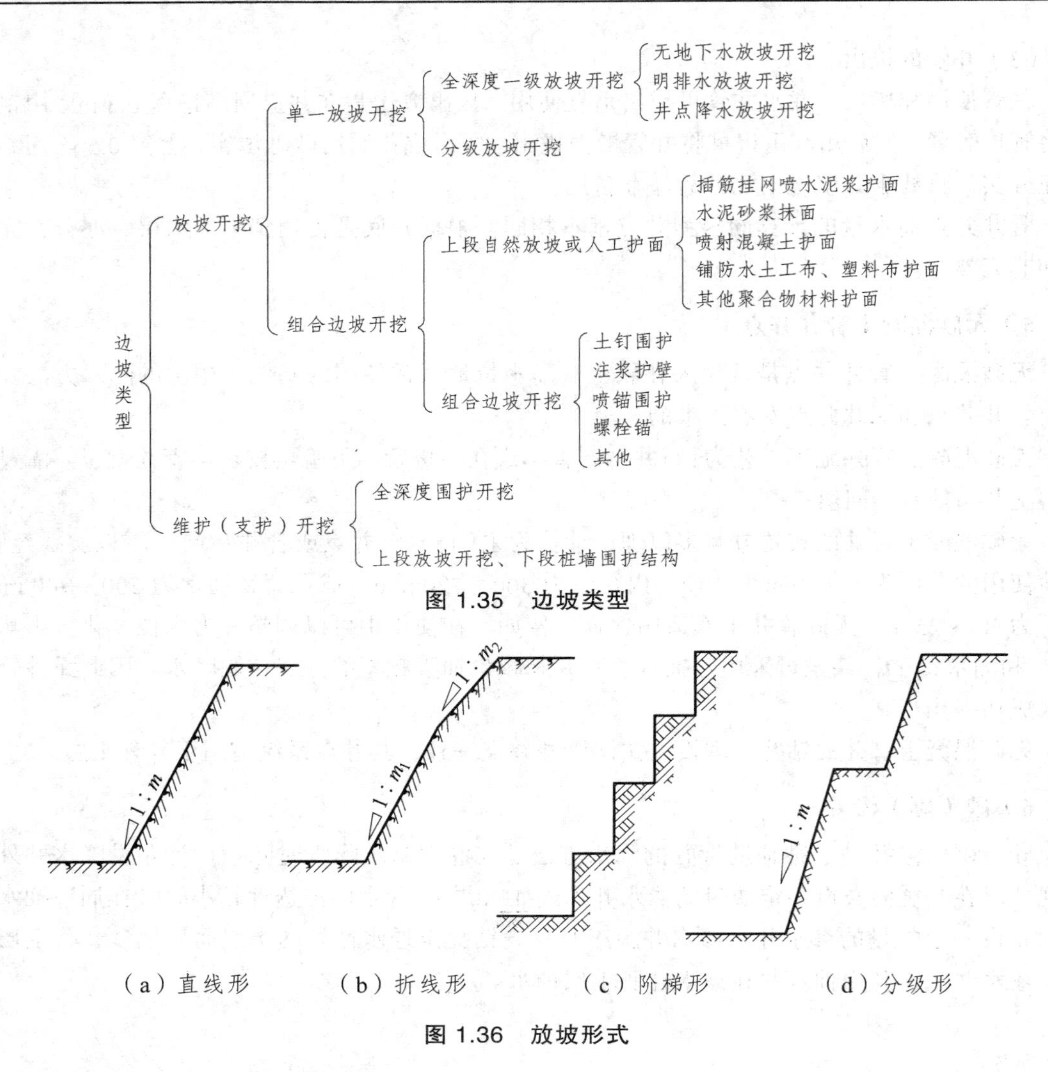

图 1.35　边坡类型

图 1.36　放坡形式

2）影响土方边坡稳定的因素

土方边坡处于稳定状态主要是由于土体内土颗粒间存在的摩擦力和黏结力，使土体具有一定的抗剪强度。黏性土既有摩擦力，又有黏结力，抗剪强度较高，土体不易失稳，土体若失稳，则是沿着滑动面整体滑动（滑坡）；砂性土只有摩擦力，无黏结力，抗剪强度较差。所以黏性土的放坡可陡些，砂性土的放坡应缓些，使土体下滑力小于土颗粒之间的摩擦力和黏结力，从而保证边坡稳定。

当外界因素发生变化，土体的抗剪强度降低或土体所受剪应力增加时，就破坏了土体的自然平衡状态，会导致边坡失去稳定而塌方。造成土体内抗剪强度降低的主要原因是雨水或施工用水使土的含水率增加，水的润滑作用使土颗粒之间摩擦力和黏结力降低；而造成土体所受剪应力增加的原因主要是坡顶上部的荷载增加和土体自重的增大（含水率增加），以及地下水渗流中的动水压力的作用；此外，地面水浸入土体的裂缝之中所产生的静水压力也会使土体内的剪应力增加。所以，在确定土方边坡的形式及放坡大小时，既要考虑上述各方面因素，又要注意周围环境条件，以保证土方和基础施工的顺利进行。

3）边坡坡度及保证边坡稳定的措施

（1）直壁开挖不加支撑。

当土质含水率正常、结构均匀、水文地质条件良好（即不发生坍塌、移动、松散或不均匀下沉），且无地下水时，开挖基坑可采取不放坡，也不加支护的直壁开挖方式，但挖方深度应按下列规定予以控制。

① 密实、中密的砂土和碎石土（充填物为砂土）　　1.0 m

② 硬塑、可塑的粉质黏土及粉土　　1.25 m

③ 硬塑、可塑的黏土和碎石类土（充填物为黏性土）　　1.50 m

④ 坚硬的黏土　　2.0 m

（2）边坡坡度。

土方边坡是指土体自由倾斜能力的大小，一般用边坡坡度和边坡系数表示。

边坡坡度是指边坡深度 h 与边坡宽度 b 之比（图 1.37）。工程中通常以 1：m 表示边坡的大小，m 称为边坡系数，即

$$\text{边坡坡度} = \tan\alpha = \frac{h}{b} = \frac{1}{b/a} = 1:m \tag{1.45}$$

式中　$m=b/h$——边坡系数。

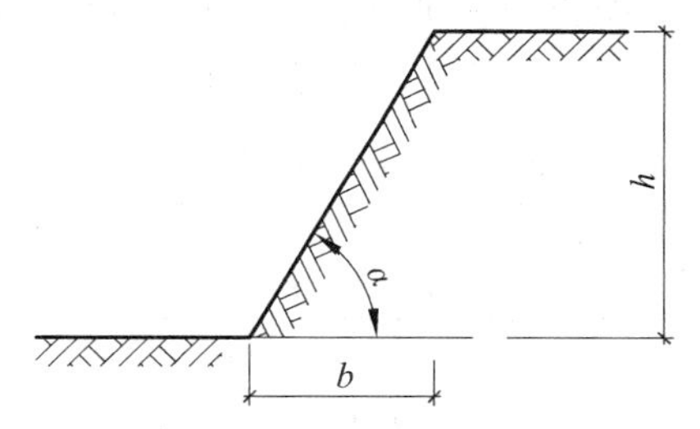

图 1.37　边坡坡度示意

基坑（槽）、管沟土方开挖的边坡应根据使用时间（临时或永久）、土的种类、土的物理力学性质、开挖深度、开挖方法、坡顶荷载状况、降排水情况及气候条件等确定。对于永久性场地，挖方边坡坡度应按设计要求放坡；如设计无规定时，可按表 1.5 所列采用。

表 1.5　永久性土工构筑物挖方的边坡坡度

项次	挖土性质	边坡坡度
1	在天然湿度、层理均匀、不易膨胀的黏土、粉质黏土和砂土（不包括细砂、粉砂）内挖方深度不超过 3 m	1：1.00～1：1.25
2	土质同上，深度为 3～12 m	1：1.25～1：1.50
3	干燥地区内土质结构未经破坏的干燥黄土及黄土，深度不超过 12 m	1：0.1～1：1.25
4	在碎石土和泥灰岩土的地方，深度不超过 12 m，根据土的性质、层理特性和挖方深度确定	1：0.50～1：1.50
5	在风化岩内的挖方，根据岩石性质、风化程度、层理特性和挖方深度确定	1：0.20～1：1.50
6	在微风化岩石内的挖方，岩石无裂缝且无倾向挖方坡脚的岩层	1：0.10
7	在未风化的完整岩石内的挖方	直立的

表 1.6　使用时间较长的临时性挖方边坡坡度

土的类别	密实度或状态	坡度允许值（高度比）	
		坡高在 5 m 以内	坡高 5~10 m
碎石土	密实 中密 稍密	1∶0.35~1∶0.50 1∶0.50~1∶0.75 1∶0.75~1∶1.00	1∶0.50~1∶0.75 1∶0.75~1∶1.00 1∶1.00~1∶1.25
粉质黏土	坚硬 硬塑 可塑	1∶0.75 1∶1.00~1∶1.25 1∶1.25~1∶1.50	—
黏性土	坚硬 硬塑	1∶0.75~1∶1.00 1∶1.00~1∶1.25	1∶1.00~1∶1.25 1∶1.25~1∶1.50
花岗岩残积黏性土	硬塑 可塑	1∶0.75~1∶1.10 1∶0.85~1∶1.25	—
杂填土	中密或密实的建筑垃圾	1∶0.75~1∶1.00	—
砂土		1∶1.00（或自然休止角）	—

注：① 坡度大小视坡顶荷载情况取值：无荷载时取陡值，有荷载时取中等的，有动荷载时取缓值。
② 对非黏性土坡顶不得有振动荷载。因为在振动荷载作用下，无黏性土在暴露边坡的情况下，土质很容易松动，甚至引起局部或大部分坡面滑塌。

对于使用时间较长的临时性挖方边坡坡度，应根据工程地质和边坡高度，结合当地实践经验和施工具体情况进行放坡。其临时性挖方的边坡值可按表 1.6、表 1.7 选用。

表 1.7　岩 石 边 坡

岩土类别	风化程度	坡度允许值（高度比）	
		坡高在 8m 以内	坡高 8~15 m
硬质岩石	微风化 中等风化 强风化	1∶0.10~1∶0.20 1∶0.20~1∶0.35 1∶0.35~1∶0.51	1∶0.20~1∶0.35 1∶0.35~1∶0.50 1∶0.50~1∶0.75
软质岩石	微风化 中等风化 强风化	1∶0.35~1∶0.50 1∶0.50~1∶0.75 1∶0.75~1∶1.00	1∶0.50~1∶0.75 1∶0.75~1∶1.00 1∶1.00~1∶1.25

注：表中碎石土充填物为坚硬或硬塑状态的黏性土。

对于在地质条件良好、土质较均匀的高地中修筑 18 m 以内的路堑，由于路堑所受荷载和使用功能与基坑（槽）、沟不同，且路堑的边坡为永久性，其边坡坡度可按表 1.8 采用。

表 1.8　路堑边坡坡度

项目	土或者岩石种类	边坡的最大高度	路堑边坡坡度（高度比）
1	一般土	18	1∶0.5~1∶1.5
2	黄土或类似黄土	18	1∶0.1~1∶1.25
3	砾碎岩石	18	1∶0.5~1∶1.5
4	风化岩石	18	1∶0.5~1∶1.5
5	一般岩石	—	1∶0.1~1∶0.5
6	坚石	—	直立~1∶0.1

注：资料来源于《公路工程技术标准》（JTG BO1—2014）。

分级放坡开挖时，应设置分级过渡平台。对深度大于 5 m 的土质边坡，各级过渡平台的宽度为 1.0 ~ 1.5 m，必要时可选 0.6 ~ 1.0 m；小于 5 m 的土质边坡可不设过渡平台；岩石边坡过渡平台的宽度不小于 0.5 m。施工时应按上陡下缓原则开挖。

（3）保证边坡稳定的措施。

土质边坡放坡开挖如遇边坡高度大于 5 m，具有与边坡开挖方向一致的斜向界面时，有可能发生土体滑移的软弱淤泥或含水丰富的夹层时，坡顶堆料、堆物有可能超载时，以及各种易使边坡失稳的不利情况时，应对边坡整体稳定性进行验算，必要时进行有效加固及支护处理，以保证边坡的稳定。具体措施如下：

① 对于土质边坡或易于软化的岩质边坡，在开挖时应采取相应的排水和对坡脚、坡面的保护措施；基坑（槽）及管沟周围地面采用水泥砂浆抹面、设排水沟等防止雨水渗入的措施，保证在边坡稳定范围内无积水。

② 对坡面进行保护处理，以防止渗水风化碎石土的剥落。保护处理的方法有水泥砂浆抹面((3 ~ 5 cm 厚)，也可先在坡面挂铁丝网再喷抹水泥砂浆。

③ 对各种土质或岩石边坡，可用浆砌片石护坡或护坡脚，但护坡脚的砌筑高度要满足挡土的强度、刚度的要求。

④ 对已发生或将要发生滑坍失稳或变形较大的边坡，用砂土袋堆置于坡脚或坡面，阻挡失稳。

⑤ 土质坡面加固方法有螺旋锚预压坡面和砖石砌体护面等。螺旋锚由螺旋形的锚杆及锚杆头部的垫板和锁紧螺母构成，将螺旋锚旋入土坡中，拧紧锚杆头的螺母即可；砖石砌体护面根据砌体受力情况和砌体高度，按砖石砌体设计施工，以保证安全。

⑥ 当边坡坡度不能满足要求时（场地受限），可采用土钉和水泥砂浆抹坡面的加固方法，但要保证土钉的锚固力，对于砂性土、淤泥土禁止使用。

2. 土壁支护

在基坑（槽）或管沟开挖时，为了缩小工作面、减小土方开挖量，或因土质不良且受场地限制不能放坡时，或基坑（槽）深度较大时，应设置支护体系，即土壁支撑体系。

1）支护体系的类型

支护体系主要由围护结构和撑锚结构两部分组成。围护结构为垂直受力部分，主要承担侧向土压力、水压力和边坡上的荷载，并将这些荷载传递到撑锚结构。撑锚结构为水平受力部分，除承受围护结构传递来的水平荷载外，还要承受竖向的施工荷载（如施工机具、堆放的材料、堆土等）和自重。所以说支护体系是一种空间受力结构体系。

（1）围护结构（挡土结构）的类型。

围护结构的类型按使用材料分有（图 1.38）木挡墙、钢板桩、钢筋混凝土板桩、H 型钢支柱（或钢筋混凝土桩支柱）木挡板墙、钻孔灌注桩、水泥土墙、地下连续墙等。

围护结构一般为临时结构，待建筑物或构筑物的基础施工完毕，或管道埋设完毕即失去作用。所以常采用可回收再利用的材料，如木桩、钢板桩等；也可使用永久埋在地下的材料，但费用要尽量低，如钢筋混凝土板桩、灌注桩、水泥土墙和地下连续墙。在深的基坑中，如采用地下连续墙或灌注桩，由于其所受土压力、水压力较大，配筋较多，因而费用较高，为了充分发挥地下连续墙的强度、刚度和整体性及抗渗性，可将其作为地下结构的一部分按永久受力结构复核计算；而灌注桩也可作为基础工程桩使用，这样可降低基础工程造价。各种围护结构的性能比较和适用条件见表 1.9。

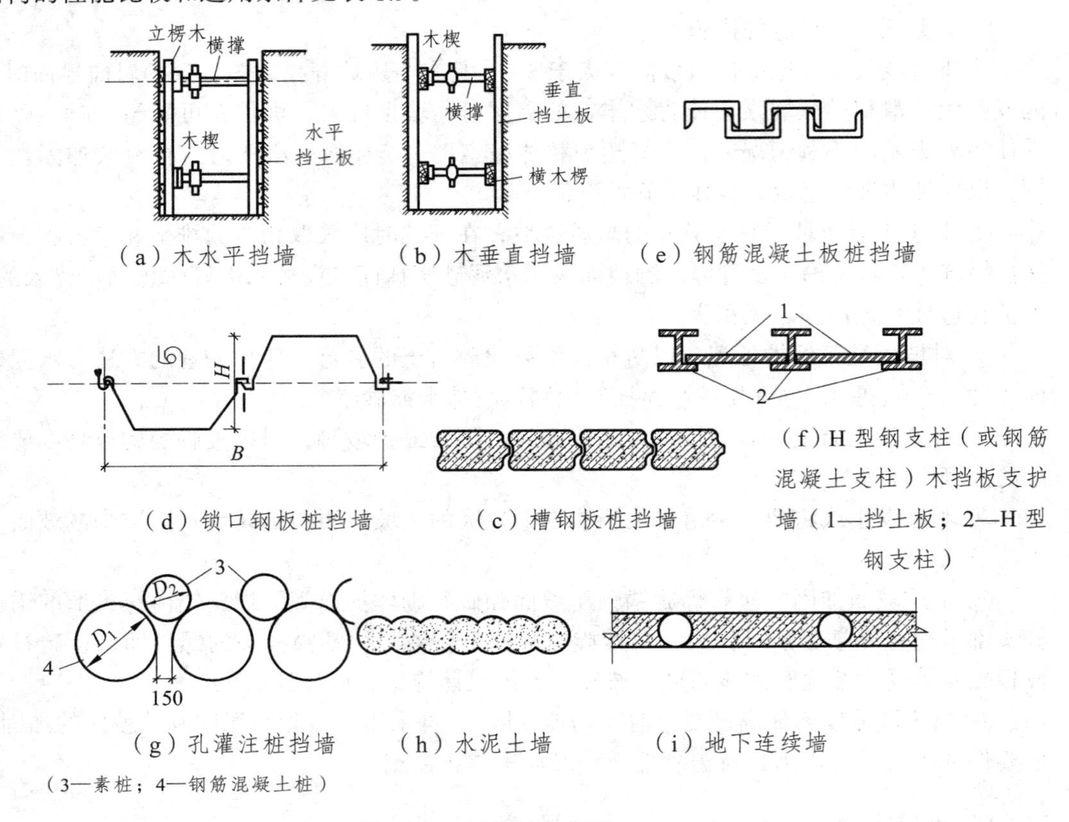

(a) 木水平挡墙　(b) 木垂直挡墙　(e) 钢筋混凝土板桩挡墙

(d) 锁口钢板桩挡墙　(c) 槽钢板桩挡墙　(f) H 型钢支柱（或钢筋混凝土支柱）木挡板支护墙（1—挡土板；2—H 型钢支柱）

(g) 孔灌注桩挡墙（3—素桩；4—钢筋混凝土桩）　(h) 水泥土墙　(i) 地下连续墙

图 1.38　围护结构类型

表 1.9　各种维护结构性能比较和适用条件

支挡结构形式		截面抗弯强度	墙的整体性	防渗性能	施工速度	造价	适用条件
木板桩		差	差	差	快	省	沟槽开挖深度小于 5 m，墙后地下无水
钢板桩	槽钢	差	差	差	快	省	开挖深度小于 4 m，基坑面积不大，墙后无地下水
	锁口钢板	较好	好	好	快	较贵	开挖深度可达 8～10 m，可适用多层支撑，适应性强，板桩可回收
钢筋混凝土板桩		较差	较差	较差	较快	省	开挖深度 3～6 m，土质不宜太硬，配合井点降水使用
H 型钢桩（或钢筋混凝土桩）木挡板墙		较差	差	差	较快	较省	开挖深度 6～8 m，可根据计算确定桩径（墙厚）和间距，适应性强

续表

支挡结构形式	截面抗弯强度	墙的整体性	防渗性能	施工速度	造价	适用条件
钻孔灌注桩挡墙	较好	较好	较好	较慢	较省	适用于地下水渗流较大的场合，按计算确定桩径，并可加筋
深层搅拌水泥土挡墙	较好	较好	较好	较慢	较省	适用于软黏土、淤泥质土层，按计算确定墙厚，墙内可加筋
地下连续墙	好	好	好	慢	贵	按计算确定墙厚，适应性强

围护结构按支撑点数可分为悬臂式挡土结构、单支点挡土结构和多支点挡土结构。

（2）支撑体系类型。

支护体系根据基坑（槽）和管沟的挖深、宽度、施工方法和场地条件及有无支撑为下列支护形式。

① 悬臂式支护结构（图 1.39（a））。

当基坑（槽）或管沟的开挖深度不大（一般不大于 4 m），或邻近基坑（槽）边无建筑物及地下管线时，可选用此结构。支护结构采用的类型有人工挖孔桩、灌注桩、钢筋混凝土板桩、锁口钢板桩、水泥土墙和地下连续墙。悬臂式支护结构易产生侧向变形，发生强度或稳定性破坏，所以板墙（桩）的入土深度既要满足悬臂结构的强度、抗滑移和抗倾覆的要求，又要满足构造深度和抗渗要求。为了增加其整体强度和稳定性，可在围护结构（挡墙）顶部增设一道冠梁，则可将悬臂长度增加 1 ~ 2 m。

② 拉锚式支护体系（图 1.39（b））。

为了减小围护墙（桩）的侧向位移，增加其刚度和稳定性，可采用拉锚式挡墙。即：当土方挖至一定深度（锚杆标高）时，用锚杆钻机在要求位置钻孔，放入锚杆，进行灌浆，待达到设计强度、装上锚具后继续挖土。拉锚有单层和多层之分，这种支护方法可使基坑（槽）或管沟的挖土深度达 6 m 以上。但锚杆宜在黏性土层中使用，如果在砂土、淤泥质土层中使用，其锚固力（抗拔力）不易得到保证，会发生围护结构倾斜破坏。

③ 内撑式支护体系（图 1.39（c）、（d））。

当围护结构为木板桩、钢板桩、钢筋混凝土板桩、钻孔灌注桩、地下连续墙等各种形式时，均可通过增加内支撑来增加挖深，浅则 3 ~ 7 m（板桩），深可达 15 m 以上（地下连续墙）。内支撑有钢结构的对撑、角撑，钢筋混凝土的对撑、角撑。内支撑多数为平面组合式，根据开挖深度可设计成单层或多层，形成整体空间刚度。这种有内撑的支护体系，土方开挖难度较大，特别是多层支撑时，机械挖土、运土都很困难。

目前，为了解决内撑式支护体系挖土难、耗用材料多等问题，并且节约支护体系费用，在许多深基坑工程中采用环梁体系作内支撑，而地下结构的施工多采用“逆施法”或“逆支正施法”。逆施法是指先做围护结构，再浇筑地下室顶板，然后地上、地下部分同时进行施工，地下部分采用从上向下挖一层土，做一层结构的施工方法。逆支正施法是指支撑体系从上向下做，而后从底板开始从下向上逐层进行地下结构施工。这两种方法所用的围护结构多采用地下连续墙，在土方开挖时，基坑顶面位移均较小。

④ 简易式支撑（图 1.39（e）、（f））。

对于较浅的基坑（槽）或管沟，可采用先挖土后支撑的方法，对不稳定土体（易滑动部分）进行支护，可大大减少支护费用，但土方开挖量有所增加。

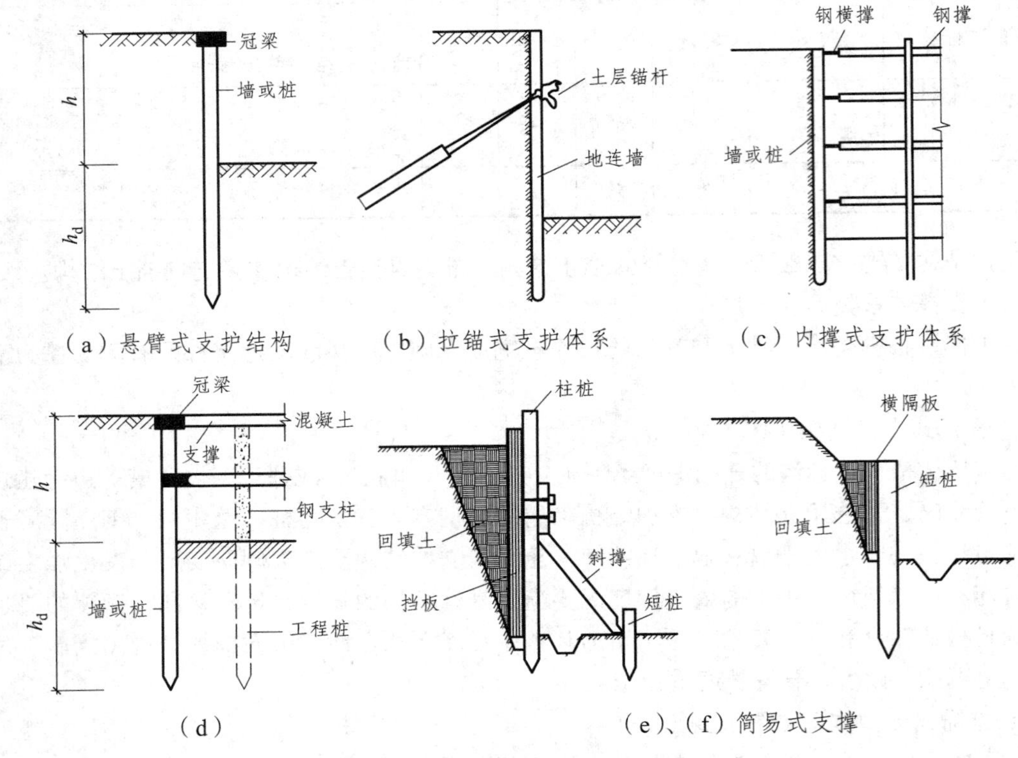

图 1.39　各种支护形式

2）支护结构体系的计算

支护结构的计算主要分两部分：即围护结构计算和撑锚结构计算。围护结构计算主要是确定挡墙（桩）的入土深度、截面尺寸、间距和配筋；撑锚结构计算主要是确定撑锚结构的受力状况、截面尺寸、配筋和构造措施。需验算的内容有：边坡的整体抗滑移稳定性；基坑（槽）底部土体隆起、回弹和抗管涌稳定性。

支护结构的计算方法有平面计算法和空间计算法，无论哪种方法均需利用专用程序进行，目前我国的计算已发展为空间计算法。

1.3.4　土方开挖机械和方法

在土方开挖之前应根据工程结构形式、开挖深度、地质条件、气候条件、周围环境、施工工期和地面荷载等有关资料，确定土方开挖和地下水控制施工方案。

基坑（槽）及管沟开挖方案的内容主要包括：确定支护结构的龄期，选择挖土机械，确定开挖时间、分层开挖深度及开挖顺序、坡道位置和车辆进出场道路，制定降排水措施，安排施工进度和劳动组织，制定监测方案、质量和安全措施，以及制定土方开挖对周围建筑物和构筑物需采取的保护措施等。土方开挖常采用的挖土机械有推土机、铲运机、单斗挖土机、多斗挖土机、装载机等。

1. 主要挖土机械及其施工

1）推土机施工

推土机由动力机械和工作部件两部分组成，其动力机械是拖拉机，工作部件是安装在动力机械前面的推土铲。推土机的行走方式有轮胎式和履带式两种，铲刀的操纵机构也有索式和液压式两种。索式推土机的铲刀借助本身自重切入土中，在硬土中切土深度较小；液压式推土机采用油压操纵，能使铲刀强制切入土中，其切入深度较大。

推土机的特点是操纵灵活、运转方便、所需工作面小、行驶速度快、易于转移、能爬30°左右的缓坡。它主要适用于平整挖土深度不大的场地，铲除腐殖土并推到附近的弃土区，开挖深度不大于1.5 m的基坑（槽），回填基坑（槽）、管沟，推筑高度1.5 m内的堤坝、路基，平整其他机械卸置的土堆，推送松散的硬土、岩石和冻土，配合铲运机、挖土机工作等，其推运距离宜在100 m以内，以40 ~ 60 m效率最高。

推土机的生产效率主要取决于推土铲刀推移土壤的体积及切土、推土、回程等工作循环时间。为此可采用顺地面坡度下坡推土，2 ~ 3 台推土机并列推土（两台并列可增加推土量15% ~ 30%），分批集中一次推送（多刀送土），槽形推土（可增加10% ~ 30%的推土量）等方法来提高生产效率。如推运较松的土壤且运距较大时，还可以在铲刀两侧加挡土板。

2）铲运机施工

铲运机由牵引机械和铲斗组成。按行走方式分为牵引式铲运机和自行式铲运机；按铲斗操纵系统分为液压操纵和机械操纵两种。

铲运机的特点是能综合完成挖土、运土、平土和填土等全部土方施工工序，对行驶道路要求较低，操纵简单灵活、运转方便，生产效率高。在土方工程中铲运机常应用于大面积场地平整，开挖大型基坑、沟槽以及填筑路基、堤坝等；最宜于铲运场地地形起伏不大、坡度在20°以内的大面积场地，土的含水率不超过27%的松土和普通土，平均运距在1 km以内，特别在600 m以内的挖运土方；不适于在砾石层和冻土地带及沼泽区工作。

铲运机的开行路线对提高生产效率影响很大，应根据挖填区的分布情况、具体条件，选择合理的开行路线。工程实践中，铲运机的开行路线常采用以下几种。

（1）环行路线。

对于施工地段较短，地形起伏不大的挖、填工程，适宜采用环形路线（图1.40（a），（b））。当挖方和填方交替，而挖填之间距离又较短时，则可采用大环形路线（图1.40（c））。大环形路线的优点是一次循环能完成多次铲土和卸土，从而减少了铲运机的转弯次数，提高了工作效率。

（2）8字形路线。

在地形起伏较大、施工地段狭长的情况下，宜采用8字形路线（图1.40（c）（d）），它适用于填筑路基、场地平整工程。

铲运机在坡地行走或工作时，上下纵坡不宜超25°，横坡不宜超过6°，不能在陡坡上急转弯，工作时应避免转弯铲土，以免铲刀受力不均引起翻车事故。

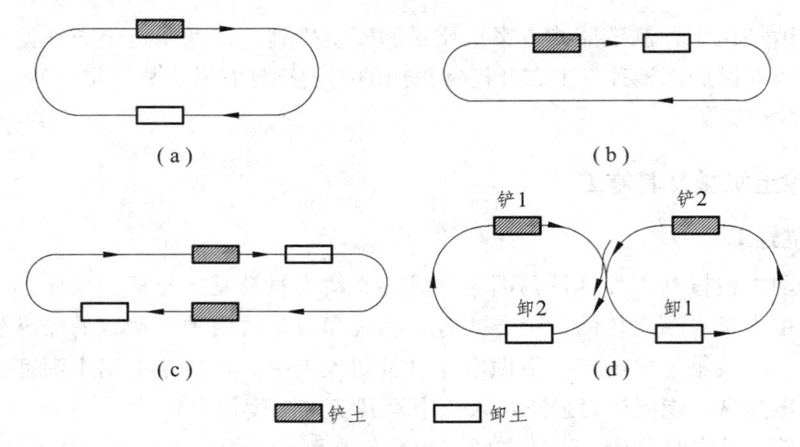

图 1.40　铲运机开行路线

3）单斗挖土机施工

单斗挖土机是大型基坑（槽）管沟开挖中最常用的一种土方机械。根据其工作装置的不同，分为正铲、反铲、抓铲和拉铲 4 种。常用斗容量为 0.5 ~ 2.0 m^3。根据操纵方式，分为液压传动和机械传动 2 种。在土木工程中，单斗挖土机更换装置后还可以进行装卸、起重、打桩等作业，是土方工程施工中不可缺少的机械设备。

（1）正铲挖土机。

① 正铲挖土机的工作特点、性能及适用范围。

正铲挖土机挖掘能力大，生产效率高。它的工作特点是“前进向上，强制切土”，宜于开挖停机平面以上一类至四类土。正铲挖土机需与汽车配合完成挖运任务。

在开挖基坑（槽）及管沟时，要通过坡道进入地面以下挖土（坡道坡度为 1∶8 左右）并要求停机面干燥，因此挖土前必须做好排水工作。其机身能回转 360°，动臂可升降斗柄可以伸缩，铲斗可以转动，图 1.41 所示为正铲液压挖土机的简图及工作状态。

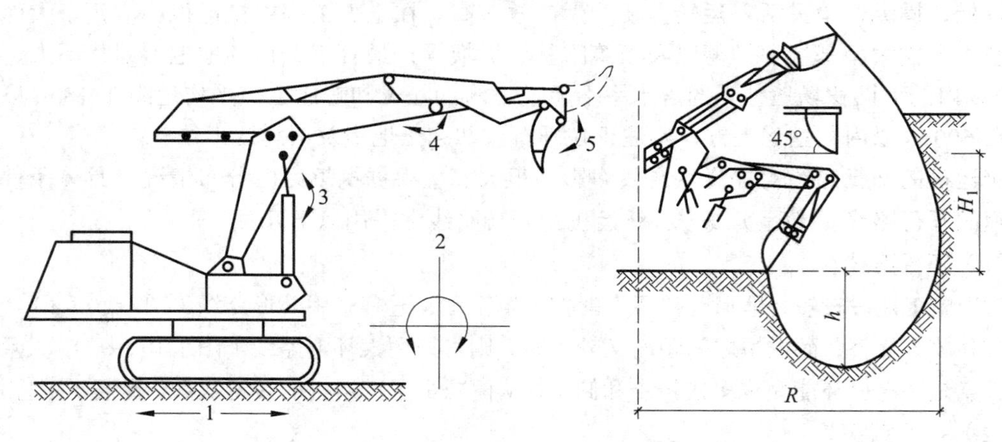

1—行走；2—回转；3—动臂升降；4—斗柄伸缩；5—铲斗转动

图 1.41　单斗液压挖土机的主要工作状态

② 正铲挖土机挖卸土方式。

根据挖土机与运输工具的相对位置不同，正铲挖土机挖土和卸土的方式有以下两种。

a. 正向挖土、侧向卸土。挖土机向前进方向挖土，运输工具在挖土机一侧开行装土（图 1.42（a）），二者可不在同一工作面上，即运输工具可停在挖土机平面上王高于停机平面。这种开挖方式，卸土时挖土机旋转角度小于 90°，提高了挖土效率可避免汽车倒开和转弯多的缺点，因而在施工中常采用此法。

b. 正向挖土、后方卸土。挖土机向前进方向挖土，运输工具停在挖土机的后面装土（图 1.42（b）），二者在同一工作面上，即在挖土机的工作平面内。这种开挖式挖土高度较大，但由于卸土时必须旋转较大角度，且运输车辆要倒车开入，影响挖土机生产率，故只宜用于基坑（槽）宽度较小，而开挖深度较大的情况。

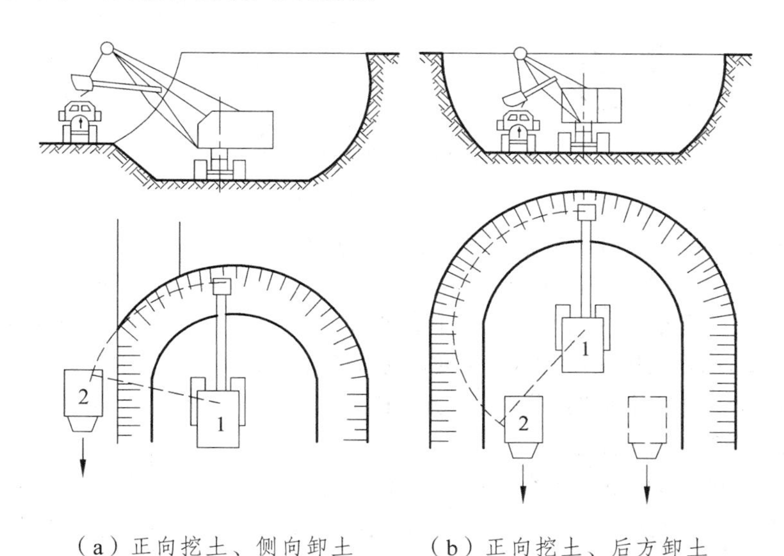

（a）正向挖土、侧向卸土　　（b）正向挖土、后方卸土

1—正铲挖土机；2—自卸汽车

图 1.42　正铲挖土机作业方式

（2）反铲挖土机。

① 反铲挖土机的工作特点、性能及适用范围。

反铲挖土机的工作特点是：“后退向下，强制切土”，用于开挖停机平面以下的一类至三类土，不需设置进出口通道。它适用于开挖基坑、基槽和管沟，有地下水的或泥泞土。一次开挖深度取决于挖土机的最大挖掘深度等技术参数。表 1.10 和图 1.43 为液压反铲挖土机的主要性能及工作尺寸。

表 1.10　液压反铲挖土机的主要性能

技术参数	符号	单位	W2-40	W4-60
铲斗容量	Q	m^3	0.4	0.6
最大挖土半径	R	m	7.03	7.3
最大挖土高度	h	m	3.74	3.7
最大挖土深度	H	m	5.98	6.4
最大卸土高度	H_1	m	4.52	4.7

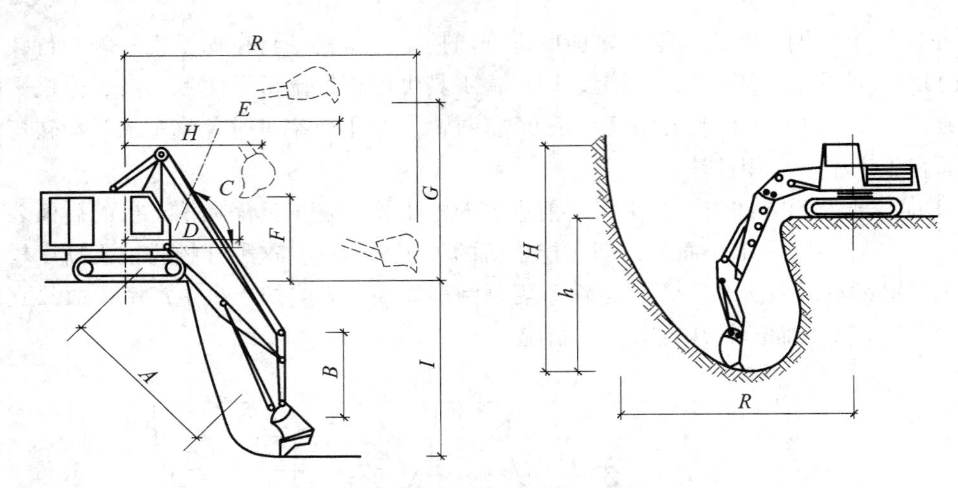

图 1.43　液压反铲挖土机工作尺寸

② 反铲挖土机的开行方式。

反铲挖土机的开行方式有沟端开行和沟侧开行两种。

a. 沟端开行（图 1.44（a））。挖土机在基坑（槽）或管沟的一端，向后倒退挖土，开行方向与开挖方向一致，汽车停在两侧装土。其优点是挖土方便，挖土宽度和深度较大，单面装土时宽度为 1.3*R*，两面装土时为 1.7*R*。深度可达最大挖土深度 *H*。当基坑（槽）宽度超过 1.7*R* 时，可分次开行或“之”字形路线开挖；当开挖大面积的基坑时，可分段开挖或多机同挖；当开挖深槽时，可采用分段分层开挖。

b. 沟侧开行（图 1.44（b））。挖土机在基坑（槽）一侧挖土、开行。由于挖土机移动方向与挖土方向垂直，所以其稳定性较差，挖土宽度和深度也较小，且不能很好地控制边坡。但当土方需要就近堆放在坑（沟）旁时，此法可将土弃于距坑（沟）较远的地方。

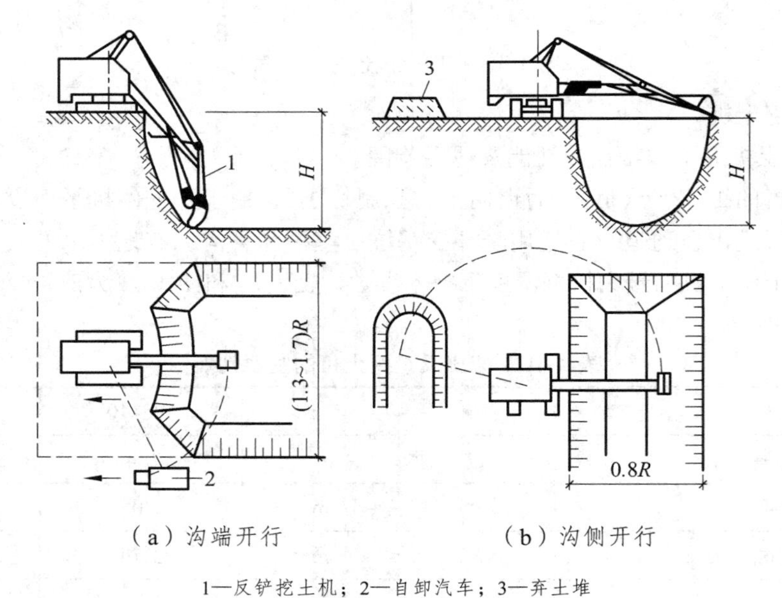

（a）沟端开行　　（b）沟侧开行

1—反铲挖土机；2—自卸汽车；3—弃土堆

图 1.44　反铲挖土机的开行方式和工作面

（3）拉铲挖土机。

拉铲挖土机的工作特点是“后退向下，自重切土”，用于开挖停机面以下的一、二类土。它工作装置简单，可直接由起重机改装，铲斗悬挂在钢丝绳下而不需刚性斗柄，土斗借自重使斗齿切入土中。其开挖深度和宽度均较大，常用于开挖大型基坑、沟槽和水下挖土等。与反铲挖土机相比，拉铲的挖土深度、挖土半径和卸土半径均较大，但开挖的精确性差，且大多将土弃于土堆，如需卸在运输工具上，则操作技术要求高，且效率降低。

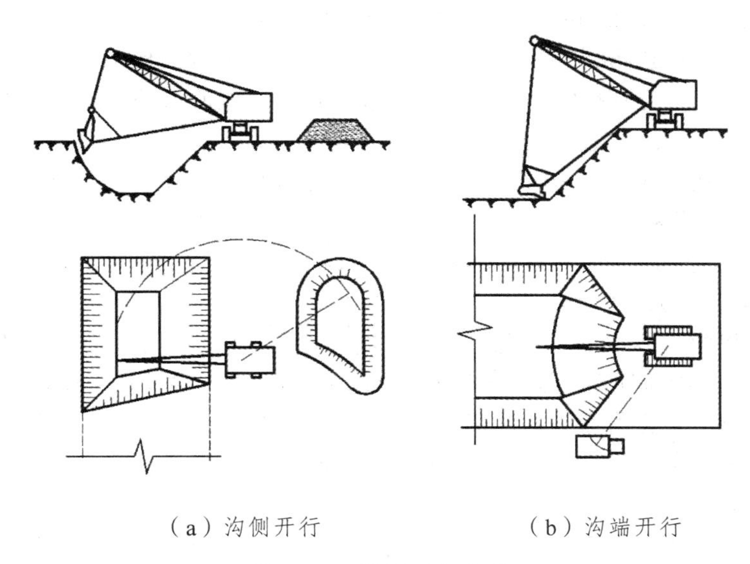

（a）沟侧开行　　　（b）沟端开行

图 1.45　拉铲开行方式

拉铲挖土机的开行路线与反铲挖土机开行路线相同（图 1.45）。

（4）抓铲挖土机。

抓铲挖土机是在挖土机臂端用钢索或吊杆安装一抓斗，也可由履带式起重机改装。它可用以挖掘一、二类土，宜用于挖掘独立柱基的基坑（图 1.46）、沉井及开挖面积较小、深度较大的沟槽或基坑，特别适宜于水下挖土。

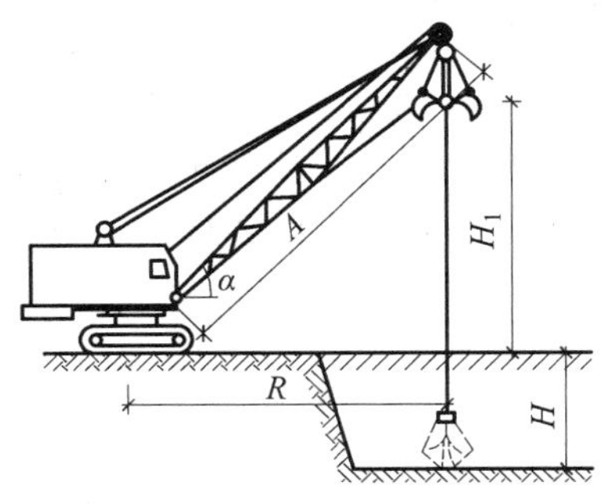

图 1.46　抓铲开挖桩基基坑

2. 土方开挖机械的选择

土方开挖机械的选择主要是确定其类型、型号、台数。挖土机械的类型是根据土方开挖类型、工程量、地质条件及挖土机的适用范围而确定的，再根据开挖场地条件、周围环境及工期等确定其型号、台数和配套汽车数量。

3. 土方开挖的一般要求

① 土方工程施工前，应对原有地下管线情况进行调查，并事先进行妥善处理，以防止出现触电、煤气泄漏等安全事故或造成停水、停电等事故。

② 土方开挖之前，应检查在基坑或沟槽外所设置的龙门板、轴线控制点有无位移现象，并根据设计图纸校核基础轴线的位置、尺寸及龙门板标高等。

③ 土方开挖应连续进行，并尽快完成。施工时在基坑周围的地面上应进行防水、排水处理，严防雨水等地面水浸入基坑周边土体，亦应防止地面水流入基坑引起塌方或地基土遭到破坏。

④ 开挖基坑（槽）时，若土方量不大，应有计划地堆置在现场，满足基坑（槽）回填土及室内填土的需要。若有余土则应考虑好弃土地点，并及时将土运走，避免二次倒运。开挖出的土方堆置，应距离坑（槽）边在 0.8 m 以外，且不应超过设计荷载，以免影响施工或造成坑（槽）土壁坍塌、边坡滑移。

⑤ 在开挖过程中，应对土质情况、边坡坡度、地下水位和标高等的变化作定时测量，做好记录，以便随时分析与处理。挖土时不得碰撞或损伤支护结构及降水设施。

⑥ 土方开挖时应防止附近已有建筑物、构筑物、道路、管线等发生下沉和变形。必要时应与设计单位或建设单位协商采取防护措施（如支护），并在施工中进行沉降和位移等监测，即采用“信息化施工”方法。

⑦ 在开挖基坑（槽）和管沟时，不得扰动地基土而破坏土体结构，降低其承载力。使用推土机、铲运机施工时，可在规定标高以上保留 150 ~ 200 mm 土层不挖；使用正铲、反铲及拉铲挖土机施工时，可保留 200 ~ 300 mm 原土层不挖。所保留土层将在基础施工前由人工铲除，如果基坑（槽）和管沟的深度较大，人工运土困难时，可在机械挖土时铲除，但施工人员必须注意安全。基础垫层应马上施工，避免地基土暴露时间过长，影响地基土的性能。如果人工挖土后不能立即进行基础施工或铺设管道时，可保留 150 ~ 300 mm 的土暂不挖，待下道工序开始前挖除。

⑧ 在土方开挖过程中，若发现古墓及文物等，要保护好现场，并立即通知文物管理部门，经查看处理后方可继续施工。

⑨ 在滑坡地段挖土时，不宜在雨期施工，应尽量遵循先整治后开挖的施工程序，做好地面上下的排水工作，严禁在滑坡体上部弃土或堆放材料。为了安全尽量在旱季开挖，并加强支撑。

1.3.5 基坑验槽

基坑（槽）挖至设计标高并清理好后，施工单位必须会同勘察、设计单位和建设单位（或监理单位）共同进行验槽，合格后才能进行基础工程施工。

验槽方法主要以施工经验观察法为主，而对于基底以下的土层不可见部位，要先辅以钎探法配合共同完成。

1. 钎探法

钎探法是用锤将钢钎打入坑底以下的土层内一定深度，根据锤击次数和入土难易程度来判断土的软硬情况及有无墓穴、枯井、土洞、软弱下卧土层等。对钎探出的问题应进行地基处理，以免造成建筑物或构筑物的不均匀沉降。钢钎的打入分人工和机械两种。钎探应按下列要求进行。

① 打钎前应根据基坑（槽）平面图，绘制钎探点平面布置图并依次编号。

② 按钎探点顺序号进行钎探施工。

③ 打钎时，同一工程应钎径一致、锤重一致、用力（落距）一致。每贯入 30 cm（通常称为一步），记录一次锤击数，打钎深度为 2.1 m。每打完一个孔，填入钎探记录表内。最后整理成钎探记录。

④ 打钎完成后，要从上而下逐“步”分析钎探记录情况，再横向分析各钎点相互之间的锤击次数，将锤击次数过多或过少的钎点，在钎探点平面图上加以圈注，以备到现场重点检查。

⑤ 钎探后的孔要用砂灌实。

2. 观察法

观察法是根据施工经验对基槽进行现场实际观察，观察的主要内容如下：

① 根据设计图纸检查基坑（槽）开挖的平面位置、尺寸、槽底标高是否符合设计要求。

② 仔细观察槽壁、槽底的土质类别、均匀程度，是否存在异常土质情况，验证基槽底部土质是否与勘察报告相符；观察土的含水率情况，是否过干或过湿；观察槽底土质结构是否被人为破坏。

③ 检查基槽边坡是否稳定，并检查基槽边坡外缘与附近建筑物的距离，分析基坑开挖对建筑物稳定是否有影响。

④ 检查基槽内是否有旧建筑物基础、古墓、洞穴、枯井、地下掩埋物及地下人防设施等。如存在上述情况，应沿其走向进行追踪，查明其在基槽内的范围、延伸方向、长度、深度及宽度。

⑤ 检查、核实、分析钎探资料，对存在的异常点位进行复核检查。

⑥ 验槽的重点应选择在柱基、墙角、承重墙下或其他受力较大的部位。

验槽中若发现有与设计不相符的地质情况，应会同勘察、设计等有关单位制订处理方案。

1.4　土方填筑与压实

1.4.1　填方土料的选择

土壤是由矿物颗粒、水、气体组成的三相体系。其特点是分散性较大，颗粒之间没有较强的连接，水容易浸入，在外力作用下或自然条件下遭受浸水或冻融都会发生变形。因此，为了保证填土的强度和稳定性，必须正确选择土料和填筑方法。填方土料应符合设计要求，如设计无要求时，应符合下列规定：

① 碎石类土、砂土和爆破石渣（粒径不大于每层铺土厚的 2/3），可用于表层下的填料。

② 含水率符合压实要求的黏性土，可用做各层填料。

③ 碎块草皮和有机质含量大于 8%的土，仅用于无压实要求的填方。

④ 淤泥和淤泥质土一般不能用做填料，但在软土地区，经过处理后含水率符合压实要求的，可用于填方中的次要部位。

⑤ 水溶性硫酸盐含量大于 5%的土，不能用做填料，因为在地下水作用下，硫酸盐会逐渐溶解流失，形成孔洞，影响土的密实性。

⑥ 冻土、膨胀性土等不应作为填方土料。

1.4.2 填土压实方法

填土的压实方法一般有碾压法、夯实法和振动压实法（图 1.47）。

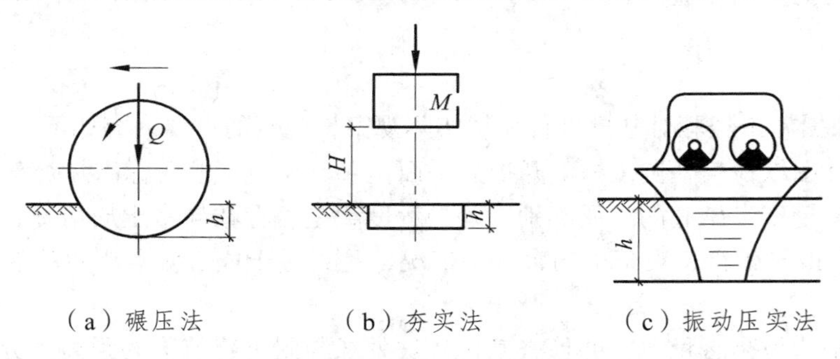

（a）碾压法　　（b）夯实法　　（c）振动压实法

图 1.47 填土压实方法

1. 碾压法

碾压法是通过碾压机的自重压力，使一定深度范围内的土克服颗粒之间的黏结力和摩擦力而产生相对运动，并排出土空隙中的空气和水分而使填土密实。这种方法适用于大面积填土工程。碾压机械有平碾压路机、羊足碾等。平碾压路机又称光碾压路机，按重量等级分为轻型（3 ~ 5 t）、中型（6 ~ 10 t）和重型（12 ~ 15 t）3 种，按其装置形式不同又分为单轮压路机、双轮压路机及三轮压路机等几种，它适用于压实砂类土和黏性土。羊足碾一般无动力，需拖拉机牵引，有单筒、双筒两种，由于它与土的接触面积小，故单位面积的压力较大，压实效果好，适用于压实黏性土。

采用碾压法施工时，在碾压机械碾压之前，宜先用轻型推土机推平，并低速预压 4 ~ 5 遍，使表面平实。碾压机压实时，应控制行驶速度，一般不超过 2 km/h，并控制压实遍数。压实机械应与基础或管道保持一定的距离，防止将基础或管道压坏或产生位移。用平碾压路机压实一层后，应用人工或推土机将表面拉毛，土层表面太干时，应洒水湿润后再继续填土，以保证上下层结合密实。

2. 夯实法

夯实法是利用夯锤自由下落的冲击力来夯实土壤。常用的夯实机械有蛙式打夯机、柴油打夯机等。这两种机械由于体积小、重量轻、操纵机动灵活、夯击能量大、夯实工效较高，在工程中广泛用于建筑（构筑）物的基坑（槽）和管沟的回填，以及各种零星分散、边角部位的小面积填土夯实。夯实法可用于夯实黏性土或非黏性土，对土质适应性较强。

采用夯实方法时也应在夯实前先将填土初步整平，然后按“一定方向、一夯压半夯、夯夯相接、行行相连、相邻两遍纵横交叉、分层夯实”的方法进行。

3. 振动压实法

振动压实法是通过振动压实机械来振动土颗粒，使土颗粒发生相对位移而达到紧密状态，用于振实非黏性土效果较好。常用的机械有平板振动器和振动压路机。平板振动器体形小、轻便、操作简单，但振实深度有限，适宜薄层回填土的振实以及薄层砂卵石、碎石垫层的振实。振动压路机是一种振动和碾压同时作用的高效能压实机械，适用于填料为爆破石渣、碎石类土、杂填土或粉土的大型填方工程。

1.4.3 影响填土压实效果的主要因素

影响填土压实效果的因素有内因和外因两方面。内因指土质和湿度；外因指压实功能及压实时的外界自然和人为的其他因素等。归纳起来主要有以下几方面。

1. 含水率的影响

含水率对压实效果的影响比较显著。当含水率较小时，由于颗粒间引力（包括毛细管压力）使土保持着比较疏松的状态或凝聚结构，土中孔隙大都互相连通，水少而气多，在一定的外部压实功能作用下，虽然土孔隙中气体易被排出，但由于水膜润滑作用不明显，土粒相对移动不容易，因此压实效果比较差；当含水率逐渐增大时，水膜变厚，引力缩小，水膜又起着润滑作用，外部压实功能比较容易使土粒移动，压实效果较佳；当土中含水率增加到一定程度后，在外部压实功的作用下，土的压实效果达到最佳，此时土中的含水率称为最佳含水率。在最佳含水率的情况下压实的土，水稳定性最好，土的密实度最大。土中含水率过大时，土体孔隙中出现了自由水，压实功能不能使气体排出，且部分压实功能被自由水所抵消，减小了有效压力，压实效果反而降低，易成橡皮土。由图 1.48 所示的土的干密度与含水率关系可以看出，对应于最佳含水率处曲线有一峰值，此处的干密度为最大，称为最大干密度 ρ_{max}。然而当含水率较小时土粒间引力较大，虽然干密度较小，但其强度可能比最佳含水率还要高。此时因其密实度较低，孔隙多，一经泡水，其强度会急剧下降。因此，工程中用干密度作为填方密实程度的技术指标，且取干密度最大时的含水率为最佳含水率，而不取强度最大时的含水率为最佳含水率。

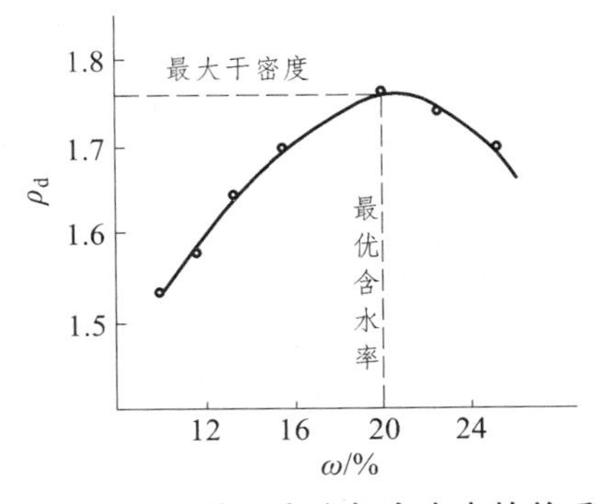

图 1.48 土的干密度与含水率的关系

土在最佳含水率时的最大干密度，可由击实试验取得，也可查表 1.11 确定（仅供参考）。

表 1.11　土的最佳含水率和最大干密度（供参考）

项次	土的种类	最佳含水量/%	最大干密度/（t/m³）
1	砂土	8～12	1.80～1.88
2	粉土	16～22	1.61～1.80
3	粉质黏土	12～15	1.85～1.95
4	黏土	19～23	1.58～1.70

2. 压实功能的影响

压实功能指压实机具的作用力、碾压遍数或锤落高度、作用时间等对压实效果的影响，它是除含水率以外的另一重要因素。当土偏干时，增加压实功能对提高土的干密度影响较大，偏湿时则收效甚微。故对偏湿的土企图用加大压实功能的办法来提高土的密实度是不经济的；若土的含水率过大，此时增大压实功能就会出现“弹簧”现象。从图 1.49 可以看出，在土的含水率最佳的条件下，土方开始压实时，土的密度急剧增加，待到接近土的最大密度时，压实功虽然增加许多，但土的密度则不发生变化，如果压实功继续增加，将引起土体剪切破坏。所以，在实际施工时，应根据不同的土以及压实密度要求和不同的压实机械来决定压实的遍数（参见表 1.12）。此外，松土不宜用重型碾压机直接滚压，否则土层会有强烈的起伏现象，效率不高；如先用轻碾压实，再用重碾就可取得较好效果。

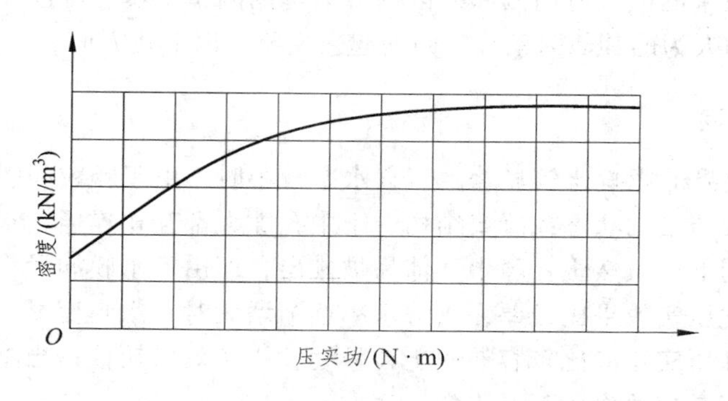

图 1.49　土的密度与压实功能的关系

表 1.12　不同压实机械分层填土虚铺实厚度及压实遍数

压实方法或压实机械	黏性土		砂土	
	虚铺厚度/cm	压实遍数	虚铺厚度/cm	压实遍数
重型平碾（12 t）	25～30	4～6	30～40	4～6
中型平碾（8～12 t）	20～25	8～10	20～30	4～6
轻型平碾（<8 t）	15	8～10	20	6～10
蛙夯（200 kg）	25	3～4	30～40	8～10
人工夯（50～60 kg）	18～20	4～5		

3. 铺土厚度的影响

铺土厚度对压实效果有明显的影响。相同压实条件下（土质、湿度与功能不变），由实测不同深度土层的密实度得知，密实度随深度递减，表层 50 mm 最高，如图 1.50 所示。如果铺土过厚，下部土体所受压实作用力小于土体本身的黏结力和摩擦力，土颗粒不能相互移动，无论压多少遍，填方也不能被压实；如果铺土过薄，下层土体则会因压实次数过多而受剪切破坏。最优的铺土厚度应是能使填方压实而机械的功耗费又最小。不同压实机械的有效压实深度有所差异，根据压实机械类型、土质及填方压实的基本要求，每层铺筑的厚度有具体规定数值（表1.12）。

4. 土质的影响

在一定压实功能作用下，含粗粒越多的土，其最大干密度越大，即随着粗粒土的增多，其击实曲线的峰点越向左上方移动（图1.51）。施工时应根据不同土质，分别确定其最大干密度和最佳含水率。

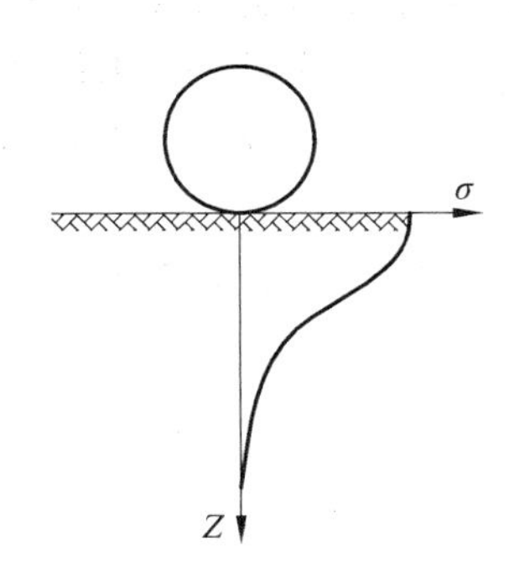

图1.50 压实作用沿深度的变化

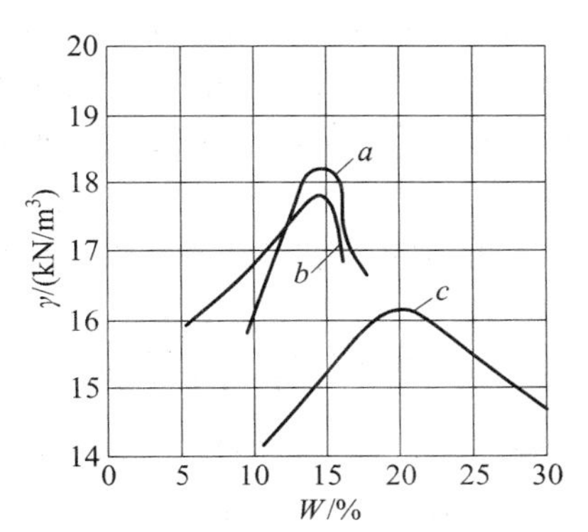

图1.51 几种土质的压实曲线

1.4.4 填土压实的一般要求

① 填土应从最低处开始分层进行，每层铺填厚度和压实遍数应根据所采用的压实机具及土的种类而定。

② 同一填方工程应尽量采用同类土填筑，并宜控制土的含水率在最优含水率范围内。如采用不同类土填筑时，必须按类分层铺筑，应将渗透系数大的土层置于渗透系数较小的土层之下。若已将渗透系数较小的土填筑在下层，则在填筑上层渗透系数较大的土层之前，应将两层结合面做成中央高、四周低的弧面排水坡度或设置盲沟，以免填土内形成水囊。因此，绝不能将各种土混杂一起填筑。

③ 在地形起伏之处，应做好接搓，修筑1∶2阶梯形边坡，每台阶可取高50 cm，宽100 cm。分段填筑时每层接缝处应做成大于1∶1.5的斜坡，碾迹重叠0.5 ~ 1.0 m，上下层错缝距离不应小于1 m。接缝部位不得在基础墙角、柱墩等重要部位。

④ 填土层如有地下水或滞水时，应在四周设置排水沟和集水井，将水位降低；已填好的土如遭水浸，应把稀泥铲除后，方能进行下一道工序；填土区应保持一定横坡，或中间稍高两边稍低，以利排水。

⑤ 在基坑（槽）回填土方时，应在基础的相对两侧或四周同时进行填筑与夯实，以免挤压基础引起开裂。在回填管沟时，应用人工先在管子周围填土夯实，并从管道两边同时进行，直至管顶0.5 m以上，在不损坏管道的情况下，方可采用机械填土夯实。

⑥ 填方应预留一定的下沉高度，以备在行车、堆重或干湿交替等自然因素作用下，土体

逐渐沉落密实。预留沉降量应根据工程性质、填方高度、填料种类、压实系数和地基情况等因素确定。当土方用机械分层夯实时，其预留下沉高度，以填方高度的百分数计，对砂土为1.5%对粉质黏土为3%～3.5%。

⑦ 当天填土应在当天压实，避免填土干燥或被雨水、施工用水浸泡。

1.4.5 填土压实的质量要求

填土压实的质量要求主要是压实后的密实度要求，密实度要求以压实系数λ_c表示。压实系数λ_c是土的施工控制干密度ρ_d与土的最大干密度$\rho_{d\max}$的比值。压实系数一般由设计人员根据工程结构性质、填土部位以及土的性质确定，如一般场地平整压实系数λ_c为0.9左右，地基填土为0.91～0.97。

土的最大干密度$\rho_{d\max}$由试验室击实试验确定，当无试验资料时，可按下式计算

$$\rho_{d\max}=\eta\frac{\rho_w d_s}{1+0.01\omega_{op}d_s} \tag{1.46}$$

式中 η——经验系数，对于黏土取0.95，粉质黏土取0.96，粉土取0.97；

ρ_w——水的密度（g/cm³）；

d_s——土粒相对密度；

ω_{op}——土的最佳含水率（%），可按当地经验或取ω_p+2（ω_p为土的素限），或参考表1.11取值。

施工中，根据土的最大干密度$\rho_{d\max}$和设计要求的压实系数λ_c，即可求得填土的施工控制干密度ρ_d之值。

填土压实后的实际干密度$\rho_{d\max}$可采用环刀法取样测定。其取样组数为：基坑回填每20～50 m³取样一组，基槽和管沟回填每层按长度20～50 m取样一组，室内填土每层按100～500 m²取样一组，场地平整填方每层按400～900 m²取样一组。取样部位一般应在每层压实后的下半部。先称量出土样的湿密度并测出含水率，然后按式（1.47）计算土的实际干密度ρ_0

$$\rho_0=\frac{\rho}{1+0.01\omega} \tag{1.47}$$

式中 ρ——土的湿密度（g/cm³）；

ω——土的含水率（%）。

如果按上式计算得土的实际干密度$\rho_0\geqslant\rho_d$（施工控制干密度），则表明压实合格；若$\rho_0<\rho_d$，则压实不够。工程中所检查的实际干密度ρ_0应有90%以上符合要求，其余10%的最低值与控制干密度ρ_d之差不得大于0.08 g/cm³，且其取样位置应分散，不得集中。否则应采取补救措施，提高填土的密实度，以保证填方的质量。

1.5 地基处理

当结构物的天然地基可能发生下述情况之一或其中几个时，都必须对地基土采用适当的

加固或改良措施，提高地基土的承载力，保证地基稳定，减少结构物的沉降或不均匀沉降。

① 强度和稳定性问题。即当地基的抗剪强度不能承担上部结构的自重及外荷载时，地基将会产生局部或整体剪切破坏。

② 压缩及不均匀沉降问题。当地基在上部结构的自重及外荷载作用下产生过大的变形时，会影响其上部结构的正常使用。沉降量较大时，不均匀沉降也比较大；当超过结构所能容许的不均匀沉降时，结构可能开裂破坏。

③ 地下水流失及潜蚀和管涌问题。

④ 动力荷载作用下土的液化、失稳和震陷问题。

地基处理的方法很多，按其处理原理分类和各方法适用范围见表 1.13。

表 1.13 地基处理方法分类及适用范围

<table>
<tr><th>序号</th><th>地基处理方法</th><th>地基处理原理</th><th colspan="2">施工方法</th><th>适用范围</th></tr>
<tr><td rowspan="8">1</td><td rowspan="8">排水固结法</td><td rowspan="8">软黏性土地基在荷载作用下，土中孔隙水排出，孔隙比减小，地基固结变形，超静水压力消散，土的有效应力增大，地基土强度提高</td><td colspan="2">堆载预压法</td><td>软黏土地基</td></tr>
<tr><td rowspan="3">砂井法</td><td>袋装砂井</td><td rowspan="4">透水性低的软弱黏性土地基</td></tr>
<tr><td>塑料排水板</td></tr>
<tr><td>塑料管</td></tr>
<tr><td colspan="2">砂井堆载预压法</td></tr>
<tr><td colspan="2">降低地下水位法</td><td>饱和粉细砂地基</td></tr>
<tr><td colspan="2">真空预压法</td><td>软黏土地基</td></tr>
<tr><td colspan="2">电渗法</td><td>饱和软黏土地基</td></tr>
<tr><td rowspan="7">2</td><td rowspan="7">振动挤密法</td><td rowspan="7">采用一定的手段，通过振动、挤压使地基土体孔隙比减小，强度提高</td><td>表面压实法</td><td colspan="2">浅层疏松黏性土、松散砂性土、湿陷性黄土及杂填土地基</td></tr>
<tr><td>重锤夯实法</td><td colspan="2">高于地下水位 0.8 m 以上稍湿的黏性土、砂土、湿陷性黄土、杂填土和分层填土地基</td></tr>
<tr><td>强夯法</td><td colspan="2">碎石土、砂土、低饱和度的黏性土、粉土、湿陷性黄土及填土地基的深层加固</td></tr>
<tr><td>振冲、挤密法</td><td colspan="2">松散的砂性土、小于 0.005 mm 的黏粒含量 <10%</td></tr>
<tr><td>灰土挤密桩</td><td colspan="2">地下水位以上、天然含水率 12%~25%、厚度 5～15 m 的素填土、杂填土、湿陷性黄土以及含水率较大的软弱地基</td></tr>
<tr><td>砂石桩</td><td colspan="2">松散砂土、素填土和杂填土地基</td></tr>
<tr><td>水泥粉煤灰碎石桩（CFG 桩）</td><td colspan="2">黏性土、粉土、砂土和已自重固结的素填土；对淤泥质土应按地区经验或通过现场试验确定其适用性</td></tr>
</table>

续表

序号	地基处理方法	地基处理原理	施工方法	适用范围
3	置换及拌入法	以砂、碎石等材料置换软弱地基，或在部分土体内掺入水泥、石灰等形成加固体，与未加固部分形成复合地基，从而提高地基承载力，减小压缩量	换土垫层法	软弱的浅层地基处理
			高压旋喷注浆法	淤泥、淤泥质土、流塑、软塑或可塑私性土、粉土、砂土、黄土、素填土和碎石土地基
			深层搅拌桩	加固较深较厚的淤泥、淤泥质土、粉土和承载力不大于 0.12 MPa 的饱和黏土及软黏土、沼泽地带的泥炭土等地基
			振冲置换法（碎石桩）	软弱黏性土地基
			石灰桩	
4	灌浆法	用气压、液压或电化学原理把某些能固化的浆液注入各种介质的裂缝或孔隙，以改善地基物理力学性质	渗入灌浆法	砂及砂砾、湿陷性黄土、黏性土地基
			劈裂灌浆法	
			压密灌浆法	
			电动化学灌浆法	
5	加筋法	通过在土层中埋设强度较大的土工聚合物、拉筋、受力杆件等，达到提高地基承载力、减少沉降的目的	土工合成材料法	软弱地基或用作反滤层、排水和隔离材料
			土钉墙	地下水位以上或经人工降低地下水位后的人工填土、黏性土和弱胶结砂土地基
			加筋土	人工填筑的砂性土地基
6	冷热处理法	通过人工冷却，使地基冻结；或在软弱黏性土地基的钻孔中加热，通过焙烧使周围地基减少含水率，提高强度，减少压缩性	冻结法	饱和的砂土或软黏性土层中的临时性措施
			浇结法	—

1.5.1 换土垫层法

当建筑物基础下的持力层比较软弱，不能满足上部荷载对地基的要求时，常采用换土垫层法来处理软弱地基。换土垫层法是先将基础底面以下一定范围内的软弱土层挖去，然后回填强度较高、压缩性较低，并且没有侵蚀性的材料，如中粗砂、碎石或卵石、灰土、素土、石屑、矿渣等，再分层夯实后作为地基的持力层。换土垫层按其回填的材料可分为灰土垫层、砂垫层以及碎（砂）石垫层等。

1. 灰土垫层

灰土垫层是将基础底面下一定范围的软弱土层挖去，用按一定体积比配合的石灰和黏性土拌和均匀后在最优含水率情况下分层回填夯实或压实而成。它适用于地下水位较低，基槽经常处于较干燥状态下的一般黏性土地基的加固。

2. 砂垫层和砂石垫层

砂垫层和砂石垫层是将基础下面一定厚度软弱土层挖除，然后用强度较高的砂或碎石等回填，并经分层夯实至密实，作为地基的持力层，以起到提高地基承载力、减少沉降、加速软弱土层排水固结、防止冻胀和消除膨胀土的胀缩等作用。

施工前应将坑（槽）底浮土清除，且保证边坡稳定，防止塌方。槽底和两侧如有孔洞、沟、井和墓穴等，应在未做垫层前加以处理。施工中应按回填要求进行。

1.5.2 夯实地基法

1. 重锤夯实法

重锤夯实法是用起重机械将夯锤提升到一定高度时，利用自由下落的冲击能重复夯打击实基土表面，使其形成一层比较密实的硬壳层，从而使地基得到加固。

1）重锤夯实设备

重锤夯实使用的起重设备采用带有摩擦式卷扬机的起重机。夯锤有金属夯锤和钢筋混凝土夯锤见图 1.52，夯锤形状为一截头圆锥体（图 1.52（c））可用 C30 钢筋混凝土制作，其底部可采用 20 mm 厚钢板，以使重心降低。锤底直径一般为 0.7 ~ 1.5 m，锤重不小于 1.5 t 锤重与底面面积的关系应符合锤重在底面上的单位静压力为 150 ~ 200 kPa。

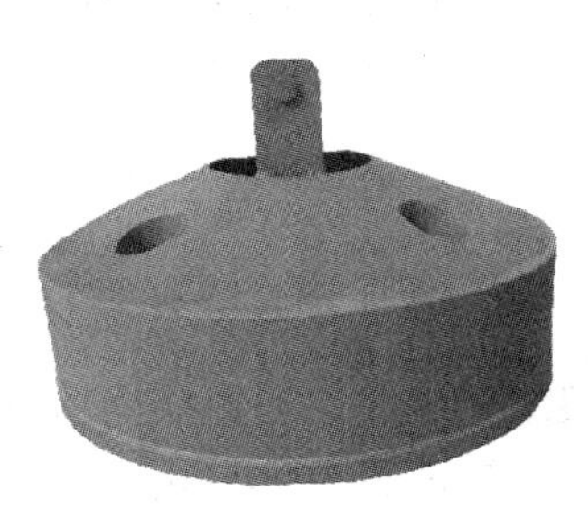

（a）固定重量金属夯锤

（b）可拆卸金属夯锤

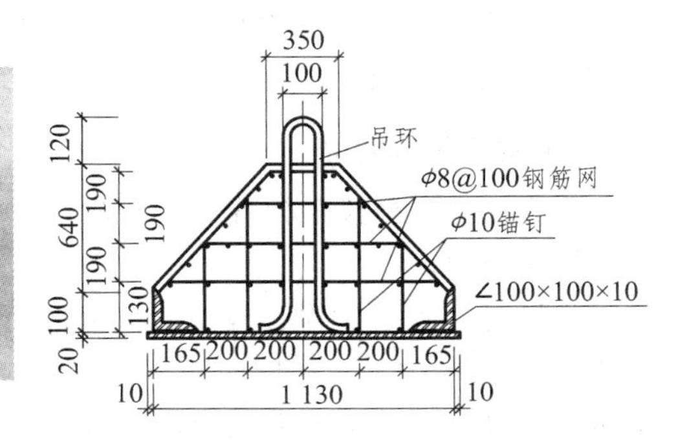

（c）钢筋混凝土夯锤

图 1.52 夯锤类型

2）重锤夯实技术要求

重锤夯实的效果与锤重、锤底直径、落距、夯实遍数和土的含水率有关。重锤夯实的影响深度大致相当于锤底直径。落距一般取 2.5 ~ 4.5 m。夯打遍数一般取 6 ~ 8 遍。

随着夯实遍数的增加，夯沉量逐渐减少。所以，任何工程在正式夯实前，应先进行试夯，确定夯实参数。

在试夯及地基夯实时，必须使土处在最优含水率范围，才能得到最好的夯实效果。基坑（槽）的夯实范围应大于基础底面，每边应比基础设计宽度加宽 0.3 m 以上，以便于底面边角夯打密实。基坑（槽）边坡应适当放缓。夯实前，坑（槽）底面应高出设计标高，预留土层的厚度可为试夯时的总夯沉量再加 50 ~ 100 mm。在大面积基坑或条形基槽内夯打时，应按一夯挨一夯的顺序进行。在一次循环中，同一夯位应连夯两击，下一循环的夯位应与前一循环错开 1∶2 锤底直径（图 1.53），落锤应平稳，夯位应准确。在独立柱基基坑内夯打时，一般采用先周边后中间或先外后里的跳夯法进行（图 1.54）。夯实完后应将基坑（槽）表面修整至设计标高。

重锤夯实后应检查施工记录，除应符合试夯最后两遍的平均夯沉量的规定外，并应检查基坑（槽）表面的总夯沉量，以不小于试夯总夯沉量的 90%为合格。

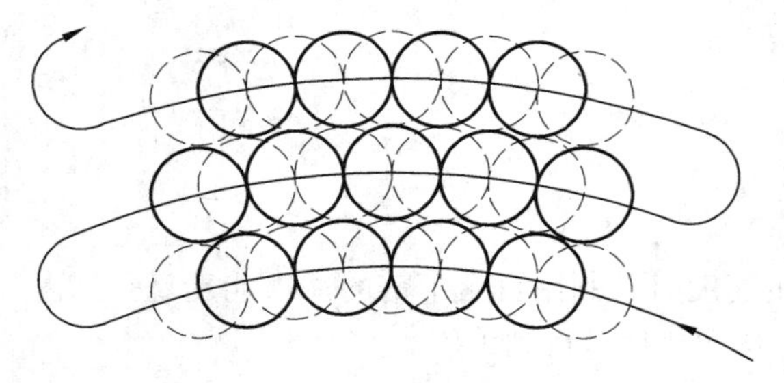

图 1.53　相邻两层夯位搭接示意

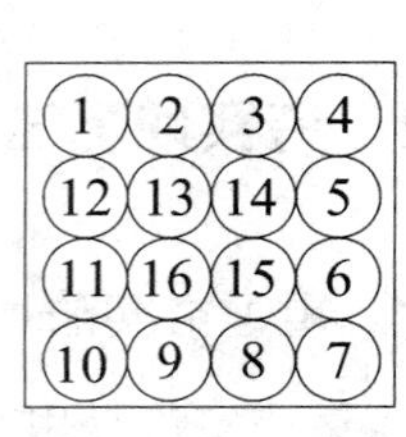

2	3	1
8	9	7
5	6	4

1	2	3	4
12	13	14	5
11	16	15	6
10	9	8	7

（a）先外后里跳打法；（b）先周边后中间打法

图 1.54　夯打顺序

2. 强夯法

强夯法是用起重机械将重锤（一般 10 ~ 40 t）吊起从高处（一般 6 ~ 30 m）自由落下，对地基反复进行强力夯实的地基处理方法。强夯所产生的振动和噪声很大，对周围建筑物和其他设施有影响，在城市中心不宜采用，必要时应采取挖防震沟（沟深要超过建筑物基础深）等防震、隔振措施。

1）强夯机具设备

强夯法的主要设备包括夯锤、起重设备、脱钩装置等。

（1）夯锤。

夯锤可用钢材制作，或用钢板为外壳、内部焊接骨架后灌注混凝土制成。夯锤底面为方形或圆形（图 1.55）。锤底面面积宜按土的性质确定，锤底接地静压力值可取 2 540 kPa，对于细颗粒土锤底接地静压力宜取较小值。夯锤的底面宜对称设置若干个与其顶面贯通的排气孔，孔径可取 250 ~ 300 mm。

（2）起重机械。

宜选用起重能力 15 t 以上的履带式起重机或其他专用起重设备，但必须满足夯锤起吊重量和提升高度的要求，并均需设安全装置，防止夯击时臂杆后仰。

（3）自动脱钩装置。

要求有足够强度，起吊时不产生滑钩；脱钩灵活，能保持夯锤平稳下落；挂钩方便、迅速。

（4）检测设备。

检测设备包括标准贯入度、静力触探或轻便触探等设备以及土工常规试验仪器。

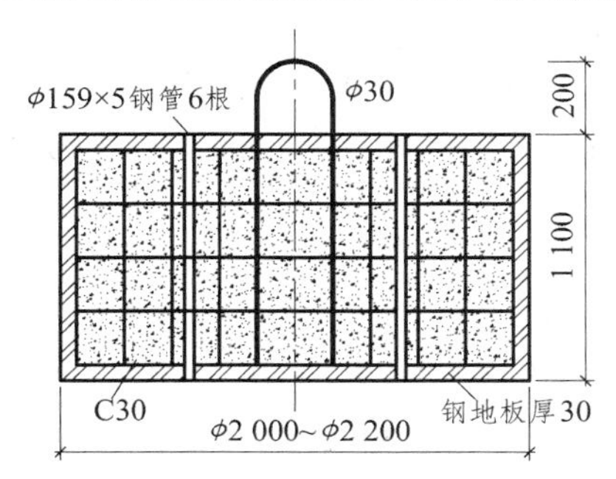

图 1.55 1.2 t 钢筋混凝土夯锤

图 1.56 强夯基础现场

2）施工工艺和技术要求

（1）工艺流程。

场地平整→布置夯位→机械就位→夯锤起吊至预定高度→夯锤自由下落→按设计要求重复夯击→低能量夯实表层松土。

（2）施工技术要求。

强夯施工场地应平整并能承受夯击机械荷载，施工前必须清除所有障碍物及地下管线。

强夯机械必须符合夯锤起吊重量和提升高度要求，并设置安全装置，防止夯击时起重机臂杆在突然卸重时发生后倾和减小臂杆的振动。安全装置一般采用在臂杆的顶部用两根钢丝绳锚系到起重机前方的推土机上。不进行强夯施工时，推土机可作平整场地用。

强夯施工必须严格按照试验确定的技术参数进行控制。强夯时，首先应检验夯锤是否处于中心，若有偏心应采取在锤边焊钢板或增减混凝土等方法使其平衡，防止夯坑倾斜。夯击时，落锤应保持平稳，夯位要正确，如有错位或坑底倾斜度过大，应及时用砂土将坑整平，予以补夯后方可进行下一道工序。强夯地基现场如图 1.56 所示，夯击深度应用水准仪测量控制，每夯击一遍后，应测量场地下沉量，然后用土将夯坑填平，方可进行下一遍夯实，施工平均下沉量必须符合设计要求。

对于淤泥及淤泥质土地基的强夯，通常采用开挖排水盲沟（盲沟的开挖深度、间距、方向等技术参数应根据现场水文、地质条件确定），或在夯坑内回填粗骨料进置换强夯。

强夯时会对地基及周围建筑物产生一定的振动，夯击点宜距现有建筑物 15 m 以上，如间距不足，可在夯点与建筑物之间开挖隔振沟带，其沟深要超过建筑物的基础深度，并有足够的长度，或把强夯场地包围起来。

施工完毕后应按《建筑地基基础工程施工质量验收规范》（GB 50202—2002）规定的项目和标准进行验收，验收合格后方可进行下一道工序的施工。

1.5.3 挤密桩施工法

1. 灰土挤密桩

灰土挤密桩是利用锤击将钢管打入土中，侧向挤密土体形成桩孔，将管拔出后，在桩孔中分层回填 2∶8 或 3∶7 灰土并夯实而成，它与桩间土共同组成复合地基承受上部荷载。

2. 砂石桩

砂桩和砂石桩统称砂石桩，是利用振动、冲击或水冲等方式在软弱地基中成孔后，再将砂或砂卵石（或砾石、碎石）挤压入土孔中，形成大直径的由砂或砂卵（碎）石所构成的密实桩体，以起到挤密周围土层、增加地基承载力的作用。

3. 水泥粉煤灰碎石桩

水泥粉煤灰碎石桩（Cement Fly-ash Gravel Pile）简称 CFG 桩，是近年发展起来的处理软弱地基的一种新方法。它是在碎石桩的基础上掺入适量石屑、粉煤灰和少量水泥，加水拌和后制成的具有一定强度的桩体。

1）主要施工机具设备

CFG 桩施工主要使用的机具设备有长螺旋钻机、振动沉拔管桩机或泥浆护壁成孔桩所采用的钻机和混合料输送泵。

2）材料和质量要求

（1）水泥。

根据工程特点、所处环境以及设计、施工的要求，可选用强度等级 32.5 以上的普通硅酸盐水泥。施工前，对所用水泥应检验其初终凝时间、安定性和强度，作为生产控制和进行配合比设计的依据，必要时应检验水泥的其他性能。

（2）褥垫层材料。

褥垫层材料宜用中砂、粗砂、碎石或级配砂石等，最大粒径不宜大于 30 mm；不宜选用卵石，卵石咬合力差，施工扰动容易使褥垫层厚度不均匀。

（3）碎石、石屑、粉煤灰。

碎石粒径为 20 ~ 50 mm，松散密度 1.39 t/m^3，杂质含量小于 5%；石屑粒径为 2.5 ~ 10 mm，松散密度 1.47 t/m^3，杂质含量小于 5%；粉煤灰应选用Ⅲ级或Ⅲ级以上等级粉煤灰。

3）施工工艺流程

CFG 桩复合地基技术采用的施工方法有长螺旋钻孔灌注成桩，振动沉管灌注成桩，长螺旋钻孔、管内泵压混合料灌注成桩等。

① 长螺旋钻孔灌注成桩工艺流程（见图 1.57 中非括号部分）。此方法适用于地下水位以上的黏性土、粉土、素填土、中等密实以上的砂土；长螺旋钻孔、管内泵压混合料灌注成桩适用于黏性土、粉土、砂土以及对噪声或泥浆污染要求严格的场地。其工艺流程同长螺旋钻孔灌注成桩工艺流程。

② 振动沉管灌注成桩工艺流程（见图 1.56 中括号部分）。此种方法适合于粉土，黏性土及素填土地基。

4）施工技术要求

① 施工前应按设计要求由试验室进行配合比试验，施工时按配合比配制混合料。长螺旋钻孔、管内泵压混合料成桩施工的坍落度宜为 160 ~ 200 mm，振动沉管灌注成桩施工的坍落度宜为 30 ~ 50 mm，振动沉管灌注成桩后桩顶浮浆厚度应小于 200 mm。

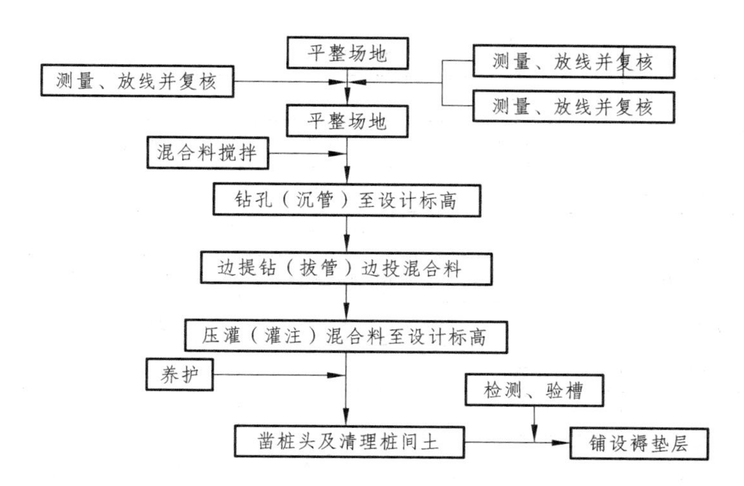

图 1.57 长螺旋钻孔压灌成桩施工流程

② 褥垫层厚度宜为 150 ~ 300 mm，由设计确定。施工时虚铺厚度 $h=\Delta H/\lambda$，其中 λ 为夯填度，一般取 0.87 ~ 0.900 虚铺完成后宜采用静力压实法至设计厚度；当基础底面下桩间土的含水率较小时，也可采用动力夯实法。对较干的砂石材料，虚铺后可适当洒水再进行碾压或夯实。

1.5.4 深层搅拌法

深层搅拌法是利用水泥浆做固化剂，采用深层搅拌机在地基深部就地将软土和固化剂充分拌和，利用固化剂和软土发生一系列物理、化学反应，使之凝结成具有整体性、水稳性好和较高强度的水泥加固体。它可与天然地基形成竖向承载的复合地基，也可作为基坑工程中的围护挡墙、被动区加固、防渗帷幕以及大体积水泥稳定土等。加固体形状可分为柱状、壁状、格栅状或块状等。

1. 主要施工机具

深层搅拌法所用的施工机具主要有深层搅拌机、起重机、灰浆搅拌机、灰浆泵、冷却泵、机动翻斗车等。常用深层搅拌机主要性能见表 1.14。

表 1.14 常用深层搅拌机技术性能

功能项目	型号			
	SJB-1	SJB30	SJB40	GPP-5
电机功率/kW	2×30	2×30	2×40	—
额定电流/A	—	2×60	2×75	—
搅拌轴转数/（r/min）	46	43	43	28、50、92
额定扭矩/（N·m）	—	2×6 400	2×8 500	—
搅拌轴数量/根	2	2	2	—
搅拌头距离/mm	—	515	515	—
搅拌头直径/mm	700 ~ 800	700	700	500

续表

功能项目	型号			
	SJB-1	SJB30	SJB40	GPP-5
一次处理面积/m²	0.71～0.88	0.71	0.71	—
加固深度/m	12	10～15	15～18	12.5
外形尺寸（主机）/mm	—	950×482×1 617	950×482×1 737	4 140×2 230×15 490
总重量主机/t	4.5	2.25	2.45	—
最大送粉量/（kg/min）	—	—	—	100
储料量/kg	—	—	—	200
给料方式叶轮压送式	—	—	—	—
送料管直径/mm	—	—	—	50
最大送粉压力/MPa	—	—	—	0.5
外形尺寸（主机）/m	—	—		2.7×1.82×2.45

2. 对材料的要求

深层搅拌桩加固软土的固化剂可选用水泥，掺入量一般为加固土重的 7%～15%，每加固 1 m³ 土体掺入水泥约 110～160 kg。SJB-1 型深层搅拌机还可用水泥砂浆作固化剂，其配合比为 1∶1～1∶2（水泥∶砂）。为增强流动性，可掺入水泥重量 0.20%～0.25%的木质素磺酸钙减水剂，另加 1%的硫酸钠和 2%的石膏以促进速凝、早强。水灰比为 0.43～0.50，水泥砂浆稠度为 11～14 cm。

3. 施工工艺与施工方法

1）工艺流程

水泥土搅拌桩的施工程序为：地上（下）清障→深层搅拌机定位、调平→预搅下沉至设计加固深度→配制水泥浆（粉）→边喷浆（粉）边搅拌提升至预定的停浆（灰）面→重复搅拌下沉至设计加固深度→重复喷浆（粉）或仅搅拌、提升至预定的停浆灰）面→关闭搅拌机、清洗→移至下一根桩。

2）施工要点

① 施工时，先将深层搅拌机用钢丝绳吊挂在起重机上，用输浆胶管将储料罐、灰浆泵与深层搅拌机接通，开通电动机，借设备自重，以 0.38～0.75 m/min 的速度沉至要求的加固深度；再以 0.3～0.5 m/min 的均匀速度提起搅拌机，与此同时开动灰浆泵，将水泥浆从深层搅拌机中心管不断压入土中，由搅拌叶片将水泥浆与深层处的软土搅拌，边搅拌边喷浆直到提至设计标高停浆，即完成一次搅拌过程。用同法再一次重复搅拌下沉和重复搅拌喷浆上升，即完成一根柱状加固体。其外形呈 8 字形（轮廓尺寸：纵向最大为 1.3 m，横向最大为 0.8 m），一根接一根搭接，搭接宽度根据设计要求确定，一般宜大于 200 mm，以增强其整体性，即形成壁状加固体。几个壁状加固体连成一片，即形成块状体。

② 搅拌桩的桩身垂直偏差不得超过 1.5 %，桩位的偏差不得大于 50 mm，成桩直径和桩

长不得小于设计值。当桩身强度及尺寸达不到设计要求时，可采用复喷的方法。搅拌次数以一次喷浆、二次搅拌或二次喷浆、二次搅拌为宜，且最后一次提升搅拌宜采用慢速提升。

③ 施工时设计停浆面一般应高出基础底面标高 0.5 m，在基坑开挖时，应将高出的部分挖去。

④ 施工时若因故停喷浆，宜将搅拌机下沉至停浆点以下 0.5 m，待恢复供浆时，再喷浆提升。若停机时间超过 3 h，应清洗管路。

⑤ 壁状加固时，桩与桩的搭接时间不应大于 24 h，如间歇时间过长，应采取钻孔留出榫头或局部补桩、注浆等措施。

⑥ 搅拌桩施工完毕应养护 14 d 以上才可开挖基坑。基底标高以上 300 mm 应采用人工开挖。

复习思考题

1.1　什么是土的可松性？土的最初及最终可松性系数如何确定？

1.2　什么是土的渗透性及渗透系数？

1.3　简述场地平整土方量的计算步骤与方法。

1.4　基坑及基槽、管沟土方量应如何计算？

1.5　什么是动水压力？流砂是怎样产生的？如何防治？

1.6　基坑降水方法有哪些？各适用什么范围？

1.7　试述集水井降水法的施工要点。

1.8　轻型井点设备由哪几部分组成？轻型井点系统的平面及高程如何布置？

1.9　如何判定轻型井点系统的井的类型？试述轻型井点系统的设计步骤和方法。

1.10　试分析土方边坡失稳的原因和预防措施。

1.11　土方边坡如何表示？什么是土方边坡系数？确定土方边坡大小时应考虑的因素有哪些？

1.12　试述基坑土壁支护的类型及应用范围。

1.13　单斗挖土机有哪几种类型？其工作特点及适用范围是什么？

1.14　正铲挖土机的作业方式有几种？如何选择？

1.15　反铲挖土机的作业方式有几种？如何选择？

1.16　土方开挖前应做哪些准备工作？土方开挖的一般要求有哪些？

1.17　试述基坑验槽的方法和内容。

1.18　土方填筑时如何选择土料？

1.19　填土压实方法有几种？分别适用什么情况？

1.20　影响填土压实质量的主要因素有哪些？并做出定性分析。

1.21　填土压实的一般要求有哪些？

1.22　地基处理的目的是什么？常用地基处理方法有哪些？

1.23　换土垫层法适用于处理哪些地基？

1.24　重锤夯实法与强夯法有何不同？

1.25　深层搅拌水泥土桩如何施工？适用于什么条件？

习　题

1.1　某建筑物基础下的垫层尺寸为 50 m×30 m，基坑深 3.0 m，场地土为Ⅱ类土。挖土时基底各边留有 0.8 m 的工作面（包括排水沟），基坑周围允许四面放坡，边坡坡度应为 1∶0.75。试计算：

① 土方开挖工程量；

② 若室外地坪以下的混凝土垫层及基础体积共计 1 500 m^3，其余空间用原土回填，应预留回填土（松散土）多少 m^3？

1.2　某建筑物外墙采用毛石基础，其截面尺寸如图 1.57 所示。地基土为黏性土，土方边坡坡度为 1∶0.33。已知土的可松性系数 K_s=1.30，K_s'=1.05。试计算每 50 m 长度基础施工时的土方挖方量。若留下回填土后，余土方要求全部运走，试计算预留回填土量及弃土量。

1.3　某建筑场地方格网如图 1.58 所示，方格网边长为 20 m，双向泄水 i_x=i_y=3‰，土质为黏性土。不考虑土的可松性影响，试根据挖填方平衡的原则，计算场地设计标高、各角点的施工高度及挖、填方总土方量。

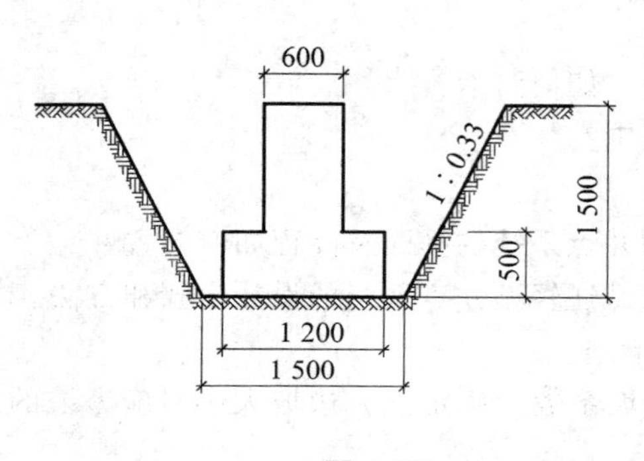

图 1.57

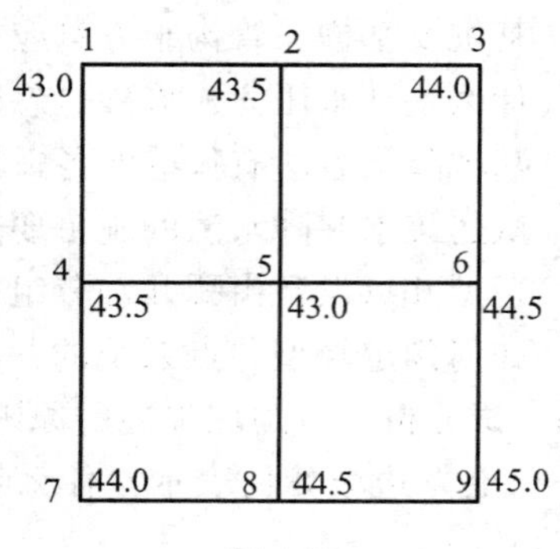

图 1.58

1.4　某工程地下室的平面尺寸为 49.5 m×10.2 m，自然地面标高为−0.30 m，地下水位为−1.8 m，垫层底部标高为−4.5 m，不透层顶标高为−11.5 m。地基土为较厚的细砂层，实测渗透系数 K=5 m/d。施工时要求基坑底部每边留出 0.5 m 的工作面，土方边坡坡度为 1∶0.5。试选择轻型井点降水方案，并确定轻型井点的平面和高程布置、计算基坑总涌水量、确定井点管的数量和间距。

第 2 章 桩基础工程

【学习要点】

预制桩施工（预制桩的生产工艺过程，预制桩施工设备、施工工艺及质量控制方法）；混凝土灌注桩（钻孔灌注桩、沉管灌注桩、人工挖孔灌注桩）施工工艺、常见质量缺陷及预防处理；掌握预制桩施工（预制桩的生产工艺过程，预制桩施工设备、施工工艺及质量控制方法）；混凝土灌注桩（钻孔灌注桩、沉管灌注桩、人工挖孔灌注桩）施工工艺、常见质量缺陷及预防处理。

2.1 桩基础简介

桩基工程是一种常用的基础形式，当天然地基上的浅基础沉降量过大或地基的承载力不能满足设计的要求时，往往采用桩基础。

桩基础是由桩身和承台组成，桩身全部或部分埋入土中，顶部由承台（或承台梁）连成一体。在承台上修筑上部建筑。

桩按传力和作用性质不同，分为端承桩和摩擦桩两类，如图 2.1 所示。

端承桩：是指穿过软弱土层并将建筑物的荷载通过桩传递到桩端坚硬土层或岩层上的桩。

摩擦桩：是指沉入软弱土层一定深度，将建筑物的荷载传布到四周土中和桩端下的土中，主要是靠桩身侧面与土之间的摩擦力承受上部结构荷载的桩。

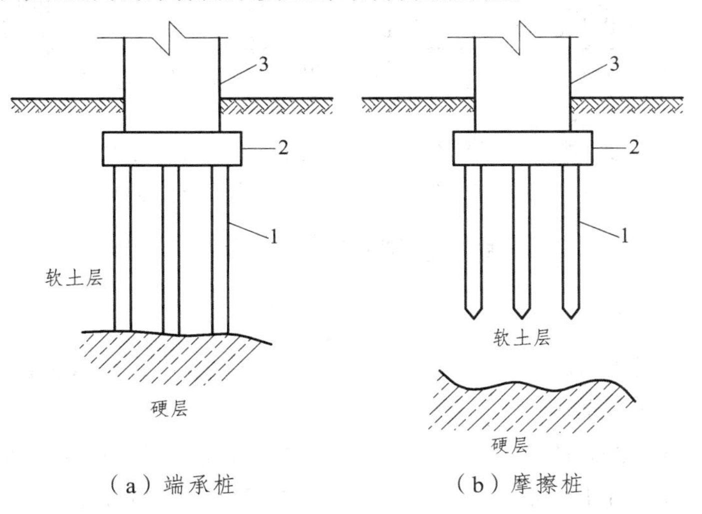

（a）端承桩　　（b）摩擦桩

1—桩；2—承台；3—上部结构

图 2.1 桩基础

按施工方法的不同，桩可分为预制桩和灌注桩。

预制桩：是在工厂或施工现场制成的各种材料和形式的桩（如木桩、混凝土方桩、预应力混凝土管桩、钢管或型钢的钢桩等），用沉桩设备将桩打入、压入或振入土中，或有的用高压水冲沉入土中。

灌注桩：是在施工现场的桩位上用机械或人工成孔，然后在孔内灌注混凝土而成。根据成孔方法的不同分为钻孔、挖孔、冲孔灌注桩，沉管灌注桩和爆扩桩。

2.2 钢筋混凝土预制桩基础工程

2.2.1 预制桩的制作、起吊、运输和堆放

1. 钢筋混凝土方桩制作、起吊、运输和堆放

1）制　作

实心方桩截面边长一般为 200 mm×200 mm ~ 600 mm×600 mm。单根长度不超过 27 m，如图 2.2 所示。如桩长超过 30 m，可将桩分成几段预制；一般在预制厂制作，较长的桩在施工现场附近露天预制，预制方法有并列法、间隔法、叠浇法和翻模法等；预制桩钢筋骨架的主筋连接宜采用对焊，混凝土强度等级常用 C30 ~ C50，混凝土浇筑应由桩顶向桩尖连续进行，严禁中断；桩顶和桩尖处不得有蜂窝、麻面、裂缝和掉角，桩的制作偏差应符合规范的规定。

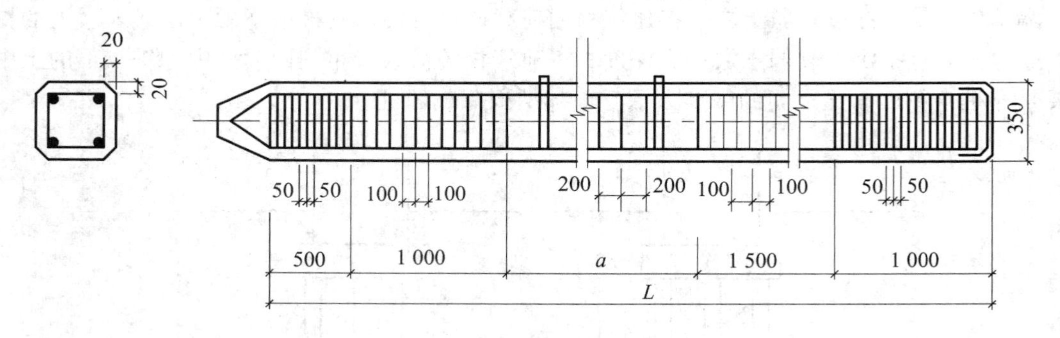

图 2.2　钢筋混凝土预制桩

2）起　吊

预制桩混凝土强度达到设计强度等级的 70% 以上方可起吊，吊点位置应符合设计规定，无设计规定时，可按下列原则确定。

当吊点少于或等于 3 个时，其位置按正负弯矩相等的原则计算确定。当吊点多于 3 个时，其位置按反力相等的原则计算确定。长 20~30 m 的桩，一般采用 3 个吊点。几种吊点的吊点合理位置如图 2.3 所示。

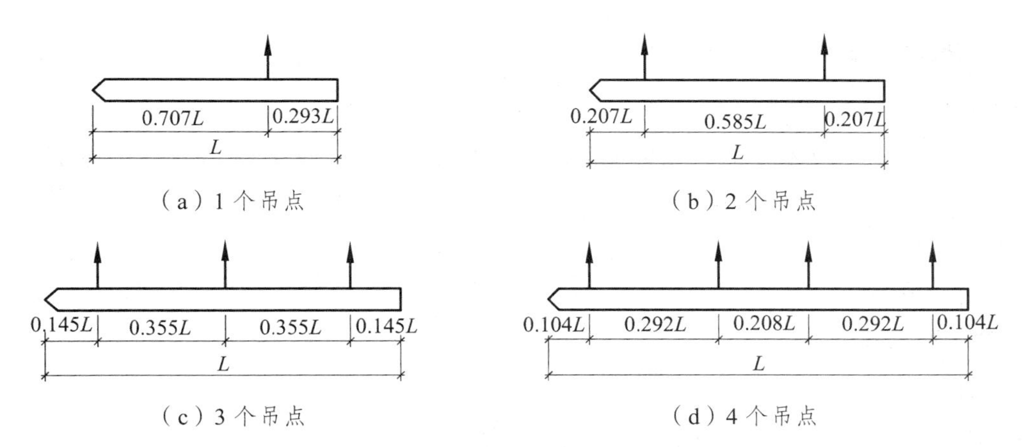

图 2.3　吊点的合理位置

3）运　输

预制桩混凝土强度达到设计强度等级的 100%以上方可运输，当运距不大时，可采用滚筒、卷扬机等拖动桩身运输；当运距较大时可采用小平台车运输。运输过程中支点应与吊点位置一致。

4）堆　放

桩在施工现场的堆放场地应平整、坚实，并不得产生不均匀沉陷。堆放时应设垫木，垫木的位置与吊点位置相同，各层垫木应上、下对齐，堆放层数不宜超过 4 层。

2. 混凝土管桩的制作、运输和堆放

先张法预应力混凝土管桩（以下简称预应力管桩或管桩）是一种空心圆形细长构件，主要由圆筒形桩身、端头板和钢套箍等组成，如图 2.4 所示。

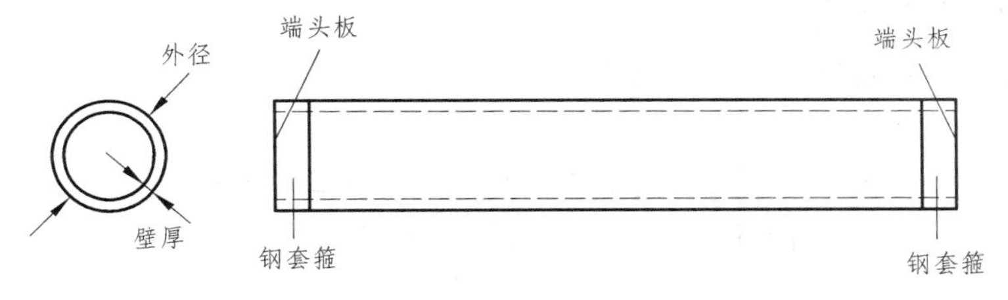

图 2.4　预应力管桩示意图

1）制　作

混凝土管桩一般在预制厂用离心法成型；桩径为 ϕ300 mm~500 mm，壁厚为 80 ~ 100 mm，每节标准长度有 8 m、10 m、12 m，管壁内设 12~22 mm 主筋 10 ~ 20 根，外配 ϕ6 mm 螺旋箍筋，管桩混凝土强度等级不宜低于 C30；各节管桩之间可用焊接或法兰螺栓连接。

2）起　吊

预制桩混凝土强度达到设计强度等级的 70%以上方可起吊。

3）运　输

预制桩混凝土强度达到设计强度等级的 100%以上方可运输。

4）堆　放

堆放层数不超过 3 层，底层管桩边缘应用楔形木块塞紧，以防滚动。

3. 钢管桩的制作、运输和堆放

1）制　作

钢管桩一般采用无缝钢管，也可用钢板卷板焊接而成，一般在工厂制作；钢管桩的直径为 400~1 000 mm，管壁厚度为 6 ~ 50 mm，分节长度一般为 12 ~ 15 m。钢管桩防腐处理方法可采用外表面涂防腐层。

2）起　吊

一般为两点起吊。

3）运　输

应尽量避免碰撞，防止管料破损、管端变形和损伤。

4）堆　放

ϕ900 mm 的钢管桩不宜超过 3 层，ϕ600 mm 的钢管桩不宜超过 4 层，ϕ400 mm 的钢管桩不宜超过 5 层。

2.2.2　预制桩施工

1. 锤击沉管施工

锤击法是利用桩锤的冲击克服土对桩的阻力，使桩沉到预定深度或达到持力层。

1）打桩机械及其选择

打桩机具主要包括桩锤、桩架和动力装置 3 个部分。

（1）桩锤。

桩锤是对桩施加冲击，将桩打入土中的主要机具。桩锤主要有落锤，如图 2.5 所示；蒸汽锤，如图 2.6、图 2.7 所示柴油锤，如图 2.8 所示；液压锤。

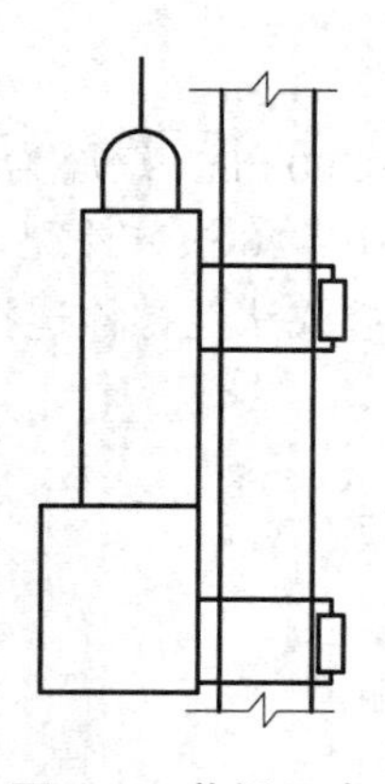

图 2.5　落锤示意

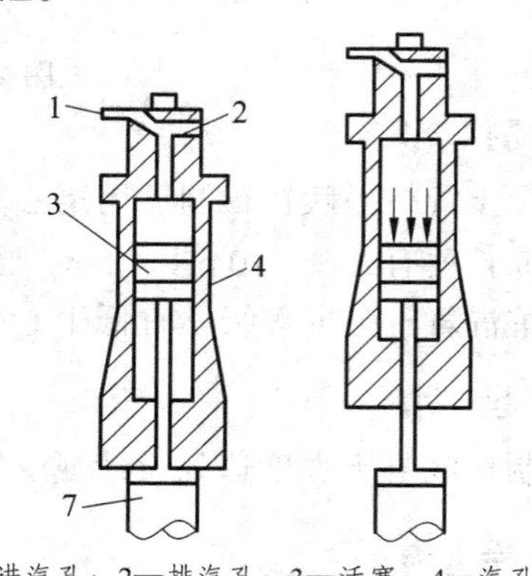

1—进汽孔；2—排汽孔；3—活塞；4—汽孔；
5—燃油泵；6—桩帽；7—桩

图 2.6　单动汽锤

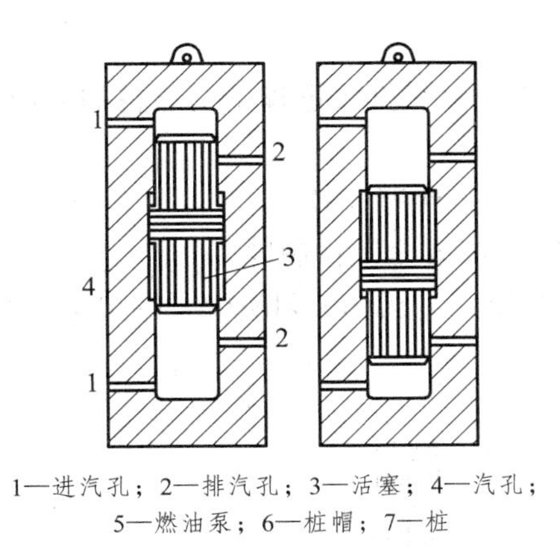

1—进汽孔；2—排汽孔；3—活塞；4—汽孔；
5—燃油泵；6—桩帽；7—桩

图 2.7 双动汽锤

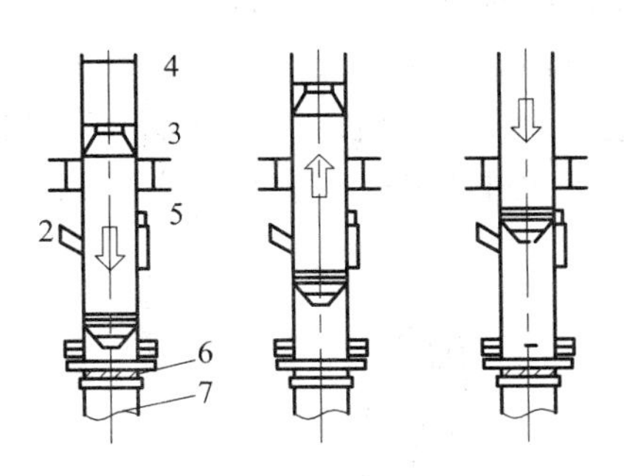

图 2.8 柴油锤工作示意

用锤击沉桩时，为防止桩受冲击应力过大而损坏，力求采用“重锤轻击”。如采用轻锤重击，锤击功能很大一部分被桩身吸收，桩不易打入，且桩头容易打碎。桩锤应根据地质条件、桩的类型、桩的长度、桩身结构强度、桩群密集程度以及施工条件等参考表 2.1 进行选择。当桩锤重大于桩重的 1.5 ~ 2 倍时，沉桩效果较好。

表 2.1 锤重选择表

锤型			柴油锤					
			20	25	35	45	60	72
锤的动力性能		冲击部分重/t	2.0	2.5	3.5	4.5	6.0	7.2
		总重/t	4.5	6.5	7.2	9.6	15.0	18.0
		冲击力/kN	2 000	2 000 ~ 2 500	2 500 ~ 4 000	4 000 ~ 5 000	5 000 ~ 7 000	7 000 ~ 10 000
		常用冲程/m	1.8 ~ 2.3					
桩的截面		混凝土预制桩的边长或直径/cm	25 ~ 35	35 ~ 40	40 ~ 45	45 ~ 50	50 ~ 55	55 ~ 60
		钢管桩的直径/cm	40			60	90	90 ~ 100
持力层	黏性土粉土	一般进入深度/m	1.0 ~ 2.0	1.5 ~ 2.5	2.0 ~ 3.0	2.5 ~ 3.5	3.0 ~ 4.0	3.0 ~ 5.0
		静力触探比贯入度平均值/MPa	3	4	5	>5		
	砂土	一般进入深度/m	0.5 ~ 1.0	0.5 ~ 1.5	1.0 ~ 2.0	1.5 ~ 2.5	2.0 ~ 3.0	2.5 ~ 3.5
		标准贯入击数/N（未修正）	15 ~ 25	20 ~ 30	30 ~ 40	40 ~ 45	45 ~ 50	50
常用的控制贯入度 cm/10 击				2 ~ 3		3 ~ 5	4 ~ 8	
设计单桩极限承载力/kN			400 ~ 1 200	800 ~ 1 600	2 500 ~ 4 000	3 000 ~ 5 000	5 000 ~ 7 000	7 000 ~ 10 000

（2）桩架。

桩架的作用：支持桩身和桩锤，将桩吊到打桩位置，并在打入过程中引导桩的方向，保证桩锤沿着所要求的方向冲击。

选择桩架时应考虑桩锤类型、桩的长度和施工现场的条件等因素。

桩架的高度=桩长+桩锤高度+滑轮组高+起锤移位高度+安全工作间隙

常用的桩架形式有滚筒式桩架（图 2.9）、多功能桩架（图 2.10）和履带式桩架（图 2.11）3 种。

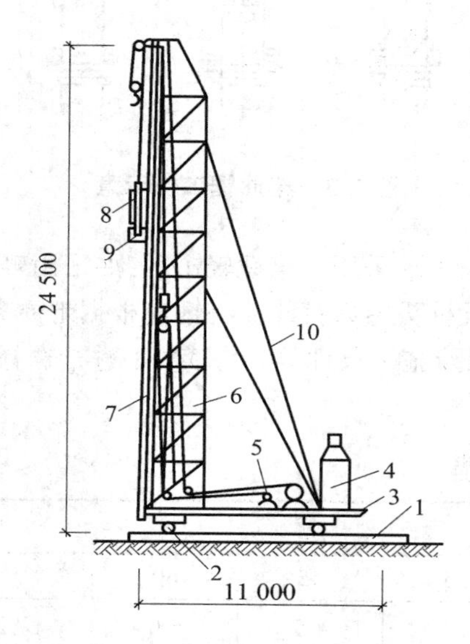

1—枕木；2—滚筒；3—底座；4—锅炉；5—卷扬机；6—桩架；7—龙门；8—蒸汽；9—桩帽；10—缆绳

图 2.9　滚筒式桩架

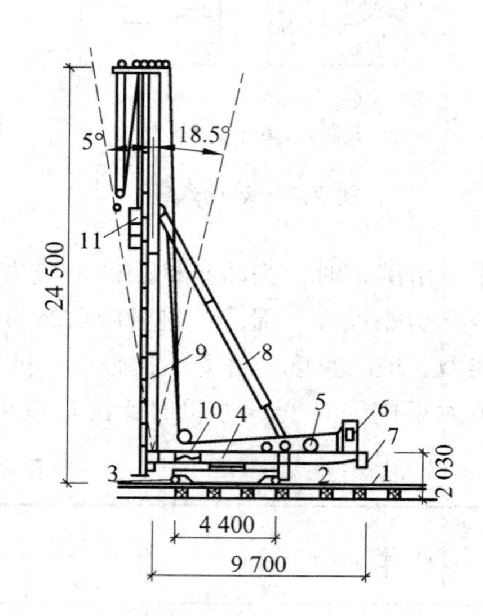

1—枕木；2—钢轨；3—地盘；4—回转平台；5—卷扬机；6—司机室；7—平衡重；8—撑杆；9—挺杆；10—水平调整装置；11—桩锤与桩帽

图 2.10　多功能桩架

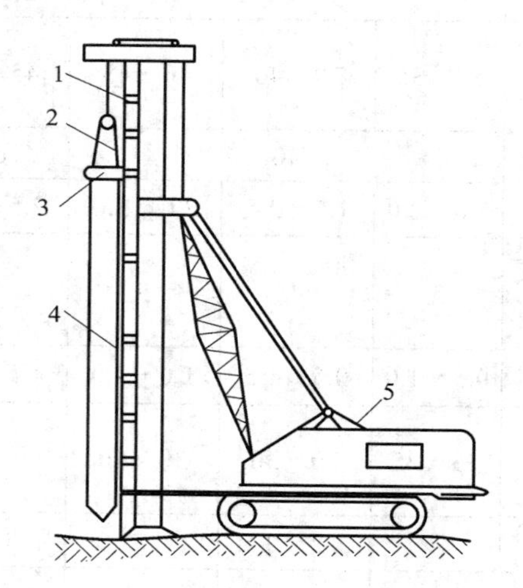

1—导架；2—桩锤；3—桩帽；4—桩；5—车体

图 2.11　履带式桩架

滚筒式桩架：滚筒式桩架行走靠两根钢滚筒在垫木上滚动，优点是结构比较简单，制作容易，但在平面转弯、调头方面不够灵活，操作人员较多。适用于预制桩和灌注桩施工。

多功能桩架：多能桩架由立柱、斜撑、回转工作台、底盘、及传动机构组成。它的机动性和适应性很大，在水平方向可作 360° 回转，立柱可前后倾斜，底盘下装有铁轮，可在轨道上行走。这种桩架可适应各种预制桩，也可用于灌注桩施工。缺点是机构较庞大，现场组装和拆迁比较麻烦。

履带式桩架：履带式桩架以履带起重机为底盘，增加导杆和斜撑组成，用以打桩。移动方便，比多功能桩架更灵活，可用于各种预制桩和灌注桩施工。

（3）动力装置。

动力装置的配置取决于所选的桩锤。当选用蒸汽锤时，则需配备蒸汽锅炉和卷扬机。

（4）桩帽及衬垫材料。

（5）送桩器。

2）打桩前的准备工作

（1）消除地上、地下障碍物。

（2）材料机具设备准备及接通水、电源。

（3）进行打桩试验：规范规定，试桩不得少于 2 根。

（4）确定打桩顺序。

打桩顺序合理与否，影响打桩速度、打桩质量，及周围环境。当桩的中心距小于 4 倍桩径时，打桩顺序尤为重要。打桩顺序影响挤土方向。打桩向哪个方向推进，则向哪个方向挤土。根据桩群的密集程度，打桩顺序分为逐排打设（图 2.12（a））、从两侧向中间打设（图 2.12（b））、从中间向四周打设（图 2.12（c））、由中间向两侧打设（图 2.12（d））和分段打设。

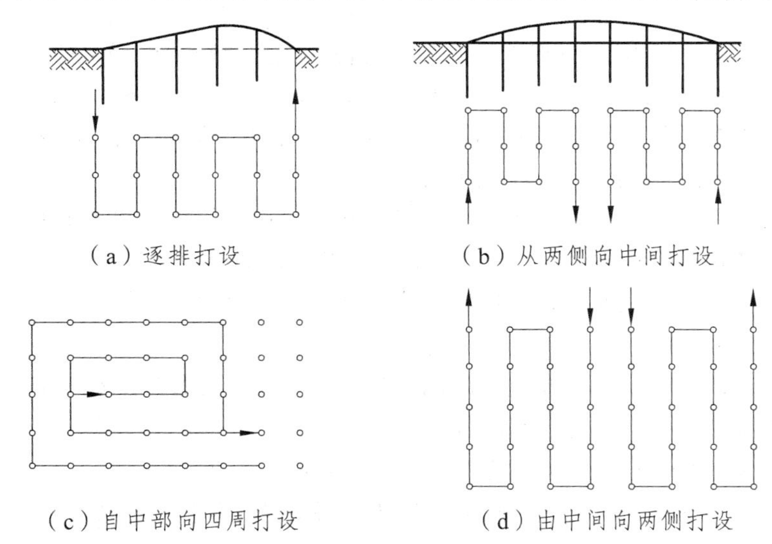

图 2.12 打桩顺序

当桩较密集（桩中心距小于等于 4 倍边长或直径）应由中间向两侧打设或从中间向四周打设，这样，打桩时土体由中间向两侧或四周挤压，易于保证施工质量。当桩数较多时，也可采用分区段施打。

当桩稀疏（桩中心距大于 4 倍桩边长或直径）时，除可采用上述两种顺序外，也可采用由一侧向单一方向进行施打的方式，即逐排打设或从两侧向中间打设。逐排打设，桩架单方向移动，打桩效率高，但土体朝一个方向挤压，所以当桩区附近有建筑物或地下管线时应背离它们施打；对于同一排桩，必要时还可采用间隔跳打的方式进行。

当桩规格、埋深、长度不同时，宜先大后小，先深后浅，先长后短施打。当一侧毗邻建筑物时，由毗邻建筑物处向另一方向施打，当桩头高出地面时，桩机宜采用往后退打，否则可采用往前顶打。

（5）设置水准点及定桩位。

在打桩现场附近设水准点，其位置应不受打桩影响，数量不得少于 2 个，用以抄平场地和检查桩的入土深度。要根据建筑物的轴线控制桩定出桩基础的每个桩位，可用小木桩标记。正式打桩之前，应对桩基的轴线和桩位复查 1 次。以免因小木桩挪动、丢失而影响施工。桩位放线允许偏差为±20 mm。

2. 预制桩打桩工艺

定锤吊桩→打桩→接桩及截桩头→打桩测量和记录。

1）定锤吊桩

（1）定锤就是打桩机就位后，先将桩锤和桩帽吊起，其锤底高度应高于桩顶，并固定在桩架上；吊桩是用桩架上的滑轮组和卷扬机将桩吊成垂直状态送入龙门导轨内。

（2）桩锤、桩帽和桩身中心应在同一直线上，桩插入土体时和沉入土一定深度，都应校正垂直度。

2）打　桩

（1）打桩应“重锤低击”，同时要注意控制桩锤的最大落距。桩开始打入时，桩锤落距宜低，以便于桩能正常地沉入土中，待桩入土到一定深度（1 ~ 2 m）桩尖不易发生偏移时，可适当增大落距，并逐渐提高到规定的数值，继续锤击。落距一般为：单动汽锤以 0.6 m 左右为宜，柴油锤不超过 1.5 m，落锤不超过 1.0 m 为宜。

在打桩过程中，遇有贯入度剧变、桩身突然发生倾斜、移位或有严重回弹、桩顶或桩身出现严重裂缝或破碎等异常情况时，应暂停打桩，及时研究处理。

如桩顶标高低于自然土面，则需用送桩管将桩送入土中时，桩与送桩管的纵轴线应在同一直线上，拔出送桩管后，桩孔应及时回填或加盖。

（2）桩的入土深度：对于摩擦桩，以标高为主，贯入度为参考；对于端承桩，以贯入度为主而以标高作参考。这里的贯入度是指最后贯入度。

贯入度——预制桩被击打一次，桩贯入土中的距离（单位为 cm）。

最后贯入度——最后一阵（每 10 击为一阵）桩的平均入土深度（双动汽锤为每分钟下沉值）。

3）接桩及截桩头

（1）一般混凝土预制桩接头不宜超过 2 个，预应力管桩接头不宜超过 4 个；接头连接的方法有：焊接法（图 2.13）、浆锚法（图 2.14）和法兰接桩法。

（2）截桩头根据预制桩形式的不同可采用：人工、风动工具、氧乙炔切割器等形式。

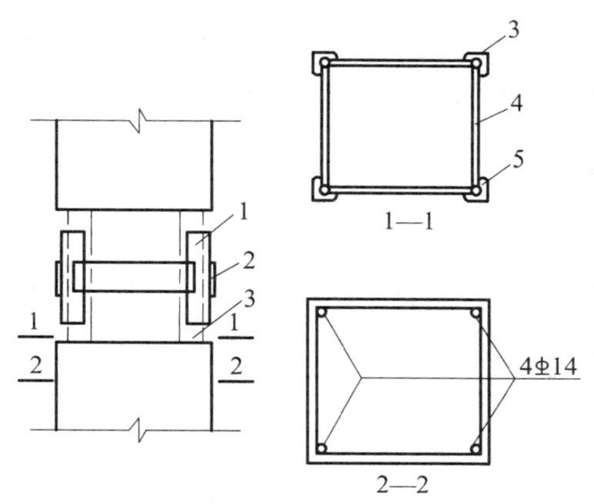

1—4L50×5 长 200（拼接角钢）；2—4—100×300×8（连接钢板）；3—4L63×8 长 150（与立筋焊接）；
4—ϕ 12（与 L63×8 焊牢）；5—主筋

图 2.13　焊接法接桩节点构造

4）打桩测量和记录

打桩是隐蔽工程，应做好标高、贯入度等的测量记录。

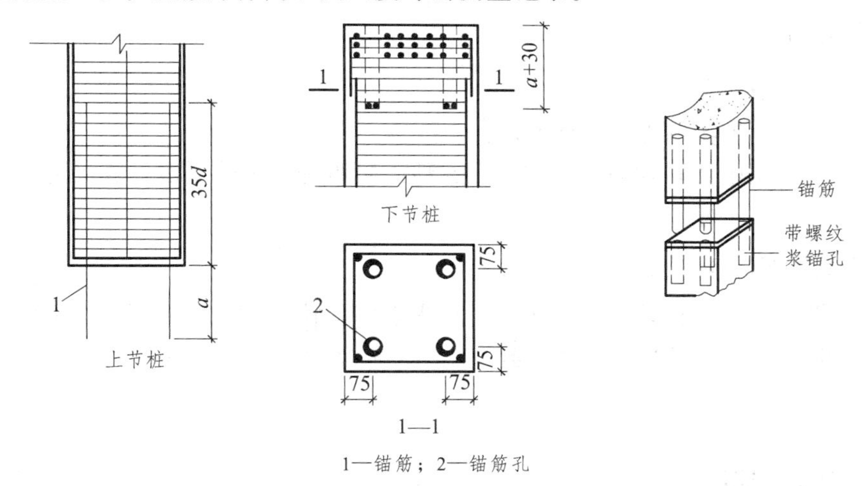

1—锚筋；2—锚筋孔

图 2.14　浆锚法接桩节点构造

用落锤、单动汽锤或柴油打桩锤，在开始打桩时，即应测量记录桩身每沉落 1 m 所需要的锤击次数以及桩锤落距的平均高度。在桩下沉接近设计标高时，就在规定落距下，测定每一阵的贯入度。端承型桩，当其数值达到或小于设计所要求的贯入度时，打桩即可停止。摩擦型桩则以控制桩入土深度为主。

打桩时要用水准仪测量桩顶水平标高，水准仪位置应以能观测较多的桩位为宜。

2.2.3　预制桩常见质量问题及处理

由于桩要穿过构造复杂的土层，所以在打桩过程中要随时注意观察，凡发生贯入度突变、桩身突然倾斜、移位或有严重回弹、桩顶或桩身出现严重裂缝或破碎等应暂停施工，及时与有关单位研究处理。常见问题有：桩顶、桩身被打坏；桩位偏斜；桩打不下、一桩打下邻桩上升。

1. 桩顶、桩身被打坏

1）产生的主要原因

（1）桩头钢筋设置不合理、桩顶与桩轴线不垂直、混凝土强度不足；

（2）桩尖通过过硬土层；

（3）锤的落距过大、桩锤过轻。

2）预防措施

（1）桩制作过程中严格控制各项制作指标，保证成桩质量；

（2）接桩时，保证上下节桩的垂直度和焊接质量、焊接后冷却时间；

（3）按重锤低击的原则选择桩锤，防止桩身的疲劳破坏。

3）处理方法

如桩入土较浅，尽量拔出重新换桩施打，否则，采取补桩或其他处理方法。

2. 桩位偏斜

1）产生的主要原因

（1）桩顶不平、桩尖偏心、接桩不正；

（2）桩承受土层阻力不均匀，土层中存在地下障碍物，由软弱土层直接进入坚硬的岩层或岩面倾斜度大。

2）预防及处理措施

（1）保持机架水平，桩锤和桩身垂直，使桩锤、桩帽、桩尖三者在同一轴线上；

（2）沉桩时，加强对桩身垂直度的监控，出现偏差应及时进行纠正。

3. 桩打不下

1）产生的主要原因

（1）桩机（或桩锤）的选型偏小，不能满足沉桩的要求；

（2）土层中有无法穿透的硬夹层或较厚的硬土层而无能力穿透；

（3）土层中存在地下障碍物。

2）预防及处理措施

（1）选用符合沉桩要求的桩机；

（2）停机检查，认真处理，或请设计对桩位或桩进行重新调整或修改。

4. 一桩打下邻桩上升

1）产生的主要原因

桩沉入土中，使土体受到急剧挤压和扰动，其靠近地面的部分将在地表隆起和水平移动，当桩较密，打桩顺序又欠合理时，土体被压缩到极限，就会发生一桩打下，周围土体带动邻桩上升的现象。

（1）与桩的密集程度有关，单个承台的桩数越多，承台的距离越近，挤入土中的桩体积就越大，地表隆起量就越大；

（2）与地质条件有关，土层越密实，在收到挤压时，地表的隆起量越大。

2）预防及处理措施

（1）加强对桩顶标高的观测，及时发现桩的浮起现象，并掌握桩的浮起量；

（2）复打时，由于桩从悬空状态直接进入坚硬的持力层，极易造成断桩，因此必须轻击；

（3）复打过程中，每击均应记录沉桩深度，以免到达持力层后仍继续施打而产生断桩。

2.3 混凝土灌注桩施工

混凝土灌注桩：是直接在施工现场桩位上成孔，然后在孔内安装钢筋笼，浇筑混凝土成桩。灌注桩按成孔方法不同分为：钻孔灌注桩、冲孔灌注桩、沉管灌注桩、人工挖孔桩、爆扩桩等。

灌注桩与预制桩相比，能适应持力层变化制成不同长度的桩，桩径大，施工时无噪声，具有节省钢材、降低造价、无需接桩及截桩等优点。但施工质量要求严格，出现问题不易观测，施工时，应严格遵守操作规程和技术规范。

2.3.1 钻孔灌注桩施工

钻孔灌注桩是利用钻孔机在桩位成孔，然后在桩孔内放入钢筋骨架再灌混凝土而成的灌注桩。它能在各种土质条件下施工，具有无振动、对土体无挤压等优点。常用的施工方法根据地质条件的不同可分为干作业成孔灌注桩和湿作业成孔灌注桩。常见的钻孔机械有：螺旋钻机、回转钻孔机、潜水钻机、钻扩机、全套管钻机。钻孔灌注桩施工工艺，如图2.15所示。

1. 干作业成孔灌注桩

1）概　念

干作业成孔灌注桩是先用螺旋钻机在桩位处钻孔，然后在桩孔内放入钢筋骨架，再灌混凝土而成的桩。干作业成孔灌注桩适用于地下水位以上的各种软硬土中成孔。目前常用螺旋钻机成孔，还可采用机扩法扩底。

螺旋钻机成孔灌注桩是利用动力旋转钻杆，使钻头的螺旋叶片旋转削土，土块沿螺旋叶片上升排出孔外。在软塑土层，含水率大时，可用疏纹叶片钻杆，以便较快地钻进。在可塑或硬塑黏土中，或含水率较小的砂土中应用密纹叶片钻杆，缓慢地均匀地钻进。操作时要求钻杆垂直，钻孔过程中如发现钻杆摇晃或难钻进时，可能是遇到石块等异物，应立即停机检查。全叶片螺旋钻机成孔直径一般为300～800 mm，钻孔深度为8～20 m，适用于地下水以上的黏性土、粉土、中密以上的砂土或人工填土。钻进速度应根据电流值变化及时调整。在钻进过程中，应随时清理孔口积土，遇到塌孔、缩孔等异常情况，应及时研究解决。

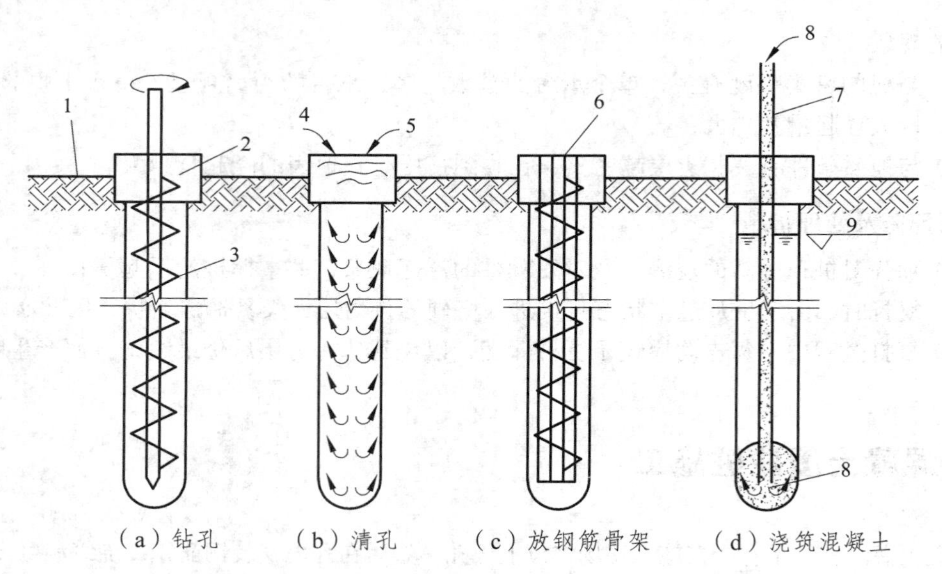

1—钻机进行钻孔；2—放入钢筋骨架；3—浇筑混凝土；4—压缩空气；
5—清水；6—钢筋笼；7—导管；8—混凝土；9—地下水位

图 2.15　钻孔灌注桩施工过程示意

2）施工工艺流程

场地清理→测量放线定桩位→桩机就位→钻孔取土成孔→清除孔底沉渣→成孔质量检查验收→吊放钢筋笼→浇筑孔内混凝土。

3）施工注意事项

（1）开始钻孔时，应保持钻杆垂直、位置正确，防止因钻杆晃动引起孔径扩大及增多孔底虚土。

（2）发现钻杆摇晃、移动、偏斜或难以钻进时，应提钻检查，排除地下障碍物，避免桩孔偏斜和钻具损坏。

（3）钻进过程中，应随时清理孔口黏土，遇到地下水、塌孔、缩孔等异常情况，应停止钻孔，同有关单位研究处理。

（4）钻头进入硬土层时，易造成钻孔偏斜，可提起钻头上下反复扫钻几次，以便削去硬土。若纠正无效，可在孔中局部回填黏土至偏孔处 0.5 m 以上，再重新钻进。

（5）成孔达到设计深度后，应保护好孔口，按规定验收，并做好施工记录。

（6）孔底虚土尽可能清除干净，可采用夯锤夯击孔底虚土或进行压力注水泥浆处理，然后尽快吊放钢筋笼，并浇筑混凝土。混凝土应分层浇筑，每层高度不大于 1.5 m。

2. 泥浆护壁成孔灌注桩施工

1）概　念

泥浆护壁成孔灌注桩是利用泥浆护壁，钻孔时通过循环泥浆将钻头切削下的土渣排出孔外而成孔，而后吊放钢筋笼，水下灌注混凝土而成桩。成孔方式有正（反）循环回转钻成孔、正（反）循环潜水钻成孔、冲击钻成孔、冲抓锥成孔、钻斗钻成孔等。

2）工艺流程（图 2.16）

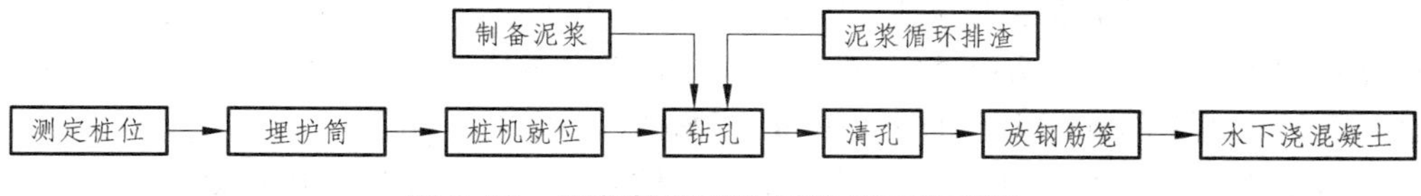

图 2.16 泥浆护壁成孔灌注桩工艺流程

3）施工要点

（1）测定桩位：平整清理好施工场地后，设置桩基轴线定位点和水准点，根据桩位平面布置施工图，准确在场地上标识桩位。

（2）埋设护筒。

护筒作用是：固定桩孔位置；保护孔口；维持孔内水头，防止塌孔；为钻头导向。

护筒（图 2.17）用 4 ~ 8 mm 厚钢板制成，内径比钻头直径大 100 ~ 200 mm，顶面高出地面 0.4 ~ 0.6 m，上部开 1~2 个溢浆孔。埋设护筒时，先挖去桩孔处表土，将将护筒埋入土中，其埋设深度，在黏土中不宜小于 1 m，在砂土中不宜小于 1.5 m。其高度要满足孔内泥浆液面高度的要求，孔内泥浆面应保持高出地下水位 1 m 以上。采用挖坑埋设时，坑的直径应比护筒外径大 0.8 ~ 1.0 m。护筒中心与桩位中心线偏差不应大于 50 mm，对位后应在护筒外侧填入黏土并分层夯实。

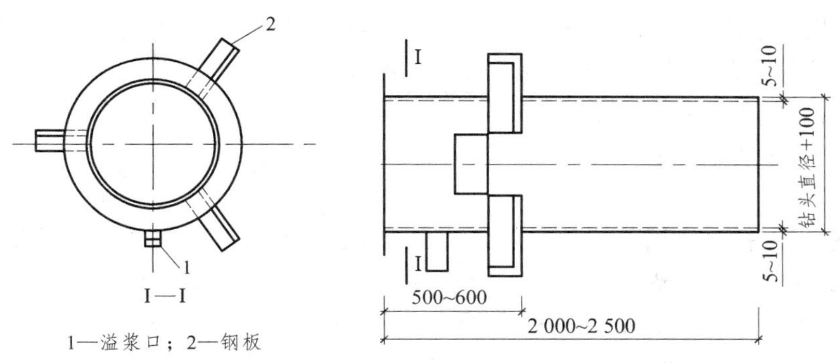

1—溢浆口；2—钢板

图 2.17 护筒外形示意

（3）泥浆制备。泥浆的主要作用是护壁，同时也有携砂排土、切土润滑、冷却钻头的作用。泥浆制备方法应根据土质条件确定：在黏土和粉质黏土中成孔时，注入清水，原土造浆；在其他土层中成孔，泥浆可采用高塑性（塑性指数 $I_s \geqslant 17$）的黏土制备。

（4）成孔方法。

① 回转钻成孔：回转钻机是由动力装置带动钻机的回转装置转动，并带动带有钻头的钻杆转动，由钻头切削土壤。切削形成的土渣，通过泥浆循环排出桩孔。按排渣方式不同分为正循环回转钻成孔和反循环回转钻成孔两种。根据桩型、钻孔深度、土层情况、泥浆排放条件、允许沉渣厚度等进行选择，但对孔深大于 30 m 的端承型桩，宜采用反循环。

正循环回转钻机成孔的工艺：是泥浆由钻杆内部注入，并从钻杆底部喷出，携带钻下的土渣沿孔壁向上流动，由孔口将土渣带出流入沉淀池，经沉淀的泥浆流入泥浆池再注入钻杆，由此进行循环。沉淀的土渣用泥浆车运出排放。适用于填土、淤泥、黏土、粉土、砂土等地层，对于卵、砾石含量不大于 15%、粒径小于 10 mm 的部分砂卵砾石层和软质基岩及较硬基岩也可使用桩孔直径不宜大于 1 000 mm，钻孔深度不宜超过 40 m。

反循环回转钻机成孔的工艺：是泥浆由钻杆与孔壁间的环状间隙流入钻孔，然后，由砂石泵在钻杆内形成真空，使钻下的土渣由钻杆内腔吸出至地面而流向沉淀池，沉淀后再流入泥浆池。反循环工艺的泥浆上流的速度较高，排放土渣的能力强。

② 潜水钻机：潜水钻机是一种旋转式钻孔机械，其动力、变速机构和钻头连在一起，加以密封，因而可以下放至孔中地下水位以下进行切削土壤成孔。其出渣方式不同也分为正循环和反循环两种。用正循环工艺输入泥浆，进行护壁和将钻下的土渣排至孔外。

潜水钻机成孔，亦需先埋设护筒，其他施工过程皆与回转钻机成孔相似。

③ 冲击钻成孔：冲击钻主要用于在岩土层中成孔，成孔时将冲锥式钻头提升一定高度后以自由下落的冲击力来破碎岩层，然后用掏渣筒来掏取孔内的渣浆。

④ 抓孔：用冲抓锥成孔机将冲抓锥斗提升到一定高度，锥斗内有重铁块和活动抓片，下落时松开卷扬机刹车，抓片张开，锥斗自由下落冲入土中，然后开动卷扬机提升钻头，此时抓片闭合抓土，将冲抓锥整体提升至地面卸土，依次循环成孔。

⑤ 清孔：当钻孔达到设计要求深度时，应立即清除孔底沉渣，以确保桩基质量。清孔方法有：真空吸渣法、射水抽渣法、换浆法和掏渣法。

⑥ 吊放钢筋笼：钢筋笼主筋净距必须大于 3 倍的骨料粒径，每隔 2 m 设置一道加劲箍，钢筋保护层厚度不应小于 35 mm（水下混凝土不得小于 50 mm）。吊放钢筋笼时应防止碰撞孔壁。

⑦ 水下浇筑混凝土：常用的方法是导管法。混凝土强度等级不应小于 C20，坍落度为 18 ~ 22 cm，所用设备有金属导管、承料漏斗和提升机具。

（5）常见工程质量事故及处理方法。

泥浆护壁成孔灌注桩施工时常易发生孔壁坍塌、斜孔、孔底隔层、夹泥、流砂等。

① 孔壁坍塌。

指成孔过程中孔壁土层不同程度坍落。主要原因是提升下落冲击锤、掏渣筒或钢筋骨架时碰撞护筒及孔壁；护筒周围未用黏土紧密填实，孔内泥浆液面下降，孔内水压降低等造成塌孔。塌孔处理方法：一是在孔壁坍塌段用石子黏土投入，重新开钻，并调整泥浆重度和液面高度；二是使用冲孔机时，填入混合料后低锤密击，使孔壁坚固后，再正常冲击。

② 偏孔。

指成孔过程中出现孔位偏移或孔身倾斜。偏孔的主要原固是桩架不稳固，导杆不垂直或土层软硬不均。对于冲孔成孔，则可能是由于导向不严格或遇到探头石及基岩倾斜所引起的。处理方法为：将桩架重新安装牢固，使其平稳垂直：如孔的偏移过大，应填入石子、黏土，重新成孔；如有探头石，可用取岩钻将其除去或低锤密击将石击碎；如遇基岩倾斜，可以投入毛石于低处，再开钻或密打。

③ 孔底隔层。

指孔底残留石渣过厚，孔脚涌进泥砂或塌壁泥土落底。造成孔底隔层的主要原因是清孔不彻底，清孔后泥浆浓度减少或浇筑混凝土、安放钢筋骨架时碰撞孔壁造成塌孔落土。主要防止方法为：做好清孔工作，注意泥浆浓度及孔内水位变化，施工时注意保护孔壁。

④ 夹泥或软弱夹层。

指桩身混凝土混进泥土或形成浮浆泡沫软弱夹层。其形成的主要原因是浇筑混凝土时孔壁坍塌或导管口埋入混凝土高度太小，泥浆被喷翻，掺入混凝土中。防治措施是经常注意混凝土表面标高变化，保持导管下口埋入混凝土表面标高变化，保持导管下口埋入混凝土下的高度，并应在钢筋笼下放孔内 4 h 内浇筑混凝土。

⑤ 流砂。

指成孔时发现大量流砂涌塞孔底。流砂产生的原因是孔外水压力比孔内水压力大，孔壁土松散、流砂严重时可抛入碎砖石、黏土，用锤冲入流砂层，防止流砂涌入。

2.3.2　沉管灌注桩施工

沉管灌注桩（又称套管成孔灌注桩）是指采用锤击式或振动式桩锤将带有钢筋混凝土桩靴（又叫桩尖，如图 2.18 所示）或带有活瓣式桩靴（图 2.19）的钢套管沉入土中，造成桩孔，然后放入钢筋笼、浇筑混凝土，最后拔出钢管，所形成的灌注桩。依据使用桩锤和成桩工艺不同，分为锤击沉管灌注桩、振动沉管灌注桩、静压沉管灌注桩、振动冲击沉管灌注桩和沉管夯扩灌注桩等。

施工工艺，如图 2.20 所示。主要包括：就位→沉钢管→放钢筋笼→浇筑混凝土→拔钢管。

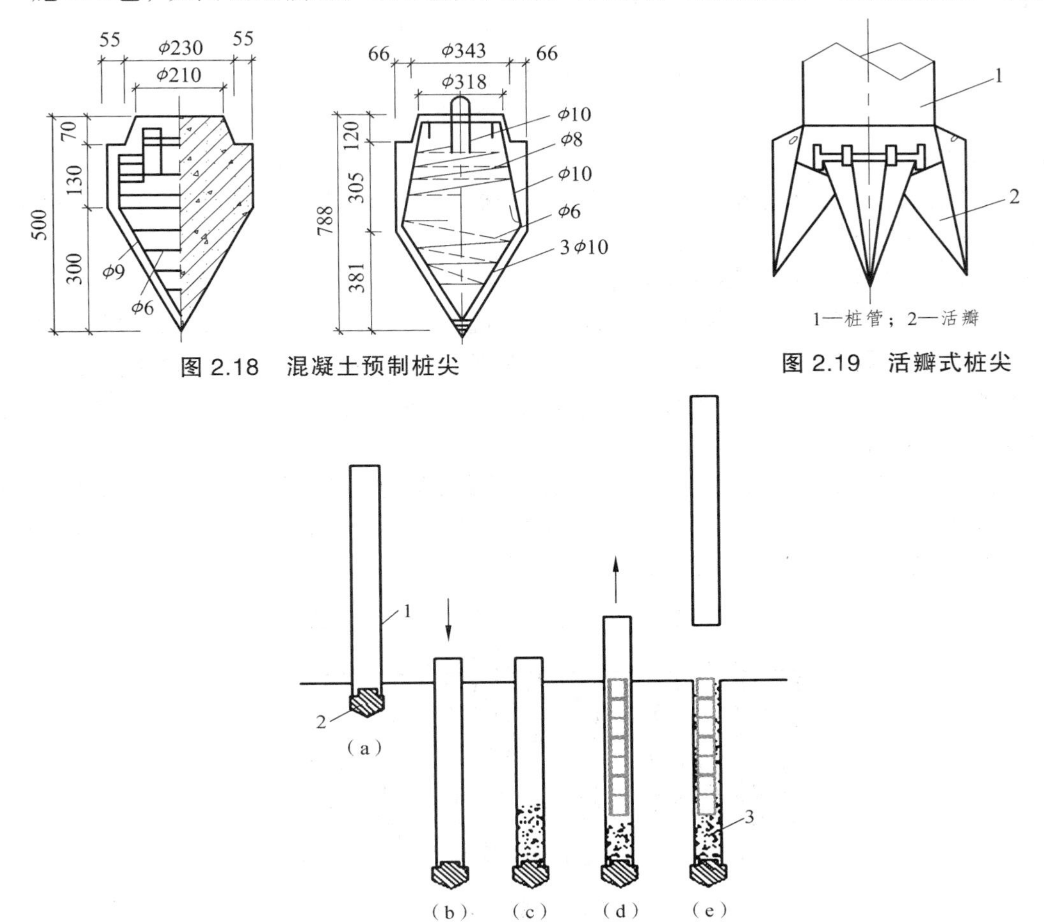

图 2.18　混凝土预制桩尖

1—桩管；2—活瓣

图 2.19　活瓣式桩尖

（a）就位；（b）沉套管；（c）初灌混凝土；（d）放置钢筋笼、灌注混凝土；（e）拔管成桩

1—钢套管；2—桩尖；3—混凝土

图 2.20　沉管灌注桩施工过程

1. 锤击沉管灌注桩施工

（1）适用范围：锤击沉管灌注桩宜用于一般黏性土、淤泥质土、砂土和人工填土地基。

（2）锤击沉管灌注桩机械设备：由桩管、桩锤、桩架、卷扬机滑轮组、行走机构组成。

（3）施工程序，如图 2.21 所示：定位埋设混凝土预制桩尖→桩机就位→锤击沉管→灌注混凝土→边拔管、边锤击、边继续灌注混凝土（中间插入吊放钢筋笼）→成桩。

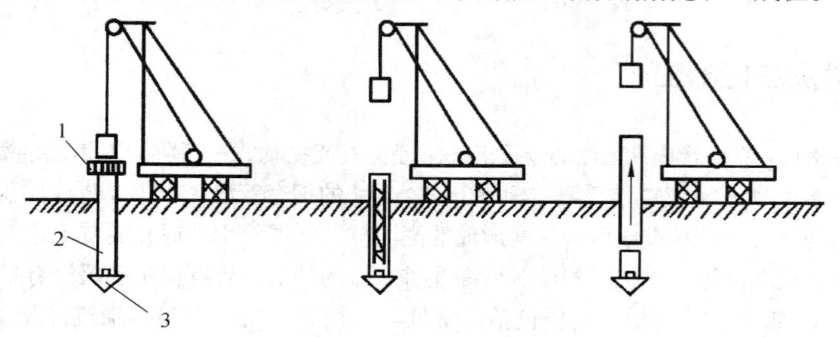

（a）钢管打入土中　（b）放入钢筋骨架　（c）随浇混凝土拔出钢管

1—桩帽；2—钢管；3—桩靴

图 2.21　锤击沉管灌注桩施工程序

（4）施工要求：

① 桩管套入桩尖压入土中后，要检查桩管与桩锤是否在同一直线上，桩管垂直度偏差≤0.5%时即可锤击沉管。

② 先用低锤轻击，观察无偏移后，再正常施打。

③ 桩管沉到设计深度后，尽量灌满混凝土后再拔管；拔管要均匀，第一次拔管高度控制在能容纳第二次所需要灌入的混凝土为限，应保持桩管内不少于 2 m 高度的混凝土；拔管时保持密锤低击不停，并控制拔出速度：一般土层以 1 m/min 为宜，软弱土层及软硬交界处在 0.3 ~ 0.8 m/min 为宜。

④ 为了扩大桩径，提高承载力或补救措施，可采用复打法，如图 2.22 所示。复打法应在初次浇筑的混凝土初凝之前完成，前后二次沉管的轴线应重合，钢筋笼应在第二次沉管后放入。当作为补救措施时，常采用半复打法或局部复打法。

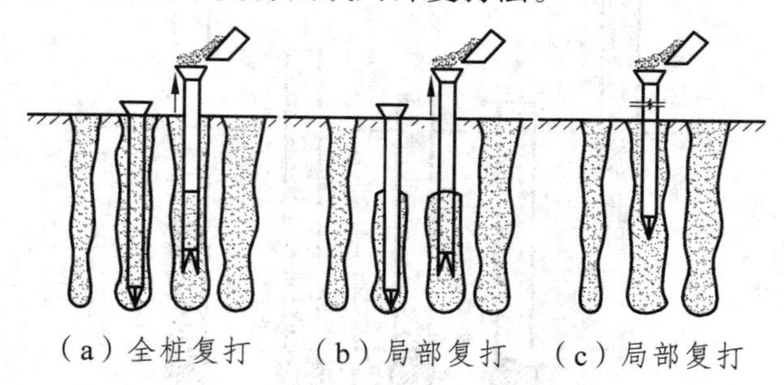

（a）全桩复打　（b）局部复打　（c）局部复打

图 2.22　复打法示意

2. 振动、振动冲击沉管灌注桩施工

振动、振动冲击沉管灌注桩是利用振动桩锤（又称激振器）、振动冲击锤将桩管沉入土中，

然后灌注混凝土而成。

（1）适用范围：与锤击沉管灌注桩相比，这两种灌注桩更适合于稍密及中密的砂土地基施工。

（2）施工程序，如图 2.23 所示：振动沉管灌注桩和振动冲击沉管灌注桩的施工工艺完全相同，只是前者用振动锤沉桩，后者用带冲击的振动锤沉桩。

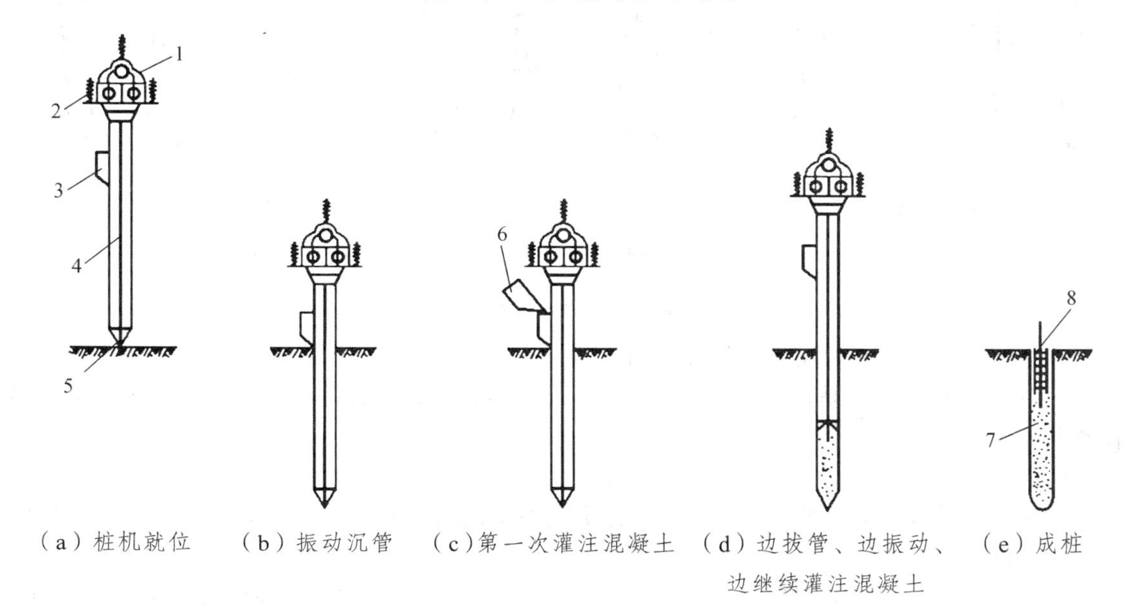

1—振动锤；2—加压减震弹簧；3—加料口；4—桩管；5—活瓣桩尖；
6—上料斗；7—混凝土桩；8—短钢筋骨架

图 2.23 振动沉管灌注桩施工程序

（3）施工方法：可采用单打法、反插法或复打法施工。

① 单打法：单打法是将桩管沉入到设计要求深度后，边灌混凝土边拔管，最后成桩。适用于含水率较小的土层，且宜采用预制桩尖。桩内灌满混凝土后，应先振动 5 ~ 10 s，边振边拔，每拔 0.5 ~ 1 m 停拔振动 5 ~ 10 s，如此反复进行，直至桩管全部拔出。拔管速度在一般土层内宜为 1.2 ~ 1.5 m/min，用活瓣桩尖时宜慢，预制桩尖可适当加快，在软弱土层中拔管速度宜为 0.6 ~ 0.8 m/min。

② 反插法：反插法是在拔管过程中边振边拔，每拔 0.5 ~ 1 m，再向下反插 0.3 ~ 0.5 m，如此反复并保持振动，直至桩管全部拔出。注意流动性淤泥中不宜采用反插法。在桩尖处 1.5 m 范围内，宜多次反插以扩大桩的局部断面。穿过淤泥夹层时，应放慢拔管速度，并减少拔管高度和反插深度。在流动性淤泥中不宜使用反插法。

③ 复打法，如图 2.24 所示：复打法是在单打法施工完拔出桩管后，立即在原桩位再放置第二个桩尖，再第二次下沉桩管，将原桩位未凝结的混凝土向四周土中挤压，扩大桩径，然后再第二次灌混凝土和拔管。采用全长复打的目的是提高桩的承载力。局部复打主要是为了处理沉桩过程中所出现的质量缺陷，如发现或怀疑出现缩颈、断桩等缺陷，局部复打深度应超过断桩或缩颈区 1 m 以上。复打必须在第一次灌注的混凝土初凝之前完成。

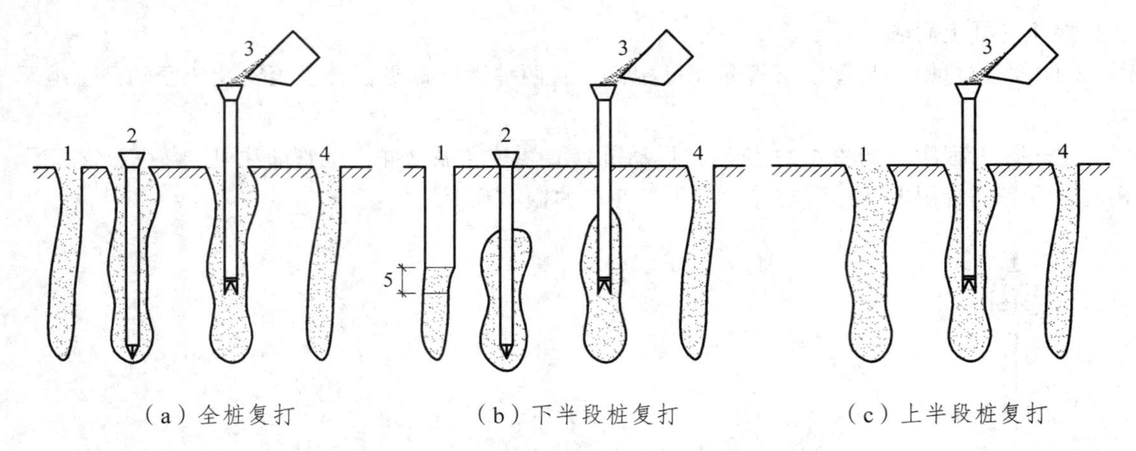

（a）全桩复打　　（b）下半段桩复打　　（c）上半段桩复打

1—单打桩；2—沉管；3—第二次浇混凝土；4—复打桩；5—预加 1m

图 2.24　复打法示意

（4）沉管桩施工中常见问题的分析和处理。

沉管灌注桩施工中易发生断桩、缩颈、桩靴进水或进泥、吊脚桩等问题，施工中应加强检查并及时处理。

① 断桩。

断桩的裂缝为水平或略带倾斜，一般都贯通整个截面，常常出现于地面以下 1 ~ 3 m 软硬土层交接处。

断桩原因主要有：桩距过小，邻桩施打时土的挤压产生的水平推力和隆起上拔力的影响；软硬土层传递水平力不同，对桩产生剪应力；桩身混凝土终凝不久，强度弱，承受不了外力的影响。

避免断桩的措施如下：

a. 布桩应坚持少桩疏排的原则，桩与桩之间中心距不宜小于 3.5 倍桩径；

b. 桩身混凝土强度较低时，尽量避免振动和外力的干扰，因此要合理确定打桩顺序和桩架行走路线；

c. 采用跳打法或控制时间法以减少对邻桩的影响。控制时间法指在邻桩混凝土初凝以前，必须把影响范围内的桩施工完毕。

断桩的检查与处理：在浅层（2 ~ 3 m）发生断桩，可用重锤敲击桩头侧面，同时用脚踏在桩头上，如桩已断，会感到浮振；深处断桩目前常用动测或开挖的办法检查。断桩一经发现，应将断桩段拔出，将孔清理后，略增大面积或加上铁箍连接，再重新浇混凝土补做桩身。

② 缩颈桩。

缩颈桩又称瓶颈桩，是指部分桩径缩小、桩截面面积不符合设计要求。

缩颈桩产生的原因是：拔管过快，管内混凝土存量过少，混凝土本身和易性差，出管扩散困难造成缩颈；在含水率大的黏性土中沉管时，土体受到强烈扰动和挤压，产生很高的孔隙水压力，拔管后，这种水压力便作用到新浇筑的混凝土桩上，使桩身发生不同程度的缩颈现象。

防治措施：在容易产生缩颈的土层中施工时，要严格控制拔管速度，采用“慢拔密击”；混凝土坍落度要符合要求且管内混凝土必须略高于地面，以保持足够的压力，使混凝土出管扩散正常。

施工时可设专人随时测定混凝土的下落情况，遇有缩颈现象，可采取复打处理。

③ 桩尖进水、进泥砂。

桩尖进水、进泥砂常见于地下水位高、含水率大的淤泥和粉砂土层，是由于桩管与桩尖接合处的垫层不紧密或桩尖被打破所致。处理办法：可将桩管拔出，修复改正桩靴缝隙或将桩管与预制桩尖接合处用草绳、麻袋垫紧后，用砂回填桩孔后重打；如果只受地下水的影响，则当桩管沉至接近地下水位时，用水泥砂浆灌入管内约 0.5 m 作封底，并再灌 1 m 高的混凝土，然后继续沉桩。若管内进水不多（小于 200 mm）时，可不作处理，只在灌第一槽混凝土时酌情减少用水量即可。

④ 吊脚桩。

吊脚桩即桩底部的混凝土隔空，或混凝土中混进了泥砂而形成松软层。形成吊脚桩的原因是由于混凝土桩尖质量差，强度不足，沉管时被打坏而挤入桩管内，且拔管时冲击振动不够，桩尖未及时被混凝土压出或活瓣未及时张开。

为了防止出现吊脚桩，要严格检查混凝土桩尖的强度（应不小于 C30），以免桩尖被打坏而挤入管内。沉管时，用吊砣检查桩尖是否有缩入管内的现象。如果有，应及时拔出纠正并将桩孔填砂后重打。

2.3.3　人工挖孔灌注桩施工

人工挖孔桩是指采用人工挖掘成孔，配以简单的施工机具，将孔挖到设计要求的持力层，孔底部分根据设计要求还可扩大，经过清孔及吊放钢筋笼后，在孔内灌注混凝土而成的大直径桩。人工挖孔灌注桩的优点是：设备简单；对周围建筑物影响小；挖孔时可直接观察土层变化情况；清除沉渣彻底；可多孔同时开挖，加快施工进度；桩径不受限制，承载力大；施工成本低。但人工挖孔桩施工人员作业条件差，施工中要特别重视流砂、流泥、有害气体的影响。人工挖孔桩的构造，如图 2.25 所示。

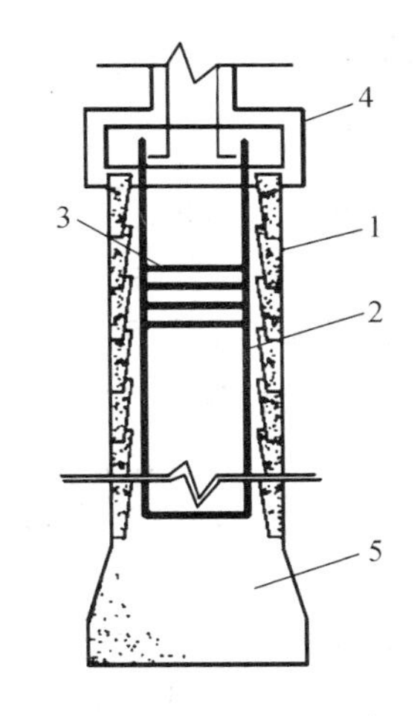

1—护壁；2—主筋；3—箍筋；4—承台；5—桩扩大头

图 2.25　人工挖孔桩构造示意

1. 施工用机具

电动葫芦或手动卷扬机、提土桶及三角支架；潜水泵、鼓风机和输风管；稿、锹、土筐等挖土工具；照明灯、对讲机、电铃等。

2. 适用范围

人工挖孔灌注桩适用于土质较好，地下水位较低的黏土、亚黏土及含少量砂卵石的黏土层等地质条件。可用于高层建筑、公用建筑、水工结构（如泵站、桥墩）作桩基，起支承、抗滑、挡土之用。对软土、流砂及地下水位较高，涌水量大的土层不宜采用。

3. 施工工艺

（1）施工程序。场地平整、放线、测定桩位→开挖第一节桩孔土方→支模浇筑第一节混凝土护壁→在护壁上二次投测标高及桩位十字轴线→设置垂直运输架、安装卷扬机（电动葫芦）、吊土桶、潜水泵、鼓风机、照明设施等→挖第二节桩孔土方→浇筑第二节护壁混凝土→重复上述施工过程直至设计深度→对桩孔直径、深度、扩底尺寸、持力层进行检查验收→安放钢筋笼→浇筑桩身混凝土。

（2）挖孔方法。采用分段开挖，每段高度取决于土壁的直立能力，一般为 0.5 ~ 1.0 m，开挖直径为设计桩径加上两倍护壁厚度。挖土顺序是自上而下、先中间、后孔边。

（3）护壁设计和施工。护壁模板高度取决于开挖土方每段的高度，一般为 1 m，由 4~8 块活动模板组合而成。护壁厚度不宜小于 100 mm，一般取 $D/10+5$ cm（D 为桩径），且第一段井圈的护壁厚度应比以下各段增加 100 ~ 150 mm，上下节护壁可用长为 1 m 左右 $\phi 6\sim\phi 8$ mm 的钢筋进行拉结。护壁混凝土的强度等级不得低于桩身混凝土强度等级，应注意浇捣密实。根据土层渗水情况，可考虑使用速凝剂。不得在桩孔水淹没模板的情况下浇护壁混凝土。每节护壁均应在当日连续施工完毕。上下节护壁搭接长度不小于 50 mm。一般在浇筑混凝土浇筑 24 h 之后便可拆模。若发现护壁有蜂窝、孔洞、漏水现象时，应及时补强、堵塞，防止孔外水通过护壁流入桩孔内。当护壁符合质量要求后，便可开挖下一段的土方，再支模浇筑护壁混凝土，如此循环，直至挖到设计要求的深度并按设计要求进行扩底。孔底有积水时应先排除积水再浇混凝土，当混凝土浇至钢筋的底面设计标高时再安放钢筋笼，继续浇筑桩身混凝土。

4. 施工注意事项

（1）桩孔开挖，当桩净距小于 2 倍桩径且小于 2.5 m 时，应采用间隔开挖。同排桩跳挖的最小施工净距不得小于 4.5 m，孔深不宜大于 40 m。

（2）每段挖土后必须吊线检查中心线位置是否正确，桩孔中心线平面位置偏差不宜超过 50 mm，桩的垂直度偏差不得超过 1%，桩径不得小于设计直径。

（3）防止土壁坍塌及流砂。挖土如遇到松散或流砂土层时，可减少每段开挖深度（取 0.3~0.5 m）或采用钢护筒、预制混凝土沉井等作护壁，待穿过此土层后再按一般方法施工。流砂现象严重时，应采用井点降水处理。

（4）浇筑桩身混凝土时，应注意清孔及防止积水，桩身棍凝土应一次连续浇筑完毕，不留施工缝。为防止混凝土离析，宜采用串筒来浇筑混凝土，如果地下水穿过护壁流入量较大无法抽干时，则应采用导管法浇筑水下混凝土。

5. 安全技术措施

（1）施工人员进入孔内必须戴安全帽，孔内有人作业时，孔上必须有人监督防护。

（2）孔内必须设置应急软爬梯供人员上下井；使用的电动葫芦、吊笼等应安全可靠并配有自动卡紧保险装置；不得用麻绳和尼龙绳吊挂或脚踏井壁凸缘上下；电动葫芦使用前必须检验其安全起吊能力。

（3）每日开工前必须检测井下的有毒有害气体，并有足够的安全防护措施。桩孔开挖深度超过 10 m 时，应有专门向井下送风的设备，风量不宜少于 25 L/s。

（4）护壁应高出地面 200 ~ 300 mm，以防杂物滚入孔内；孔周围要设 0.8 m 高的护栏。

（5）孔内照明要用 12 V 以下的安全灯或安全矿灯。使用的电器必须有严格的接地、接零和漏电保护器（如潜水泵等）。

（6）加强对孔壁土层涌水情况的观察，发现异常情况，及时处理。

2.4 地基处理

2.4.1 地基加固的原理

当工程结构的荷载较大，地基土质又较软弱（强度不足或压缩性大），不能作为天然地基时，可针对不同情况，采取各种人工加固处理的方法，以改善地基性质，提高承载能力、增加稳定性，减少地基变形和基础埋置深度。

地基加固的原理是："将土质由松变实""将土的含水率由高变低"，即可达到地基加固的目的。地基处理技术发展迅速，地基处理（地基加固）方法很多，而且工程技术人员还在不断地创造出一些新的方法。但须强调，在拟定地基加固处理方案时，应充分考虑地基与上部结构共同工作的原则，从地基处理、建筑、结构设计和施工方面均应采取相应的措施进行综合治理，绝不能单纯对地基进行加固处理，否则，不仅会增加工程费用，而且难以达到理想的效果。

2.4.2 常用的地基处理方法

1. 换土垫层法

亦称换填法，该方法是全部或部分的挖去基础底面以下处理范围内的软弱土层，然后分层换填强度较高的砂、碎石、素土、灰土、粉质黏土、粉煤灰、矿渣、土工合成材料及其他性能稳定和无侵蚀性的材料，并碾压、夯实或振实至要求的密实度为止。

换垫法的适用范围：淤泥、淤泥质土、湿陷性黄土、素填土、杂填土地基及暗沟、暗塘等的浅层处理地基或不均匀地基处理。当在建筑范围内上层软弱土层较薄时，可采用全部换填处理；对于建筑物范围内局部存在古井、古墓、暗塘、暗沟或拆除旧基础后的坑穴等，可采用局部换填法处理。

换垫法常用于处理轻型建筑、地坪、对料场及道路工程等。换垫法的处理深度通常控制在 3 m 以内较为经济合理。

2. 强夯法

（1）作用原理：就是利用打夯机具（如木夯、石蛾、蛙式打夯机、重锤夯、强力夯等）夯击土壤，排出土壤中的水分，加速土壤的固结，以提高土壤的密实度和承载能力。其中强力夯是利用起重机械将大吨位夯锤（一般不小于 8 t）起吊到高处（一般不小于 6 m），自由落下，对土体进行强力夯实。其作用机理是用很大的冲击能，使土中出现冲击波和很大的应力，迫使土中空隙压缩，土体局部液化，夯击点周围产生裂隙形成良好的排水通道，土体迅速固结。

（2）强夯法适用范围：碎石土、砂土、低饱和度的粉土、黏性土、湿陷性黄土及人工填土地基的深层加固，对于软土地基一般效果不显著。但强力夯所产生的振动，对现场周围已建或在建的建筑物及其他设施有影响时，不得采用，必要时，应采取防振措施。

3. 深层搅拌法

（1）作用原理：利用水泥浆、石灰或其他材料作为固化剂，通过特制的深层搅拌机械，在地基深处将软土和固化剂强制搅拌，利用固化剂和软土之间产生的一系列物理化学反应，使软土硬结成具有整体性、水稳性和一定强度的优质地基，从而达到提高地基的承载力和减少地基变形的目的。

（2）深层搅拌法的适用范围：淤泥、淤泥质土、粉土、饱和黄土、素填土和黏性土等地基。

4. 高压喷射注浆法

（1）作用原理：利用钻机把带有喷嘴的注浆管钻到预定深度的土层，以高压喷射直接冲击破坏土体，使水泥浆液或其他浆体与土拌和，凝固后成为拌和桩体。在软弱地基中设置这种桩体群，形成复合地基。

（2）高压喷射注浆法的适用范围：淤泥、淤泥质土、粉土、黄土、砂土、碎石、人工填土和黏性土等地基。当土中含有较多的大粒径块石、坚硬黏性土、大量植物根茎或有过多的有机质时，应根据现场试验结果确定其适用程度。

复习思考题

2.1　保证钢筋混凝土预制桩施工质量的关键是什么？

2.2　预制桩的混凝土强度达到多少时方可起吊、运输和打桩？

2.3　吊桩时如何选择吊点？常见的吊点设置位置如何？

2.4　打桩为什么要有一定的顺序？哪几种打桩顺序较为合理？

2.5　打桩过程中应注意检查哪些主要问题？为什么打桩宜采用“重锤低击”？

2.6　简述预制桩接长的方式及施工要点？

2.7　打桩质量有何要求？何谓最后贯入度？

2.8　灌注桩和预制桩相比有何优缺点？

2.9　灌注桩的分类？适用于什么情况？如何成孔？

2.10　简述泥浆护壁成孔灌注桩施工中，常遇问题的原因和处理方法？

2.11　沉管灌注桩常见的问题和处理办法？

2.12　试述人工挖孔桩的工艺流程及施工的质量要求？

2.13　地基加固的原理是什么？

2.14　试述常见的地基处理方法？各种地基处理办法的适用条件及施工要点？

第3章 脚手架与垂直运输设备

【学习要点】

脚手架的形式及性能、垂直运输机械的选择，掌握钢管外脚手架的基本形式（扣件式钢管脚手架、碗扣式钢管脚手架及门式脚手架的构造组成）；井架、龙门架、施工电梯、塔吊的基本形式和基本性能；脚手架工程的安全技术要求及塔式起重机使用要点。

3.1 脚手架

3.1.1 概　述

脚手架是在施工现场为安全防护、工人操作以及解决少量上料和堆料而搭设的堆放材料和工人施工作业用的临时结构架，直接影响工程质量、施工安全和砌筑的劳动生产率。

（1）基本要求：

① 宽度满足工人操作、材料堆置和运输需要。

② 有足够的强度、刚度和稳定性。

③ 装拆方便，能多次周转使用。

④ 因地制宜，就地取材。

（2）宽度：1.5 ~ 2 m。

（3）步距：1.2 m 左右，称为“一步架高度”或墙体的可砌高度。

（4）脚手架的分类：

按搭设位置分为：外脚手架和里脚手架。

按材料分为：木脚手架、竹脚手架和金属脚手架。

按支固方式分为：落地式、悬挑式、附墙悬挂式和悬吊式脚手架。

按设置形式分为：单排、双排和满樘脚手架。

按搭拆和移动方式分为：人工装拆、附着升降、整体提升式脚手架。

按构架方式分为：多立杆式、框架组合式、格构件组合式脚手架。

按使用阶段分为：结构脚手架与装修脚手架。

3.1.2 外脚手架

外脚手架是在建筑物的外侧（沿建筑物周边）搭设的一种脚手架，既可用于外墙砌筑，又可用于外装修施工。常用的有多立杆式脚手架、门式脚手架、桥式脚手架等。

1. 外脚手架的基本形式

外脚手架按结构物立面上设置状态分为落地式、悬挑式、吊挂式和附着升降式 4 种基本形式。

（1）落地式脚手架，如图 3.1（a）所示。落地式脚手架搭设在建筑物外围地面上，主要搭设方法为立杆双排搭设。因受立杆承载力限制，加之材料耗用量大、占用时间长，所以，这种脚手架搭设高度多控制在 40 m 以下。在房屋砖混结构施工中，该脚手架兼作砌筑、装修和防护之用；在多层框架结构施工中，该脚手架主要作装修和防护之用。

（2）悬挑式脚手架，如图 3.1（b）所示。悬挑式脚手架搭设在建筑物外边缘向外伸出的悬挑结构上，将脚手架荷载全部或部分传递给建筑结构。悬挑支承结构有用型钢焊接制作的三角桁架下撑式结构以及用钢丝绳斜拉住水平型钢挑梁的斜拉式结构两种主要形式。在悬挑结构上搭设的双排外脚手架与落地式脚手架相同，分段悬挑脚手架的高度一般控制在 25 m 以内。该形式的脚手架做装修和防护之用，应用在闹市区需要做全封闭的高层建筑施工中，以防坠物伤人。

（3）吊挂式脚手架，如图 3.1（c）所示。在主体结构施工阶段为外挂脚手架，随主体结构逐层向上施工，用塔吊吊升，悬挂在结构上。在装饰施工阶段，该脚手架改为从屋顶吊挂，逐层下降。吊挂式脚手架的吊升单元（吊篮架子）宽度宜控制在 5 ~ 6 m，高度为一个或一个半楼层，每一吊升单元的自重宜在 1 t 以内。该形式脚手架适用于高层框架和剪力墙结构施工。

（4）附着升降脚手架，如图 3.1（d）所示。附着升降脚手架是将自身分为两大部分，分别依附固定在建筑结构上。在主体结构施工阶段，附着升降脚手架以电动或手动环链葫芦为提升设备，两个部件互为利用，交替松开、固定，交替爬升，其爬升原理同爬升模板。在装饰施工阶段，交替下降。该形式脚手架搭设高度为 3 ~ 4 个楼层，不占用塔吊，相对一落到底的外脚手架，省材料、省人工，适用于高层框架和剪力墙结构的快速施工。

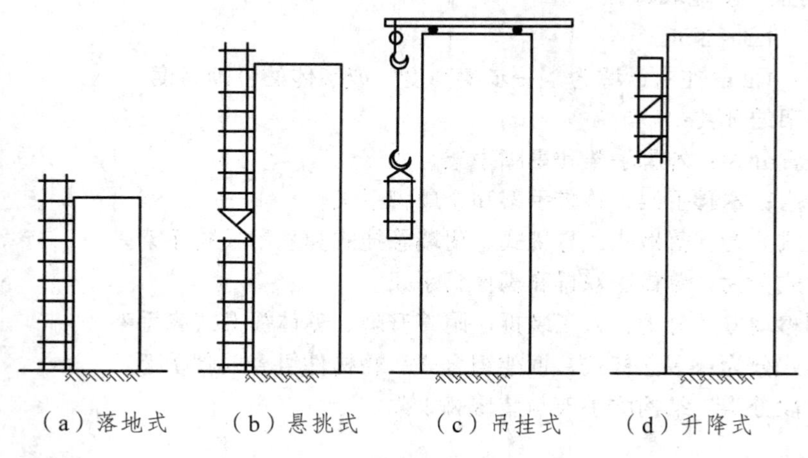

图 3.1　外脚手架的几种形式

2. 钢管外脚手架的基本形式

最常用的钢管外脚手架有 3 种基本形式：扣件式钢管脚手架、碗扣式钢管脚手架以及门式脚手架。

1）扣件式钢管脚手架

主要构件有：立杆、纵向水平杆、横向水平杆、剪刀撑、横向斜撑、抛杆、连墙件等。基本形式有单排、双排两种，如图 3.2、图 3.3 所示。

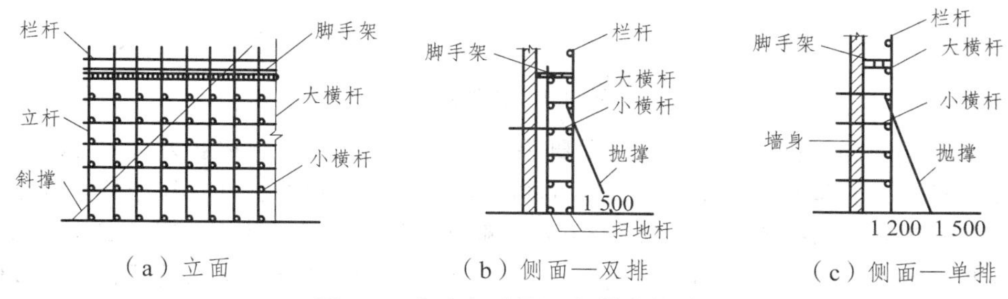

图 3.2 多立杆式脚手架基本构造

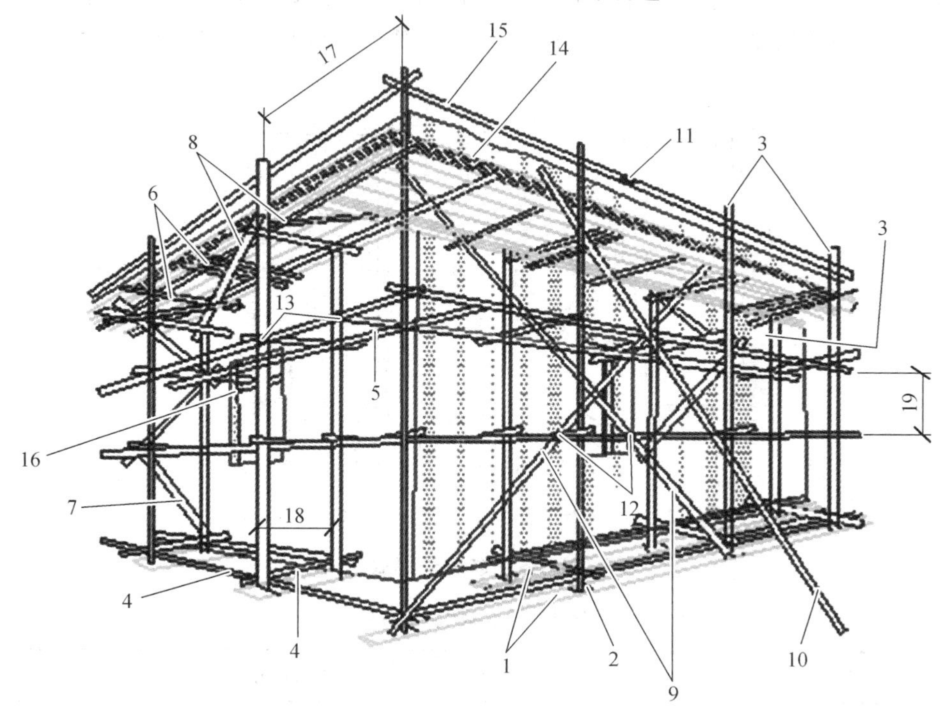

图 3.3 扣件式钢管脚手架构造

（1）脚手架钢管：ϕ48 mm，厚 3 mm 焊接钢管。

立柱，纵向水平杆，支撑杆长度一般为 4 ~ 6.5 m；横向水平杆长度一般为 2.1 ~ 2.2 m。

（2）扣件：
- 直角扣件：两根钢管垂直交叉连接
- 旋转扣件：两根钢管任意角交叉连接，如图 3.4 所示。
- 对接扣件：两根钢管对接连接

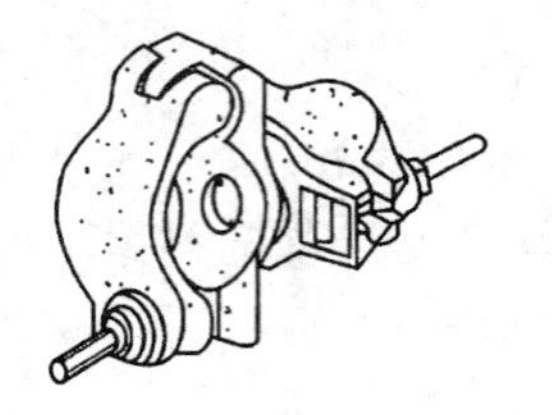

（a）回转扣件

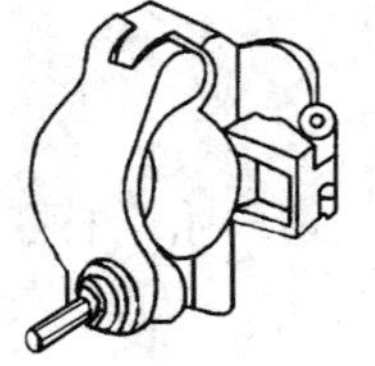

（b）直角扣件

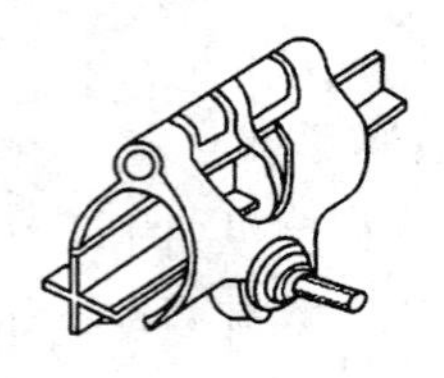

（c）对接扣件

图 3.4　扣件形式

（3）脚手板：冲压钢脚手板、钢木竹脚手板，每块重≤30 kg，长度为 2 ~ 3 m。

（4）连墙件：连墙件是将立杆与主体结构连接在一起的构件，可有效地防止脚手架的失稳与倾覆。常用的连墙件形式，如图 3.5 所示。刚性连接一般通过钢管、型钢或粗钢筋等与墙体上的预埋件连接。这种连墙方式具有较大的刚度，其既能受拉，又能受压，在荷载作用下变形较小。柔性连接则通过钢丝或小直径的钢筋（拉筋）、顶撑、木楔等与墙上的预埋件连接，其刚度较小，只能用于高度 24 m 以下的脚手架。严禁使用仅有拉筋的柔性连墙件，其间距见表 3.1。

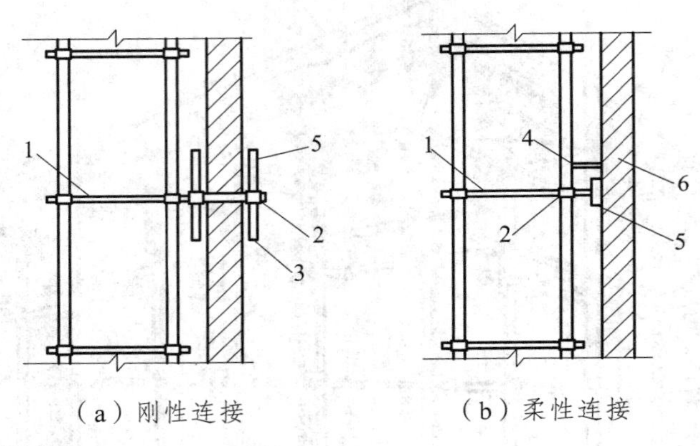

（a）刚性连接　　　（b）柔性连接

1—连墙杆；2—扣件；3—刚性钢管；4—钢丝；5—木楔；6—预埋件

图 3.5　连墙件形式

表 3.1　连墙件的布置

脚手架类型	脚手架高度/m	垂直间距/m	水平间距/m
双　排	≤60	≤6	≤6
	>50	≤4	≤6
单　排	≤24	≤6	≤6

连墙件抗风荷载的最大面积应小于 40 m^2。连墙件需从底部第一根纵向水平杆处开始设置，附墙件与结构的连接应牢固，通常采用预埋件连接。

（5）底座：底座一般采用厚 8 mm，边长 150 ~ 200 mm 的钢板作底板，上焊 150 mm 高的钢管。底座形式有内插式和外套式两种，如图 3.6 所示，内插式的外径 D_1 比立杆内径小 2 mm，外套式的内径 D_2 比立杆外径大 2 mm。

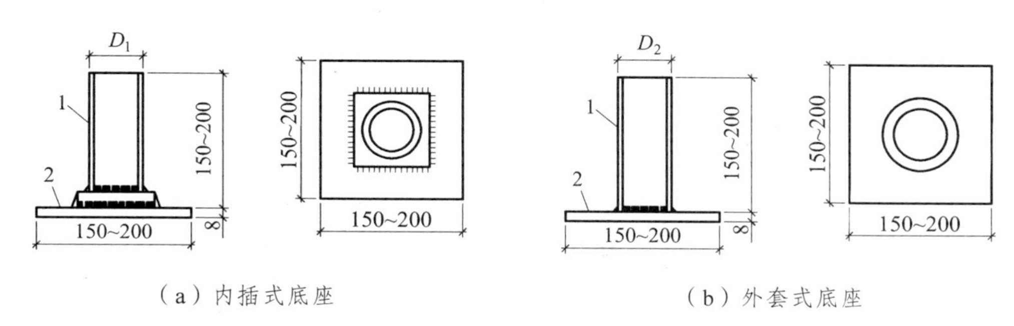

（a）内插式底座　　（b）外套式底座

1—承插钢管；2—钢板底座

图 3.6　扣件钢管架底座

（6）扣件式钢管脚手架的搭设要求：

钢管扣件脚手架搭设中应注意地基平整坚实，设置底座和垫板，并有可靠的排水措施，防止积水浸泡地基。

立杆之间的纵向间距，当为单排设置时，立杆离墙 1.2 ~ 1.4 m；当为双排设置时，里排立杆离墙 0.4 ~ 0.5 m，里外排立杆之间间距为 1.5 m 左右。相邻立杆接头要错开，对接时需用对接扣件连接，也可用长度为 400 mm、外径等于立杆内径，中间焊法兰的钢管套管连接。立杆的垂直偏差不得大于架高的 1/200。

上下两层相邻大横杆之间的间距为 1.8 m 左右。大横杆杆件之间的连接应位置错开，并用对接扣件连接，如采用搭接连接，搭接长度不应小于 1 m，并用 3 个回转扣件扣牢，与立杆之间应用直角扣件连接，纵向水平高差不应大于 50 mm。

小横杆的间距不大于 1.5 m。当为单排设置时，小横杆的一头搁入墙内不应少于 240 mm，一头搁于大横杆上，至少伸出 100 mm；当为双排设置时，小横杆端头离墙距离为 50 ~ 100 mm。小横杆与大横杆之间用直角扣件连接。每隔三步的小横杆应加长，并注意与墙的拉结。

纵向支撑的斜杆与地面的夹角宜在 45° ~ 60°范围内。斜杆的搭设是利用回转扣件将一根斜杆扣在立杆上，另一根斜杆扣在小横杆的伸出部分上，这样可以避免两根斜杆相交时把钢管别弯。斜杆用扣件与脚手架扣紧的连接接头距脚手架节点（即立杆和横杆的交点）不大于 200 mm。除两端扣紧外，中间尚需增加 2 ~ 4 个扣节点。为保证脚手架的稳定，斜杆的最下面一个连接点距地面不宜大于 500 mm。斜杆的接长宜采用对接扣件的对接连接，当采用搭接时，搭接长度不小于 400 mm，并用两只回转扣件扣牢。

钢管扣件式单排脚手架搭设高度不宜超过 24 m，双排脚手架的高度超过 50 m 时应计算有关搭设参数。

2）碗扣式钢管脚手架

碗扣式钢管脚手架立杆与水平杆靠特制的碗扣接头连接，如图 3.7 所示。碗扣分上碗扣和下碗扣，下碗扣焊接于立杆上，上碗扣对应地套在立杆上，其销槽对准焊接在立杆上的限位销即能上下滑动。连接时，只需将横杆接头插入下碗扣内，将上碗扣沿限位销扣下，并顺时针旋转，靠上碗扣螺旋面使之与限位销顶紧，从而将横杆和立杆牢固地连在一起，形成框架结构。每个下碗扣内可同时插入 4 个横杆接头，位置任意。

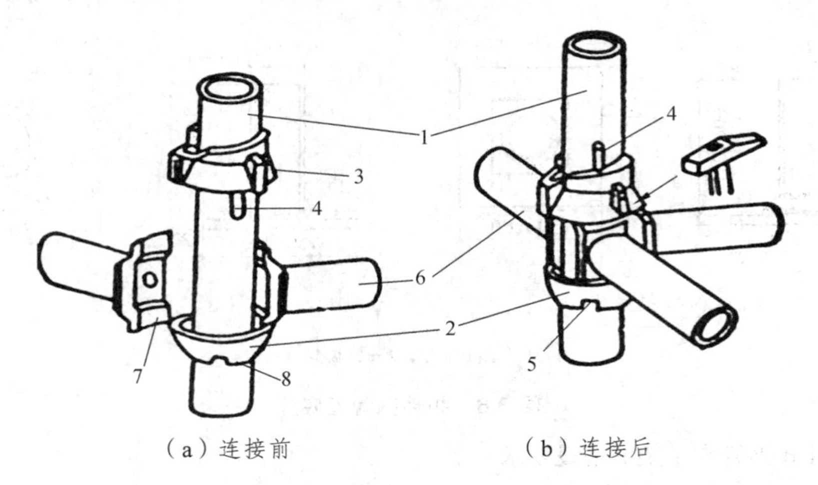

1—立杆；2—下碗扣；3—上碗扣；4—限位销；5—立杆；6—横杆；7—横杆接头；8—插板

图 3.7 碗扣接头构造

3）门式脚手架

又称框组式脚手架、多功能门型脚手架，是目前国际上应用较为普遍的脚手架之一。除用于搭设外架，还可用于搭设内脚手架、工作台和模板支架等。

门式脚手架由门式框架（门架）、交叉支撑（剪刀撑）和水平梁架或脚手板构成基本单元，如图 3.8（a）所示。基本单元通过连接棒、锁臂连接并增加底座、垫板构成整片脚手架，如图 3.8（b）所示。

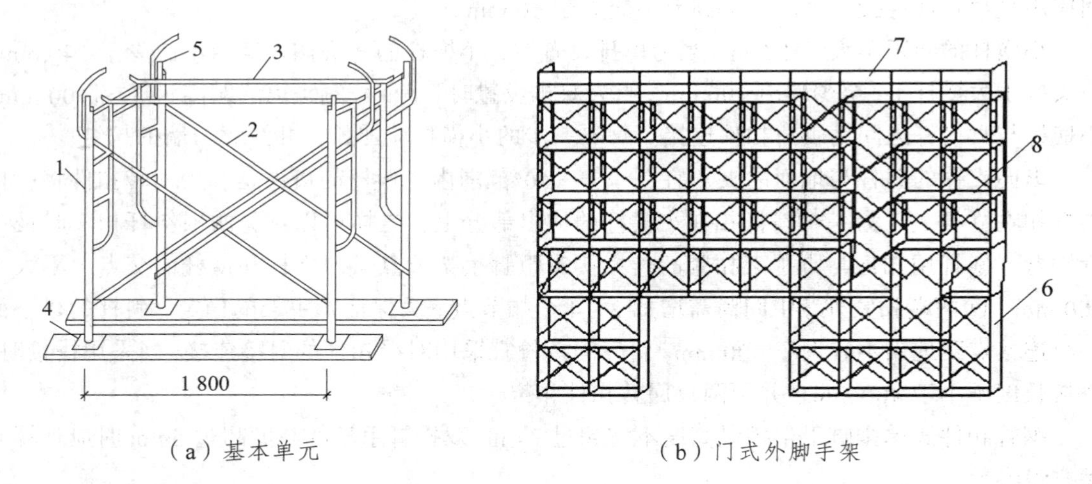

1—门式框架；2—剪刀撑；3—水平梁架；4—螺旋基脚；5—连接器；6—梯子；7—栏杆；8—脚手板

图 3.8 门式脚手架组成

3.1.3 里脚手架

里脚手架是搭设在建筑物内部地面或楼面上的脚手架，可用于结构层内的砌墙、内装饰等。要求轻便灵活、装拆方便。

常用构造形式有折叠式、支柱式等。

1. 折叠式里脚手架

角钢折叠式里脚手架，如图 3.9 所示，其搭设间距不超过 2.0 m（粉刷时不超过 2.5 m），可搭设两步，第一步为 1 m，第二步为 1.65 m。

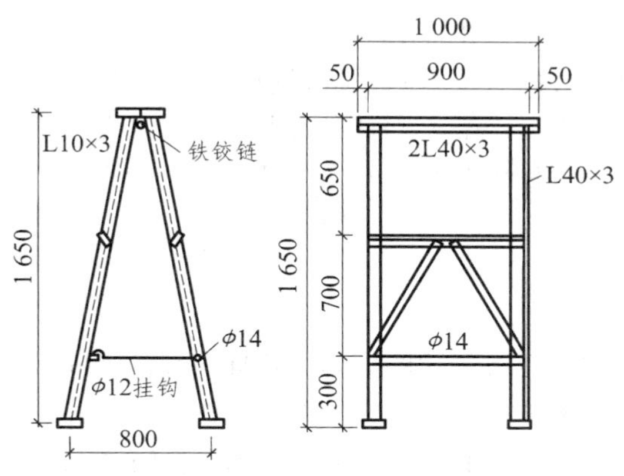

图 3.9　角钢折叠式里脚手架

2. 支柱式里脚手架

由支柱和横杆组成，上铺脚手板。搭设间距：砌墙时不超过 2.0 m，粉刷时不超过 2.5 m。套管式支柱，如图 3.10 所示，由立管、插管等组成。搭设时插管插入立管中，以销孔间距调节高度。承插式支柱，如图 3.11 所示，其立管上焊有承插管，用于与横杆的销头插接。

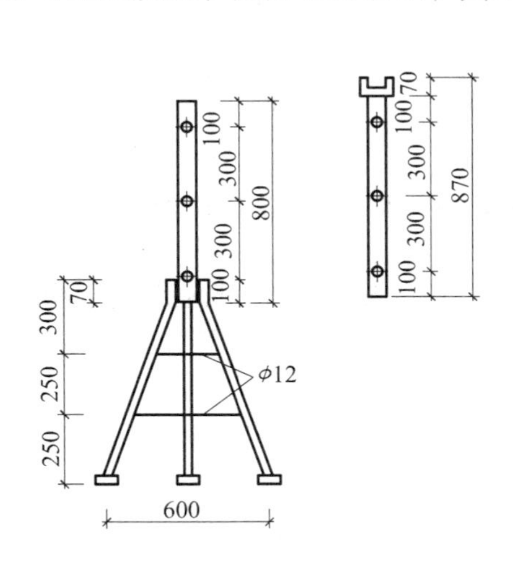

图 3.10　套管式支柱

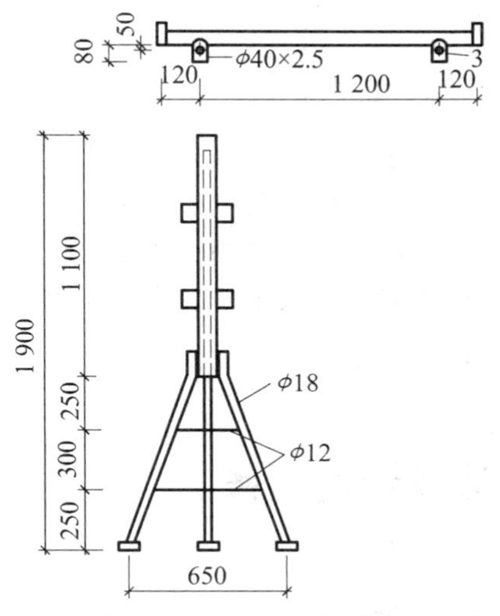

图 3.11　承插式钢管支柱

3.1.4　脚手架工程的安全技术要求

脚手架虽然是临时设施，但对其安全性应给予足够的重视。脚手架不安全因素一般有：

① 不重视脚手架施工方案设计，对超常规的脚手架仍按经验搭设；② 不重视外脚手架的连墙件的设置及地基基础的处理；③ 对脚手架的承载力了解不够，施工荷载过大。所以脚手架的搭设应该严格遵守安全技术要求。

1. 一般要求

架子工作业时，必须戴安全帽、系安全带、穿软底鞋。脚手材料应堆放平稳，工具应放入工具袋内，上下传递物件时不得抛掷。

不得使用腐朽和严重开裂的竹、木脚手板，或虫蛀、枯脆、劈裂的材料。

在雨、雪、冰冻的天气施工，架子上要有防滑措施，并在施工前将积雪、冰渣清除干净。

复工工程应对脚手架进行仔细检查，发现立杆沉陷、悬空、节点松动、架子歪斜等情况，应及时处理。

2. 脚手架的搭设

脚手架的搭设应符合前面几节所述的内容，并且与墙面之间应设置足够和牢固的拉结点，不得随意加大脚手杆距离或不设拉结。

脚手架的地基应整平夯实或加设垫木、垫板，使其具有足够的承载力，以防止发生整体或局部沉陷。

脚手架斜道外侧和上料平台必须设置 1 m 高的安全栏杆和 18 cm 高的挡脚板或挂防护立网，并随施工升高而升高。

脚手板的铺设要满铺、铺平或铺稳，不得有悬挑板。

脚手架的搭设过程中要及时设置连墙杆、剪刀撑，以及必要的拉绳和吊索，避免搭设过程中发生变形、倾倒。

3. 防电、避雷

脚手架与电压为 1 ~ 20 kV 以下架空输电线路的距离应不小于 2 m，同时应有隔离防护措施。

脚手架应有良好的防电避雷装置。钢管脚手架、钢塔架应有可靠的接地装置，每 50 m 长应设一处，经过钢脚手架的电线要严格检查，谨防破皮漏电。

施工照明通过钢脚手架时，应使用 12 V 以下的低压电源。电动机具必须与钢脚手架接触时，要有良好的绝缘。

3.2 垂直运输设备

3.2.1 井 架

井架是砌筑工程垂直运输的常用设备之一。它可采用型钢或钢管加工成的定型产品，也可以用脚手架部件搭设。其特点是构造简单、价格低廉、稳定性好、运输量大。普通型钢井字架架设高度可达 40 m。

组成：由型钢或钢管制成方型空间桁架、吊盘、起吊设施（滑轮、起重索、卷扬机）组成，如图 3.12 所示。

基本性能：吊盘起重量：1 ~ 1.5 t。

附设小型拔杆：工作幅面 7 ~ 10 m，起重量 0.5 ~ 1.5 t，可吊运长度较大构件。

安全措施：沿架体高度设置附墙架或缆风绳。架高小于 20 m 时，设置不少于 1 组，每组 4 根，设于井架的四角，与地面夹角 45° ~ 60°，并设地锚；向上每增高 10 m 加设 1 组。

3.2.2 龙门架

龙门架构造简单、装拆方便，尤其适用于中小型工程，起重量 0.6 ~ 1.2 t，龙门架搭设高度可达 30 m。

组成：由两根立柱及横梁（天轮梁）组成。在龙门架上装设滑轮（天轮和地轮）、导轨、吊盘（上料平台）、安全装置（制动停靠装置和上极限限位器）、起重索及缆风绳等构成一个完整的垂直运输体系，如图 3.13 所示。

安全措施：沿架体高度按设计要求设置附墙架，或者设置缆风绳。当架高小于 20 m 时，缆风绳不少于 1 组，每组不少于 6 根，与地面夹角 45° ~ 60°，并设地锚；架高 21 ~ 30 m 时，不少于 2 组，龙门架的顶部应设置 1 组缆风绳。

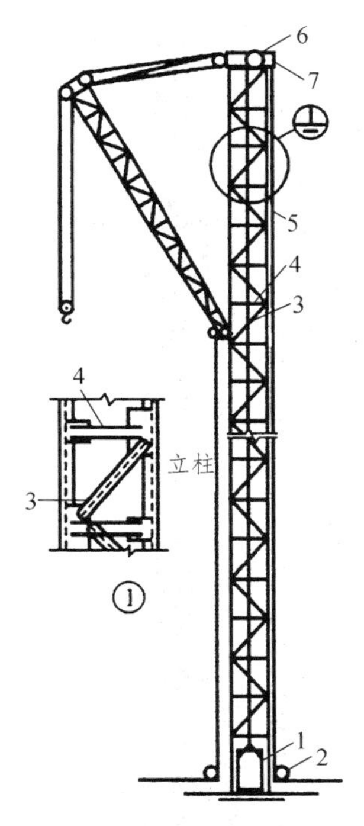

1—吊盘；2—导向滑轮；3—斜撑；4—平撑；
5—立柱；6—天轮；7—缆风绳

图 3.12 普通型钢井架

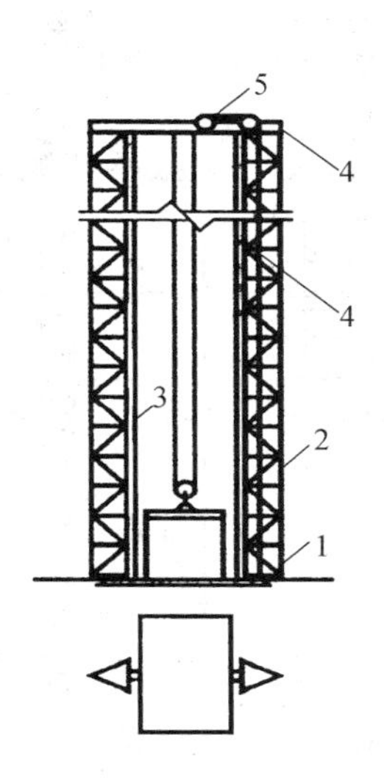

1—地轮；2—立柱；3—导轨；4—缆风绳；5—天轮

图 3.13 龙门架

3.2.3 施工电梯

目前在高层建筑施工中常采用人货两用的建筑施工电梯，建筑施工电梯可附着在外墙或其他建筑物结构上，随着建筑物主体结构施工而接高，其高度可达 100 m 以上，如图 3.14 所示。可载运货物 1.0 ~ 1.2 t，或载人 12 ~ 15 人。特别适用于高层建筑，也可用于高大建筑物、多层厂房和一般楼房施工中的垂直运输。

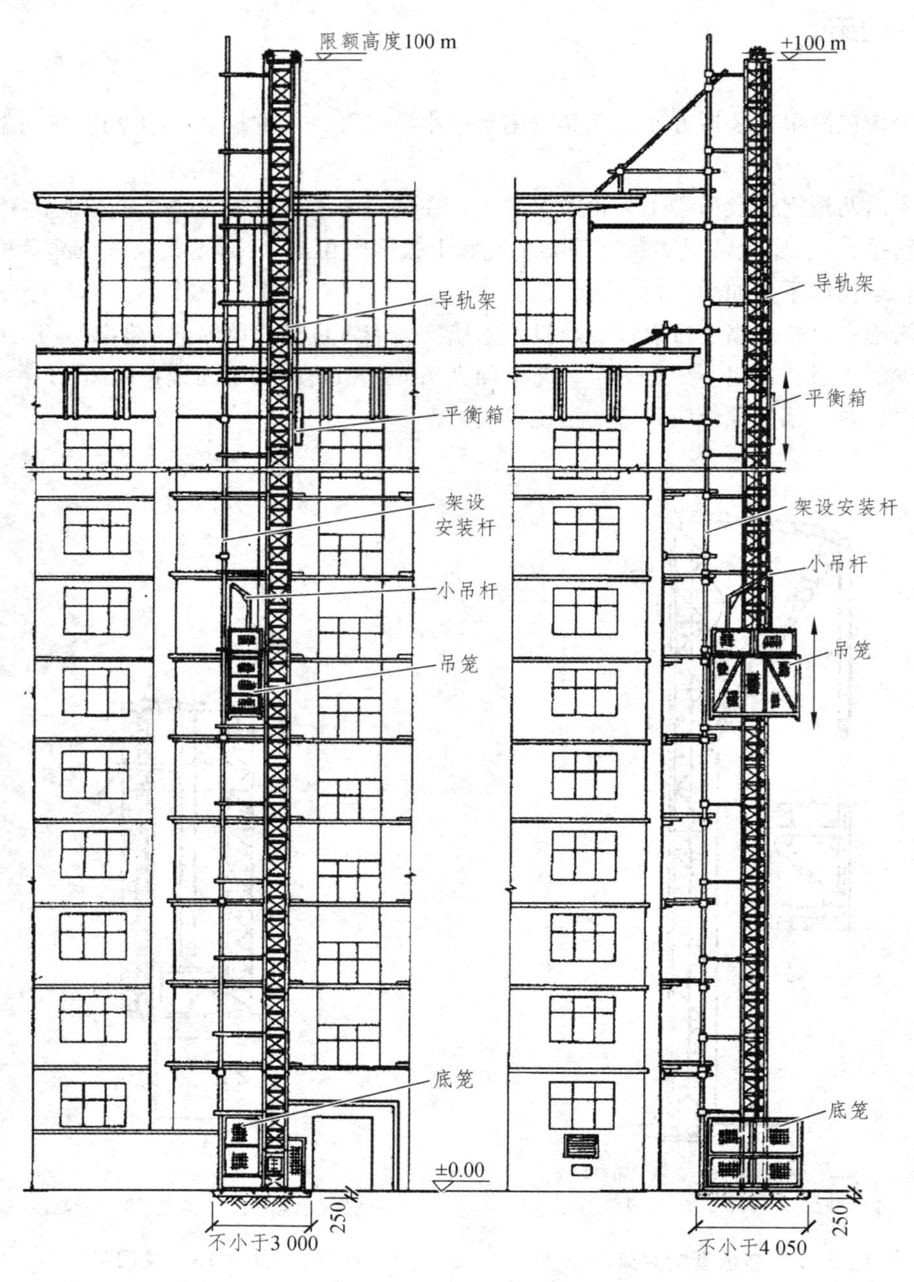

图 3.14 建筑施工电梯

建筑施工电梯安装前先做好混凝土基础，混凝土基础上预埋锚固螺栓或预留固定螺栓孔以固定底笼。其安装过程为：将部件运至安装地点→装底笼和二层标准节→装梯笼→接高标准节并随设附墙支撑→安平衡箱。电梯的安装应按所用电梯的安装说明书的程序和要求进行，拆卸程序与安装时相反。

使用电梯时，司机必须熟悉电梯的结构、原理、性能、运行特点和操作规程；严禁超载，防止偏重；班前和架设时均应进行电动机制动效果的检查（点动 1 m 高度，停 2 min，吊笼无下滑现象）；坚持执行定期技术检查和润滑的制度；司机开机时应思想集中，随时注意信号，遇到事故和危险时立即停车。

3.2.4 塔式起重机

1. 塔式起重机的主要特点

塔式起重机（也称塔吊）具有提升、回转、水平运输等多种功能，是施工中重要的大型运输设备。

塔式起重机具有竖直的塔身，其起重臂安装在塔身顶部与塔身组成“Γ”形，使塔式起重机具有较大的工作空间，可将重物吊到有效空间的任何位置上。它的安装位置能靠近施工的建筑物，有效工作幅度较其他类型起重机大，而且占有场地也不大。塔式起重机种类繁多，广泛应用于多层及高层建筑工程施工中。

2. 塔式起重机的分类

（1）按回转机构的安装位置不同可分为：上回转式（塔顶回转）和下回转式（塔身回转）。

（2）按变幅方式不同可分为：有倾斜臂架式（改变起重机的俯仰角度）和运行小车式。

（3）按能否移动可分为：固定式和行走式，行走式又分为轨道式、轮胎式、汽车式和履带式。

（4）按自升塔的爬升部位不同可分为：内爬式（安装在建筑物内部电梯井的框筒上）和附着式（安装在建筑物外侧，塔身通过连杆锚固在建筑物上）。

（5）按使用架设要求不同分为固定式、附着式、轨道式、内爬式，如图 3.15 所示。

3. 常用塔式起重机的型号及性能

1）轨道式塔式起重机

轨道式塔式起重机是一种在轨道上行驶的自行式塔式起重机。常用的轨道式塔式起重机有 QT-60/80 型（图 3.16）、QT-25 型等多种。轨道塔式起重机主要性能有：吊臂长度、起重幅度、起重量、起升速度及行走速度等。

2）爬升式塔式起重机

爬升式塔式起重机是一种安装在建筑物内部的结构上，借助套架、托梁和爬升系统随建筑物升高而自已爬升的起重机。每隔 1 ~ 2 层爬升 1 次。特别适用于施工现场狭窄的高层建筑结构安装。常用型号有 QT-60 型和 QT-80 型。

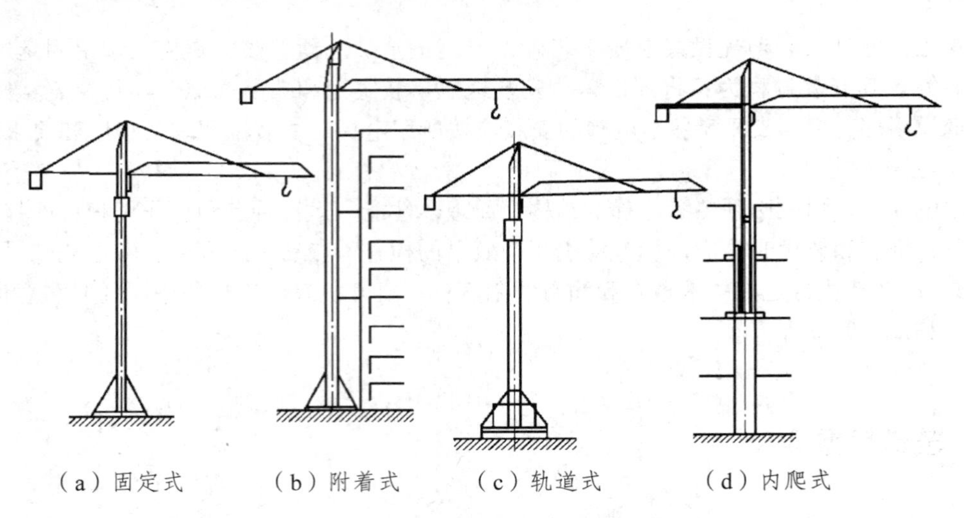

（a）固定式　（b）附着式　（c）轨道式　（d）内爬式

图 3.15　按使用架设要求不同分类的塔式起重机

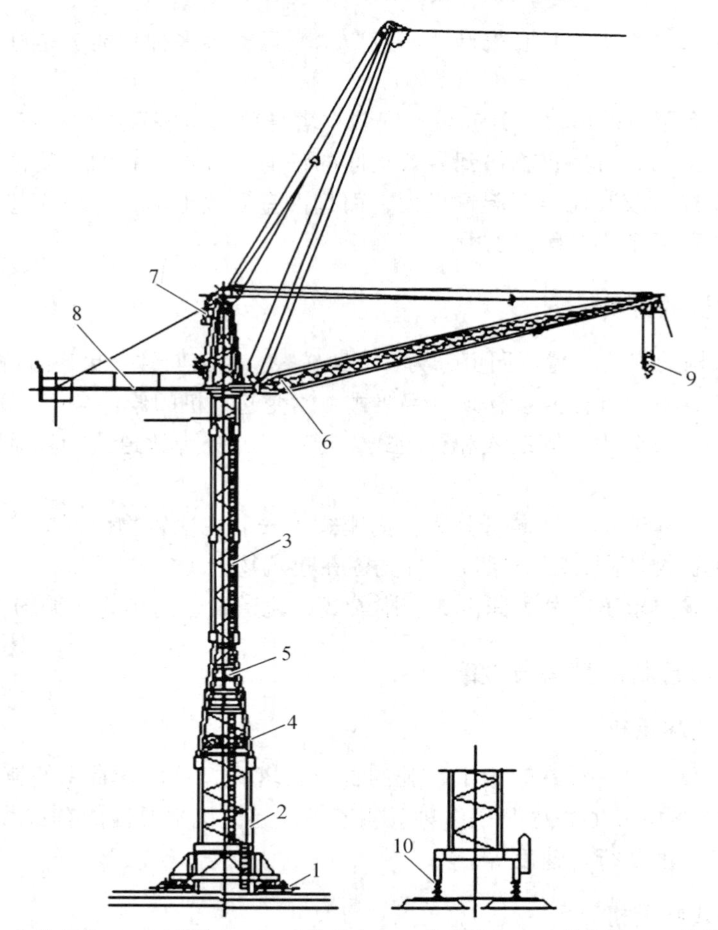

1—从动台车；2—下节塔身；3—上节塔身；4—卷扬机构；5—操纵室；6—吊臂；
7—塔顶；8—平衡臂；9—吊钩；10—驱动台车

图 3.16　QT-60/80 型塔式起重机

爬升式塔式起重机爬升过程，如图 3.17 所示：固定下支座→提升套架→固定套架→下支座脱空→提升塔身→固定下支座。

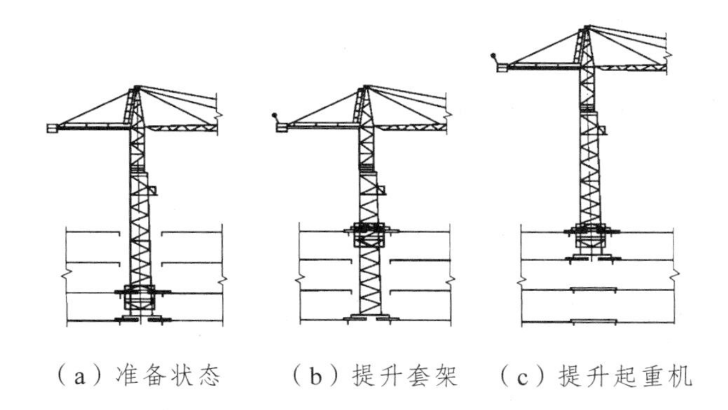
(a) 准备状态　(b) 提升套架　(c) 提升起重机

图 3.17　爬升式起重机的自升过程示意

3）附着式塔式起重机

附着式塔式起重机是固定在建筑物近旁混凝土基础上的起重机，它借助液压顶升系统随建筑物的施工进程而自行向上接高。为了保证塔身的稳定，每隔一定距离，一般为 20 m，用锚固装置将塔身与建筑物水平连接，使起重机依附在建筑物上。

附着式塔式起重机多为小车变幅，因起重机装在结构近旁，司机能看到吊装的全过程，自身的安装与拆卸不妨碍施工过程。

QT4-10 型附着式塔式起重机。其最大起重量为 100 kN，最大起重力矩为 1 600 kN · m，最大幅度 30 m，装有轨轮，也可固装在混凝土基础上，如图 3.18 所示。

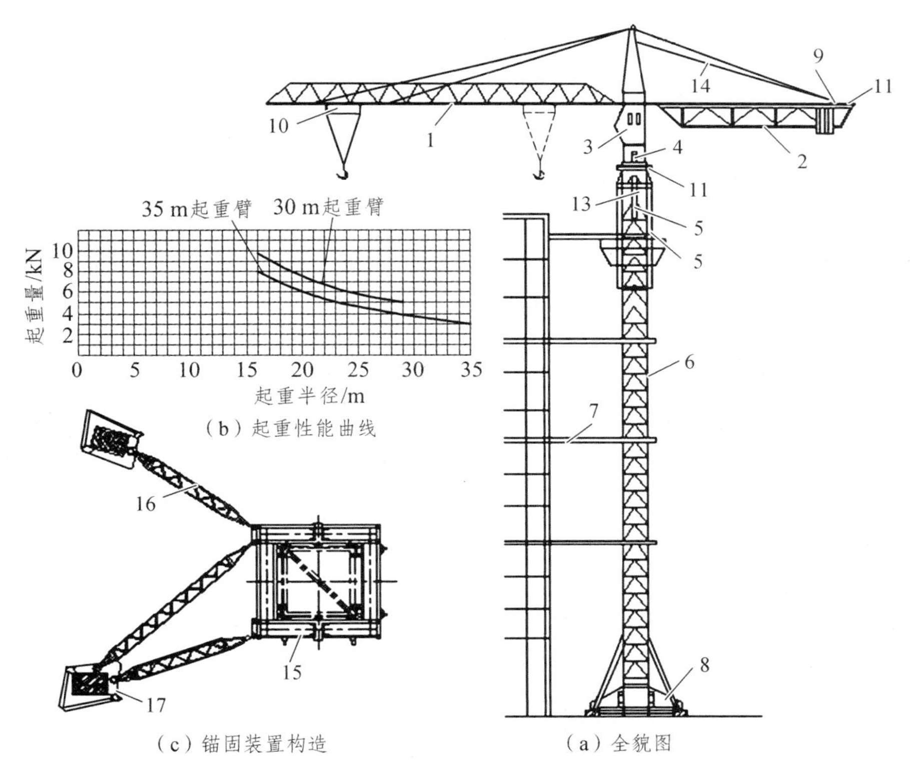

(b) 起重性能曲线

(c) 锚固装置构造　(a) 全貌图

1—起重臂；2—平衡臂；3—操纵室；4—转台；5—顶升套架；6—塔身标准节；7—锚固装置；8—底架及支腿；9—起重小车；10—平衡重；11—支承回转装置；12—液压千斤顶；13—塔身套箍；14—撑杆；15—附着套箍；16—附墙杆；17—附墙连接杆

图 3.18　QT4-10 型塔式起重机

附着式塔式起重机的主要技术性能有：吊臂长度、工作半径、最大起重量、附着式最大起升高度、起升速度、爬升机构顶升速度及附着间距等。附着式塔式起重机顶升过程分 5 个步骤，如图 3.19 所示。

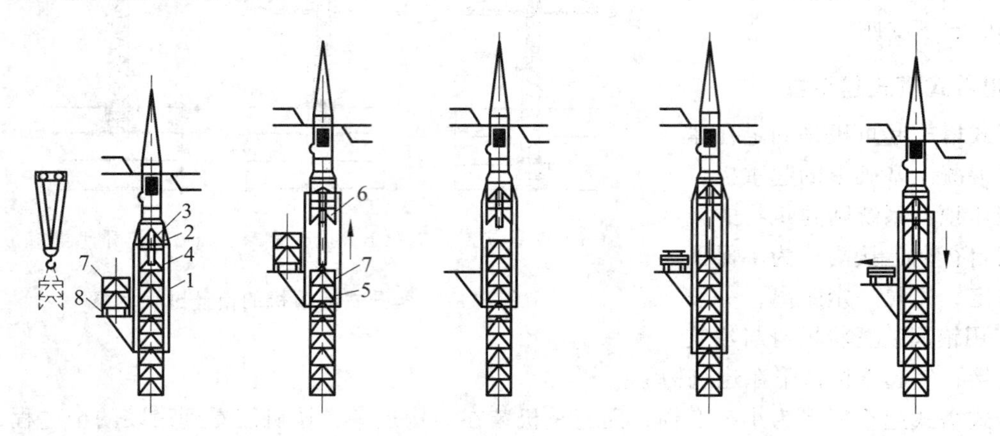

（a）准备状态；（b）顶升塔顶；（c）安装标准节；（d）安装标准节；（e）塔顶和塔身连成整体

1—顶升套架；2—液压千斤顶；3—支承架；4–顶升横梁；5—定位销；6—过渡节；7—标准节；8—摆渡小车

图 3.19　附着式塔式起重机的顶升过程

（1）将标准节吊到摆渡小车上，松开过渡节与塔身相连接的螺栓；

（2）开动液压千斤顶，将塔顶及塔升套架顶升到超过一个标准节的高度，然后用定位销将顶升套架固定；

（3）液压千斤顶回缩，形成引进空间，然后将装有标准节的摆渡小车拉进引进空间内；

（4）利用液压千斤顶稍微提起标准节，退出摆渡小车，接着将标准节放在下面的塔身上，并用螺栓加以联结；

（5）拔出定位销，下降过渡节，使之与新的标准节连成整体。

4. 塔式起重机使用要点

（1）塔式起重机的轨道位置，其边线与结构物应有适当的距离，以防行走时行走台与结构物相碰而发生事故，并避免起重机轮压力传至结构物基础，使基础产生沉陷。钢轨两端必须设置车档。

（2）起重机工作时必须严格按照额定起升载荷起吊，不得超载，也不准吊运人员、斜拉重物以及拔除地下埋设物。

（3）司机必须得到指挥信号后，方能进行操作。操作前司机必须发信号。吊物上升时，吊钩距起重臂端不得小于 1 m；工作休息和下班时，不得将重物悬挂在空中。

（4）运转完毕，起重机应开到轨道中部位置停放，并用夹轨钳夹紧在钢轨上，吊钩上升到距起重臂端 2 ~ 3 m 处，起重臂应转到平行于轨道方向。

（5）所有控制器工作完毕后，必须扳到停止点（零点），关闭电源总开关。

（6）遇 6 级以上大风及雷雨天气，禁止操作；起重机如失火，绝对禁止用水救火，应当使用二氧化碳灭火器或其他不导电的物质扑灭火焰。

复习思考题

3.1　脚手架的作用、要求、类型和适用范围？

3.2　钢管脚手架有哪几种基本形式？各自的构配件组成如何？

3.3　脚手架为什么要设置斜撑、抛撑和剪刀撑？如何设置？

3.4　钢管外架如何设置连墙件？

3.5　对脚手架安全技术有哪些要求？

3.6　井架、龙门架的安全保证措施有哪些？

3.7　常用的塔式起重机有哪几种类型？

第 4 章　砌体工程

【学习要点】

了解砌筑工程所用材料性能，熟悉砖砌体、砌块砌体、石砌体的施工工艺，掌握砖砌体、砌块砌体、石砌体的质量要求。

用砖、石块、砌块及土坯等各种块体，以灰浆（砂浆、黏土浆等）砌筑而成的一种组合体称之为砌体，由砌体所构成的各种结构称为砌体结构，或称砖石结构。砖石结构是一种古老的传统结构，从古至今，一直被广泛应用，如金字塔、万里长城、赵州桥、无梁殿等。砌体结构是建筑物的主要结构形式之一。砖石砌体有取材方便、技术简单、造价低廉的优点，但也有自重大、手工操作生产效率低、劳动强度高、烧砖占用农田的缺点，所以必须改善砌体工程的施工工艺，合理组织砌体施工，采用新型墙体材料，以替换旧的黏土砖和石材是砌体工程发展的必然趋势。

4.1　砌筑砂浆

4.1.1　砌筑砂浆的材料

水泥：砌筑砂浆使用的水泥品种及标号，应根据砌体部位和所处环境来选择。水泥进场使用前，应分批对其强度、安定性进行复验。检验批应以同一生产厂家、同一编号为一批。使用前检查品种、标号、出厂期是否符合要求。水泥砂浆的最小水泥用量不宜少于 200 kg/m^3。

砂：宜用中砂过筛，不含草根等杂物。当拌和水泥砂浆或强度等级大于等于 M5 的混合砂浆时，含泥量≤5%；当拌和强度等级小于 M5 的混合砂浆时，含泥量不超过 10%，人工砂、山砂及特细砂，应经试配能满足砌筑砂浆技术条件要求。

塑化剂（石灰膏、黏土膏等）：可提高砂浆的可塑性和保水性。生石灰熟化成石灰膏时，应过滤并充分熟化，熟化时间不少于 7 d；采用磨细生石灰粉，熟化时间不少于 2 d。

水：拌制砂浆用水，水质应符合国家现行标准《混凝土拌和用水标准》（JGJ 63）的规定，宜采用饮用水。

4.1.2　砂浆制备与使用要求

砂浆一般采用水泥砂浆和混合砂浆。水泥砂浆多用于含水率较大的地基土中的地下砌体，混合砂浆常用于地上砌体。

（1）采用重量比，配料准确。

（2）机拌，拌和时间：水泥砂浆与水泥混合砂浆 $t \geqslant 2$ min；水泥粉煤灰砂浆和掺用外加剂的砂浆 $t \geqslant 3$ min

（3）砌筑砂浆稠度见表 4.1。同时，砂浆应具有良好的保水性能，其分层度不应大于 30 mm。

（4）砂浆应随拌随用，水泥砂浆必须在拌成后 3 h 内使用完毕，水泥混合砂浆 4 h 内使用完毕；当施工最高气温超过 30 °C 时，应在 2 h 和 3 h 内使用完毕。

（5）强度、标准养护 28 d 试块抗压试验。

每楼层或 250 m³ 砌体砂浆，每台搅拌机应至少检查 1 次，每次至少制作 1 组（6 块 7.07 cm×7.07 cm×7.07 cm）试块。

表 4.1　砌筑砂浆稠度

砌体种类	砂浆稠度/mm
石砌体	30 ~ 50
烧结普通砖砌体	70 ~ 90
烧结多孔砖、空心砖砌体	60 ~ 80
轻骨料混凝土小型空心砌块砌体	60 ~ 90
烧结普通砖平拱式过梁 空心墙、筒拱 普通混凝土小型空心砌块砌体 加气混凝土砌块砌体	50 ~ 70

4.2　毛石砌体施工

4.2.1　材料要求

毛石：乱毛石、平毛石（有两个面大致平行）。质地坚硬，无风化剥落和裂纹。呈块状，每块尺寸一般在 200 ~ 400 mm，中部厚不宜小于 150 mm。填心小石块尺寸在 70 ~ 150 mm，数量约占毛石总重的 20%。

砂浆：品种、强度符合设计要求，一般采用 M2.5 或 M5 水泥砂浆。

4.2.2　毛石砌体施工要求

1. 总要求

（1）采用铺灰法砌筑，灰缝厚度宜 20 ~ 30 mm，石块间较大的空隙应先填塞砂浆，后嵌入小石块并用锤打紧，再用砂浆填满空隙。毛石砌体的第一皮及转角处、交接处和洞口处，应用较大的平毛石砌筑；每一楼层（包括基础）砌体的最上一皮，应选用较大的毛石砌筑。

（2）分皮卧砌，上下错缝，内外搭接。

每日砌筑高度≤1.2 m，转角及交接处不能同时砌筑，应留斜槎（踏步槎）。

2. 毛石基础施工要点

（1）断面形式：阶梯形、梯形。

（2）基础顶面宽应比墙厚大 200 mm，每阶高度一般为 300 ~ 400 mm，至少 2 皮毛石。

（3）相邻阶梯毛石应相互错缝搭砌，上阶梯石块至少压砌下级阶梯 1/2。

（4）砌第一块石块基底要坐浆，石块大面向下，最上一皮石块宜选用较大的平毛石。

（5）基础第一层及转角处，交接处和洞口处选用较大的平毛石砌筑。

（6）毛石基础转角处和交接处应同时砌筑，如不能时，应留斜槎。斜槎长度应不小于斜槎高度。

4.3 砖墙砌体施工

4.3.1 砖

砖有实心砖、多孔砖和空心砖，按其生产方式不同又分为烧结砖和蒸压（或蒸养）砖两大类。

1. 烧结砖

烧结砖有烧结普通砖（为实心砖）、烧结多孔砖和空心砖，它们是以黏土、页岩、煤矸石、粉煤灰为主要材料，经压制成型、焙烧而成。按所用原料不同，分别为黏土砖、页岩砖或粉煤灰砖（图 4.1、图 4.2）。

图 4.1 多孔砖图片

图 4.2 空心砖图片

烧结普通砖的外形为直角六面体，其规格为 240 mm×115 mm×53 mm（长×宽×高），即 4 块砖长度加 4 个灰缝、8 块砖宽加 8 个灰缝、16 块砖厚加 16 个灰缝均为 1 m。根据抗压强度分 MU20、MU15、MU10、MU7.5 四个强度等级。

烧结多孔砖和空心砖的规格有 190 mm×190 mm×90 mm、240 mm×115 mm×90 mm、240 mm×180 mm×115 mm 等多种。承重多孔砖的强度等级可达到 MU30、MU25、MU20、MU15、MU10、MU7.5；非承重空心砖的强度等级为 MU5、MU3、MU2。

2. 蒸压砖

蒸压砖有煤渣砖和灰砂空心砖。

蒸压煤渣砖是以煤渣为主要原料，掺入适量的石灰、石膏，经混合、压制成型，通过蒸压（或蒸养）而成实心砖；其规格同烧结普通砖，强度等级由抗压、抗折强度而定，有 MU20、MU15、MU10、MU7.5 四个强等级。

蒸压灰砂空心砖以石灰、砂为主要原料，经坯料制备、压制成型、蒸压养护成型而制成的孔洞率大于 15%的空心砖。砖的尺寸：长均为 240 mm，宽均为 115 mm，高有 53 mm、90 mm、115 mm、175 mm 四种，强度等级有 MU25、MU20、MU15、MU10、MU7.5 五个强度等级。

常温下砌砖，对普通黏土砖、空心砖的含水率宜在 10%~15%，一般应提前 0.5~1 d 浇水润湿，避免干砖吸收砂浆中的水分而影响黏结力，并可除去砖面上的粉末。但浇水过多会产生砌体走样或滑动。气候干燥时，石料亦应先洒水润湿。但灰砂砖、粉煤灰砖不宜浇水过多，其含水率控制在 5%~8%为宜。

4.3.2 砖墙砌体的组砌形式

1. 一顺一丁

一皮中全部顺砖与一皮中全部丁砖相互间隔砌成，上下皮间竖缝相互错开 1/4 砖长。效率高，但当砖的规格不一致时，竖缝难以整齐。

2. 三顺一丁

三皮中全部顺砖与一皮中全部丁砖间隔砌成，顺砖间竖缝错开 1/2 砖长，顺丁间竖缝错开 1/4 砖长。砌筑效率较高，适用于砌一砖（240 mm 厚）和一砖以上的墙厚。

3. 梅花丁

每皮中丁砖与顺砖间隔，上皮丁砖坐中下皮顺砖，上下皮间竖缝错开 1/4 砖长。该砌法内外竖缝每皮都能错开，整体性较好，灰缝整齐，比较美观，但砌筑效率低。砌筑清水墙或当砖规格不一致时，采用这种砌法较好。

为了使砖墙的转角处各皮间竖缝相互错开，必须在转角、接头处砌七分头砖（3/4 砖长）。砖墙各组砌形式如图 4.3 所示。

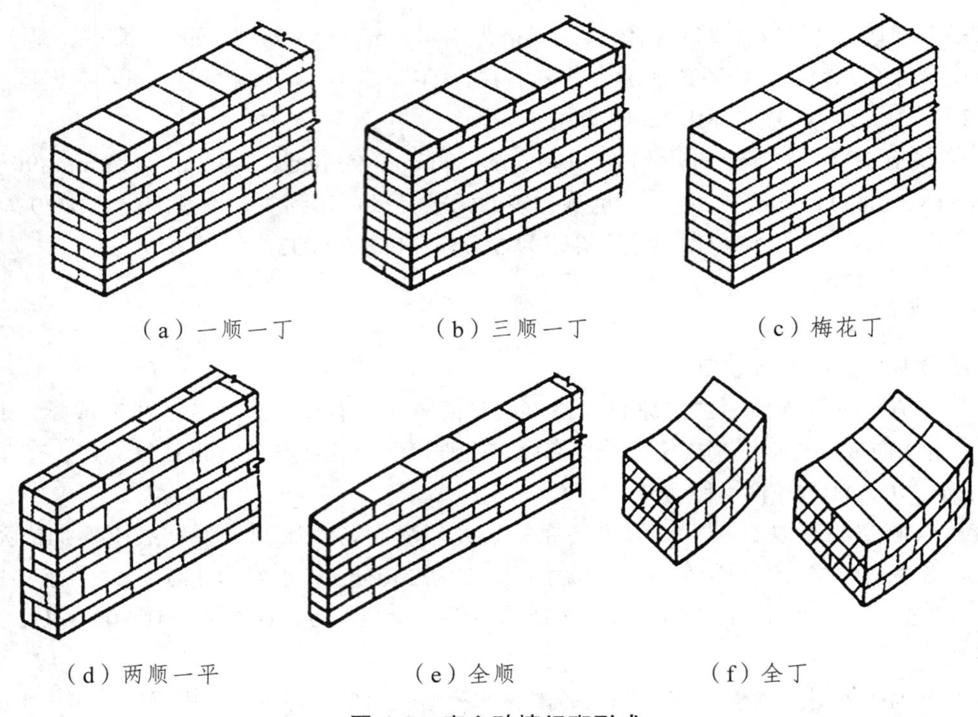

（a）一顺一丁　（b）三顺一丁　（c）梅花丁

（d）两顺一平　（e）全顺　（f）全丁

图 4.3　实心砖墙组砌形式

4.3.3　砖墙砌筑工艺

1. 找平弹线

砌筑砖墙前，先在基础防潮层或楼面上用水泥砂浆找平，然后根据龙门板上的轴线定位钉或房屋外墙上（或内部）的轴线控制点弹出墙身的轴线、边线和门窗洞口的位置。

2. 摆砖样

在放好线的基面上按选定的组砌方式用干砖试摆，核对所弹出的墨线在门洞、窗口、墙垛处是否符合砖的模数，以便借助灰缝进行调整，尽可能减少砍砖，并使砖墙灰缝均匀，组砌得当。

3. 立皮数杆

皮数杆是用来保证墙体每皮砖水平、控制墙体竖向尺寸和各部件标高的标志杆。根据设计要求，砖的规格和灰缝厚度，皮数杆上标明皮数以及门窗洞口、过梁、楼板等竖向构造变化部位的标高。皮数杆一般立于墙的转角及纵横墙交接处，如图 4.4 所示，其间距一般不超过 15 m。

4. 砌筑、勾缝

砌筑时为保证水平灰缝平直，要挂线砌筑。一般可在墙角及纵横墙交接处按皮数杆先砌几皮砖，然后在其间挂准线砌筑中间砖，厚度为 370 mm 及其以上的墙体宜采用“三一”砌砖法，即一铲灰、一块砖、一挤揉。如采用铺灰法砌筑，铺灰长度不得超过 750 mm。

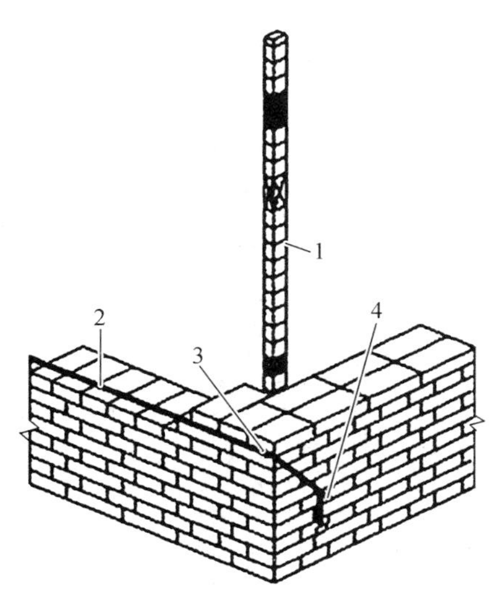

1—皮数杆；2—准线；3—竹片；4—圆铁钉

图 4.4 皮数杆

实心砖砌体一般采用一顺一顶、三顺一顶、梅花顶等组砌方法，180 mm 厚的墙体采用两平一侧组砌，120 mm 厚墙体采用全顺组砌，圆弧形墙用全丁组砌，如图 4.3 所示。砖柱不得采用包心砌法。每层承重墙的最上一皮砖或梁、梁垫下面，或砖砌体的台阶水平面上及挑出部分最上一皮砖均应采用丁砖砌筑。框架墙顶采用斜砌顶紧。

勾缝是清水墙的最后一道工序，具有保护墙面和美观的作用。内墙面可以采用砌筑砂浆随砌随勾，即原浆勾缝；外墙面待砌体砌完后再用水泥砂浆或加色浆勾缝，称为加浆勾缝。

5. 楼层轴线的引测

根据龙门板上的标志将轴线引测到房屋的底层外墙面上（或在内部轴线设控制点）。二层以上的各层墙的轴线，可用经纬仪或垂球引测到墙面上，并根据施工图上尺寸用钢尺对轴线进行校核。

6. 各层标高的控制

各层标高除皮数杆控制外，还应弹出室内水平线进行控制。

4.3.4 砖墙砌体的质量要求及保证措施

砖砌体的质量要求：横平竖直、灰缝饱满、错缝搭接、接槎可靠。

1. 横平竖直

砖砌体主要承受垂直力，为使砖砌筑时横平竖直、均匀受压，要求砌体的水平灰缝应平直，每一皮砖必须在同一水平面上，砌体表面轮廓垂直平整，竖向灰缝应垂直对齐，不得游丁走缝。为保证砌砖横平竖直，在砌筑中应随时进行检查，做到“三皮一吊、五皮一靠”。具体要求见表 4.2。砌筑时必须立皮数杆、挂线砌砖，并应随时吊线、直尺检查和校正墙面的平整度和竖向垂直度。

表 4.2 砖砌体的允许偏差

项目			允许偏差/mm			检查方法
			基础	墙	柱	
轴线位移			10	10	10	用经纬仪复查或检查施工测量记录
基础顶面或楼面标高			±15	±15	±15	用水准仪复查或检查施工测量记录
墙面垂直度	每层		—	5	5	用 2 m 托线板检查
	全高	≤10	—	10	10	用经纬仪或吊线和尺检查
		＞10	—	20	20	
表面平整度	清水墙、柱		—	5	5	用 2 m 直尺和楔形塞尺检查
	混水墙、柱		—	8	8	
水平灰缝平整度	清水墙		—	7	—	拉 5 m 线和尺检查
	混水墙		—	10	—	
水平灰缝厚度（10 皮砖累计数）			—	±8	—	与皮数杆比较，用尺检查
清水墙游丁走缝			—	20	—	吊线和尺检查，以每层第一皮砖为准
外墙上下洞口偏移			—	20	—	用经纬仪或吊线检查，以底层窗口为准
门窗洞口宽度（后塞口）			—	±10	—	用尺检查

2. 灰浆饱满

实心砖砌体水平灰缝的砂浆饱满度不得低于 80%，用百格网检查，每步架抽查不少于 3 处，每处掀 3 块砖取平均值。

砖砌体的水平灰缝厚度和竖向灰缝的宽度一般为 10 mm，不应小于 8 mm，也不应大于 12 mm。水平灰缝厚度的允许偏差见表 4.2。

3. 错缝搭接

即上下错缝、内外搭接。上下错缝是指砖砌体上下两皮砖的竖缝应当错开，以避免上下通缝。在垂直荷载作用下，砌体会由于“通缝”丧失整体性而影响砌体强度。同时，内外搭砌使同皮的里外砌体通过相邻上下皮的砖块搭砌而组砌得牢固。错缝或搭砌长度一般不小于 60 mm。

4. 接槎可靠

接槎是指相邻砌体不能同时砌筑而设置的临时间断，接槎方式有斜槎和直槎两种。

砖砌体的转角处和交接处应同时砌筑，对不能同时砌筑而又必须留槎时，应尽可能砌成斜槎，以保证接槎部分的砌体砂浆饱满，接槎牢固。砖砌体斜槎的长度不应小于高度的 2/3（图 4.5）。临时间断处的高度差不得超过 1 步脚手架的高度。当留斜槎确有困难时，除转角处外，可从墙面引出不小于 120 mm 的直槎（图 4.6），但必须做成阳槎，并沿高度方向间距不大于 500 mm 设置拉结筋，拉结筋每 120 mm 墙厚放置 1 根 ϕ6 mm 钢筋，埋入长度从墙的留槎处算起，每边不应小于 500 mm（6、7 度抗震要求时为 1 000 mm），末端应做成 90°弯钩。墙砌体接槎时，应将接槎处的表面清理干净，浇水湿润，并应填实砂浆，保持灰缝平直。抗震设防地区不得留直槎。

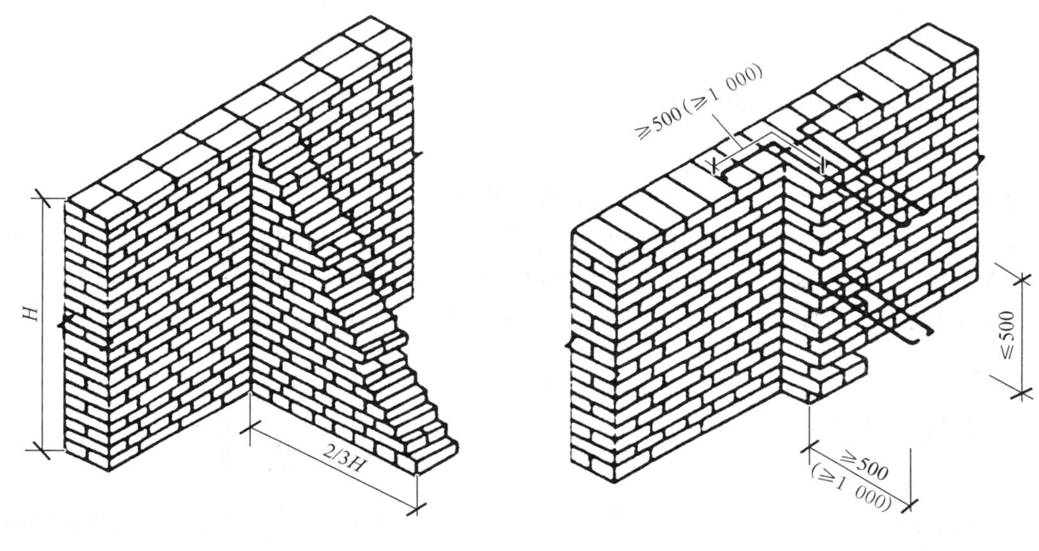

图 4.5　砖砌体斜槎　　　图 4.6　砖砌体直槎

隔墙与墙或柱如不同时砌筑而又不留成斜槎时，可于墙或柱中引出凸槎。对于抗震设防地区，灰缝中尚应预埋拉结筋，其数量每道不得少于 2 根，构造同上。

对于设置钢筋混凝土构造柱的墙体，构造柱与墙体的连接处应砌成马牙槎，从每层柱脚开始，先退后进，每一马牙槎沿高度方向的尺寸不宜超过 300 mm，沿墙高每 500 mm 设 2 ϕ6 mm 拉结钢筋，每边伸入墙内不宜小于 1 m。施工时应先砌墙后浇构造柱，如图 4.7 所示。

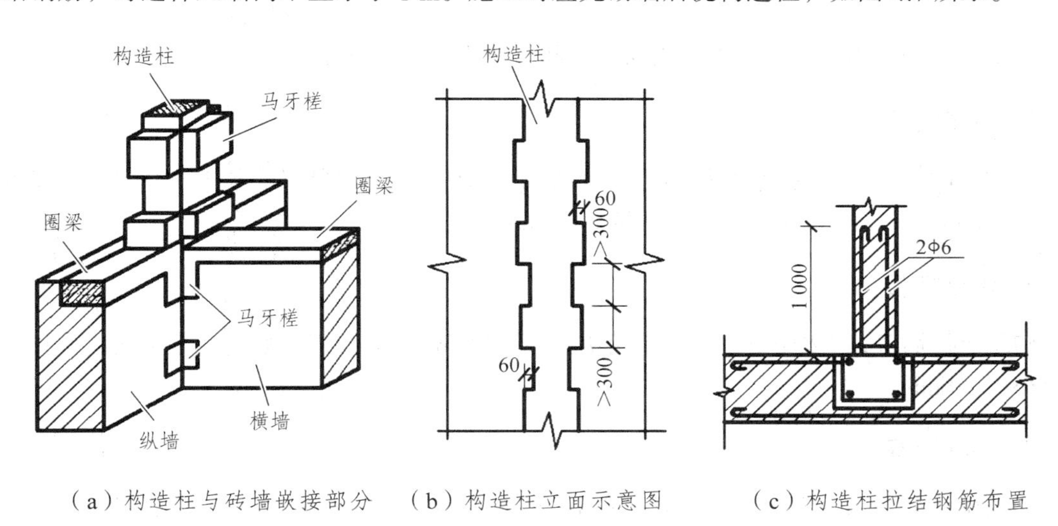

（a）构造柱与砖墙嵌接部分　（b）构造柱立面示意图　（c）构造柱拉结钢筋布置

图 4.7　构造柱拉结钢筋布置及马牙槎示意

4.4 砌块砌体施工

砌块代替黏土砖作为墙体材料，是墙体改革的一个重要途径。砌块可以充分利用地方材料和工业废料做原料，种类较多，可用于承重墙和填充墙砌筑。种类有普通混凝土小型空心砌块、轻骨料混凝土小型空心砌块；加气混凝土砌块、轻骨料混凝土小型空心砌块等。

4.4.1 砌块的材料要求和准备

砌块应符合设计要求和有关国家现行标准的规定。

普通混凝土小砌块吸水率很小，砌筑前无需浇水；轻骨料混凝土小型砌块应提前 2 d 浇水湿润，含水率宜为 5%~8%；加气混凝土砌块砌筑时，应向砌筑面适量浇水。砌筑前，应根据砌块的尺寸和灰缝的厚度确定皮数和排数。尽量采用主规格砌块。

4.4.2 砌块的砌筑

砌块砌体砌筑时，应立皮数杆且挂线施工。砌筑填充墙时，墙底部应砌筑高度不小于 200 mm 的烧结普通砖或多孔砖。常温条件下，小砌块每日的砌筑高度，对承重墙体宜在 1.5 m 或一步脚手架高度内，对填充墙体不宜超过 1.8 m。

4.4.3 砌块砌体的质量要求及保证措施

1. 横平竖直

要求砌块砌体水平灰缝平直、表面平整和竖向垂直等，具体见表 4.3。

2. 灰浆饱满

小砌块砌体水平灰缝的砂浆饱满度不得低于 80%。小砌块砌体的水平和竖向灰缝厚度不应小于 8 mm，也不应大于 12 mm，一般为 10 mm。

3. 错缝搭接

砌筑承重墙时，小砌块的搭接长度不应小于 120 mm。砌筑填充墙时，小砌块的搭接长度不应小于 90 mm。

4. 接槎可靠

砌块砌体的转角处和内外墙交接处应同时砌筑。墙体的临时间断处应砌成斜槎。拉结筋或钢筋网片的埋入长度，从留槎处算起，每边不小于 600 mm。

表 4.3　砌块的允许偏差

<table>
<tr><th colspan="3">项　目</th><th>允许偏差/mm</th><th>检查方法</th></tr>
<tr><td colspan="3">轴线位移</td><td>10</td><td>用经纬仪或拉线和尺检查</td></tr>
<tr><td colspan="3">基础顶面或楼面标高</td><td>±15</td><td>用水准仪或尺检查</td></tr>
<tr><td rowspan="3">墙面垂直度</td><td colspan="2">每层</td><td>5</td><td>用吊线法检查</td></tr>
<tr><td rowspan="2">全高</td><td>≤10 m</td><td>10</td><td rowspan="2">用经纬仪或吊线和尺检查</td></tr>
<tr><td>>10 m</td><td>20</td></tr>
<tr><td rowspan="2">表面平整度</td><td colspan="2">清水墙、柱</td><td>5</td><td rowspan="2">用 2 m 靠尺检查</td></tr>
<tr><td colspan="2">混水墙、柱</td><td>8</td></tr>
<tr><td rowspan="2">水平灰缝平直度</td><td colspan="2">清水墙 10 m 以内</td><td>7</td><td rowspan="2">拉 10 m 线和尺检查</td></tr>
<tr><td colspan="2">混水墙 10 m 以内</td><td>10</td></tr>
<tr><td colspan="3">水平灰缝厚度（连续 5 皮砌块累计数）</td><td>±10</td><td rowspan="4">用尺量测</td></tr>
<tr><td colspan="3">垂直灰缝宽度（连续 5 皮砌块累计数）包括凹面深度</td><td>±15</td></tr>
<tr><td rowspan="2">门窗洞口（后塞框）</td><td colspan="2">宽度</td><td>±5</td></tr>
<tr><td colspan="2">高度</td><td>+15、−5</td></tr>
</table>

注：依据《砌体结构工程施工规范》（GB 50924—2014）。

复习思考题

4.1　砖砌体施工准备工作包括哪些内容？

4.2　砖砌体施工质量有哪些要求？

4.3　简答砖砌体施工工艺。

4.4　混凝土小型空心砌块砌体工程准备工作包括哪些内容？

4.5　简答砌块施工工艺。

第 5 章　钢筋混凝土结构工程

【学习要点】

① 模板工程：掌握模板的技术要求；掌握各种构件模板的安装与拆除；熟悉组合钢模板、木模板的构造；熟悉模板系统设计；了解模板的类型；了解模板构造中的其他类型模板。

② 钢筋工程：掌握钢筋的配料；掌握钢筋各种连接方法的特点和适用范围；熟悉钢筋的代换；熟悉钢筋的加工；熟悉钢筋的绑扎和安装；熟悉钢筋工程的质量要求；了解钢筋的种类和进场的验收。

③ 混凝土工程：掌握混凝土浇筑中的技术要求，基础、主体结构的浇筑方法；掌握混凝土的自然养护；熟悉施工配合比的确定；熟悉混凝土的拌制，混凝土的运输，浇筑前的准备工作，大体积混凝土、水下混凝土等的浇筑方法；熟悉混凝土密实成型中的机械振动成型；了解混凝土配制中对各种原材料的要求和混凝土配合比的确定；了解混凝土密实成型中的离心法和真空作业法成型；了解蒸汽养护；了解混凝土的质量验收和缺陷的技术处理。

④混凝土的冬期施工：掌握混凝土冬期施工的基本概念；熟悉混凝土冬期施工的工艺要求和蓄热法养护，了解其他养护方法。

5.1　模板工程

模板是使混凝土结构和构件按设计的位置、形状、尺寸浇筑成型的模型板。模板系统包括模板和支架两部分，模板工程是指对模板及其支架的设计、安装、拆除等技术工作的总称，是混凝土结构工程的重要内容之一。

模板在现浇混凝土结构施工中使用量大而面广，每 $1\ m^3$ 混凝土工程模板用量高达 4 ~ $5\ m^2$，其工程费用占现浇混凝土结构造价的 30 % ~ 35 %，劳动用工量占 40 % ~ 50 %。因此，正确选择模板的材料、类型和合理组织施工，对于保证工程质量、提高劳动生产率、加快施工速度、降低工程成本和实现文明施工，都具有十分重要的意义。

5.1.1　模板工程概述

1. 模板的技术要求

① 模板及其支架应根据工程结构形式、荷载大小、地基土类别、施工设备 和材料供应等条件进行设计。模板及其支架应具有足够的承载能力、刚度和稳定性，能可靠地承受浇筑混

凝土的重量、侧压力以及施工荷载。

② 模板应保证工程结构和构件各部分形状尺寸及相互位置的正确。

③ 模板应构造简单、装拆方便，并便于钢筋的绑扎与安装，符合混凝土的浇筑及养护等工艺要求。

④ 模板的接缝不应漏浆；在浇筑混凝土前，木模板应浇水湿润，但模板内不应有积水。

⑤ 模板与混凝土的接触面应清理干净并涂刷隔离剂，但不得采用影响结构性能或妨碍装饰工程施工的隔离剂；在涂刷模板隔离剂时，不得沾污钢筋和混凝土接槎处。

⑥ 对清水混凝土工程及装饰混凝土工程，应使用能达到设计效果的模板。

2. 模板的类型

① 按所用的材料划分为钢模板、胶合板模板、钢木（竹）组合模板、塑料模板、玻璃钢模板、铝合金模板、压型钢板模板、装饰混凝土模板、预应力混凝土薄板模板等。

② 按施工方法划分为装拆式模板、活动式模板、永久性模板等。装拆式模板由预制配件组成，现场组装，拆模后稍加清理和修理可再周转使用，常用的有胶合板模板和组合钢模板以及大型的工具式定型模板，如大模板、台模、隧道模等。活动式模板是指按结构的形状制作成工具式模板，组装后随工程的进展而进行垂直或水平移动，直至工程结束才拆除，如滑升模板、提升模板、移动式模板等。永久性模板则永久地附着于结构构件上，并与其成为一体，如压型钢板模板、预应力混凝土薄板模板等。

③ 按结构类型划分为基础模板、柱模板、梁模板、楼板模板、墙模板、楼梯模板、壳模板、烟囱模板、桥梁墩台模板等。

现浇混凝土结构中采用高强、耐用、定型化、工具化的新型模板，有利于多次周转使用，安拆方便，是提高工程质量、降低成本、加快进度、取得良好经济效益的重要施工措施。

5.1.2　模板的构造

1. 组合钢模板

组合钢模板是按预定的几种规格、尺寸设计和制作的模板，它具有通用性，且拼装灵活，能满足大多数构件几何尺寸的要求。使用时仅需根据构件的尺寸选用相应规格尺寸的定型模板加以组合即可。组合钢模板由一定模数的钢模板块、连接件和支承件组成。

1）钢模板

钢模板的主要类型有平面模板（P）、阴角模板（E）、阳角模板（Y）和连接角模（J）等（图 5.1），常用规格见表 5.1。为了模板配板的需要，要用代号表示其类型和规格，如 P2012，其中，“P”代表平面模板，“20”指模板宽度为 200 mm，“12”指模板长度为 1 200 mm。

平面模板由面板和肋条组成，采用 Q235 钢板制成。面板厚 2.3 mm 或 2.5 mm，边框及肋采用 55 mm×2.8 mm 的扁钢，边框开有连接孔。平面模板可用于基础、柱、梁、板和墙等各种结构的平面部位。

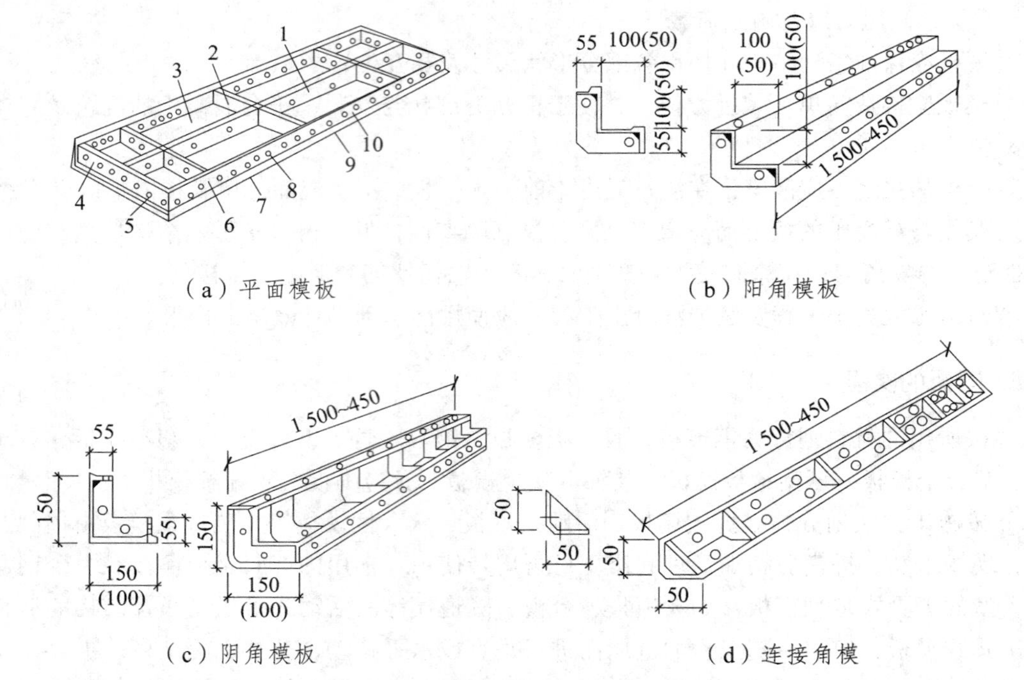

（a）平面模板　　（b）阳角模板

（c）阴角模板　　（d）连接角模

1—中纵肋；2—中横肋；3—面板；4—横肋；5—插销孔；6—纵肋；7—凸棱；8—凸鼓；9—形卡孔；10—钉子孔

图 5.1　组合钢模板类型

表 5.1　常用组合钢模板规格　　mm

规格	平面模板	阴角模板	阳角模板	连接角膜
宽度	300、250、200、150、100	150×150 150×150	100×100 100×150	50×50
长度	1 500、1 200、900、750、600、450			
肋高	55			

转角模板的长度与平面模板相同。其中，阴角模板用于墙体和各种构件的内角（凹角）的转角部位；阳角模板用于柱、梁及墙体等外角（凸角）的转角部位；连接角模亦用于梁、柱和墙体等外角（凸角）的转角部位。

2）钢模板连接件

组合钢模板的连接件主要有 U 形卡、L 形插销、钩头螺栓、紧固螺栓、对拉螺栓和扣件等，如图 5.2 所示。相邻模板的拼接均采用 U 形卡，U 形卡安装距离一般不大于 300 mm；L 形插销插入钢模板端部横肋的插销孔内，以增强两相邻模板接头处的刚度和保证接头处板面平整；钩头螺栓用于钢模板与内外钢楞的连接与紧固；紧固螺栓用于紧固内外钢楞；对拉螺栓用于连接墙壁两侧模板；扣件用于钢模板与钢楞或钢楞之间的紧固，并与其他配件一起将钢模板拼装成整体。扣件应与相应的钢楞配套使用，按钢楞的不同形状，分为 3 形扣件和蝶形扣件。

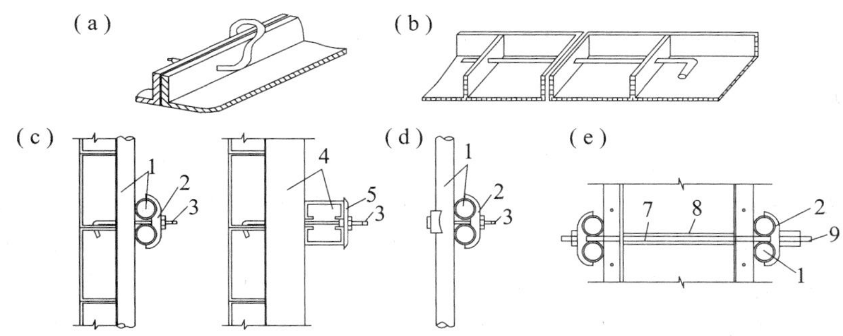

1—圆钢管钢楞；2—3 形扣件；3—勾头螺栓；4—内卷边槽钢钢楞；5—蝶形扣件；
6—紧固螺栓；7—对拉螺栓；8—塑料套管；9—螺母

图 5.2　钢模板连接件

3）钢模板支承件

组合钢模板的支承件包括钢楞、支柱、斜撑、柱箍和平面组合式桁架等。

2. 钢框定型模板

钢框定型模板包括钢框木胶合板模板和钢框竹胶合板模板。这两类模板是继组合钢模板后出现的新型模板，它们的构造相同。但钢框木胶合板模板成本较高，使其推广受到限制；而钢框竹胶合板模板是利用我国丰富的竹材资源制成的多层胶合板模板，其成本低、技术性能优良，有利于模板的更新换代和推广应用。

在钢框竹胶合板模板中，用于面板的竹胶合板主要有 3 ~ 5 层竹片胶合板、多层竹帘胶合板等不同类型。模板钢框主要由型钢制作，边框上设有连接孔。面板镶嵌在钢框内，并用螺栓或铆钉与钢框固定，当面板损坏时，可将面板翻面使用或更换新面板。面板表面应做防水处理，制作时板面要与边框齐平。钢框竹胶合板有 55 系列（即钢框高 55 mm）和 63，70，75 等系列，其中 55 系列的边框和孔距与组合钢模板相互匹配，可以混合使用。

钢框定型模板具有如下特点：① 用钢量少，比钢模板可节省钢材约 1/2；② 自重轻，比钢模板约轻 1/3，单块模板面积比同重量钢模板增大 40%，故拼装工作量小，拼缝少；③ 板面材料的传热系数仅为钢模板的 1/400。左右，故保温性好，有利于冬期施工；④ 模板维修方便；⑤ 刚度、强度较钢模板差。目前已广泛应用于建筑工程中现浇混凝土基础、柱、墙、梁、板及筒体等结构，以及桥梁和市政工程等，施工效果良好。

3. 胶合板模板

胶合板模板目前在土木工程中被广泛应用，按制作材质又可分为木胶合板和竹胶合板。这类模板一般为散装散拆式，也有加工成基本元件（拼板）在现场拼装的。胶合板模板拆除后可周转使用，但周转次数不多。

胶合板模板通常是将胶合板钉在木楞上而构成，胶合板厚度一般为 12 ~ 21 mm，木楞一般采用 50 mm×100 mm 或 100×100 mm 的方木，间距在 200 ~ 300 mm 之间。

胶合板模板具有以下优点：① 板幅大、自重轻，既可减少安装工作量，又可使模板的运输、堆放、使用和管理更加方便；② 板面平整、光滑，可保证混凝土表面平整，用作清水混凝土模板最为理想；③ 锯截方便，易加工成各种形状的模板，可用做曲面模板；④ 保温性能好，能防止温度变化过快，冬期施工有助于混凝土的养护。

4. 大模板

大模板一般由面板、加劲肋、竖楞、支撑桁架、稳定机构和操作平台、穿墙螺栓等组成，是一种用于现浇钢筋混凝土墙体的大型工具式模板，如图 5.3 所示。面板是直接与混凝土接触的部分，多采用钢板制成。加劲肋的作用是固定面板，并把混凝土产生的侧压力传给竖楞。加劲肋可做成水平肋或垂直肋，与金属面板以点焊固定。竖楞的作用是加强大模板的整体刚度，承受模板传来的混凝土侧压力，竖楞通常用 65 号或 80 号槽钢成对放置，两槽钢间留有空隙，以通过穿墙螺栓，竖楞间距一般为 1 000 ~ 2 000 mm。穿墙螺栓则是承受竖楞传来侧压力的主要受力构件。支撑朽架用螺栓或焊接与竖楞连接，其作用是承受风荷载等水平力，防止大模板倾覆，析架上部可搭设操作平台。稳定机构为大模板两端析架底部伸出的支腿，其上设置螺旋千斤顶，在模板使用阶段用以调整模板的垂直度，并把作用力传递到地面或楼面上；在模板堆放时用来调整模板的倾斜度，以保证模板稳定。操作平台是施工人员操作的场所，有两种做法：一是将脚手板直接铺在桁架的水平弦杆上，外侧设栏杆，其特点是工作面小，投资少，装拆方便；二是在两道横墙之间的大模板的边框上用角钢连接成为搁栅，再满铺脚手板，其特点是施工安全，但耗钢量大。

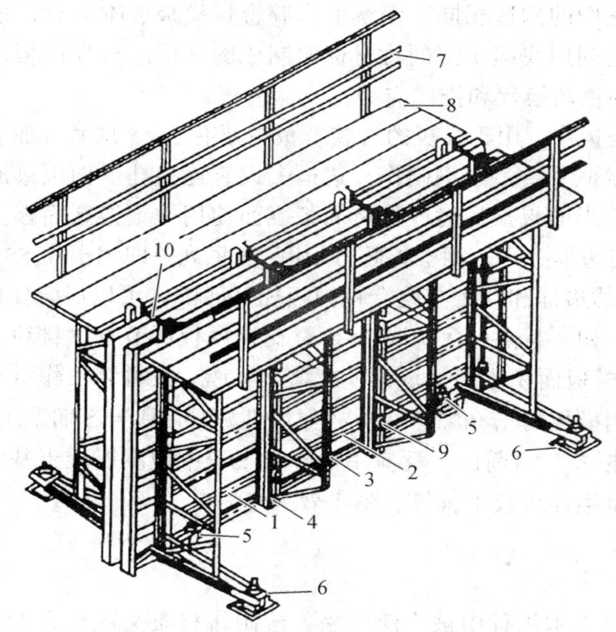

1—面板；2—水平加劲肋；3—支撑桁架；4—竖楞；5—调整水平度螺旋千斤顶；
6—固定卡具；7—栏杆；8—脚手板；9—穿墙螺栓

图 5.3　大模板构造示意

大模板在高层剪力墙结构施工中应用非常广泛，配以吊装机械通过合理的施工组织进行机械化施工。其特点是：① 强度、刚度大，稳定性好，能承受较大的混凝土侧压力和其他施工荷载；② 钢板面平整光洁，易于清理，且模板拼缝极少，有利于提高混凝土表面的质量；③ 重复利用率高，一般周转次数在 200 次以上；④ 重量大、耗钢量大。

5. 滑升模板

滑升模板是一种工具式模板，常用于浇筑高耸构筑物和建筑物的竖向结构，如烟囱、筒仓、高桥墩、电视塔、竖井、沉井、双曲线冷却塔和高层建筑等。

滑升模板施工的方法是：在构筑物或建筑物的底部，沿结构的周边组装高 1.2 m 左右的滑升模板，随着向模板内不断地分层浇筑混凝土，用液压提升设备使模板不断沿着埋在混凝土中的支撑杆向上滑升，直到需要浇筑的高度为止。

滑升模板主要由模板系统、操作平台系统、液压提升系统 3 部分组成，如图 5.4 所示。模板系统包括模板、围圈、提升架；操作平台系统包括操作平台（平台桁架和铺板）和吊脚手架；液压提升系统包括支承杆、液压千斤顶、液压控制台、油路系统。

滑升模板施工的特点是：① 可以大大节约模板和支撑材料；② 减少支、拆模板用工，加快施工速度；③ 由于混凝土连续浇筑，可保证结构的整体性；④ 模板一次性投资多、耗钢量大；⑤ 对建筑物立面造型和结构断面变化有一定的限制；⑥ 施工时宜连续作业，施工组织要求较严。

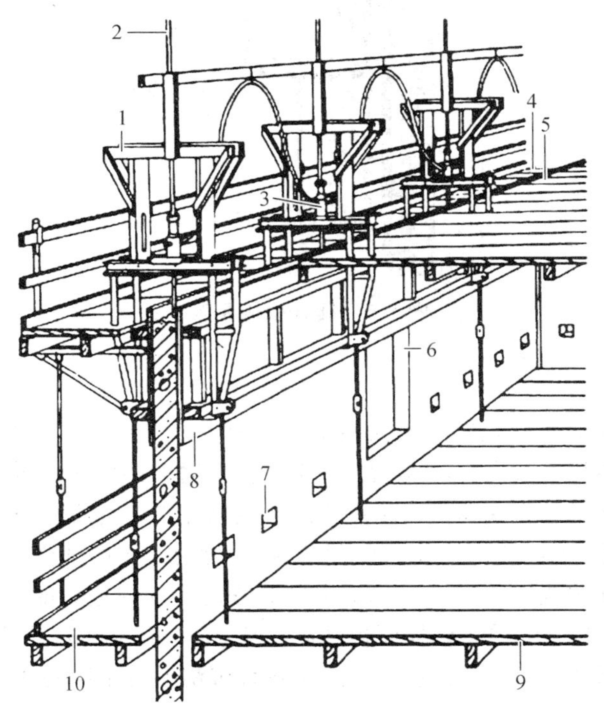

1—提升架；2—支撑杆；3—液压千斤顶；4—外脚手架；5—内脚手架；6—门窗洞口；
7—安装楼层预留孔；8—模板；9—内下悬吊脚手架；10—外下悬吊脚手架

图 5.4 滑升模板

6. 爬升模板

爬升模板是在下层墙体混凝土浇筑完毕后，利用提升装置将模板自行提升到上一个楼层，然后浇筑上一层墙体的垂直移动式模板。它由模板、提升架和提升装置 3 部分组成，图 5.5 所示是利用电动葫芦作为提升装置的外墙面爬升模板示意图。

爬升模板采用整片式大平模，模板由面板及肋组成，不需要支撑系统；提升设备可采用电动螺杆提升机、液压千斤顶或导链。爬升模板是将大模板工艺和滑升模板工艺相结合，既保持了大模板施工墙面平整的优点，又保持了滑模利用自身设备使模板向上提升的优点，即墙体模板能自行爬升而不依赖塔吊。爬升模板适于高层建筑墙体、电梯井壁、管道间混凝土墙体的施工。

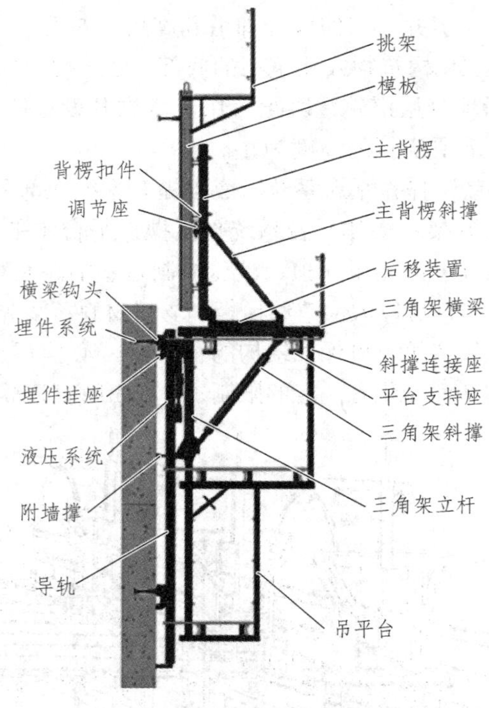

图 5.5　爬升模板示意

7. 台　模

台模是浇筑钢筋混凝土楼板的一种大型工具式模板。在施工中可以整体脱模和转运，利用起重机从浇筑完的楼板下吊出，转移至上一楼层，中途不再落地，所以也称“飞模”。按台模的支撑形式分为支腿式和无支腿式，无支腿式台模悬挂于墙上或柱顶。支腿式台模由面板、凛条、支撑框架等组成，如图 5.6 所示。面板是直接接触混凝土的部件，可采用胶合板、钢板、塑料板等，其表面应平整光滑，具有较高的强度和刚度。支撑框架的支腿可伸缩或折叠，底部一般带有轮子，以便移动。单座台模面板的面积从 2 ~ 6 m^2 到 60 m^2 以上。台模自身整体性好，浇出的混凝土表面平整，施工进度快，适于各种现浇混凝土结构的小开间、小进深楼板。

图 5.6　台模

8. 隧道模

隧道模是将楼板和墙体一次支模的一种工具式模板，相当于将台模和大模板组合起来，用于墙体和楼板的同步施工。隧道模有整体式和双拼式两种。整体式隧道模自重大、移动困难，现应用较少；双拼式隧道模在“内浇外挂”和“内浇外砌”的高、多层建筑中应用较多。

双拼式隧道模由两个半隧道模和一道独立模板组成，独立模板的支撑一般也是独立的，如图5.7所示。在两个半隧道模之间加一道独立模板的作用有两个：一是其宽度可以变化，使隧道模适应于不同的开间；二是在不拆除独立模板及支撑的情况下，两个半隧道模可提早拆除，加快周转。半隧道模的竖向墙模板和水平楼板模板间用斜撑连接，在模板的长度方向，沿墙模板底部设行走轮和千斤顶。模板就位后千斤顶将模板顶起，行走轮离开地面，施工荷载全部由千斤顶承担；脱模时松动千斤顶，在自重作用下半隧道模下降脱模，行走轮落到地面上，可移动到下一施工面继续施工。

图5.7 隧道模板

9. 早拆模板体系

早拆模板体系是为实现早期拆除楼板模板而采用的一种支模装置和方法，其工艺原理实质上就是“拆板不拆柱”。早拆支撑利用柱头、立柱和可调支座组成竖向支撑系统，支撑于上下层楼板之间。拆模时使原设计的楼板处于短跨（立柱间距小于2 m）的受力状态，即保持楼板模板跨度不超过相关规范所规定的拆模的跨度要求。这样，当混凝土强度达到设计强度的50%（常温下3～4 d）时即可拆除楼板模板及部分支撑，而柱间、立柱及可调支座仍保持支撑状态。当混凝土强度增大到足以在全跨条件下承受自重和施工荷载时，再拆去全部竖向支撑，如图5.8所示。这类施工技术的模板与支撑用量少、投资小、工期短、综合效益显著，所以目前正在大力发展并逐步完善这一施工技术。

在早拆模板支撑体系中，关键的部件是早拆柱头，如图5.9所示。柱头顶板尺寸为50～150 mm，可直接与混凝土接触。两侧梁托可挂住支撑梁的端部，梁托附着在方形管上。方形管可以上下移动115 mm；方形管在上方时，可通过支撑板锁住托，用锤敲击支撑板则梁托随方形管下落。可调支座插入立柱的下端，与地面（楼面）接触，用于调节立柱的高度，可调范围为0～50 mm。

图 5.8　早拆模支撑

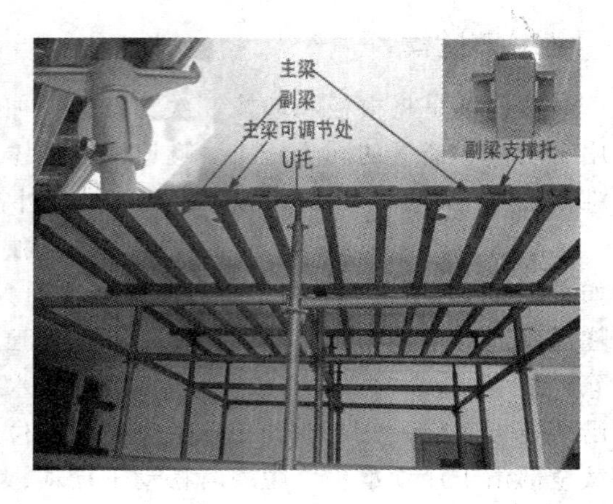

图 5.9　早拆模支撑部件

5.1.3　模板系统设计

模板系统的设计，包括选型、选材、荷载计算、结构计算、拟订制作安装和拆除方案及绘制模板图等。模板及其支架的设计应根据工程结构形式、荷载大小、地基土类别、施工设备和材料供应等条件进行。

1. 钢模板配板的设计原则

钢模板的配板设计除应满足前述模板的各项技术要求以外，还应遵守以下原则。

① 配制模板时，应优先选用通用、大块模板，使其种类和块数最小，木模镶拼量最少。为了减少钢模板的钻孔损耗，设置对拉螺栓的模板可在螺栓部位改用 55 mm×100 mm 的刨光方木代替，或使钻孔的模板能多次周转使用。

② 模板长向拼接宜错开布置，以增加模板的整体刚度。

③ 内钢楞应垂直于模板的长度方向布置，以直接承受模板传来的荷载；外钢楞应与内钢楞相互垂直，承受内钢楞传来的荷载并加强模板结构的整体刚度和调整平整度，其规格不得低于内钢楞。

④ 当模板端缝齐平布置时，每块钢模板应有两处钢楞支承；错开布置时，其间距可不受端部位置的限制。

⑤ 支承柱应有足够的强度和稳定性，一般支柱或其节间的长细比宜小于 110；对于连续形式或排架形式的支承柱，应配置水平支撑和剪刀撑，以保证其稳定性。

2. 模板的荷载及荷载组合

1）荷载标准值

（1）模板及支架自重标准值。

模板及其支架的自重标准值应根据模板设计图纸确定。对肋形楼板及无梁楼板模板的荷载，可采用表 5.2 标准值。

表 5.2 模板及支架自重标准值 kN/m²

项 次	模板构件名称	木模板	定型组合钢模板	钢框胶合板模板
1	平板的模板及小楞	0.30	0.50	0.40
2	楼板模板（其中包括梁的模板）	0.50	0.75	0.60
3	楼板模板及其支架（楼层高度为 4 m 以下）	0.75	1.10	0.95

（2）新浇筑混凝土自重标准值。

对普通混凝土可采用 24 kN/m³，对其他混凝土可根据实际重力密度确定。

（3）钢筋自重标准值。

应根据设计图纸计算确定。一般可按每立方米混凝土的含量计算，其取值为：楼板取 1.1 kN/m³，框架梁取 1.5 kN/m³。

（4）施工人员及设备荷载标准值。

① 计算模板及直接支承模板的小楞时，对均布荷载取 2.5 kN/m²，另应以集中荷载 2.5 kN 再进行验算，比较两者所得的弯矩值，取其中较大者采用。

② 计算直接支承小楞的结构构件时，均布活荷载取 1.5 kN/m²。

③ 计算支架立柱及其他支承结构构件时，均布活荷载取 1.0 kN/m²。

对大型浇筑设备，如上料平台、混凝土输送泵等，按实际情况计算；对混凝土堆集料高度超过 100 mm 以上者，按实际高度计算；当模板单块宽度小于 150 mm 时，集中荷载可分布在相邻的两块板上。

（5）振捣混凝土时产生的荷载标准值。

对水平面模板取 2.0 kN/m²；对垂直面模板取 4.0 kN/m²（作用范围在新浇混凝土侧压力的有效压头高度之内）。

（6）新浇混凝土对模板侧面的压力标准值。

当采用内部振捣器时，可按下列两式计算，并取其中的较小值：

$$F=0.22\gamma_c t_0 \beta_1 \beta_2 V^{1/2} \tag{5.1}$$

$$F=\gamma_c H \tag{5.2}$$

式中 F——新浇筑混凝土对模板的最大侧压力（kN/m²）；

γ_c——混凝土的重力密度（kN/m³）；

t_0——新浇混凝土的初凝时间（h），可按实测确定，当缺乏试验资料时，可采用 $t_0=200/(T+15)$ 计算（T 为混凝土的温度°C）；

V——混凝土的浇筑速度（m/h）；

H——混凝土侧压力计算位置处至新浇筑混凝土顶面的总高度（m）；

β_1——外加剂影响修正系数，不掺外加剂时取 1.0，掺入有缓凝作用的外加剂时取 1.2；

β_2——混凝土坍落度影响修正系数，当坍落度小于 30 mm 时取 0.85，50~90 mm 时取 1.0，110~150 mm 时取 1.15。

混凝土侧压力的计算分布图形见图 5.10，图中 h 为有效压头高度（m），可按 $h=F/\gamma_c$ 计算。

（7）倾倒混凝土时产生的荷载标准值。

倾倒混凝土时对垂直面模板产生的水平荷载标准值，可按表 5.3 采用。

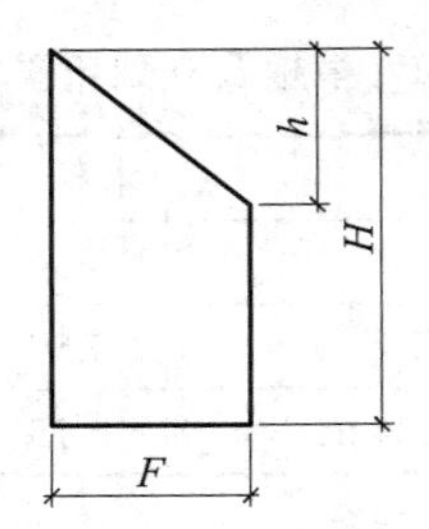

图 5.10　混凝土侧压力

表 5.3　倾倒混凝土时产生的水平荷载标准值

项次	向模板内供料的方法	水平荷载/（kN/m^2）
1	用溜槽、串筒或导管输入	2
2	用容积小于 0.2 m^3 的运输器具倾倒	2
3	用容积为 0.2～0.8 m^3 的运输器具倾倒	4
4	用容积大于 0.8 m^3 的运输器具倾倒	6

注：作用范围在有效压头高度以内。

（8）风荷载标准值。

对风压较大地区及受风荷载作用易倾倒的模板，尚需考虑风荷载作用下的抗倾覆稳定性。风荷载标准值按《建筑结构荷载规范》（GB 50009—2012）的规定采用，其中基本风压除按不同地形调整外，可乘以 0.8 的临时结构调整系数，即风荷载标准值为

$$\omega_k = 0.8\beta_z\mu_s\mu_z\omega_0 \tag{5.3}$$

式中　ω_k——风荷载标准值（kN/ m^2）；

β_z——高度 z 处的风振系数；

μ_s——风荷载体型系数；

μ_z——风压高度变化系数；

ω_0——基本风压（kN/ m^2）。

2）荷载设计值

将上述（1）～（8）项荷载标准值分别乘以表 5.4 中的相应荷载分项系数，即可计算出模板及其支架的荷载设计值。

表 5.4　模板及支架荷载分项系数

项次	荷载类别	分项系数
1	模板及支架自重	1.2
2	新浇混凝土自重	
3	钢筋自重	
4	施工人员及施工设备荷载	1.4
5	振捣混凝土时产生的荷载	
6	新浇混凝土对模板侧面的压力	1.2
7	倾倒混凝土时产生的荷载、风荷载	1.4

3）荷载组合

模板及其支架的荷载效应应根据结构形式按表 5.5 进行组合。

表 5.5　模板及其支架的荷载组合

项次	模板类别	参与组合的荷载载项	
1	平板和薄壳的模板及其支架	1，2，3，4	1，2，3
2	梁和拱模板的底板及支架	1，2，3，5	1，2，3
3	梁、拱、柱（边长≤300 mm）、墙（厚≤100 mm）的侧面模板	5，6	6
4	大体积结构、柱（边长>300 mm）、墙（厚> 100 mm）的侧面模板	6，7	6

3. 模板设计的计算规定

在进行模板系统设计时，其计算简图应根据模板的具体构造确定，但对不同的构件在设计时所考虑的重点有所不同，例如对定型模板、梁模板、楞木等主要考虑抗弯强度及挠度；对于支柱、排架等系统主要考虑受压稳定性；对于拓架支撑应考虑上弦杆的抗弯能力；对于木构件，则应考虑支座处抗剪及承压等问题。

（1）荷载折减（调整）系数。

模板工程属临时性工程，由于我国目前还没有临时性工程的设计规范，只能按正式工程结构设计规范执行，并进行适当调整。

① 对钢模板及其支架的设计，其荷载设计值可乘以系数 0.85 予以折减；但其截面塑性发展系数取 1.0。

② 采用冷弯薄壁型钢材时，其荷载设计值不应折减，系数为 1.0。

③ 对木模板及其支架的设计，当木材含水率小于 25%时，其荷载设计值可乘以系数 0.90 予以折减。

④ 在风荷载作用下验算模板及其支架的稳定性时，其基本风压值可乘以系数 0.80 予以折减。

（2）模板结构的挠度要求。

当验算模板及其支架的刚度时，其最大变形值不得超过下列允许值。

① 对结构表面外露（不做装修）的模板，为模板构件计算跨度的 1/400。

② 对结构表面隐蔽（做装修）的模板，为模板构件计算跨度的 1/250。

③ 对支架的压缩变形值或弹性挠度，为相应的结构计算跨度的 1/1 000。

支架的立柱或析架应保持稳定，并用撑拉杆件固定。当验算模板及其支架在自重和风荷载作用下的抗倾覆稳定性时，其抗倾覆系数不小于 1.15，并符合有关的专业规定。

【例 5.1】已知钢筋混凝土梁高 0.8 m，宽 0.4 m，全部采用定形钢模板，采用 C30 混凝土，坍落度为 50 mm，混凝土温度为 20 °C，未采用外加剂，混凝土浇筑速度为 1 m/h，试计算梁模板所受的荷载。

解：① 梁侧模板所受的荷载

新浇混凝土侧压力由公式计算得，其初凝时间为

$$t_0 = 2\ 000/（20+15）\text{h} = 5.714\ \text{h}$$

$$F_1 = 0.22\gamma_c t_0 \beta_1 \beta_2 V^{1/2} = 0.22\times24\times5.714\times1\times1\times1^{1/2}\ \text{kN/m}^2 = 30.17\ \text{m}^2$$

$$F_2 = \gamma_c H = 24\times0.8\ \text{kN/ m}^2 = 19.2\ \text{kN/ m}^2$$

则取较小值：$\{30.17，19.2\}_{min} = 19.2\ \text{kN/ m}^2$

有效压头 $h=F/\gamma_c=$（19.2/24）m=0.8 m，梁模板高 0.8 m，即 $H \leqslant h$，说明振捣混凝土时沿整个梁模板高度内的新浇混凝土均处于充分液化状态。且当 $H \leqslant h$ 时，根据荷载组合规定，梁侧模还应叠加由振捣混凝土产生的荷载 4 kN/ m^2。

故梁侧模所受荷载为（19.2+4）kN/m^2=23.2 kN/m^2

注意：叠加的水平荷载不应超过 F_1 值，即 30.17 kN/m^2，现小于 F_1 值，故满足要求。

② 梁底模所受的荷载。

钢模板自重：0.75 kN/m^2

新浇混凝土自重：24×0.8×0.4 kN/m=7.68 kN/m

钢筋自重：1.5×0.8×0.4 kN/m=0.48 kN/m

振捣混凝土产生的荷载（在有效压头范围内）：2 kN/m^2

梁底模所受线荷载：[(0.75+2)×0.4+7.68+0.48] kN/m=9.26 kN/m

5.1.4 模板安装与拆除

1. 模板的安装

1）模板安装方法

模板经配板设计、构造设计和强度、刚度验算后，即可进行现场安装。为加快工程进度、提高安装质量、加速模板周转率，在起重设备允许的条件下，也可将模板预拼成扩大的模板块再吊装就位。

模板安装顺序是随着施工的进程来进行的，其顺序一般为：基础→柱或墙→梁→楼板。在同一层施工时，模板安装顺序是先柱或墙，在梁、板同时支设。下面分别介绍各部位模板的安装。

（1）基础模板。

基础模板的特点是高度低而体积较大。如土质良好，阶梯形基础的最下一级可不用模板而进行原槽浇筑。

基础模板一般在现场拼装。拼装时先依照边线安装下层阶梯模板，然后在下层阶梯模板上安装上层阶梯模板。安装时要保证上、下层模板不发生相对位移，并在四周用斜撑撑牢固定。如有杯口还要在其中放入杯口模板。采用钢模板时，其构造如图 5.11 所示。

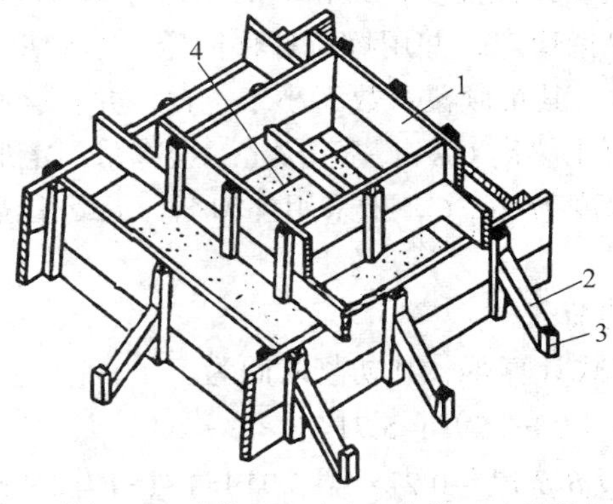

1—模板；2—支撑；3—角钢三角撑；4—混凝土

图 5.11 阶梯形基础钢模板

（2）柱模板。

柱的特点是高度高而断面较小，因此柱模板主要解决垂直度、浇筑混凝土时的侧向稳定及抵抗混凝土的侧压力等问题，同时还应考虑方便浇筑混凝土、清理垃圾与钢筋绑扎等问题。

柱模板安装的顺序为：调整柱模板安装底面的标高→拼板就位→安装柱箍→检查并纠偏→设置支撑。

柱模板由四块拼板围成。当采用组合钢模板时，每块拼板由若干块平面钢模板组成，柱模四角用连接角模连接。柱顶梁缺口处用钢模板组合往往不能满足要求，可在梁底标高以下采用钢模板，以上与梁模板接头部分用木板镶拼。其构造如图5.12所示。采用胶合板模板时，柱模板构造如图5.13所示。

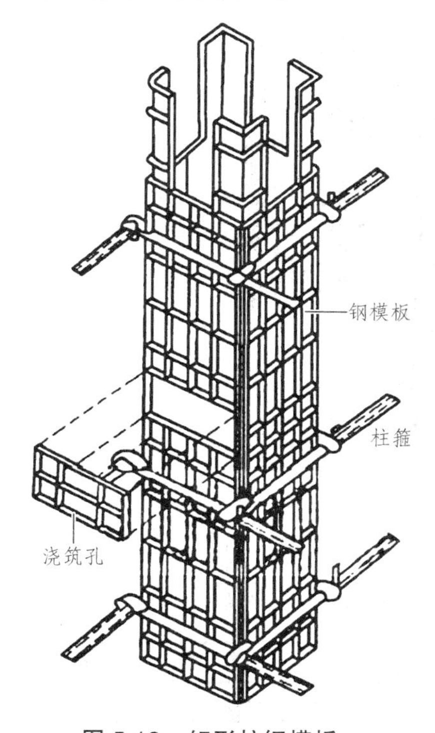

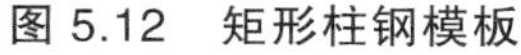

图5.12　矩形柱钢模板

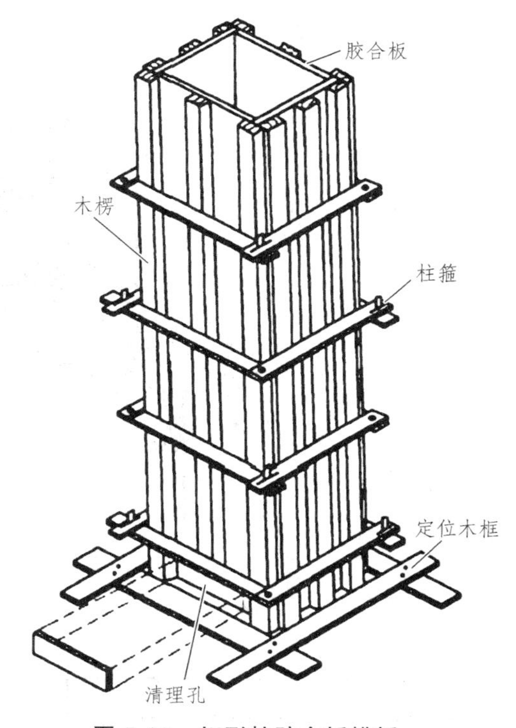

图5.13　矩形柱胶合板模板

根据配板设计图可将柱模板预拼成单片、L形和整体式3种形式。L形即为相邻两拼板互拼，一个柱模由两个L形板块组成；整体式即由四块拼板全部拼成柱的筒状模板，当起重能力足够时，整体式预拼柱模的效率最高。

为了抵抗浇筑混凝土时的侧压力及保持柱子断面尺寸不变，必须在柱模板外设置柱箍，其间距视混凝土侧压力的大小及模板厚度须通过设计计算确定。柱模板底部应留有清理孔，便于清理安装时掉下的木屑垃圾。当柱身较高时，为方便浇筑、振捣混凝土，通常沿柱高每2 m左右设置一个浇筑孔，以保证施工质量。

在安装柱模板时，应采用经纬仪或由顶部用垂球校正其垂直度，并检查其标高位置准确无误后，即用斜撑卡牢固定。当柱高≥4 m时，一般应四面支撑；柱高超过6 m时，不宜单根柱支撑，宜几根柱同时支撑连成构架。对通排柱模板，应先安装两端柱模板，校正固定后再在柱模板上口拉通长线校正中间各柱的模板。

（3）梁模板。

梁的特点是跨度较大而宽度一般不大，梁高可达 1 m 以上，工业建筑中有的高达 2 m 以上。梁下面一半是架空的，因此梁模板既承受竖向压力，又承受混泥土的水平侧压力，这就要求梁模板及其支撑系统具有足够的强度、刚度和稳定性，不致产生超过规范允许的变形。

梁模板安装的顺序为：搭设模板支架→安装梁底模板→梁底起拱安→装侧模板→检查校正→安装梁口夹具。

梁模板由三片模板组成。采用组合钢模板时，底模板与两侧模板可用连接角模连接，梁侧模板顶部可用阴角模板与楼板模板相接，如图 5.14 所示。采用胶合板模板的构造如图 5.15 所示。两侧模板之间可根据需要设置对拉螺栓，底模板常用门型支架或钢管支架作为模板支撑架。

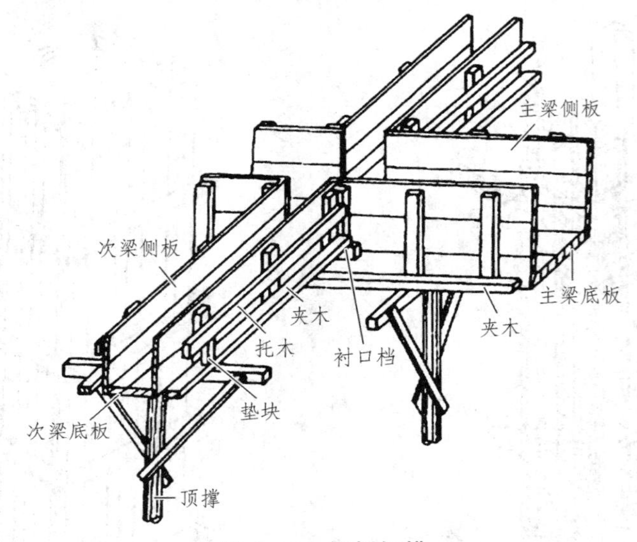

图 5.14　梁板钢模

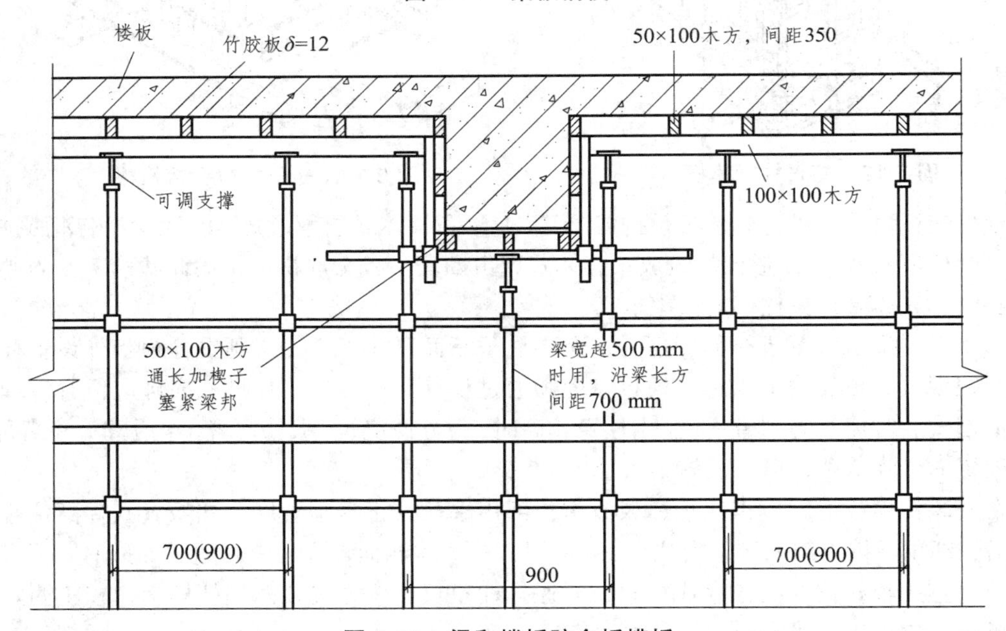

图 5.15　梁和楼板胶合板模板

梁模板应在复核梁底标高、校正轴线位置无误后进行安装。安装模板前需先搭设模板支架。支柱（或琵琶撑）安装时应先将其下面的土夯实，放好垫板以保证底部有足够的支撑面积，并安放木楔以便校正梁底标高。支柱间距应符合模板设计要求，当设计无要求时，一般不宜大于2 m；支柱之间应设水平拉杆、剪刀撑，使之互相联结成一整体，以保持稳定；水平拉杆离地面500 mm设一道，以上每隔2 m设一道。当梁底距地面高度大于6 m时，宜搭设排架支撑，或满堂钢管模板支撑架；对于上下层楼板模板的支柱，应安装在同一条竖向中心线上，或采取措施保证上层支柱的，荷载能传递至下层的支撑结构上，以防止压裂下层构件。为防止浇筑混凝土后梁跨中底模下垂，当梁的跨度≥4 m时，应使梁底模中部略为起拱，如设计无规定，起拱高度宜为全跨长度的 1/1 000~3/1 000。起拱时可用千斤顶顶高跨中支柱，打紧支柱下楔块或在横楞与底模板之间加垫块。

梁底模板可采用钢管支托或拓架支托，如图 5.16 所示。支托间距应根据荷载计算确定，采用桁架支托时，桁架之间应设拉结条，并保持桁架垂直。梁侧模可利用夹具夹紧，间距一般为600 ~ 900 mm。当梁高在600 mm以上时，侧模方向应设置穿通内部的拉杆，并应增加斜撑以抵抗混凝土侧压力。

梁模板安装完毕后，应检查梁口平直度、梁模板位置及尺寸，再吊入钢筋骨架或在梁板模板上绑扎好钢筋骨架后落入梁内。当梁较高或跨度较大时，可先安装一面侧模，待钢筋绑扎完后再安装另一面侧模进行支撑，最后安装好梁口夹具。

对于圈梁，由于其断面小但很长，一般除窗洞口及某些个别地方架空外，其他部位均设置在墙上。故圈梁模板主要由侧模和固定侧模用的卡具所组成，底模仅在架空部分使用。如架空跨度较大，也可用支柱（或琵琶撑）支撑底模。

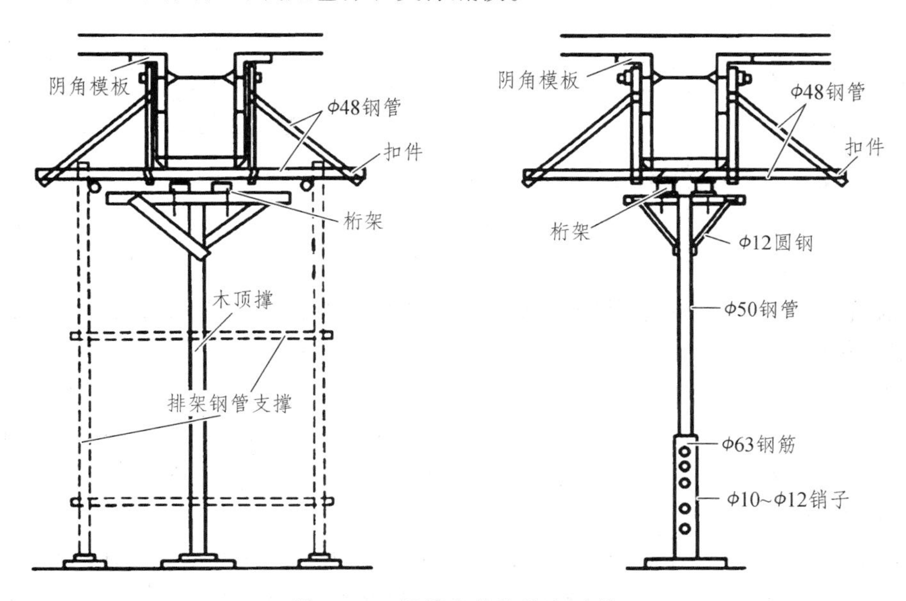

图 5.16　钢管支拖和桁架支拖

（4）楼板模板。

板的特点是面积大而厚度一般不大，因此模板承受的侧压力很小，板模板及其支撑系统主要是抵抗混凝土的竖向荷载和其他施工荷载，保证模板不变形下垂。

板模板安装的顺序为：复核板底标高→搭设模板支架→铺设模板。

楼板模板采用钢模板时，由平面模板拼装而成，其周边用阴角模板与梁或墙模板相连接，如图 5.14 所示。采用胶合板模板的构造如图 5.15 所示。楼板模板可用钢楞及支架支撑，或者采用平面组合式桁架支撑，以扩大板下施工空间。模板的支柱底部应设通长垫板及木楔找平。挑檐模板必须撑牢拉紧，防止向外倾覆，确保施工安全。楼板模板预拼装面积不宜大于 20 ㎡，如楼板的面积过大，则可分片组合安装。

（5）墙模板。

墙体的特点是高度大而厚度小，其模板主要承受混凝土的侧压力，因此必须加强墙体模板的刚度，并保证其垂直度和稳定性，以确保模板不变形和发生位移。

墙模板安装的顺序为：模板基底处理→弹出中心线和两边线→模板安装→加撑头及对拉螺栓→校正→固定斜撑。

墙模板由两片模板组成，用对拉螺栓保持它们之间的间距。采用钢制大模板时，其构造如图 5.3 所示；若采用胶合板模板时，其构造如图 5.17 所示；若采用组合钢模板拼装时，其构造如图 5.18 所示。后两种墙模板背面均用横、竖楞加固，并设置足够的斜撑来保持其稳定。

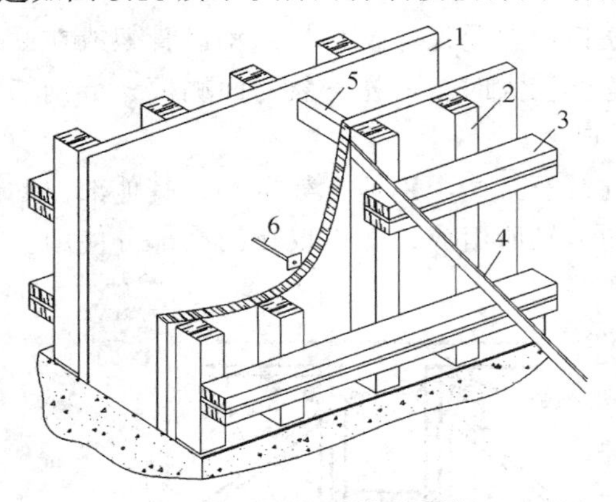

图 5.17　胶合板模板

图 5.18　组合钢模板

墙模板用组合钢模板拼装时，钢模板可横拼也可竖拼；可预拼成大板块吊装也可散拼，即按配板图由一端向另一端，由下而上逐层拼装；如墙面过高，还可分层组装。在安装时，首先沿边线抹水泥砂浆做好安装墙模板的基底处理，弹出中心线和两边线，然后开始安装。墙的钢筋可以在模板安装前绑扎，也可以在安装好一侧的模板后设立支撑，绑扎钢筋，再竖立另一侧模板。为了保持墙体的厚度，墙板内应加撑头及对拉螺栓。对拉螺栓孔需在钢模板上划线钻孔，板孔位置必须准确平直，不得错位；预拼时为了使对拉螺孔不错位，板端均不错开；拼装时不允许斜拉、硬顶。模板安装完毕后在顶部用线坠吊直，并拉线找平后固定斜撑。

（6）楼梯模板。

楼梯模板由梯段底模、外帮侧模和踏步模板组成，如图 5.19 所示。楼梯模板的安装顺序为：安装平台梁及基础模板→安装楼梯斜梁或梯段底模板→楼梯外帮侧模→安装踏步模板。

楼梯模板施工前应根据设计放样，外帮侧模应先弹出楼梯底板厚度线，并画出踏步模板位置线。踏步高度要均匀一致，特别要注意在确定每层楼梯的最下一步及最上一步高度时，必须考虑到楼地面面层的厚度，防止因面层厚度不同而造成踏步高度不协调。在外帮侧模和踏步模板安装完毕后，应钉好固定踏步模板的档木。

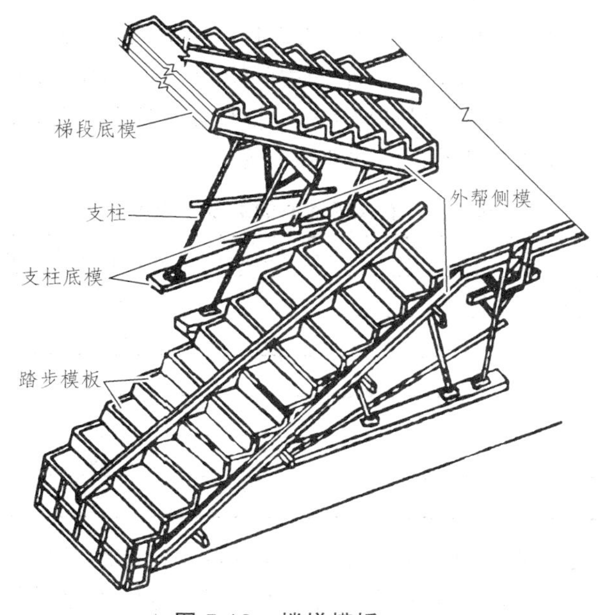

图 5.19　楼梯模板

2）模板安装的技术措施

① 施工前应认真熟悉设计图纸、有关技术资料和构造大样图；进行模板设计，编制施工方案；做好技术交底，确保施工质量。

② 模板安装前应根据模板设计图和施工方案做好测量放线工作，准确地标定构件的标高、中心轴线和预埋件等位置。

③ 应合理地选择模板的安装顺序，保证模板的强度、刚度及稳定性。一般情况下，模板应自下而上安装。在安装过程中，应设置临时支撑使模板安全就位，待校正后方进行固定。

④ 模板的支柱必须坐落在坚实的基土和承载体上。安装上层模板及其支架时，下层楼板应具有承受上层荷载的承载能力，否则应加设支架。上、下层模板的支柱，应在同一条竖向中心线上。

⑤ 模板安装应注意解决与其他工序之间的矛盾，并应互相配合。模板的安装应与钢筋绑扎、各种管线安装密切配合。对预埋管、线和预埋件，应先在模板的相应部位划出位置线，做好标记，然后将它们按设计位置进行装配，并应加以固定。

⑥ 模板在安装全过程中应随时进行检查，严格控制垂直度、中心线、标高及各部分尺寸。模板接缝必须紧密。

⑦ 楼板模板安装完毕后，要测量标高。梁模应测量中央一点及两端点的标高；平板的模板测量支柱上方点的标高。梁底模板标高应符合梁底设计标高；平板模板板面标高应符合模板底面设计标高。如有不符，可打紧支柱下木楔加以调整。

⑧ 浇筑混凝土时，要注意观察模板受荷后的情况，如发现位移、鼓胀、下沉、漏浆、支撑颤动、地基下陷等现象，应及时采取有效措施加以处理。

2. 模板的拆除

1）模板拆除时对混凝土强度的要求

模板和支架的拆除是混凝土工程施工的最后一道工序，与混凝土质量及施工安全有着十分密切的关系。现浇混凝土结构的模板及其支架拆除时的混凝土强度，应符合以下规定。

侧模：应在混凝土强度能保证其表面及棱角不因拆模而受损伤时，方可拆除。底模及其支架：拆除时的混凝土强度应符合设计要求；当设计无具体要求时，混凝土强度应符合表 5.6 的规定，且混凝土强度以同条件养护的试件强度为准。

表 5.6　底模拆除时的混凝土强度要求

构件类型	构件跨度/m	达到设计的混凝土立方体抗压强度标准值的百分率/%
板	≤2	≥50
	>2，≤8	≥75
	>8	≥100
梁、拱、壳	≤8	≥75
	>8	≥100
悬臂构件	—	≥100

已拆除模板及其支架的结构，应在混凝土强度达到设计的混凝土强度等级后，方可承受全部使用荷载。当施工荷载所产生的效应比使用荷载的效应更为不利时，必须经过验算，加设临时支撑，方可施加施工荷载。

2）模板拆除顺序

模板拆除应按一定的顺序进行。一般应遵循先支后拆、后支先拆、先拆除非承重部位、后拆除承重部位以及自上而下的原则。重大复杂模板的拆除，事前应制定拆除方案。

3）模板拆除应注意的问题

① 拆模时，操作人员应站在安全处，以免发生安全事故；待该片（段）模板全部拆除后，方可将模板、配件、支架等运出，进行堆放。

② 拆模时不要用力过猛、过急，严禁用大锤和撬棍硬砸硬撬，以避免混凝土表面或模板受到损坏。

③ 模板拆除时，不应对楼层形成冲击荷载。拆下的模板及配件严禁抛扔，要有人接应传递，并按指定地点堆放；要做到及时清理、维修和涂刷好隔离剂，以备待用。

④ 多层楼板施工时，若上层楼板正在浇筑混凝土，下一层楼板模板的支柱不得拆除，再下一层楼板模板的支柱，仅可拆除一部分；跨度 4 m 及 4 m 以上的梁下均应保留支柱，其间距不得大于 3 m。

⑤ 冬期施工时，模板与保温层应在混凝土冷却到 5 °C 后方可拆除。当混凝土与外界温差大于 20 °C 时，拆模后应对混凝土表面采取保温措施，如加设临时覆盖，使其缓慢冷却。

⑥ 在拆除模板过程中，如发现混凝土出现异常现象，可能影响混凝土结构的安全和质量问题时，应立即停止拆模，并经处理认证后，方可继续拆模。

5.2　钢筋工程

在钢筋混凝土结构中，钢筋工程的施工质量对结构的质量起着关键性的作用，而钢筋工程又属于隐蔽土程，当混凝土浇筑后，就无法检查钢筋的质量。所以，从钢筋原材料的进场验收，到一系列的钢筋加工和连接，直至最后的绑扎就位，都必须进行严格的质量控制，才能确保整个结构的质量。

5.2.1 钢筋的种类和验收

1. 钢筋的种类

钢筋的种类很多，土木工程中常用的钢筋，一般可按以下几方面分类。

钢筋按化学成分可分为碳素钢筋和普通低合金钢筋。碳素钢筋按含碳量多少又可分为低碳钢筋（含碳量低于 0.25%）、中碳钢筋（含碳量 0.25% ~ 0.7%）和高碳钢筋（含碳量 0.7% ~ 1.4%）。普通低合金钢筋是在低碳钢和中碳钢的成分中加入少量合金元素，如钛、钒、锰等，其含量一般不超过总量的 3%，以便获得强度高和综合性能好的钢种。

钢筋按力学性能可分为 HPB300 级钢筋、HRB335 级钢筋、HRB400 级钢筋和 HRB500 级钢筋等。钢筋级别越高，其强度及硬度越高，但塑性逐级降低。为了便于识别，在不同级别的钢材端头涂有不同颜色的油漆。

钢筋按轧制外形可分为光圆钢筋和变形钢筋（月牙形、螺旋形、人字形钢筋）。

钢筋按供货形式可分为盘圆钢筋（直径不大于 10 mm）和直条钢筋（直径 12 mm 及以上），直条钢筋长度一般为 6 ~ 12 m，根据需方要求也可按订货尺寸供应。

钢筋按直径大小可分为钢丝（直径 3 ~ 5 mm）、细钢筋（直径 6 ~ 10 mm）、中粗钢筋（直径 12 ~ 20 mm）和粗钢筋（直径大于 20 mm）。

普通钢筋混凝土结构中常用的钢筋按生产工艺可分为热轧钢筋、冷轧带肋钢筋、冷轧扭钢筋、余热处理钢筋、精轧螺纹钢筋等。

1）热轧钢筋

热轧钢筋是经热轧成型并自然冷却的成品钢筋，分为热轧光圆钢筋和热轧带肋钢筋。常用钢筋的强度标准值应具有不小于 95%的保证率。目前，HRB400 级钢筋正逐步成为现浇混凝土结构的主导钢筋。热轧钢筋的力学机械性能如表 5.7 所示。

表 5.7 热轧钢筋的力学性能

表面形状	强度代号	钢筋级别	公称直径 D/mm	屈服点 σ_s/（MPa）	抗拉强度 σ_b/MPa	伸长率 δ_s/%	冷弯性能	
			不小于				弯曲角度	弯曲直径
光圆	HPB300	Ⅰ	6 ~ 14	300	420	25	180°	d
月牙肋	HRB335	Ⅱ	6 ~ 14 28 ~ 50	335	455	16	180° 180°	$3d$ $4d$
	HRB400	Ⅲ	6 ~ 25 28 ~ 50	400	540	14	180° 180°	$4d$ $5d$
	HRB500	Ⅳ	6 ~ 25 28 ~ 50	500	630	12	180° 180°	$6d$ $7d$

注：《混凝土结构设计规范》（GB 50010—2010）。

2）冷轧带肋钢筋

冷轧带肋钢筋牌号由 CRB 和钢筋的抗拉强度最小值构成。C、R、B 分别为冷轧（Cold-rolled）、带肋（Ribbed）、钢筋（Bars）三个词的英文首位字母。冷轧带肋钢筋分为 CRB550、CRB650、CRB800、CRB970 和 CRB1170 五个牌号。CRB550 为普通钢筋混凝土用钢筋，其他牌号为预应力混凝土用钢筋。冷轧带肋钢筋在预应力混凝土构件中是冷拔低碳钢丝的更新换代产品，在普通混凝土结构中可代替 HPB235 级钢筋以节约钢材，是同类冷加工钢材中较好的一种。冷轧带肋钢筋的力学性能如表 5.8 所示。

表 5.8　冷轧带肋钢筋的力学性能

表面形状	强度代号	公称直径 d/mm	抗拉强度 σ_b/MPa	伸长率/%		冷弯性能		
				δ_{10}	δ_{100}	弯曲角度	弯心直径	反复弯曲次数
			不小于					
月牙肋	CRB550	4 ~ 12	550	8.0	—	180°	$3d$	—
	CRB650	4、5、6	650	—	4.0	—	—	3
	CRB800		800	—	4.0	—	—	3
	CRB970		970	—	4.0	—	—	3
	CRB1170		1 170	—	4.0	—	—	3

3）冷轧扭钢筋

冷轧扭钢筋也称冷轧变形钢筋，是将低碳钢热轧圆盘钢筋经专用钢筋冷轧扭机调直、冷轧并冷扭一次成型，具有规定截面形状和节距的连续螺旋状钢筋。它具有较高的强度、足够的塑性性能，且与混凝土黏结性能优异，用于工程建设中一般可节约钢材 30%以上，有着明显的经济效益。冷轧扭钢筋的力学性能如表 5.9 所示。

表 5.9　冷轧扭钢筋的力学性能

钢筋代号	截面形状	钢筋类型	标志直径 d/mm	抗拉强度 σ_s/MPa	伸长率 δ_s/%	冷弯性能	
LZN	矩形	Ⅰ型	6.5 ~ 14	≥580	≥4.5	弯曲角度	弯心直径
	菱形	Ⅱ型	12			180°	$3d$

4）余热处理钢筋

余热处理钢筋是热轧成型后立即穿水，进行表面控制冷却，然后利用芯部余热自身完成回火处理所得的成品钢筋。钢筋表面形状为月牙肋，强度代号为 KL400，钢筋级别为Ⅲ级，公称直径 d 为 8 ~ 25 mm，28 ~ 40 mm，这种钢筋应用较少。

5）精轧螺纹钢筋

精轧螺纹钢筋是用热轧方法在整根钢筋表面上轧出不带纵肋的螺纹外形钢筋，接长用连接器，端头锚固直接用螺母。该钢筋有 40Si2Mn，15M2SiB，40Si2MnV 三种牌号，直径有 25 mm 和 32 mm 两种。

2. 钢筋进场的验收

钢筋进场时，应有产品合格证、出厂检验报告，并按品种、批号及直径分批验收。验收内容包括钢筋标牌和外观检查，并按有关规定抽取试件进行钢筋性能检验。钢筋性能检验又分为力学性能检验和化学成分检验。

1）外观检查

应对钢筋进行全数外观检查。检查内容包括钢筋是否平直、有无损伤，表面是否有裂纹、油污及锈蚀等，弯折过的钢筋不得敲直后做受力钢筋使用，钢筋表面不应有影响钢筋强度和锚固性能的锈蚀或污染。

常用钢筋的外观检查要求为：热轧钢筋表面不得有裂缝、结疤和折叠，表面凸块不得超过横肋的最大高度，外形尺寸应符合规定；对热处理钢筋，表面无肉眼可见的裂纹、结疤、折叠，如有凸块不得超过横肋高度，表面不得沾有油污；对冷轧扭钢筋要求其表面光滑，不得有裂纹、折叠夹层等，也不得有深度超过 0.2 mm 的压痕或凹坑。

2）钢筋性能检验

（1）进场复验。

应按《钢筋混凝土用钢第 1 部分：热轧光圆钢筋》（GB 1499.1—2008），《钢筋混凝土用钢第 2 部分：热轧带肋钢筋》（GB 1499.2—2007）《钢筋混凝土用余热处理钢筋》（GB 13014—2013）等标准的规定，抽取试件做力学性能检验，其质量必须符合有关标准的规定。

在钢筋做力学性能检验时，应从每批钢筋中任选 2 根，每根截取 2 个试件分别进行拉伸试验（包括屈服点、抗拉强度和伸长率的测定）和冷弯试验。如有一项检验结果不符合规定，则应从同一批钢筋中另取双倍数量的试件重做各项检验；如果仍有一个试件不合格，则该批钢筋为不合格产品，应不予验收或降级使用。

（2）满足抗震设防要求。

对有抗震设防要求的框架结构，其纵向受力钢筋的强度应满足设计要求；当设计无具体要求时，对一、二级、三级抗震等级设计的框架和斜撑构中的纵向受力钢筋，检验所得的强度实测值应符合下列规定。

① 钢筋的抗拉强度实测值与屈服强度实测值的比值不应小于 1.25。

② 钢筋的屈服强度实测值与强度标准值的比值不应大于 1.3。

（3）其他检验。

当发现钢筋脆断、焊接性能不良或力学性能显著不正常等现象时，应对该批钢筋进行化学成分检验或其他专项检验。

5.2.2 钢筋配料

构件中的钢筋，需根据设计图纸准确地下料（即切断），再加工成各种形状。为此，必须了解各种构件的混凝土保护层厚度及钢筋弯曲、搭接、弯钩等有关规定，采用正确的计算方法，按设计图中尺寸计算出实际下料长度。

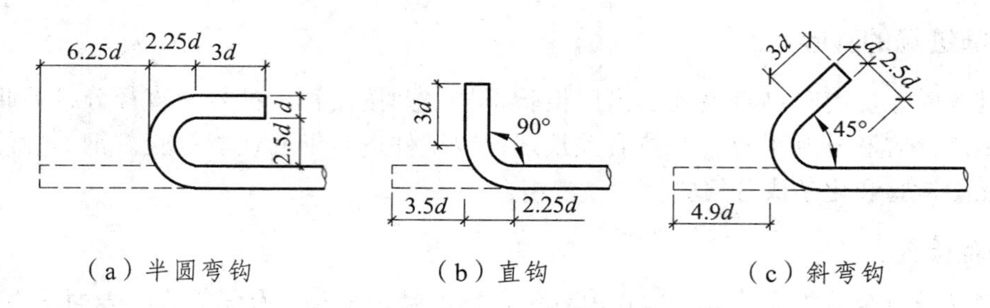

（a）半圆弯钩　　（b）直钩　　（c）斜弯钩

图 5.20　钢筋弯钩计算

1. 钢筋直线下料长度计算

钢筋直线下料长度可按下列公式计算：

钢筋直线下料长度=钢筋外包尺寸之和−弯曲量度差+弯钩增加长度

箍筋下料长度=箍筋周长+箍筋调整值

1）钢筋外包尺寸

钢筋外包尺寸=构件外形尺−保护层厚度

2）弯曲量度差

钢筋弯曲成各种角度的圆弧形状时，其轴线长度不变，但内皮收缩、外皮延伸。而钢筋的量度方法是沿直线量取其外包尺寸，因此弯曲钢筋的量度尺寸大于轴线尺寸（即大于下料尺寸），两者之间的差值称为弯曲量度差。

（1）弯曲 90°时（见图 4.20（b），弯心直径 $D=2.5d$，外包标注）。

外包尺寸：$2(D/2+d)=2(2.5d/2+d)=4.5d$

中心线尺寸：$(D+d)\pi/4=(2.5d+d)\pi/4=2.75d$

量度差：$4.5d-2.75d=1.75d$

（2）弯曲 45°时（见图 5.20（c），弯心直径 $D=2.5d$，外包标注）。

外包尺寸：$2(D/2+d)\tan(45°/2)=2(2.5d/2+d)\tan(45°/2)=1.86d$

中心线尺寸：$(D+d)\pi 45°/360°=(2.5d+d)\pi 45°/360°=1.37d$

量度差：$1.86d-1.37d=0.49d$

若 $D=4d$ 时，则量度差为 $0.52d$

（3）弯曲角为 a 时，弯心直径为 D。

外包尺寸：$2(D/2+d)\tan(\alpha/2)$

中心线尺寸：$(D+d)\pi\alpha/360°$

量度差：$2(D/2+d)\tan(45°/2)-(D+d)\pi\alpha/360°$

根据上述理论推算并结合实际工程经验，弯曲量度差可按表 5.10 取值。

表 5.10　钢筋弯曲量度差值

钢筋弯曲度	30°	45°	60°	90°	135°
钢筋弯曲量度差值	$0.35d$	$0.5d$	$0.85d$	$2d$	$2.5d$

3）弯钩增加长度

钢筋弯钩的形式有半圆弯钩（180°）、直弯钩（90°）及斜弯钩（135°），如图 5.20 所示。

弯钩（含箍筋）增加长度可按下列公式计算。

$$90°:\ \frac{\pi}{4}(D+d)-\left(\frac{D}{2}+d\right)+\text{平直长度}$$

$$135°:\ \frac{3\pi}{8}(D+d)-\left(\frac{D}{2}+d\right)+\text{平直长度}$$

$$180°:\ \frac{\pi}{2}(D+d)-\left(\frac{D}{2}+d\right)+\text{平直长度}$$

式中 D——弯心直径；

d——钢筋直径。

当弯心的直径 D 为 $2.5d$，平直部分为 $3d$ 时，半圆弯钩增加长度的计算方法为：

弯钩全长：$3d+3.5d\times\pi/2=8.5d$

弯钩增加长度（扣除量度差）：$8.5d-2.25d=6.25d$

其余角度弯钩增加长度的计算方法同上，可得到钢筋弯钩增加长度的计算值是：半圆弯钩为 $6.25d$；直弯钩为 $3.0d$；斜弯钩为 $4.9d$。在生产实践中，对半圆弯钩常采用经验数据，见表 5.11。

表 5.11 半回弯钩增加长度参考值 mm

钢筋直径	≤6	8～10	12～18	20～28	32～36
弯钩增加长度	40	$6d$	$5.5d$	$5d$	$4.5d$

4）箍筋调整值

箍筋调整值即弯钩增加长度和弯曲量度差两项之差或和，应根据量度得箍筋外包尺寸或内皮尺寸计算，实际工程中可参考表 5.12 计算。

表 5.12 箍筋调整值 mm

箍筋量度方法	箍筋直径			
	4～5	6	8	10～12
量外包尺寸	40	50	60	70
量内包尺寸	80	100	120	150～170

5）保护层厚度

受力钢筋的混凝土保护层厚度，应符合设计要求；当设计无具体要求时，不应小于受力钢筋直径，并应符合表 5.13 的规定。

表 5.13　纵向受力钢筋的混凝土保护层最小厚度　mm

环境与条件	构件名称	混泥土强度等级		
		≤C20	C25～C45	≥C50
室内正常环境	墙、板、壳	20	15	15
	梁	30	25	25
	柱	30	30	30
露天或室内潮湿环境	板、墙、壳	—	20	20
	量	—	30	30
	柱	—	30	30
有垫层	基础	40		
无垫层		70		

2. 钢筋配料单与料牌

1）钢筋配料单

钢筋配料单是根据设计图中各构件钢筋的品种、规格、外形尺寸及数量进行编号，计算下料长度，并用表格形式表达出来。钢筋配料单是钢筋加工的依据，也是提出材料计划、签发任务单和限额领料单的依据。合理的配料，不但能节约钢材，还能使施工操作简化。

编制钢筋配料单时，首先按各编号钢筋的形状和规格计算下料长度，并根据根数计算出每一编号钢材的总长度；然后再汇总各规格钢材的总长度，算出其总质量。当需要成型的钢筋很长，尚需配有接头时，应根据原材料供应情况和接头形式来考虑钢筋接头的布置，并在计算下料长度时加上接头所需的长度。

钢筋配料单的具体编制步骤为熟悉图纸（构件配筋表）→绘制钢筋简图→计算每种规格钢筋的下料长度→填写和编制钢筋配料单→填写钢筋料牌。

2）钢筋料牌

在钢筋工程施工中，仅有钢筋配料单还不能作为钢筋加工与绑扎的依据，还要对每一编号的钢筋制作一块料牌。料牌可用 100 mm×70 mm 的薄木板或纤维板等制成。料牌在钢筋加工的各过程中依次传递，最后系在加工好的钢筋上作为标志。施工中必须按料牌严格校核，准确无误，以免返工浪费。

3. 钢筋配料单编制实例

试编制如图 5.21 所示的简支梁钢筋配料单。

解：（1）熟悉图纸（配筋图）。

（2）绘制各编号钢筋的小样图，如图 5.22 所示。

（3）计算钢筋下料长度。

钢筋直线下料长度=外包尺寸之和+端部弯钩增加长度-弯曲量度差值

① 号钢筋：

外包尺寸 竖向部分长度=（450−2×25）mm=400 mm

水平部分长度=（6 000−2×25）mm=5 950 mm

弯曲量度差值=2×2×20 mm =80 mm

直线下料长度=[（400×2+5 950）+0−80] mm=6 670 mm

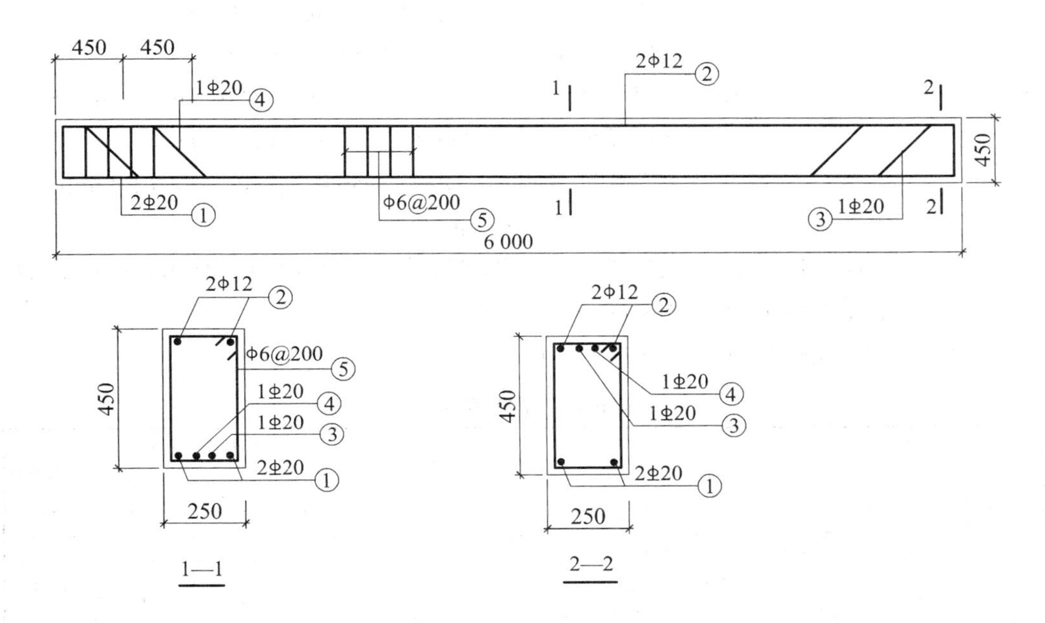

图 5.21 L1 梁钢筋图

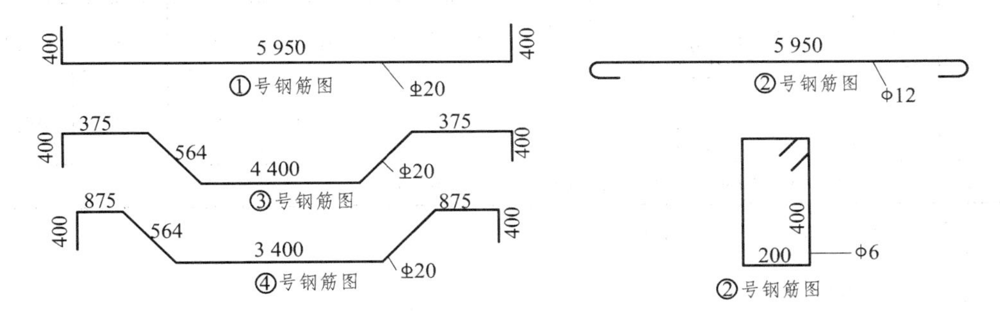

图 5.22 ①~⑤号钢筋图

② 号钢筋：外包尺寸 水平部分长度=（6 000−2×25）mm=5 950 mm

端部弯钩增加长度=6.25×12×2 mm=150 mm

直线下料长度=（5 950+150−0）mm=6 100 mm

③ 号钢筋：外包尺寸 竖向部分长度=（450−2×25）mm ~ 400 mm

端部平直段长度=（400−25）mm=375 mm

斜段长度=（450−2×25）×1.41=564 mm

中间直段长度=（6 000−2×25−2×375−2×400）mm= 4 400 mm
弯曲量度差值=（2×2×20+4×0.5×20）mm=120 mm
直线下料长度=[（400×2+375×2+564×2+4 400）+0−120] mm
=6 958 mm

④ 号钢筋：外包尺寸　竖向部分长度=（450−2×25）mm−400 mm
端部平直段长度=（400+500−25）mm−875 mm
斜段长度=（450−2×25）×1.41=564 mm
中间直段长度=（6 000−2×25−2×875−2×400）mm=3 400 mm
弯曲量度差值=（2×2×20+4×0.5×20）mm=120 mm
直线下料长度=[(400×2+875×2+564×2+3 400)+0−120] mm
=6 958 mm

⑤ 号钢筋：箍筋下料长度−箍筋内皮尺寸+箍筋调整值=[(400+200)×2+100] mm=1 300 mm
箍筋数量 n=（5 950/200+1）个=31 个

（4）填写和编制钢筋配料单，如表 5.14 所示。

表 5.14　钢筋配料单

构件名称	钢筋编号	简图	直径/mm	钢号	下料长度/m	单位项数	合计根数	质量/kg
L_1 共 5 根	1	400 5 950 400	20	Φ	6.67	2	10	164.7
	2	5 950	12	φ	6.10	2	10	54.2
	3	375 564 4 400 375 400	20	Φ	6.96	1	5	86.0
	4	400 875 564 3 400 875 400	20	Φ	6.96	1	5	86.0
	5	400 200	6	φ	1.30	31	155	44.7
备注	合计　φ6 = 41.7 kg；φ12=54.2 kg；Φ20 = 336.7 kg							

注：此表内容不全，仅作为示例。

（5）填写钢筋料牌。

现仅表示出 L，梁③号钢筋的料牌，如图 5.23 所示，其他钢筋的料牌也应按此格式填写。

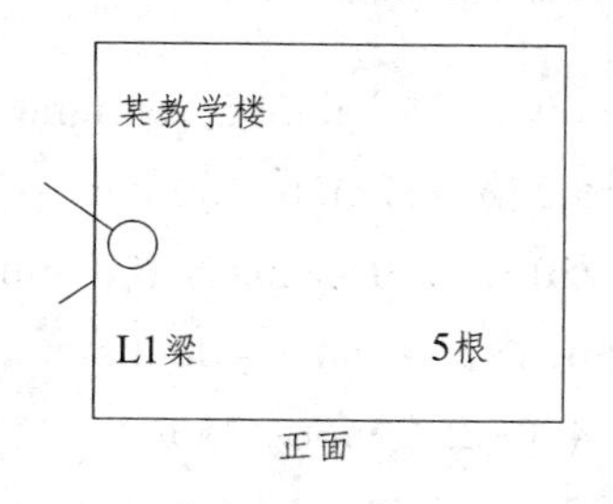

正面

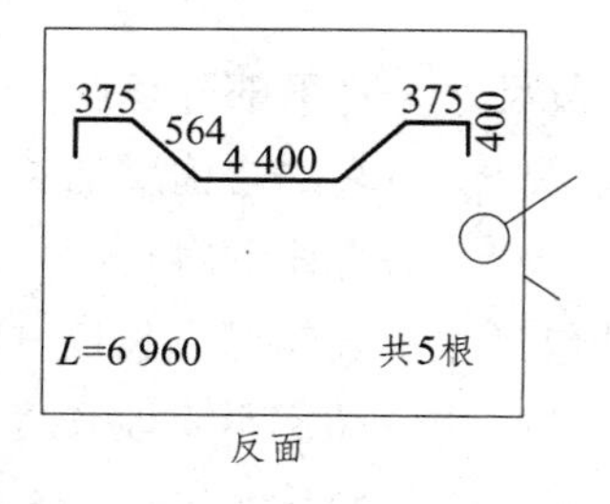

反面

图 5.23　钢筋料牌

5.2.3　钢筋代换

在施工过程中，钢筋的品种、级别或规格必须按设计要求采用，但往往由于钢筋供应不及时，其品种、级别或规格不能满足设计要求，此时为确保施工质量和进度，常需对钢筋进行变更代换。

1. 代换原则和方法

① 当结构构件配筋受强度控制时，钢筋可按强度相等的原则代换。计算方法如下：

$$A_{s1}f_{y1} \leqslant A_{s2}f_{y2}$$

即

$$n_1 d_1^2 f_{y1} \leqslant n_2 d_2^2 f_{y2}$$

$$n_2 \geqslant \frac{n_1 d_1^2 f_{y1}}{d_2^2 f_{y2}} \tag{5.4}$$

式中　d_1 、n_1 、f_{y1}——原设计钢筋的直径、根数和设计强度；

d_2 、n_2 、f_{y2}——拟代换钢筋的直径、根数和设计强度。

② 当构件按最小配筋率配筋时，钢筋可按面积相等的原则代换，即

$$A_{s1} = A_{s2} \tag{5.5}$$

式中　A_{s1}——原设计钢筋的计算面积；

A_{s2}——拟代换钢筋的计算面积。

③ 当结构构件受裂缝宽度或挠度控制时，代换后应进行裂缝宽度或挠度验算。

2. 代换注意事项

① 钢筋的品种、级别或规格需作变更时，应办理设计变更文件。

② 对某些重要构件，如吊车梁、桁架下弦等，不宜用 HPB235 级光圆钢筋代替 HRB335 级和 HRB400 级带肋钢筋。

③ 钢筋代换后，应满足配筋的构造规定，如钢筋的最小直径、间距、根数、锚固长度等。

④ 在同一截面内，可同时配有不同种类和直径的代换钢筋，但每根钢筋的拉力差不应过大（若是相同品种钢筋，直径差值一般不大于 5 mm），以免构件受力不均。

⑤ 梁的纵向受力钢筋与弯起钢筋应分别代换，以保证正截面与斜截面强度。

⑥ 对偏心受压构件（如框架柱、有吊车厂房柱、桁架上弦等）或偏心受拉构件进行钢筋代换时，不应取整个截面的配筋量计算，而应按受力面（受压或受拉）分别代换。

⑦ 当构件受裂缝宽度控制时，如以小直径钢筋代换大直径钢筋，或强度等级低的钢筋代换强度等级高的钢筋，则可不作裂缝宽度验算。

在钢筋代换后，有时由于受力钢筋直径加大或根数增多，而需要增加钢筋的排数，则构件截面的有效高度 h_0 之值会减小，截面强度降低，此时需复核截面强度。

5.2.4　钢筋加工

钢筋加工的基本作业有除锈、调直、切断、连接、弯曲成型等工序。

1. 钢筋除锈

钢筋由于保管不善或存放过久，其表面会结成一层铁锈，铁锈严重将影响钢筋和混凝土的黏结力，并影响到构件的使用效果，因此在使用前应清除干净。钢筋的除锈可在钢筋的冷拉或调直过程中完成（小 12 mm 以下钢筋）；也可用电动除锈机除锈，还可采用手工除锈（用钢丝刷、砂盘）、喷砂和酸洗除锈等。

2. 钢筋调直

钢筋调直可采用人工调直、机械调直和冷拉调直等三种方法。

人工调直：ϕ12 mm 以下的钢筋可在工作台上用小锤敲直，也可采用绞磨拉直。粗钢筋一般仅出现一些慢弯，可在工作台上利用扳柱用手扳动钢筋调直。

机械调直：细钢筋一般采用机械调直，可选用钢筋调直机、双头钢筋调直联动机或数控钢筋调直切断机。机械调直机具有钢筋除锈、调直和切断三项功能，并可在一次操作中完成。其中，数控钢筋调直切断机采用了光电测长系统和光电计数装置，切断长度可以精确到毫米，并能自动控制切断根数。

冷拉调直：粗钢筋常采用卷扬机冷拉调直，且在冷拉时因钢筋变形，其上锈皮自行脱落。冷拉调直时必须控制钢筋的冷拉率。

3. 钢筋切断

钢筋切断常采用手动液压切断器和钢筋切断机。前者能切断 ϕ16 mm 以下的钢筋，且机具体积小、重量轻、便于携带；后者能切断 ϕ6 mm~ϕ40 mm 的各种直径的钢筋。

4. 钢筋弯曲成型

钢筋根据设计要求常需弯折成一定形状。钢筋的弯曲成型一般采用钢筋弯曲机、四头弯筋机（主要用于弯制箍筋），在缺乏机具设备的情况下，也可以采用手摇扳手弯制细钢筋，用卡盘与扳头弯制粗钢筋。对形状复杂的钢筋，在弯曲前应根据钢筋料牌上标明的尺寸划出各弯曲点。

5.2.5　钢筋的连接

钢筋在土木工程中的用量很大，但在运输时却受到运输工具的限制。当钢筋直径 $d<12$ mm 时，一般以圆盘形式供货；当直径 $d\geqslant 12$ mm 时，则以直条形式供货，直条长度一般为 6 ~ 12 m，由此带来了钢筋混凝土结构施工中不可避免的钢筋连接问题。目前，钢筋的连接方法有机械

连接、焊接连接和绑扎连接 3 类。机械连接由于具有连接可靠、作业不受气候影响、连接速度快等优点，目前已广泛应用于粗钢筋的连接。焊接连接和绑扎连接是传统的钢筋连接方法，与绑扎连接相比，焊接连接可节约钢材、改善结构受力性能、保证工程质量、降低施工成本，宜优先选用。

1. 钢筋的焊接

焊接连接是利用焊接技术将钢筋连接起来的连接方法，应用广泛。但焊接是一项专门的技术，要求对焊工进行专门培训，持证上岗；焊接施工受气候、电流稳定性的影响较大，其接头质量不如机械连接可靠。

在钢筋焊接连接中，普遍采用的有闪光对焊、电阻点焊、电弧焊、电渣压力焊及埋弧压力焊等。

1）闪光对焊

闪光对焊是将两根钢筋沿着其轴线，使钢筋端面接触对焊的连接方法。闪光对焊需在对焊机上进行，操作时将两段钢筋的端面接触，通过低电压强电流，把电能转换为热能，待钢筋加热到一定温度后，再施加以轴向压力顶锻，使两根钢筋焊合在一起，接头冷却后便形成对焊接头。对焊原理如图 5.24 所示。

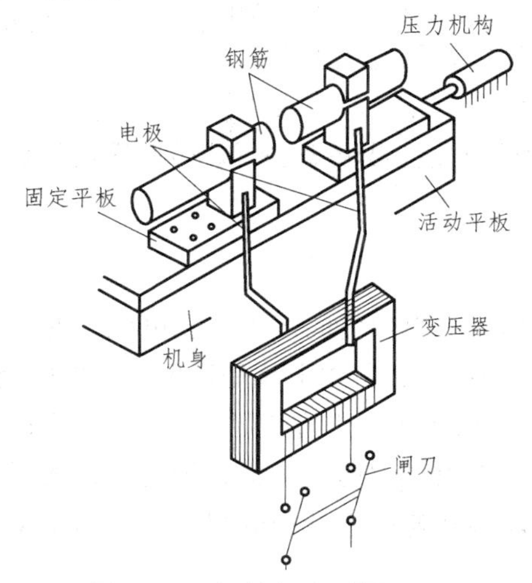

图 5.24 钢筋闪光对焊原理

闪光对焊不需要焊药，施工工艺简单，具有成本低、焊接质量好、工效高的优点。它广泛用于工厂或在施工现场加工棚内进行粗钢筋的对接加长，由于其设备较笨重，不便在操作面上进行钢筋的连接加长。

闪光对焊根据其工艺不同，可分为连续闪光焊、预热闪光焊、闪光→预热→闪光焊及焊后通电热处理等工艺。

① 连续闪光焊：当对焊机夹具夹紧钢筋并通电出现闪光后，继续将钢筋端面逐渐移近，即形成连续闪光过程。待钢筋烧化完一定的预留量后，迅速加压进行顶锻并立即断开电源，焊接接头即完成。该工艺适宜焊接直径 25 mm 以下的钢筋。

② 预热闪光焊：它是在连续闪光前增加一个钢筋预热过程，然后再进行闪光和顶锻。该

工艺适宜焊接直径大于 25 mm 且端面比较平整的钢筋。

③ 闪光→预热→闪光焊：它是在预热闪光前再增加一次闪光过程，使不平整的钢筋端面先闪成比较平整的端面，并将钢筋均匀预热。该工艺适宜焊接直径大于 25 mm 且端面不平整的钢筋。

④ 焊后通电热处理：Ⅳ级钢筋因焊接性能较差，其接头易出现脆断现象。可在焊后进行通电热处理，即待接头冷却至 300 °C 以下时，采用较低变压器级数，进行脉冲式通电加热，以 (0.5~1)s/次为宜，热处理温度一般在 750~ 850 °C 范围内选择。该法可提高焊接接头处钢筋的塑性。

2）电阻点焊

电阻点焊是将交叉的钢筋叠合在一起，放在两个电极间预压夹紧，然后通电使接触点处产生电阻热，钢筋加热熔化并在压力下形成紧密联结点，冷凝后即得牢固焊点，如图 5.25 所示。电阻点焊用于焊接钢筋网片或骨架，适于直径 6 ~ 14 mm 的 HPB300，HRB335 级钢筋及直径 3 ~ 5 mm 的钢丝。当焊接不同直径的钢筋，其较小钢筋直径小于 10 mm 时，大小钢筋直径之比不宜大于 3；其较小钢筋的直径为 12 ~ 14 mm 时，大小钢筋直径之比不宜大于 2。承受重复荷载并需进行疲劳验算的钢筋混凝土结构和预应力混凝土结构中的非预应力筋不得采用。

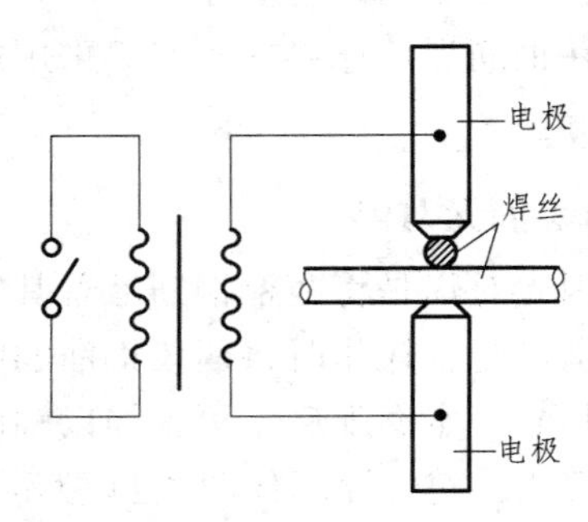

图 5.25　电焊机工作原理

3）电弧焊

电弧焊是利用弧焊机在焊条与焊件之间产生高温电弧，使焊条和电弧燃烧范围内的焊件熔化，待其凝固后便形成焊缝或接头，其中电弧是指焊条与焊件金属之间空气介质出现的强烈持久的放电现象。电弧焊使用的弧焊机有交流弧焊机、直流弧焊机两种，常用的为交流弧焊机。

电弧焊的应用非常广泛，常用于钢筋的接头、钢筋骨架的焊接、钢筋与钢板的焊接、装配式钢筋混凝土结构接头的焊接及各种钢结构的焊接等。用于钢筋的接长时，其接头形式有帮条焊、搭接焊和坡口焊等。

（1）搭接焊。

搭接焊适用于直径 10 ~ 40 mm 的 HPB235、HRB335、HRB400 级钢筋。搭接接头的钢筋需预弯，以保证两根钢筋的轴线在一条直线上，如图 5.26（a）所示。焊接时最好采用双面焊，对其搭接长度的要求是：HPB235 级钢筋为 4d（钢筋直径），HRB335，HRB400 级钢筋为 5d，若采用单面焊，则搭接长度均须加倍。

（2）帮条焊。

帮条焊适用于直径 10 ~ 40 mm 的 HPB300、HRB335、HRB400 级钢筋，帮条焊接头如图 5.26（b）所示。钢筋帮条长度见表 5.15；主筋端面的间隙为 2 ~ 5 mm。所采用帮条的总截面面积：被焊接的钢筋为 HPB235 级钢筋时，应不小于被焊接钢筋截面积的 1.2 倍；被焊接钢筋为 HRB335，HRB400 级钢筋时，应不小于被焊接钢筋截面积的 1.5 倍。

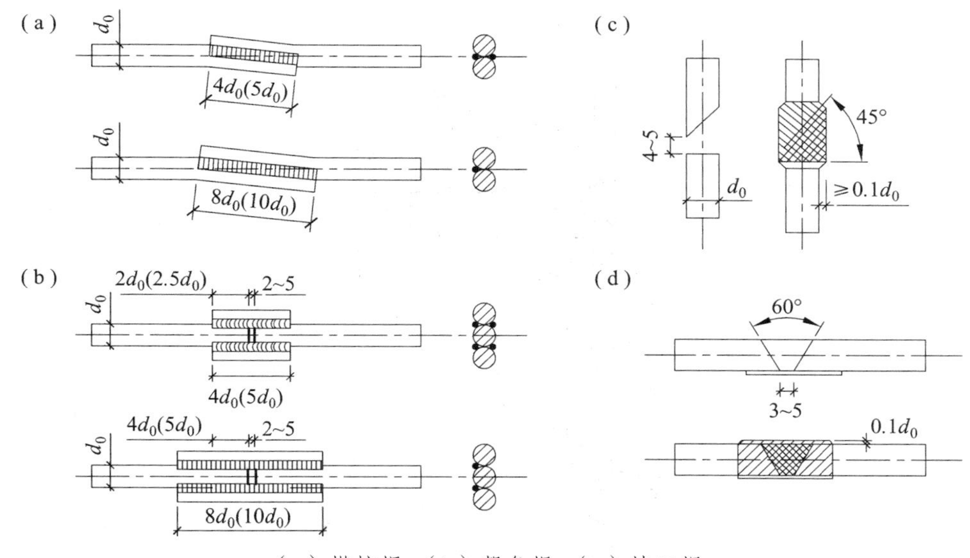

（a）搭接焊；（b）帮条焊；（c）坡口焊

图 5.26 电弧焊接头形式

表 5.15 钢筋帮条长度

项次	钢筋级别	焊缝形式	帮条长度
1	HPB235 级	单面焊	$\geqslant 8d$
		双面焊	$\geqslant 4d$
2	HRB335 级、HRB400 级	单面焊	$\geqslant 10d$
		双面焊	$\geqslant 5d$

注：d 为钢筋直径。

（3）坡口焊。

坡口焊接头多用于装配式框架结构现浇接头的钢筋焊接，分为平焊和立焊 2 种。钢筋坡口平焊采用 V 形坡口，坡口夹角为 55° ~ 65°，两根钢筋的间隙为 4 ~ 6 mm，下垫钢板，然后施焊。钢筋坡口立焊，如图 5.26（c）所示。

4）电渣压力焊

电渣压力焊是利用电流通过渣池产生的电阻热将钢筋端部熔化，然后施加压力使钢筋焊合。它主要用于现浇结构中直径为 14 ~ 40 mm 的 HPB235、HRB335、HRB400 级的竖向或斜向（倾斜度在 4∶1 内）钢筋的接长。这种焊接方法操作简单、工作条件好、工效高、成本低，比电弧焊接头节电 80%以上，比绑扎连接和帮条焊、搭接焊节约钢筋 30%，提高工效 6 ~10 倍。

（1）焊接设备及焊剂。

电渣压力焊设备包括焊接电源、焊接夹具和焊剂盒等（图 5.27）焊接夹具应具有一定刚度，上下钳口同心。焊剂盒呈圆形，由两个半圆形铁皮组成，内径为 80~100 mm，与所焊钢筋的直径相应，焊剂盒宜与焊接机头分开。焊剂除起到隔热、保温及稳定电弧作用外，在焊接过程中还能起到补充熔渣、脱氧及添加合金元素的作用，使焊缝金属合金化。

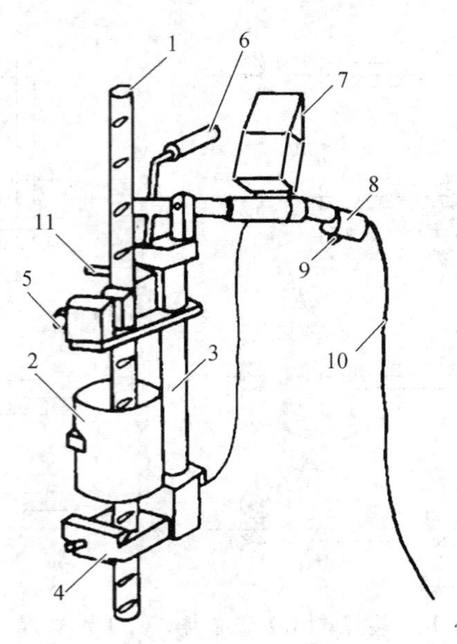

1—钢筋；2—焊剂盒；3—单导柱；4—固定夹具；5—活动夹具；6—操作手柄；
7—监控仪表；8—操作把；9—开关；10—控制电缆

图 5.27 电渣压力焊焊接机头示意

（2）焊接工艺。

电渣压力焊焊接的工艺包括引弧、造渣、电渣和挤压 4 个过程，如图 5.27 所示。当焊接完成后，先拆机头，待焊接接头保温一段时间后再拆焊剂盒，特别是在环境温度较低时，可避免发生冷淬现象。

5）埋弧压力焊

埋弧压力焊是将钢筋与钢板安放成 T 形连接形式，利用埋在接头处焊剂层下的高温电弧，熔化两焊接件的接触部位形成熔池，然后加压顶锻使两焊接焊合，如图 5.28 所示。它适用于直径 6 ~ 8 mm 的 HPB235 级钢筋和直径 10 ~ 25 mm 的 HRB335 级钢筋与钢板的焊接。

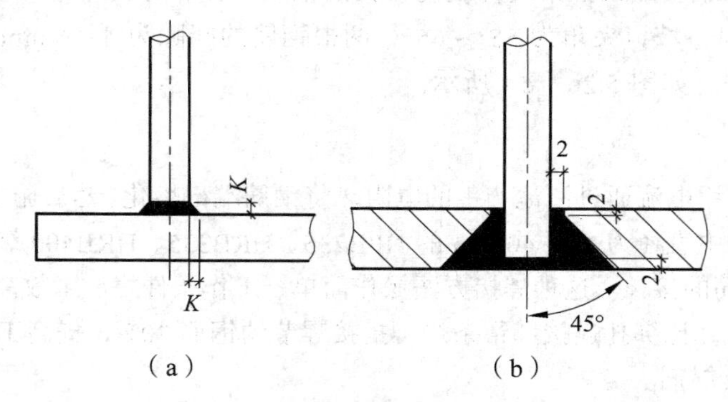

图 5.28 预埋件钢筋埋弧压力焊示意

埋弧压力焊工艺简单，比电弧焊工效高、质量好（焊缝强度高且钢板不易变形）、成本低（不用焊条），施工中广泛用于制作钢筋预埋件。

钢筋焊接的接头类型及其适用范围，详见表 5.16。

表 5.16 钢筋焊接接头类型与适用范围

焊接方法			适用范围	
			钢筋种类与级别	钢筋直径/mm
电阻点焊			热轧 HPB235. HRB335 级	6 ~14
			消除应力钢丝	4 ~5
			冷轧带肋钢筋 CRB550 级	4 ~12
闪光对焊			热轧 HPB235，HRB335，HRB400 级	10 ~40
			热轧 RRB400 级	10 ~25
			余热处理钢筋 KL400 级	10 ~25
电弧焊 4	帮条焊	双面焊	热轧 HPB235，HRB335，HRB400 级	10 ~40
			余热处理钢筋 KL400 级	10 ~25
		单面焊	热轧 HPB235，HRB335，HRB400 级	10 ~40
			余热处理钢筋 KL400 级	10 ~25
	搭接焊	双面焊	热轧 HPB235，HRB335，HRB400 级	10 ~40
			余热处理钢筋 KL400 级	10 ~25
		单面焊	热轧 HPB235，HRB335，HRB400 级	10 ~40
			余热处理钢筋 KL400 级	10 ~25
	坡口焊	平焊	热轧 HPB235，HRB335，HRB400 级	18 ~40
			余热处理钢筋 KL400 级	18 ~25
		立焊	热轧 HPB235，HRB335，HRB400 级	18 ~40
			余热处理钢筋 KL400 级	18 ~25
	钢筋与钢板搭接焊		热轧 HPB235，HRB335	8 ~40
	窄间隙焊		热轧 HPB235，HRB335，HRB400 级	16 ~40
	预埋件电弧焊	角焊	热轧 HPB235，HRB335	6 ~25
		穿孔塞	热轧 HPB235，HRB335	20 ~25
电渣压力焊			热轧 HPB235，HRB335	14 ~40
预埋件埋弧压力焊			热轧 HPB235，HRB335	6 ~25

注：电阻点焊时，适用范围的钢筋直径系指较小钢筋的直径。

2. 钢筋的机械连接

钢筋机械连接的优点很多，包括：设备简单、操作技术易于掌握、施工速度快；接头性能可靠，节约钢筋，适用于钢筋在任何位置与方向（竖向、横向、环向及斜向等）的连接；施工不受气候条件影响，尤其在易燃、易爆、高空等施工条件下作业安全可靠。虽然机械连接的成本较高，但其综合经济效益与技术效果显著，目前已在现浇大跨结构、高层建筑、桥梁、水工结构等工程中广泛用于粗钢筋的连接。钢筋机械连接的方法主要有套筒挤压连接和螺纹套筒连接。

1）套筒挤压连接

钢筋套筒挤压连接的基本原理是：将两根带连接的钢筋插入钢套筒内，采用专业液压压接钳侧向或轴向挤压套筒，使套筒产生塑性变形，套筒的内壁变形后嵌入钢筋螺纹中，从而产生抗剪能力来传递钢筋连接处的轴向力。挤压连接有径向挤压和轴向挤压 2 种，如图 5.29 所示。它适用于连接直径 20~40 mm 的 HRB335、HRB400 级钢筋。当所用套筒的外径相同时，连接钢筋的直径相差不宜大于两个级差，钢筋间操作净距宜大于 50 mm。

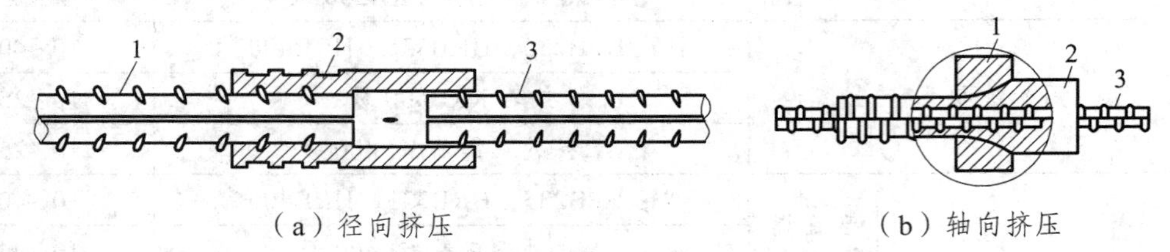

（a）径向挤压　　（b）轴向挤压

1—已挤压的钢筋；2—钢套筒；3—未挤压的钢筋

图 5.29　钢筋套筒挤压连接

钢筋接头处宜采用砂轮切割机断料；钢筋端部的扭曲、弯折、斜面等应予以校正或切除；钢筋连接部位的飞边或纵肋过高时应采用砂轮机修磨，以保证钢筋能自由穿入套筒内。

（1）径向挤压连接。

挤压接头的压接一般分 2 次进行，第 1 次先压接半个接头，然后在钢筋连接的作业部位再压接另半个接头。第 1 次压接时宜在靠套筒空腔的部位少压一扣，空腔部位应采用塑料护套保护；第 2 次压接前拆除塑料护套，再插入钢筋进行挤压连接。挤压连接基本参数如表 5.17 所示。

表 5.17　采用 YJ650 和 YJ800 型挤压机基本参数

钢筋直径/mm	钢套筒外径×长度/mm	挤压力/kN	每端压接道数
25	43×175	500	3
28	49×196	600	4
32	54×224	650	5
36	60×252	750	6

注：压模宽度为 18 mm、20 mm 两种。

（2）轴向挤压连接。

先用半挤压机进行钢筋半接头挤压，再在钢筋连接的作业部位用挤压机进行钢筋连接挤压。

2）螺纹套筒连接。

钢筋螺纹套筒连接包括锥螺纹连接和直螺纹连接，它是利用螺纹能承受轴向力与水平力密封自锁性较好的原理，靠规定的机械力把钢筋连接在一起。

（1）锥螺纹连接。

锥螺纹连接的工艺是：先用钢筋套丝机把钢筋的连接端加工成锥螺纹，然后通过锥螺纹套筒，用扭力扳手把两根钢筋与套筒拧紧，如图 5.30、图 5.3.1 所示。这种钢筋接头，可用于连接直径 10 ~ 40 mm 的 HRB335、HRB400 级钢筋，也可用于异径直径钢筋的连接。

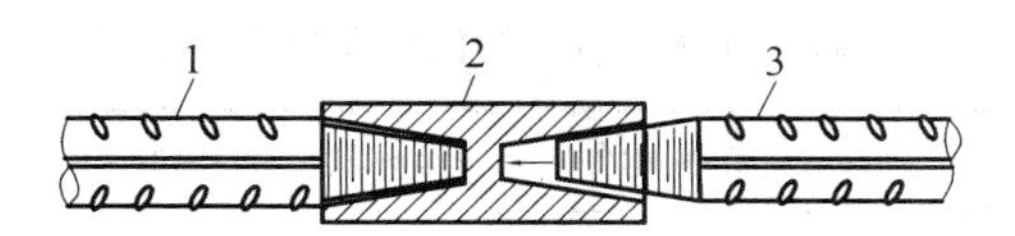

1—已连接钢筋；2—锥螺纹套筒；3—待连接钢筋

图5.30 钢筋锥螺纹套筒连接

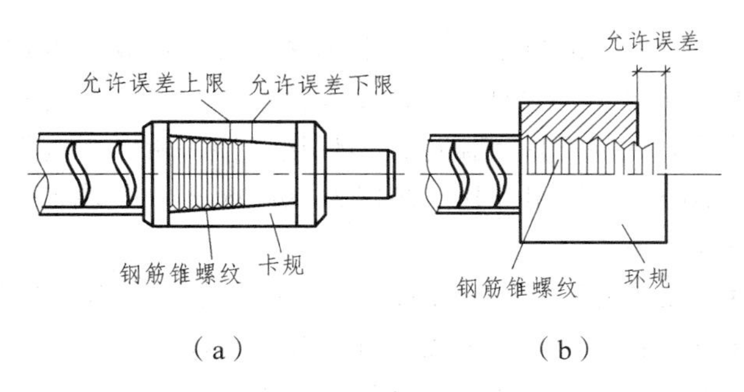

（a） （b）

图5.31 锥螺纹套牙形与牙规

锥螺纹连接钢筋的下料，可用钢筋切断机或砂轮锯，但不准用气割下料，端头不得挠曲或有马蹄形。钢筋端部采用套丝机套丝，套丝时采用冷却液进行冷却润滑。加工好的丝扣完整度达到要求（表5.18、5.19）；锥螺纹经检验合格后，一端拧上塑料保护帽，另一端旋入连接套筒用扭力扳手拧紧，并扣上塑料封盖。运输过程中应防止塑料保护帽损坏使丝扣损坏。

表5.18 钢筋锥螺纹丝扣完整数

钢筋直径/mm	16～18	20～22	25～28	32	36	40
丝扣完整数	5	7	8	10	11	12

钢筋连接时，分别拧下塑料保护帽和塑料封盖，将带有连接套筒的钢筋拧到待连接的把接头拧紧。连接完毕的接头要求锥螺纹外露不得超过一个完整丝扣，接头经检查合格后随即用涂料刷在套管上做标记。

表5.19 锥螺纹钢筋接头的拧紧力矩值

钢筋直径/mm	16	18	20	22	25～28	32	36～40
拧紧力矩/（N·m）	118	145	177	216	275	314	343

（2）直钢筋螺纹连接。

直螺纹连接包括镦粗，在切削成直螺纹，然后用带直纹的套筒将两根钢筋拧紧的连接方法。这种工艺的特点是：钢筋端部经冷镦后不仅直径增大，使套丝后丝扣底部的横截面面积不小于钢筋原横截面面积，而且冷镦后钢材强度得到提高，因而使接头的强度大大提高。钢筋直螺纹的加工工艺及连接施工与锥螺纹连接相似，但所连接的两个钢筋相互对顶锁定连接套筒。直螺纹钢筋接头规定的拧紧力矩见表5.20。

表 5.20　直螺纹钢筋接头的拧紧力矩值

钢筋直径/mm	16～18	20～22	25	28	28	36～40
拧紧力矩/（N·m）	100	200	250	280	320	350

3. 钢筋的绑扎连接

钢筋绑扎连接主要是使用规格为 20~22 号镀锌铁丝或绑扎钢筋专用的火烧丝将两根钢筋搭接绑扎在一起。其工艺简单，工效高，不需要连接设备，但因需要有一定的搭接长度而增加钢筋用量，且接头的受力性能不如机械连接和焊接连接，所以规范规定：轴心受拉及小偏心受拉杆件的纵向受力钢筋不得采用绑扎搭接接头，d>28 mm 的受拉钢筋和 d>32 mm 的受压钢筋，不宜采用绑扎搭接接头。

钢筋绑扎接头宜设置在受力较小处，在接头的搭接长度范围内，应至少绑扎 3 点以上，绑扎连接的质量应符合规范要求，详见 5. 2. 7 节中有关内容。

当焊接骨架和焊接网采用绑扎连接时，应符合下列规定：

① 焊接骨架和焊接网的搭接接头不宜位于构件的最大弯矩处；

② 受拉焊接骨架和焊接网在受力钢筋方向的搭接长度应符合表 5.21 的规定；受压焊接骨架和焊接网在受力方向的搭设长度为表 5.21 数值的 0.7 倍。

③ 焊接网在非受力方向的搭设长度宜为 100 mm。

表 5.21　受拉焊接骨架和焊接网绑扎接头的搭接长度

项次	钢筋类型	混泥土强度等级		
		C20	C25	≥C30
1	HPB235 级钢筋	30d	25d	20d
2	HRB335 级钢筋	40d	35d	30d
3	HRB400 级钢筋	45d	40d	35d
4	消除应力钢筋	250 mm	—	—

注：① 搭接长度除应符合本表规定外，在受拉区不得小于 250 mm，在受压区不得小于 200 mm；
② 当混凝土强度等级低于 C20 时，对 HPB235 级钢筋最小搭接长度不得小于 40d，HRB335 级钢筋不得小于 50d，HRB400 级钢筋不宜采用；
③ 当月牙纹钢筋直径 d≥25 mm 时，其搭接长度应按表中数值增加 5d 采用；
④ 当螺纹钢筋直径 d≤25 mm 时，其搭接长度应按表中数值减小 5d 采用；
⑤ 当混凝土在凝固过程中易受扰动时（如滑模施工），搭接长度宜适当增加；
⑥ 有抗震要求时，对 HPB235 级钢筋相应增加 10d，HRB335 级钢筋相应增加 5d。

5.2.6　钢筋的绑扎与安装

1. 钢筋的现场绑扎

钢筋绑扎前，应做好各项准备工作。首先须核对钢筋的钢号、直径、形状、尺寸及数量是否与配料单和钢筋加工料牌相符，如有错漏，应纠正增补；准备好钢筋绑扎用的铁丝，一般采用 20~22 号铁丝；还需要准备好控制混凝土保护层用的水泥砂浆垫块或塑料卡；为保证钢筋位置的准确性，绑扎前应画出钢筋的位置线，基础钢筋可在混凝土垫层上准确弹放钢筋位置线，板和墙的钢筋可在模板上画线，柱和梁的箍筋应在纵筋上画线。各种构件钢筋绑扎的施工要点如下。

1）基础钢筋绑扎

① 基础钢筋网绑扎时，四周两行钢筋交叉点应绑扎牢，中间部分交叉点可相隔交错绑扎，但必须保证受力钢筋不位移。双向主筋的钢筋网，则须将全部钢筋相交点扎牢。绑扎时应注意相邻绑扎点的钢丝扣要成八字形，以免网片歪斜变形。

② 基础底板采用双层钢筋网时，在上层钢筋网下面应设置钢筋撑脚或混凝土撑脚，每隔 1 m 放置一个，以保证钢筋位置的正确。

③ 钢筋的弯钩应朝上，不要倒向一边；但双层钢筋网的上层钢筋弯钩应朝下。

④ 独立柱基础为双向钢筋时，其底面短边的钢筋应放在长边钢筋的下面。

⑤ 现浇柱与基础连接用的插筋，一定要固定牢靠，位置准确，以免造成柱轴线偏移。

⑥ 基础中纵向受力钢筋的混凝土保护层厚度应按设计要求，且不应小于 40 mm，当无混凝土垫层时不应小于 70 mm。

2）柱钢筋绑扎

① 柱钢筋的绑扎，应在模板安装前进行。

② 箍筋的接头（弯钩叠合处）应交错布置在柱四角纵向钢筋上；箍筋转角与纵向钢筋交叉点均应扎牢，箍筋平直部分与纵向钢筋交叉点可间隔扎牢，绑扎箍筋时绑扣相互间应成八字形。

③ 柱中竖向钢筋采用搭接连接时，角部钢筋的弯钩（指 HPB235 级钢筋）应与模板成 45°（多边形柱为模板内角的平分角，圆形柱应与模板切线垂直），中间钢筋的弯钩应与模板成 90°。如果用插入式振捣器浇筑小型截面柱时，弯钩与模板的角度不得小于 15°。

④ 柱中竖向钢筋采用搭接连接时，下层柱的钢筋露出楼面部分，宜用工具式柱箍将其收进一个柱筋直径，以利上层柱的钢筋搭接。当柱截面有变化时，其下层柱钢筋的露出部分，必须在绑扎梁的钢筋之前，先行收缩准确。

⑤ 框架梁、牛腿及柱帽等钢筋，应放在柱的纵向钢筋内侧。

3）梁、板钢筋绑扎

① 当梁的高度较小时，梁的钢筋可架空在梁顶模板上绑扎，然后再下落就位；当梁的高度较大（≥1.0 m）时，梁的钢筋宜在梁底模板上绑扎，然后再安装梁两侧或一侧模板。板的钢筋在梁的钢筋绑扎后进行。

② 梁纵向受力钢筋采用双层排列时，两排钢筋之间应垫以直径）25 mm 的短钢筋，以保持其设计距离。箍筋的接头（弯钩叠合处）应交错布置在两根架立钢筋上，其余同柱。

③ 板的钢筋网绑扎与基础相同，但应特别注意板上部的负弯矩钢筋位置，防止被踩下；尤其是雨篷、挑檐、阳台等悬臂板，要严格控制负筋的位置，以免拆模后断裂。绑扎负筋时，可在钢筋网下面设置钢筋撑脚或混凝土撑脚，每隔 1 m 放置一个，以保证钢筋位置的正确。

④ 板、次梁与主梁交叉处，板的钢筋在上，次梁的钢筋居中，主梁的钢筋在下；有圈梁

或垫梁时，主梁的钢筋在上。

⑤ 框架节点处钢筋穿插十分稠密时，应特别注意梁顶面纵筋之间至少保持 30 mm 的净距，以利于混凝土的浇筑。

⑥ 梁板钢筋绑扎时，应防止水电管线影响钢筋的位置。

4）墙钢筋绑扎

① 墙钢筋的绑扎，也应在模板安装前进行。

② 墙的钢筋，可在基础钢筋绑扎之后浇筑混凝土前插入基础内。

③ 墙的竖向钢筋每段长度不宜超过 4 m（钢筋直径（12 mm 时）或 6 m（直径>12 mm 时），或层高加搭接长度；水平钢筋每段长度不宜超过 8 m，以利绑扎。

④ 墙的钢筋网绑扎与基础相同，钢筋的弯钩应朝向混凝土内。

⑤ 墙采用双层钢筋网时，在两层钢筋网间应设置撑铁或绑扎架，以固定钢筋的间距。撑铁可用直径 6 ~ 10 mm 的钢筋制成，长度等于两层网片的净距，其间距约为 1 m，相互错开排列。

2. 钢筋网片、骨架的制作与安装

为了加快施工速度，常常把单根钢筋预先绑扎或焊接成钢筋网片或骨架，再运至现场安装。

钢筋网片和钢筋骨架的制作，应根据结构的配筋特点及起重运输能力来分段，一般绑扎钢筋网片的分块面积为 6 ~ 20 m² 焊接钢筋网片的每捆重量不超过 2 t；钢筋骨架分段长度为 6~12 m。为了防止绑扎钢筋网片、骨架在运输过程中发生歪斜变形，应采用加固钢筋进行临时加固。钢筋网片和骨架的吊点应根据其尺寸、重量、刚度来确定。宽度大于 1 m 的水平钢筋网片宜采用 4 点起吊；跨度小于 6 m 的钢筋骨架采用 2 点起吊；跨度大、刚度差的钢筋骨架应采用横吊梁 4 点起吊。

在钢筋网片和骨架安装时，对于绑扎钢筋网片、骨架，交接处的做法与钢筋的现场绑扎相同。焊接钢筋网的搭接、构造应符合表 5.21 中钢筋绑扎连接的有关规定。当两张焊接钢筋网片搭接时，搭接区中心及两端应用铁丝扎牢，附加钢筋与焊接网连接的每个接点处均应绑扎牢固。

5.2.7 钢筋工程的质量要求

1. 钢筋加工的质量要求

（1）加工前应对所采用的钢筋进行外观检查。钢筋应无损伤，表面不得有裂纹、油污、颗粒状或片状老锈。

（2）钢筋调直宜采用机械方法，也可采用冷拉方法。当采用冷拉方法调直钢筋时，HPB235 级钢筋的冷拉率不宜大于 4%，HRB335 级、HRB400 级和 RRB400 级钢筋的冷拉率不宜大于 1%。

（3）受力钢筋的弯钩和弯折应符合下列规定。

① HPB235 级钢筋末端应做 180°弯钩，其弯弧内直径不应小于钢筋直径的 2.5 倍，弯钩的弯后平直部分长度不应小于钢筋直径的 3 倍。

② 当设计要求钢筋末端需做 135°弯钩时，HRB335 级、HRB400 级钢筋的弯弧内直径不

应小于钢筋直径的 4 倍，弯钩的弯后平直部分长度应符合设计要求。

③ 钢筋做不大于 90°的弯折时，弯折处的弯弧内直径不应小于钢筋直径的 5 倍。

（4）除焊接封闭环式箍筋外，箍筋的末端应做弯钩，弯钩形式应符合设计要求；当设计无具体要求时，应符合下列规定。

① 箍筋弯钩的弯弧内直径除应满足上述第（3）条的规定外，还应不小于受力钢筋直径。

② 箍筋弯钩的弯折角度：对一般结构，不应小于 90°；对有抗震等要求的结构，应为 135°。

③ 箍筋弯后平直部分长度：对一般结构，不宜小于箍筋直径的 5 倍；对有抗震等要求的结构，不应小于箍筋直径的 10 倍。

（5）钢筋加工的形状、尺寸应符合设计要求，其偏差应符合表 5.22 的规定。

表 5.22 钢筋加工的允许偏差

项 目	允许偏差/mm
受力钢筋顺长度方向全长的净尺寸	±10
弯起钢筋的弯折位置	±20
箍筋内径尺寸	±5

2. 钢筋连接的质量要求

① 纵向受力钢筋的连接方式应符合设计要求。

② 在施工现场，应按国家现行标准的规定抽取钢筋机械连接接头、焊接接头试件做力学性能检验，其质量应符合有关规程的规定，并应按国家现行标准的规定对接头的外观进行检查，其质量符合有关规程的规定。

③ 钢筋的接头应设置在受力较小处。同一纵向受力钢筋不宜设置两个或两个以上的接头；接头末端至钢筋弯起点的距离不应小于钢筋直径的 10 倍。

④ 当受力钢筋采用机械连接接头或焊接接头时，设置在同一构件内的接头宜相互错开。纵向受力钢筋机械连接接头及焊接接头连接区段的长度为 35 d（d 为纵向受力钢筋的较大直径）且不小于 500 mm。同一连接区段内，纵向受力钢筋的接头面积百分率应符合设计要求。当设计无具体要求时，应符合下列规定：在受拉区不宜大于 50%；接头不宜设置在有抗震设防要求的框架梁端、柱端的箍筋加密区；当无法避开时，对等强度高质量机械连接接头，不应大于 50%；在直接承受动力荷载的结构构件中，不宜采用焊接接头；当采用机械连接接头时，不应大于 50%。

⑤ 同一构件中相邻纵向受力钢筋的绑扎搭接接头宜相互错开。绑扎搭接接头中钢筋的横向净距不应小于钢筋直径，且不宜小于 25 mm。钢筋绑扎搭接接头连接区段的长度为 $1.3l_1$（l_1 为搭接长度）。在同一连接区段内，纵向受拉钢筋搭接接头面积百分率应符合设计要求，当设计无具体要求时，应符合以下规定：对梁类、板类及墙类构件，不宜大于 25%对柱类构件，不宜大于 50%；当工程中确有必要增大接头面积百分率时，对梁类构件，不应大于 50%，对其他构件，可根据实际情况放宽。

⑥ 在梁、柱类构件的纵向受力钢筋搭接长度范围内，应按设计要求配置箍筋。当无设计要求时，应符合下列规定：箍筋直径不应小于搭接钢筋较大直径的 0.25 倍：受拉搭接区段的箍筋间距不应大于搭接钢筋较小直径的 5 倍，且不应大于 100 mm；受压搭接区段的箍筋间距

不应大于搭接钢筋较小直径的 10 倍，且不应大于 200 mm；当柱中纵向受力钢筋直径大于 25 mm 时，应在搭接接头两个端面外 100 mm 范围内各设置两个箍筋，其间距宜为 50 mm。

3. 钢筋安装的质量要求

① 钢筋安装时，受力钢筋的品种、级别、规格和数量必须符合设计要求。应进行全数检查，检查方法为观察和用钢尺检查。

② 钢筋安装位置的偏差应符合表 5.23 的规定。

表 5.23　钢筋安装位置的允许偏差和检验方法

项目			允许偏差/mm	检验方法
绑扎钢筋网	长、宽		±10	钢尺检查
	网眼尺寸		±20	钢尺量连续 3 档，取最大值
绑扎钢筋骨架	长		±10	钢尺检查
	宽、高		±5	钢尺检查
受力钢筋	间距		±10	钢尺量两端、中间各一点，取最大值
	排距		±5	
	保护层厚度	基础	±10	钢尺检查
		柱、梁	±5	钢尺检查
		板、墙、壳	±3	钢尺检查
绑扎钢筋、横向钢筋间距			±20	钢尺量连续 3 档，取最大值
钢筋弯起点位置			20	钢尺检查
预埋件	中心线位置		5	钢尺检查
	水平偏差		±3.0	钢尺和塞尺检查

注：① 检查预埋件中心线位置时，应沿纵、横两个方向量测，并取其中的较大值；

② 表中梁类、板类构件上部纵向受力钢筋保护层厚度的合格率应达到 90%及以上，且不得有超过表中数值 1.5 倍的尺寸偏差。

5.3 混凝土工程

混凝土工程包括配料、搅拌、运输、浇捣、养护等过程。在整个工艺过程中，各工序紧密联系又相互影响，若对其中任一工序处理不当，都会影响混凝土工程的最终质量。对混凝土的质量要求，不但要具有正确的外形尺寸，而且要获得良好的强度、密实性、均匀性和整体性。因此，在施工中应对每一个环节采取合理的措施，以确保混凝土工程的质量。

5.3.1 混凝土的配制

为了使混凝土达到设计要求的强度等级，并满足抗渗性、抗冻性等耐久性要求，同时还要满足施工操作对混凝土拌和物和易性的要求，施工中必须执行混凝土的设计配合比。由于组成混凝土的各种原材料直接影响到混凝土的质量，必须对原材料加以控制，而各种材料的温度、湿度和体积又经常在变化，同体积的材料有时重量差很大，所以拌制混凝土的配合比应按重量计量，才能保证配合比准确、合理，使拌制的混凝土质量达到要求。

1. 对原材料的要求

组成混凝土的原材料包括水泥、砂、石、水、掺和料和外加剂。

1）水　泥

常用的水泥品种有硅酸盐水泥、普通硅酸盐水泥、矿渣硅酸盐水泥、火山灰质硅酸盐水泥、粉煤灰硅酸盐水泥等 5 种水泥；某些特殊条件下也可采用其他品种水泥，但水泥的性能指标必须符合现行国家有关标准的规定。水泥的品种和成分不同，其凝结时间、早期强度、水化热、吸水性和抗侵蚀的性能等也不相同，所以应合理地选择水泥品种。

水泥进场时应对其品种、级别、包装或散装仓号、出厂日期等进行检查，并应对其强度、安定性及其他必要的性能指标进行复验，其质量必须符合现行国家标准的规定。当在使用中对水泥质量有怀疑或水泥出厂超过 3 个月（快硬硅酸盐水泥超过 1 个月）时，应进行复验，并按复验结果使用。在钢筋混凝土结构、预应力混凝土结构中，严禁使用含氯化物的水泥。

入库的水泥应按品种、强度等级、出厂日期分别堆放，并树立标志。做到先到先用，并防止混掺使用。为了防止水泥受潮，现场仓库应尽量密闭。袋装水泥存放时，应垫起离地约 30 cm 高，离墙间距亦应在 30 cm 以上。堆放高度一般不要超过 10 包。露天临时暂存的水泥也应用防雨篷布盖严，底板要垫高，并采取防潮措施。

2）细骨料

混凝土中所用细骨料一般为砂，根据其平均粒径或细度模数可分为粗砂、中砂、细砂和特细砂 4 种。混凝土用砂一般以细度模数为 2.5～3.5 的中、粗砂最为合适，孔隙率不宜超过 45%。因为砂越细，其总表面积就越大，需包裹砂粒表面和润滑砂粒用的水泥浆用量就越多；而孔隙率越大，所需填充孔隙的水泥浆用量又会增多，这不仅将增加水泥用量，而且较大的孔隙率也将影响混凝土的强度和耐久性。为了保证混凝土有良好的技术性能，砂的颗粒级配、含泥量、坚固性、有害物质含量等方面性质必须满足国家有关标准的规定，其中对砂中有害杂质含量的限制如表 5.24 所示。此外，如果怀疑砂中含有活性二氧化硅，可能会引起混凝土的碱–骨料反应时，应根据混凝土结构或构件的使用条件进行专门试验，以确定其是否可用。

表 5.24　砂的质量要求

项　　目	≥C30 混泥土	<C30 混泥土
含泥量，按质量计	≤3.0%	≤5.0%
泥块含量，按质量计	≤1.0%	≤2.0%
云母含量，按质量计	≤2.0%	
轻物质含量，按质量计	≤1.0%	
硫化物和硫酸盐含量，按质量计（折算为 SO_3）	≤1.0%	
有机质含量（用比色法实验）	颜色不应深于标准色。如深于标准色，则应配置成水泥胶砂进行强度对比试验，看压强度比不应低于 0.95	

3）粗骨料

混凝土中常用的粗骨料（石子）有碎石或卵石。由天然岩石或卵石经破碎、筛分而得的粒径大于 5 mm 的岩石颗粒，称为碎石；由自然条件作用而形成的粒径大于 5 mm 的岩石颗粒，称为卵石。

石子的级配和最大粒径对混凝土质量影响较大。级配越好，其孔隙率越小，这样不仅能节约水泥，而且混凝土的和易性、密实性和强度也较高，所以碎石或卵石的颗粒级配应符合规范的要求。在级配合适的条件下，石子的最大粒径越大，其总表面积就越小，这对节省水泥和提高混凝土的强度都有好处。但由于受到结构断面、钢筋间距及施工条件的限制，选择石子的最大粒径应符合下述规定：石子的最大粒径不得超过结构截面最小尺寸的 1/4，且不得超过钢筋最小净间距的 3/4；对实心板，最大粒径不宜超过板厚的 1/3，且不得超过 40 mm；在任何情况下，石子粒径不得大于 150 mm。故在一般桥梁墩、台等大断面工程中常采用 120 mm 的石子，而在建筑工程中常采用 80 mm 或 40 mm 的石子。

石子的质量要求如表 5.25 所示。当怀疑石子中因含有活性二氧化硅而可能引起碱–骨料反应时，必须根据混凝土结构或构件的使用条件，进行专门试验，以确定是否可以用。

表 5.25　石子的质量要求

项　目	≥C30 混泥土	<C30 混泥土
针片状颗粒含量，按质量计	≤15%	≤25%
含泥量，按质量计	≤1.0%	≤2.0%
泥块含量，按质量计	≤0.5%	≤0.7%
硫化物和硫酸盐含量，按质量计（折算为 SO_3）	≤1.0	
卵石中有机质含量（用比色法实验）	颜色不应深于标准色。如深于标准色，则应配置成水泥胶砂进行强度对比试验，看压强度比不应低于 0.95	

4）水

拌制混凝土宜采用饮用水；当采用其他水源时，水质应符合国家现行标准的有关规定。

5）矿物掺和料

矿物掺和料也是混凝土的主要组成材料，它是指以氧化硅、氧化铝为主要成分，且掺量不小于 5%的具有火山灰活性的粉体材料。它在混凝土中可以替代部分水泥，起着改善传统混凝土性能的作用，某些矿物细掺和料还能起到抑制碱–骨料反应的作用。常用的掺和料有粉煤灰、磨细矿渣、沸石粉、硅粉及复合矿物掺和料等。混凝土中掺用矿物掺和料的质量应符合现行国家标准的有关规定，其掺量应通过试验确定。

6）外加剂

为了改善混泥土的性能，以适应新的结构、新技术发展的需求，目前广泛采用在混凝土中掺外加剂的办法。外加剂的种类繁多，按其主要功能可归纳为 4 类：一是改善混凝土流变性能的外加剂，如减水剂、引气剂和泵送剂等；二是调节混凝土凝结、硬化时间的外加剂，如早强剂、速凝剂、缓凝剂等；三是改善混凝土耐久性能的外加剂，如引气剂、防冻剂和阻锈剂等；四是改善混凝土其他性能的外加剂，如膨胀剂等。商品外加剂往往是兼有几种功能的复合型外加剂。现将常用外加剂及使用要求介绍如下。

（1）常用外加剂。

① 减水剂：减水剂是一种表面活性材料，加入混凝土中能对水泥颗粒起扩散作用，把水泥凝胶体中所包含的游离水释放出来。掺入减水剂后可保证混凝土在工作性能不变的情况下显著减少拌和用水量，降低水灰比，提高其强度或节约水泥；若不减少用水量，则能增加混凝土的流动性，改善其和易性。减水剂适用于各种现浇和预制混凝土，多用于大体积和泵送混凝土。

② 引气剂：引气剂能在混凝土搅拌过程中引入大量封闭的微小气泡，可增加水泥浆体积，减小与砂石之间的摩擦力并切断与外界相通的毛细孔道。因而可改善混凝土的和易性，并能显著提高其抗渗性、抗冻性和抗化学侵蚀能力。但混凝土的强度一般随含气量的增加而下降，使用时应严格控制掺量。引气剂适用于水工结构，而不宜用于蒸养混凝土和预应力混凝土。

③ 泵送剂：泵送剂是流变类外加剂中的一种，它除了能大大提高混凝土的流动性以外，还能使新拌混凝土在60～180 min时间内保持其流动性，从而使拌和物顺利地通过泵送管道，不阻塞、不离析且黏塑性良好。泵送剂适用于各种需要采用泵送工艺的混凝土。

④ 早强剂：早强剂可加速混凝土的硬化过程，提高其早期强度，且对后期强度无显著影响。因而可加速模板周转、加快工程进度、节约冬期施工费用。早强剂适用于蒸养混凝土和常温、低温及最低温度不低于−5 °C环境中的有早强或防冻要求的混凝土工程。

⑤ 速凝剂：速凝剂能使混凝土或砂浆迅速凝结硬化，其作用与早强剂有所区别，它可使水泥在2～5 min内初凝，10 min内终凝，并提高其早期强度，抗渗性、抗冻性和黏结能力也有所提高，但7 d以后强度则较不掺者低。速凝剂用于喷射混凝土或砂浆、堵漏抢险等工程。

⑥ 缓凝剂：缓凝剂能延缓混凝土的凝结时间，使其在较长时间内保持良好的和易性，或延长水化热放热时间，并对其后期强度的发展无明显影响。缓凝剂广泛应用于大体积混凝土、炎热气候条件下施工的混凝土以及需较长时间停放或长距离运输的混凝土。缓凝剂多与减水剂复合应用，可减小混凝土收缩，提高其密实性，改善耐久性。

⑦ 防冻剂：防冻剂能显著降低混泥土的冰点，使混泥土在一定负温度范围内，保持水分不冻结并促使其凝结、硬化，在一定时间内获得预期的强度。防冻剂适用于负温条件下施工的混凝土。

⑧ 阻锈剂：阻锈剂能抑制或减轻混凝土中钢筋或其他预埋金属的锈蚀，也称缓蚀剂。阻锈剂的适用情况有以氯离子为主的腐蚀性环境中（海洋及沿海、盐碱地的结构），或使用环境中遭受腐蚀性气体或盐类作用的结构。此外，施工中掺有氯盐等可腐蚀钢筋的防冻剂时，往往同时使用阻锈剂。

⑨ 膨胀剂：膨胀剂能使混凝土在硬化过程中，体积非但不收缩，且有一定程度的膨胀。其适用范围有：补偿收缩混凝土（地下、水中的构筑物，大体积混凝土、屋面与浴厕间防水、渗漏修补等），填充用膨胀混凝土（结构后浇缝、梁柱接头等）和填充用膨胀砂浆（设备底座灌浆、构件补强、加固等）。

（2）外加剂使用要求。

在选择外加剂的品种时，应根据使用外加剂的主要目的，通过技术经济比较确定。外加剂的掺量，应按其品种并根据使用要求、施工条件、混凝土原材料等因素通过试验确定。该掺量应以水泥重量的百分率表示，称量误差不应超过 2%。

此外，有关规范还规定：混凝土中掺用外加剂的质量及应用技术应符合现行国家标准和有关环境保护的规定。在预应力混凝土结构中，严禁使用含氯化物的外加剂。在钢筋混凝土结构中，当使用含氯化物的外加剂时，混凝土中氯化物的总含量应符合现行国家标准的规定。混凝土中氯化物和碱的总含量应符合现行国家标准和设计要求。《混凝土外加剂应用技术规范》（GB 50119—2003），受检混凝土性能指标详见本章附表 1。

2. 混凝土配合比的确定

混凝土应按国家现行标准《普通混凝土配合比设计规程》（JGJ 55—2011）的有关规定，根据混凝土设计强度等级、耐久性和施工和易性等要求进行配合比设计。对有抗冻、抗渗等特殊要求的混凝土，其配合比设计尚应符合国家现行有关标准的专门规定。设计中还应考虑合理使用材料和经济的原则，并通过试配确定。

混凝土的施工配制强度可按下式确定

$$f_{\mathrm{cu},0} \geqslant f_{\mathrm{cu,k}} + 1.645\sigma \tag{5.6}$$

式中 $f_{\mathrm{cu},0}$——混凝土的施工配制强度（N/mm²）；

$f_{\mathrm{cu,k}}$——设计的混凝土立方抗压强度标准值（N/mm²）；

σ——施工单位的混凝土强度标准差（N/mm²）。

施工单位的混凝土强度标准差 σ 的取值，若施工单位具有近期同一品种混凝土强度的统计资料时，可按下式计算

$$\sigma = \sqrt{\frac{\sum_{i=1}^{N} f_{\mathrm{cu},i}^2 - N \cdot \mu_{\mathrm{fcu}}^2}{N-1}} \tag{5.7}$$

式中 $f_{\mathrm{cu},i}^2$——统计周期内同一品种混凝土第 i 组试件的强度值（N/mm²）；

μ_{fcu}^2——统计周期内同一品种混凝土 N 组试件强度的平均值（N/mm²）；

N——统计周期内同一品种混泥土试件的总组数，$N \geqslant 25$。

当混凝土强度等级为 C20 或 C25 时，如计算得到的 $\sigma < 2.5$ N/mm²，则取 $\sigma = 2.5$ N/mm²；当混凝土强度等级等于或高于 C30 时，如计算得到的 $\sigma < 3.0$ N/mm²，则取 $a = 3.0$N/mm²。

若施工单位不具有近期同一品种混凝土强度的统计资料时，其混凝土强度标准差，可按表 5.26 取用。

表 5.26 混凝土强度标准差 σ 取值

混凝土强度等级	<C15	C20 ~ C35	>C35
σ /（N/mm²）	4.0	5.0	6.0

为了保证混凝土的耐久性以及施工和易性的要求，混凝土的最大水灰比和最小水泥用量，应符合表 5.27 的规定。

表 5.27 混凝土的最大水灰比和最小水泥用量

混凝土所处的环境条件	最大水灰比最小水泥用量/（kg/m^3）					
	普通混凝土（轻骨料混凝土）					
	配筋	无筋	配筋	无筋	配筋	无筋
室内正常环境	0.65	不作规定	225	200	250	225
室内潮湿环境；非严寒和非寒冷地区的露天环境、与无侵蚀性的水或土壤直接接触的环境	0.60	0.70	250	225	275	250
严寒和寒冷地区的露天环境、与无侵蚀性的水或土壤直接接触的环境	0.55	0.55	275	250	300	275
使用除冰盐的环境；严寒和寒冷地区冬季水位变动的环境；滨海室外环境	0.50	0.50	300	275	325	300

注：① 表中的水灰比对轻骨料混凝土是指不包括轻骨料 1 h 吸水量在内的净用水量与水泥用量的比值；
② 当采用活性掺和料替代部分水泥时，表中最大水灰比和最小水泥用量为替代前的水灰比和水泥用量；
③ 当混凝土中加入活性掺和料或能提高耐久性的外加剂时，可适当降低最小水泥用量；
④ 寒冷地区系指最冷月份平均气温在−5～15 °C 之间，严寒地区系指最冷月份平均气温低于−15 °C。

3. 混凝土施工配合比

1）施工配合比的计算

混凝土的设计配合比是在实验室内根据完全干燥的砂、石材料确定的，但施工中使用的砂、石材料都含有一些水分，而且含水率随气候的改变而发生变化。所以，在拌制混凝土前应测定砂、石骨料的实际含水率，并根据测试结果将设计配合比换算为施工配合比。

若混凝土的试验室配合比为水泥：砂：石=1：S：G，水灰比为 W/C，而现场实测砂的含水率为 W_s，石子的含水率为 W_g，则换算后的配合比为

$$1：S(1+W_s)：G(1+W_g) \tag{5.8}$$

1 kg 水泥需要净加水量为：$W/C-S\cdot W_G-G\cdot W_G$。

【例 5.2】已知混凝土设计配合比为 $C：S：G：W$ = 436：568：1 215：194（每立方米材料用量），经测定砂子的含水率为 5%，石子的含水率为 2%，计算每立方米混凝土材料的实际用量。

【解】水泥用量 C=436 kg（不变）

砂子用量 $S'=S(1+W_s)$=568×（1+5%）kg=596 kg

石子用量 $G'=G(1+W_g)$=1 215×（1+2%）kg=1 239 kg

净加水 W'=[194−（568×5%+1 215×2%）]kg=139 kg

故施工配合比为 $C：S'：G'$=436：596：1 239，每立方米混凝土搅拌时需要净加水 139 kg。

2）施工配料

求出混凝土施工配合比后，还需根据工地现有搅拌机的出料容积计算出材料的每次投料量，进行配制。

【例 5.3】若选用 JZC350 型双锥自落式搅拌机，其出料容积为 0.35 m^3，计算每搅拌一次

（即一盘）混凝土的投料数量。

【解】水泥=436× 0.35 kg=152.6 kg，实用 150 kg（即 3 袋水泥）

砂子=596×150/436 kg=203.6 kg

石子=1 239×150/436=426.3 kg

净加水=139×150/436 kg=47.8 kg

5.3.2 混凝土的拌制

1. 混凝土搅拌机的选择

混凝土搅拌机按其搅拌原理分为自落式搅拌机和强制式搅拌机 2 类。根据其构造的不同，又可分为若干种，如表 5.28 所示。自落式搅拌机主要是利用材料的重力机理进行工作，适用于搅拌塑性混凝土和低流动性混凝土。强制式搅拌机主要是利用剪切机理进行工作，适用于搅拌干硬性混凝土及轻骨料混凝土。

表 5.28 混凝土搅拌机类型

类型		代号	示意图	类型		代号	示意图
自落式	反转出料	JZ	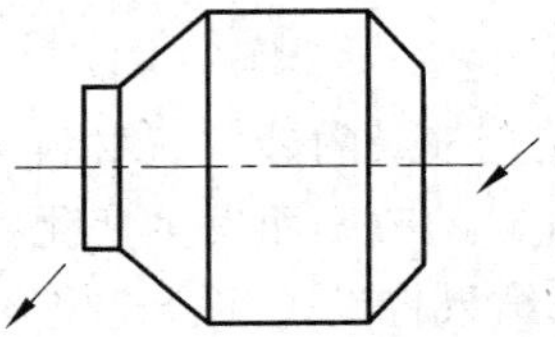	强制式	涡桨	JW	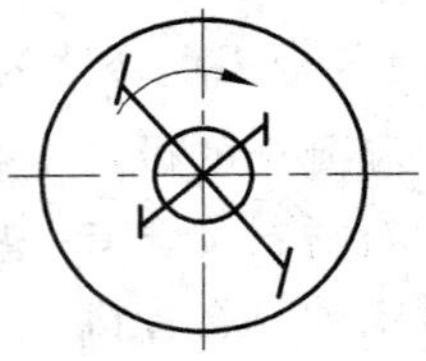
	倾翻出料	JF	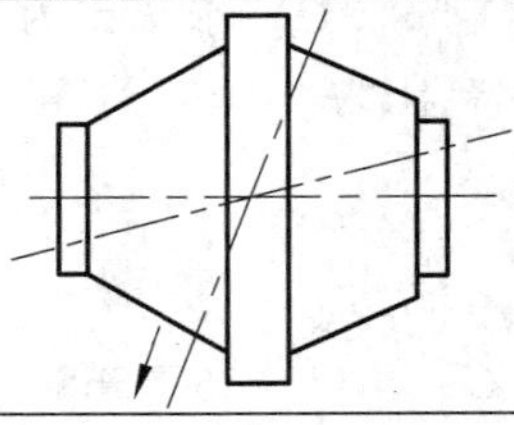		行星	JN	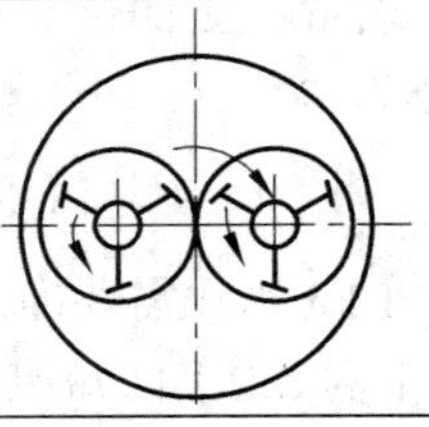
强制式	单卧轴	JD	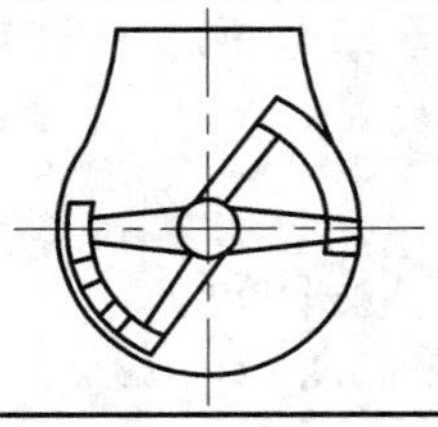		双卧轴	JS	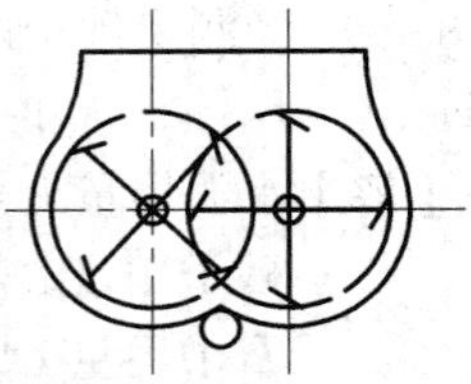

混凝土搅拌机一般是以出料容积标定其规格的，常用的有 250 L，350 L，500 L 型等。目前，混凝土普遍采用集中搅拌，按照国家现行标准《混凝土搅拌站（楼）》（GB/T 10171—2005），在施工现场或专业生产企业利用成套系统进行搅拌，该系统包括配套主机、供料系统、储料仓、混凝土贮斗、配料装置、气路系统、液压系统、润滑系统、电气系统，以及钢结构或钢筋混凝土结构等部分。选择搅拌机型号时，要根据工程量大小、混凝土的坍落度要求和骨料尺寸等确定，既要满足技术上的要求，又要考虑经济效益和节约能源。

2. 搅拌制度的确定

为了获得均匀优质的混凝土拌和物，除合理选择搅拌机的型号外，还必须正确地确定搅拌制度，包括搅拌机的转速、搅拌时间、装料容积及投料顺序等，其中搅拌机的转速已由生产厂家按其型号确定。

1）搅拌时间

从原材料全部投入搅拌筒内起，至混凝土拌和物卸出所经历的全部时间称为搅拌时间，它是影响混凝土质量及搅拌机生产率的重要因素之一。若搅拌时间过短，混凝土拌和不均匀，其强度将降低；但若搅拌时间过长，不仅会降低生产效率，而且会使混凝土的和易性降低或产生分层离析现象。搅拌时间的确定与搅拌机型号、骨料的品种和粒径以及混凝土的和易性等有关。混凝土搅拌的最短时间可按表 5.29 采用。

表 5.29　混凝土搅拌的最短时间

混凝土坍落度/mm	搅拌机类型	搅拌机出料容积/L		
		<250 L	250~500 L	>500 L
≤30	强制式	60 s	90 s	120 s
	自落式	90 s	120 s	150 s
>30	强制式	60 s	60 s	90 s
	自落式	90 s	90 s	120 s

注：掺有外加剂时，搅拌时间应适当延长。

2）装料容积

搅拌机的装料容积指搅拌一罐混凝土所需各种原材料松散体积的总和。为了保证混凝土得到充分拌和，装料容积通常只为搅拌机几何容积的 1/3~1/2。一次搅拌好的混凝土拌和物体积称为出料容积，为装料容积的 0.5~0.75（又称出料系数）。如 J1-400 型自落式搅拌机，其装料容积为 400 L，出料容积为 260 L。搅拌机不宜超载，若超过装料容积的 10%，就会影响混凝土拌和物的均匀性；反之，装料过少又不能充分发挥搅拌机的功能，也影响生产效率。所以在搅拌前应确定每盘混凝土中各种材料的投料量。

3）投料方法

在确定混凝土的投料方法时，应考虑如何保证混凝土的搅拌质量，减少混凝土的粘罐现象和水泥飞扬，减少机械磨损，降低能耗和提高劳动生产率等。目前采用的投料方法有一次投料法、二次投料法和水泥裹砂法。

（1）一次投料法。

一次投料法是目前广泛使用的一种方法，即将材料按砂子—水泥—石子的顺序投入搅拌筒内加水进行搅拌。这种投料顺序的优点是水泥位于砂石之间，进入搅拌筒时可减少水泥飞扬；同时，砂和水泥先进入搅拌筒形成砂浆，可缩短包裹石子的时间，也避免了水向石子表面聚集而产生的不良影响，可提高搅拌质量；该方法工艺简单，操作方便。

（2）二次投料法。

二次投料法又可分为预拌水泥砂浆法和预拌水泥净浆法。预拌水泥砂浆法是先将水泥、砂和水投入搅拌筒搅拌 1~1.5 min 后，再加入石子搅拌 1~1. 5 min。预拌水泥净浆法是先将水和水泥投入搅拌筒搅拌 1/2 搅拌时间，再加入砂石搅拌到规定时间。由于预拌水泥砂浆或水泥净浆对水泥有一种活化作用，因而搅拌质量明显高于一次投料法。若水泥用量不变，混凝土强度可提高 15%左右，或在混凝土强度相同的情况下，可减少水泥用量 15%~20%。

（3）水泥裹砂法。

水泥裹砂法又称为 SEC 法，用这种方法拌制的混凝土称为造壳混凝土。它主要采取两项工艺措施：一是对砂子的表面湿度进行处理，控制在一定范围内；二是进行两次加水搅拌。第一次加水搅拌称为造壳搅拌，使砂子周围形成黏着性很高的水泥糊包裹层；第二次加入水及石子，经搅拌部分水泥浆便均匀地分散在已经被造壳的砂子及石子周围。国内外的试验结果表明：砂子的表面湿度控制在 4%~6%，第一次搅拌加水量为总加水量的 20%~26%时，造壳混凝土的增强效果最佳。此外增强效果与造壳搅拌时间也有密切关系，时间过短不能形成均匀的水泥浆壳，时间过长造壳的效果并不十分明显，强度并无较大提高，因而以 45~75 s 为宜。水泥裹砂法的投料顺序如图 5.32 所示。

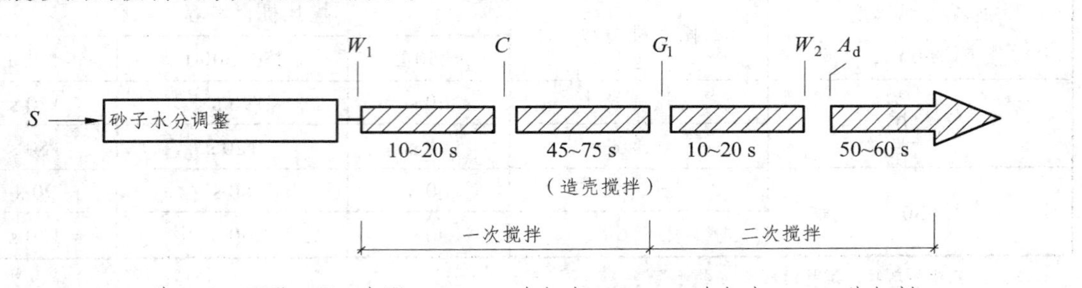

S—砂；G—石子；C—水泥；W_1—一次加水；W_2—二次加水；A_d—外加剂

图 5.32　水泥裹砂法的投料顺序

在对二次投料法及造壳混凝土增强机理研究的基础上，我国开发了裹砂石法、裹石法、净浆裹石法等投料方法。这些方法都可以达到节约水泥、提高混凝土强度的目的。裹砂石法的投料顺序如图 5.33 所示。

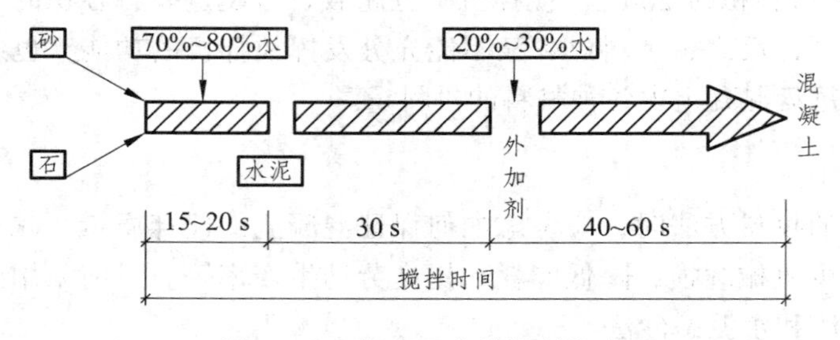

图 5.33　裹砂石法的投料顺序

5.3.3　混凝土运输

1. 对混凝土运输的要求

混凝土自搅拌机中卸出后，应及时运至浇筑地点，为了保证混凝土工程的质量，对混凝土运输的基本要求如下：

① 混凝土运输过程中要能保持良好的均匀性，不分层、不离析、不漏浆。

② 保证混凝土浇筑时具有规定的坍落度。

③ 保证混凝土在初凝前有充分的时间进行浇筑并捣实完毕。

④ 保证混凝土浇筑工作能连续进行。

⑤ 转送混凝土时，应注意使拌和物能直接对正倒入装料运输工具的中心部位以免骨料离析。

2. 混凝土的运输工具

混凝土运输分为地面水平运输、垂直运输和高空水平运输 3 种方式。

图 5.34　混凝土搅拌运输车

地面水平运输常用的工具有双轮手推车、机动翻斗车、混凝土搅拌运输车和自卸汽车。当混凝土需要量较大，运距较远或使用商品混凝土时，多采用混凝土搅拌运输车和自卸汽车。混凝土搅拌运输车如图 5.34 所示。它是将锥形倾翻出料式搅拌机装在载重汽车的底盘上，可以在运送混凝土的途中继续搅拌，以防止在运距较远的情况下混凝土产生分层离析现象；在运输距离很长时，还可将配好的混凝土干料装入筒内，在运输途中加水搅拌，这样能减少由于长途运输而引起的混凝土坍落度损失。

混凝土的垂直运输，多采用塔式起重机、井架运输机或混凝土泵等。用塔式起重机时一般均配有料斗。

混凝土高空水平运输：如垂直运输采用塔式起重机，可将料斗中的混凝土直接卸到浇筑点；如采用井架运输机，则以双轮手推车为主；如采用混凝土泵，则用布料机布料。高空水平运输时应采取措施保证模板和钢筋不变位。

3. 混凝土输送泵运输

混凝土输送泵是一种机械化程度较高的混凝土运输和浇筑设备，它以泵为动力，将混凝土沿管道输送到浇筑地点，可一次完成地面水平、垂直和高空水平运输。混凝土输送泵具有输送能力大、效率高、作业连续、节省人力等优点，目前已广泛应用于建筑、桥梁、地下等工程中。该整套设备包括混凝土泵、输送管和布料装置，按其移动方式又分为固定式混凝土泵和混凝土汽车泵（或称移动泵车）。

采用泵送的混凝土必须具有良好的可泵性。为减小混凝土与输送管内壁的摩阻力，对粗骨料最大粒径与输送管径之比的要求是：泵送高度在 50 m 以内时碎石为 1∶3，卵石为 1∶2.5；

泵送高度在 50~100 m 时碎石为 1∶4，卵石为 1∶3；泵送高度在 100 m 以上时碎石为 1∶5，卵石为 1∶4。砂宜采用中砂，通过 0.315 mm 筛孔的砂粒不少于 15 %，砂率宜为 35%~45 %。为避免混凝土产生离析现象，水泥用量不宜少，且宜掺加矿物掺和料（通常为粉煤灰），水泥和掺和料的总量不宜少于 300 kg/m^3。混凝土坍落度宜为 10~18 cm。为提高混凝土的流动性，混凝土内宜掺入适量外加剂，主要有泵送剂、减水剂和引气剂等。

在泵送混凝土施工中，应注意以下问题：应使混凝土供应、输送和浇筑的效率协调一致，保证泵送工作连续进行，防止输送管道阻塞；输送管道的布置应尽量取直，转弯宜少且缓，管道的接头应严密；在泵送混凝土前，应先用适量的与混凝土内成分相同的水泥浆或水泥砂浆湿润输送管内壁；泵的受料斗内应经常有足够的混凝土，防止吸入空气引起阻塞；预计泵送的间歇时间超过初凝时间或混凝土出现离析现象时，应立即注入加压水冲洗管内残留的混凝土；输送混凝土时，应先输送至较远处，以便随混凝土浇筑工作的逐步完成，逐步拆除管道；泵送完毕，应将混凝土泵和输送管清洗干净。

4. 混凝土的运输时间

混凝土的运输应以最少的转运次数和最短的时间，从搅拌地点运至浇筑地点，并在初凝前浇筑完毕。混凝土从搅拌机中卸出到浇筑完毕的延续时间不宜超过表 5.30 的规定。

表 5.30　混凝土从搅拌机中卸出到浇筑完毕的延续时间　　min

气温	采用搅拌运输车		其他运输设备	
	≤C30	>C30	≤C30	>C30
≤25 °C	120	90	90	75
>25 °C	90	60	60	45

注：掺有外加剂或采用快硬水泥拌制的混凝土，其延续时间应通过试验确定。

5.3.4　混凝土浇筑

1. 混凝土浇筑前的准备工作

① 检查模板的位置、标高、尺寸、强度、刚度等各方面是否满足要求，模板接缝是否严密。

② 检查钢筋及预埋件的品种、规格、数量、摆放位置、保护层厚度等是否满足要求，并做好隐蔽工程质量验收记录。

③ 模板内的杂物应清理干净，木模板应浇水湿润，但不允许留有积水。

④ 将材料供应、机具安装、道路平整、劳动组织等工作安排就绪，并做好安全技术交底。

2. 混凝土浇筑的技术要求

1）混凝土浇筑的一般要求

① 混凝土拌和物运至浇筑地点后，应立即浇筑入模，如发现拌和物的坍落度有较大变化或有离析现象时，应及时处理。

② 混凝土应在初凝前浇筑完毕，如已有初凝现象，则需进行一次强力搅拌，使其恢复流动性后方可浇筑。

③ 为防止混凝土浇筑时产生分层离析现象，混凝土的自由倾倒高度一般不宜超过 2 m，在竖向结构（如墙、柱）中混凝土的倾落高度不得超过 3 m，否则应采用串筒、斜槽、溜管或振动溜管等辅助设施下料。串筒布置应适应浇筑面积、浇筑速度和摊铺混凝土的能力，间距一般应不大于 3 m，其布置形式可分为行列式和交错式两种，以交错式居多。串筒下料后，应用振动器迅速摊平并捣实，如图 5.35 所示

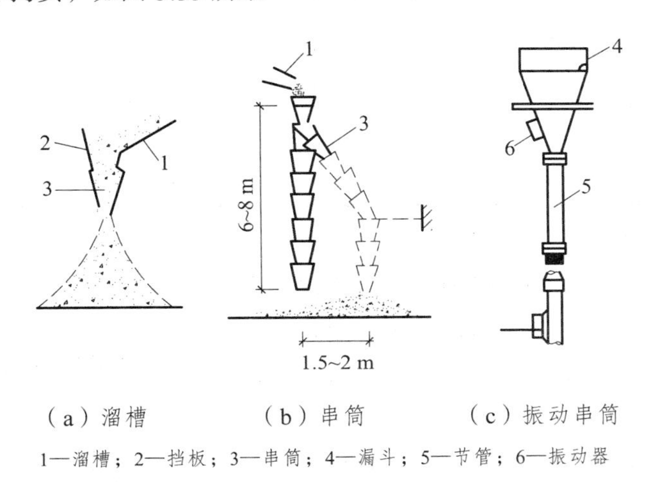

（a）溜槽　　（b）串筒　　（c）振动串筒

1—溜槽；2—挡板；3—串筒；4—漏斗；5—节管；6—振动器

图 5.35 溜槽与串筒

④ 浇筑竖向结构（如墙、柱）的混凝土之前，底部应先浇入 50~100 mm 厚与混凝土成分相同的水泥砂浆，以避免构件底部因砂浆含量较少而出现蜂窝、麻面、露石等质量缺陷。

⑤ 混凝土在浇筑及静置过程中，应采取措施防止产生裂缝；混凝土因沉降及干缩产生的非结构性的表面裂缝，应在终凝前予以修整。

2）浇筑层厚度

为保证混凝土的密实性，混凝土必须分层浇筑、分层捣实，其浇筑层的厚度应符合表 5.31 的规定。

表 5.31 混凝土浇筑层厚度

捣实混凝土的方法		浇筑层厚度/mm
插入式振捣		振捣器作用部分长度的 1.25 倍
表面振动		200
人工捣固	在基础、无筋混凝土或配筋稀疏的结构中	250
	在梁、墙板、柱结构中	200
	在配筋密列的结构中	150
轻骨料混凝土	插入式振捣	300
	表面振动（振动时需加荷）	200

3）浇筑间歇时间

为保证混凝土的整体性，浇筑工作应连续进行。如必须间歇时，其间歇时间应尽可能缩短，并应在前层混凝土初凝之前，将次层混凝土浇筑完毕。混凝土运输、浇筑及间歇的全部时间不应超过混凝土的初凝时间，可按所用水泥品种及混凝土条件确定，或根据表 5.32 确定。若超过初凝时间必须留置施工缝。

表 5.32　混凝土运输、浇筑和间歇的时间　min

混凝土强度等级	气　温	
	≤25 °C	>25 °C
≤C30	210	180
>C30	180	150

4）混凝土施工缝

若由于技术上或施工组织上的原因，不能连续将混凝土结构整体浇筑完成，且间歇的时间超过表 5.32 所规定的时间，则应在适当的部位留设施工缝。施工缝是指继续浇筑的混凝土与已经凝结硬化的先浇混凝土之间的新旧结合面，它是结构的薄弱部位，必须认真对待。

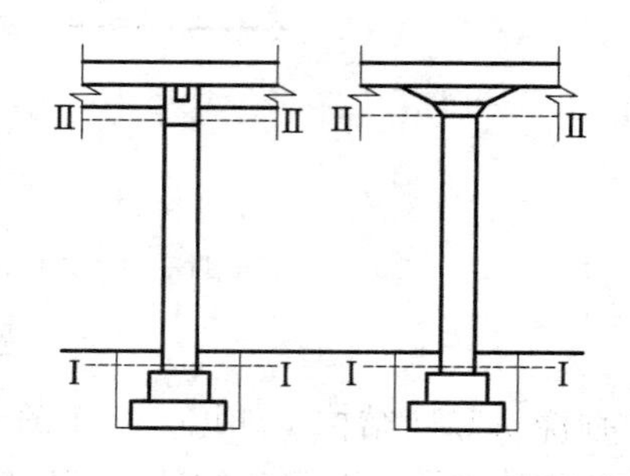

（a）梁板式结构　（b）无梁楼盖结构

图 5.36　浇筑柱的施工缝位置

施工缝的位置应在混凝土浇筑之前预先确定，设置在结构受剪力较小且便于施工的部位，其留设位置应符合下列规定：① 柱子的施工缝留置在基础的顶面、梁或吊车梁牛腿的下面、吊车梁的上面、无梁楼板柱帽的下面（图 5.36）。② 与板连成整体的大截面梁，施工缝留置在板底面以下 20 ~ 30 mm 处；当板下有梁托时，留置在梁托下部（图 5.37）。③ 单向板的施工缝可留置在平行于板的短边的任何位置（图 5.38）。④ 有主次梁的楼板，宜顺着次梁方向浇筑，施工缝应留置在次梁跨度的中间 1/3 范围内；若沿主梁方向浇筑，施工缝应留置在主梁跨度中间的 2/4 与板跨度中间的 2/4 相重合的范围内（图 5.39）。⑤ 墙体的施工缝留置在门洞口过梁跨中的 1/3 范围内，也可留置在纵横墙的交接处。⑥ 双向受力的板、大体积混凝土结构、拱、弯拱、薄壳、蓄水池、斗仓、多层钢架及其他结构复杂的工程，施工缝的位置应按设计要求留置。

在施工缝处继续浇筑混凝土时，需待已浇筑的混凝土抗压强度达到 1.2 N/mm^2 后才能进行，而且必须对施工缝进行必要的处理，以增强新旧混凝土的连接，尽量降低施工缝对结构整体性带来的不利影响。处理方法是：先在已硬化的混凝土表面清除水泥薄膜、松动石子以及软弱混凝土层，再将混凝土表面凿毛，并用水冲洗干净、充分湿润，但不得留有积水；然后在施工缝处抹一层 10 ~ 15 mm 厚与混凝土成分相同的水泥砂浆；继续浇筑混凝土时，需仔细振捣密实，使新旧混凝土接合紧密。

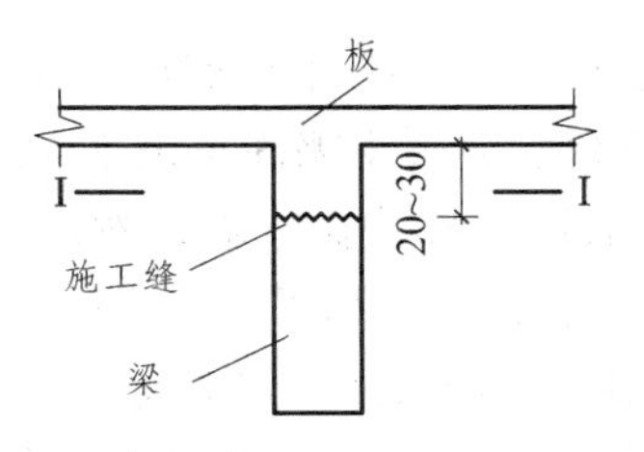

（a）无梁托的整体梁板

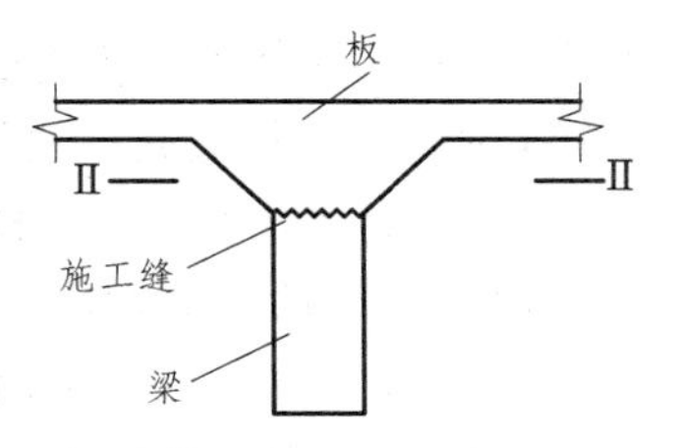

（b）有梁托的整体梁板

图 5.37　浇筑与板连成整体的梁的施工缝位置

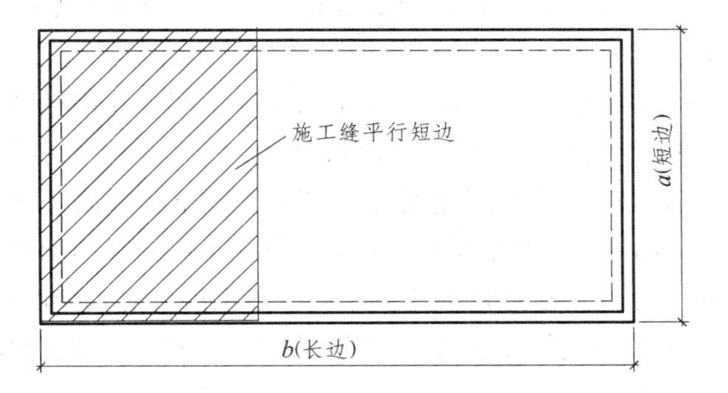

图 5.38　浇筑单向板的施工缝位置（$b/a \geq 2$）

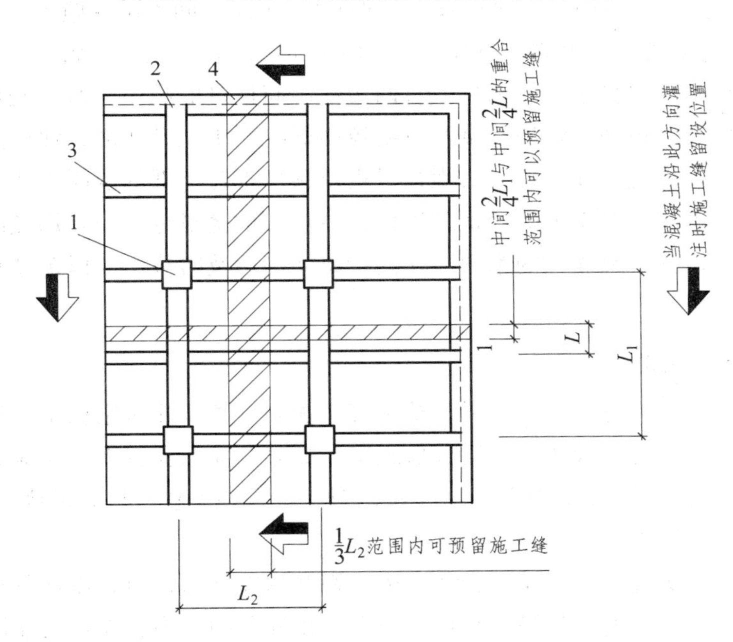

1—柱；2—主梁；3—次梁；4—板；L—板跨；L_1—主梁跨度；L_2—次梁跨度

图 5.39　浇筑有主次梁楼板的施工缝位置

3. 现浇混凝土结构的浇筑方法

1）基础的浇筑

① 浇筑台阶式基础时，可按台阶分层一次浇筑完毕，不允许留施工缝。每层混凝土的浇

筑顺序是先边角后中间，使混凝土能充满模板边角。施工时应注意防止垂直交角处混凝土出现脱空（即吊脚）、蜂窝现象。其措施是：将第一台阶混凝土捣固下沉 2 ~ 3 cm 后暂不填平，继续浇筑第二台阶时，先用铁锹沿第二台阶模板底圈内外均做成坡，然后分层浇筑，待第二台阶混凝土灌满后，再将第一台阶外圈混凝土铲平、拍实、抹平。

② 浇筑杯形基础时，应注意杯口底部标高和杯口模板的位置，防止杯口模板上浮和倾斜。浇筑时，先将杯口底部混凝土振实并稍停片刻，然后对称、均衡浇筑杯口模板四周的混凝土。当浇筑高杯口基础时，宜采用后安装杯口模板的方法，即当混凝土浇捣到接近杯口底时再安装杯口模板，并继续浇捣。为加快杯口芯模的周转，可在混凝土初凝后终凝前将芯模拔出，并随即将杯壁混凝土划毛。

③ 浇筑锥形基础时，应注意斜坡部位混凝土的捣固密实，在用振动器振捣完毕后，再用人工将斜坡表面修正、拍实、抹平，使其符合设计要求。

④ 浇筑现浇柱下基础时，应特别注意柱子插筋位置的准确，防止其移位和倾斜。在浇筑开始时，先满铺一层 5 ~ 10 cm 厚的混凝土并捣实，使柱子插筋下端和钢筋网片的位置基本固定，然后继续对称浇筑，并在下料过程中注意避免碰撞钢筋，有偏差时应及时纠正。

⑤ 浇筑条形基础时，应根据基础高度分段分层连续浇筑，一般不留施工缝。每段浇筑长度控制在 2 ~ 3 m，各段各层间应相互衔接，呈阶梯形向前推进。

⑥ 浇筑设备基础时，一般应分层浇筑，并保证上、下层之间不出现施工缝，层厚度为 20 ~ 30 cm，并尽量与基础截面变化部位相符合。每层浇筑顺序宜从低处开始，沿长边方向自一端向另一端推进，也可采取自中间向两边或自两边向中间推进的顺序。对一些特殊部位，如地脚螺栓、预留螺栓孔、预埋管道等，浇筑时要控制好混凝土上升速度，使两边均匀上升，同时避免碰撞，以免发生歪斜或移位。对螺栓锚板及预埋管道下部的混凝土要仔细振捣，必要时采用细石混凝土填实。对于大直径地脚螺栓，在混凝土浇筑过程中宜用经纬仪随时观测，发现偏差及时纠正。预留螺栓孔的木盒应在混凝土初凝后及时拔出，以免硬化后再拔出会损坏预留孔附近的混凝土。

2）主体结构的浇筑。

主体结构的主要构件有柱、墙、梁、楼板等。在多、高层建筑结构中，这些构件是沿垂直方向重复出现的，因此一般按结构层分层施工；如果平面面积较大，还应分段进行，以便各工序流水作业。在每层、每段的施工中，浇筑顺序为先浇筑柱、墙，后浇筑梁、板。

（1）柱子混凝土的浇筑。

柱子混凝土的浇筑宜在梁板模板安装完毕、钢筋绑扎之前进行，以便利用梁板模板来稳定柱模板，并用做浇筑混凝土的操作平台。浇筑一排柱子的顺序，应从两端同时开始向中间推进，不宜从一端推向另一端，以免因浇筑混凝土后模板吸水膨胀而产生横向推力，累积到最后一根柱造成弯曲变形。当柱截面在 40 cm×40 cm 以上且无交叉箍筋、柱高不超过 3.5 m 时，可从柱顶直接浇筑；超过 3.5 m 时需分段浇筑或采用竖向串筒输送混凝土。当柱截面在 40 cm×40 cm 以内或有交叉箍筋时，应在柱模板侧面开不小于 30 cm 高的门子洞作为浇筑口，装上斜溜槽分段浇筑，每段高度不超过 2 m（图 5.40、图 5.41）。柱子应沿高度分层浇筑，并一次浇筑完毕，其分层厚度应符合表 5.31 的规定。

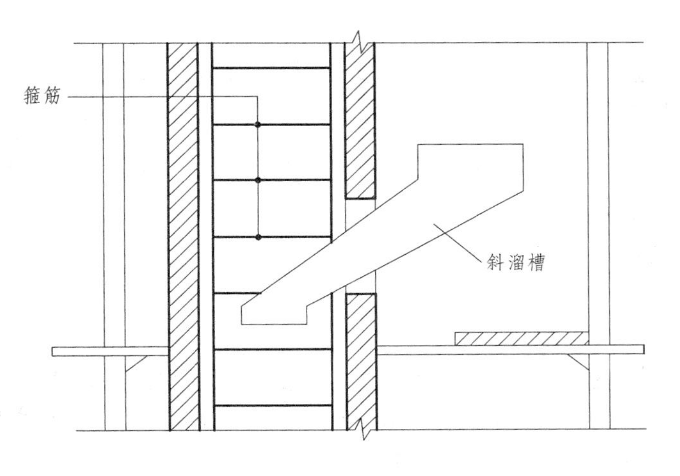

图 5.40 从门子洞处浇筑混凝土

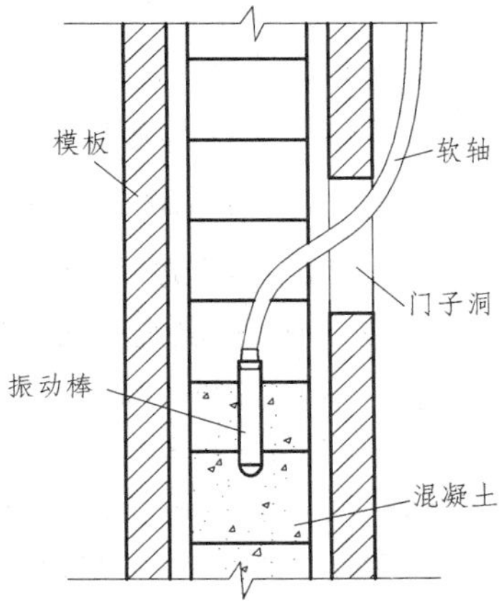

图 5.41 从门子洞伸入振捣

（2）剪力墙混凝土的浇筑。

剪力墙混凝土的浇筑除遵守一般规定外，在浇筑门窗洞口部位时，应在洞口两侧同时浇筑，且使两侧混凝土高度大体一致，以防止门窗洞口部位模板的移动；窗户部位应先浇筑窗台下部混凝土，停歇片刻后再浇筑窗间墙处。当剪力墙的高度超过 3 m 时，亦应分段浇筑。

（3）梁与板的混凝土的浇筑。

浇筑时先将梁的混凝土分层浇筑成阶梯形，当达到板底位置时即与板的混凝土一起浇筑，随着阶梯形的不断延长，板的浇筑也不断向前推进。倾倒混凝土的方向应与浇筑方向相反，如图 5.42 所示。当梁的高度大于 1 m 时，可先单独浇筑梁，在距板底以下 2 ~ 3 cm 处留设水平施工缝。在浇筑与柱、墙连成整体的梁、板时，应在柱、墙的混凝土浇筑完毕后停歇 1 ~ 1.5 h，使其初步沉实，排除泌水后，再继续浇筑梁、板的混凝土。

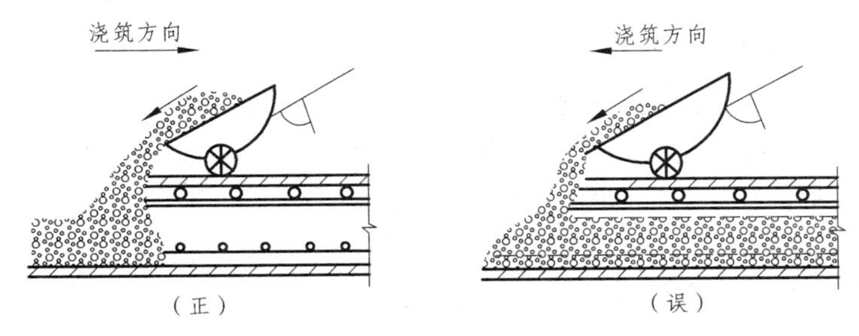

图 5.42 倾倒混凝土方向

3）大体积混凝土的浇筑

大体积混凝土是指厚度大于或等于 1 m，且长度和宽度都较大的结构，如高层建筑中钢筋混凝土箱形基础的底板、工业建筑中的设备基础、桥梁的墩台等。大体积混凝土结构的施工特点：一是整体性要求高，一般都要求连续浇筑，不允许留设施工缝；二是由于结构的体积大，混凝土浇筑后产生的水化热量大，且聚积在内部不易散发，从而形成较大的内外温差，引起较大的温差应力，导致混凝土出现温度裂缝。因此，大体积混凝土施工的关键是：为保证结构的整体性应确定合理的混凝土浇筑方案，为避免产生温度裂缝应采取有效的措施降低混凝土内外温差。

（1）浇筑方案的选择。

为了保证混凝土浇筑工作能连续进行，应在下一层混凝土初凝之前，将上一层混凝土浇筑完毕。因此，在组织施工时，首先应按下式计算每小时需要浇筑混凝土的数量，即浇筑强度

$$V=BLH/(t_1-t_2) \tag{5.9}$$

式中 V——每小时混凝土的浇筑量（m^3/h）；

B、L、H——浇筑层的宽度、长度、厚度（m）；

t_1——混凝土的初凝时间（h）；

t_2——混凝土的运输时间（h）。

根据混凝土的浇筑量，计算所需搅拌机、运输工具和振动器的数量，并据此拟定浇筑方案和进行劳动力组织。大体积混凝土的浇筑方案需根据结构大小、混凝土供应等实际情况决定，一般有全面分层、分段分层和斜面分层 3 种方案（图 5.43）。

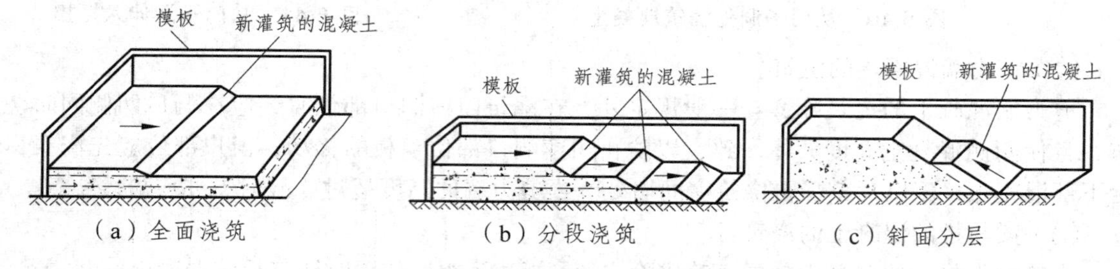

（a）全面浇筑　（b）分段浇筑　（c）斜面分层

图 5.43　大体积混凝土的浇筑方案

① 全面分层（图 5.43（a））：它是在整个结构内全面分层浇筑混凝土，要求每一层的混凝土浇筑必须在下层混凝土初凝前完成。此浇筑方案适用于平面尺寸不太大的结构，施工时宜从短边开始，沿长边方向推进，必要时也可从中间开始向两端推进或从两端向中间推进。

② 分段分层（图 5.43（b））：若采用全面分层浇筑，混凝土的浇筑强度太高，施工难以满足时，则可采用分段分层浇筑方案。它是将结构从平面上分成几个施工段，厚度上分成几个施工层，混凝土从底层开始浇筑，进行一定距离后就回头浇筑第二层，如此依次向前浇筑以上各层。施工时要求在第一层第一段末端混凝土初凝前，开始第二段的施工，以保证混凝土接合良好。该方案适用于厚度不大而面积或长度较大的结构。

③ 斜面分层（见图 5.43（c））：当结构的长度超过厚度的 3 倍时，宜采用斜面分层浇筑方案。施工时，混凝土的振捣应从浇筑层下端开始，逐渐上移，以保证混凝土的施工质量。

（2）混凝土温度裂缝的产生原因及防治措施。

大体积混凝土在凝结硬化过程中会产生大量的水化热。在混凝土强度增长初期，蓄积在内部的大量热量不易散发，致使其内部温度显著升高，而表面散热较快，这样就形成较大的内外温差。该温差使混凝土内部产生压应力，而使混凝土外部产生拉应力，当温差超过一定程度后，就易在混凝土表面产生裂缝。在浇筑后期，当混凝土内部逐渐散热冷却产生收缩时，由于受到基岩或混凝土垫层的约束，接触处将产生很大的拉应力。一旦拉应力超过混凝土的极限抗拉强度，便会在约束接触处产生裂缝，甚至形成贯穿整个断面的裂缝。这将严重破坏结构的整体性，对于混凝土结构的承载能力和安全极为不利，在施工中必须避免。

为了有效地控制温度裂缝，应设法降低混凝土的水化热和减小混凝土的内外温差，一般将温差控制在 25 °C 以下，则不会产生温度裂缝。降低混凝土水化热的措施有：选用低水化热

水泥配置混凝土，如矿渣水泥、火山灰水泥等；尽量选用粒径较大、级配良好的骨料，控制砂石含泥量，以减少水泥用量，并可减小混凝土的收缩量；掺加粉煤灰等掺和料和减水剂，改善混凝土的和易性，以减少用水量，相应可减少水泥用量；掺加缓凝剂以降低混凝土的水化反应速度，可控制其内部的升温速度。减小混凝土内外温差的措施有：降低混凝土拌和物的入模温度，如夏季可采用低温水（地下水）或冰水搅拌，对骨料用水冲洗降温，或对骨料进行覆盖或搭设遮阳装置，以避免曝晒；必要时可在混凝土内部预埋冷却水管，通入循环水进行人工导热；冬季应及时对混凝土覆盖保温、保湿材料，避免其表面温度过低而造成内外温差过大；扩大浇筑面和散热面，减小浇筑层厚度和适当放慢浇筑速度，以便在浇筑过程中尽量多地释放出水化热，从而降低混凝土内部的温度。

此外，为了控制大体积混凝土裂缝的开展，在某些情况下，可在施工期间设置作为临时伸缩缝的“后浇带”，将结构分为若干段，以有效降低温度收缩应力。待混凝土经过一段时间的养护收缩后，再在后浇带中浇筑补偿收缩混凝土，将分段的混凝土连成整体。在正常施工条件下，后浇带的间距一般为 20 ~ 30 m，带宽 0.7 ~ 1.0 m，混凝土浇筑 30 ~ 40 d 后用比原结构强度等级提高 1 ~ 2 个等级的混凝土填筑，并保持不少于 15 d 的潮湿养护。

4）水下混凝土的浇筑

在钻孔灌注桩、地下连续墙等基础工程以及水利工程施工中常需要直接在水下浇筑混凝土，而且灌注桩与地下连续墙是在泥浆中浇筑混凝土。水下或泥浆中浇筑混凝土一般采用导管法，其特点是：利用导管输送混凝上并使其与环境水或泥浆隔离，依靠管中混凝土自重挤压导管下部管口周围的混凝土，使其在已浇筑的混凝土内部流动、扩散，边浇筑边提升导管，直至混凝土浇筑完毕。采用导管法，不但可以避免混凝土与水或泥浆的接触，而且可保证混凝土中骨料和水泥浆不分离，从而保证了水下浇筑混凝土的质量。

导管法浇筑水下混凝土的主要设备有金属导管、盛料漏斗和提升机具等（图 5.44）。导管一般由钢管制成，管径为 200 ~ 300 mm，每节管长 1.5 ~ 2.5 m。导管下部设有球塞，球塞可用

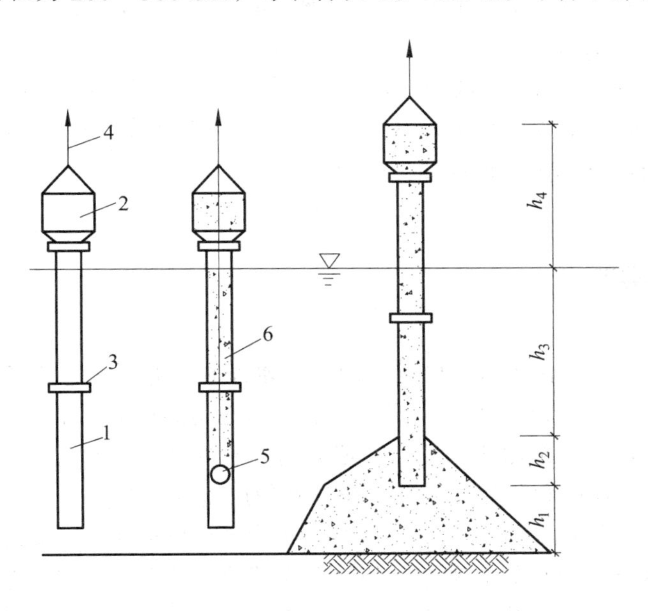

图 5.44　导管法浇筑水下混凝土示意

软木、橡胶、泡沫塑料等制成，其直径比导管内径小 15 ~ 20 mm。盛料漏斗固定在导管顶部，起着盛混凝土和调节导管中混凝土量的作用，盛料漏斗的容积应足够大，以保证导管内混凝土具有必需的高度。盛料漏斗和导管悬挂在提升机具上，常用的提升机具有卷扬机、起重机、电动葫芦等，可操纵导管的下降和提升。

施工时，先将导管沉入水中底部距水底约 100 mm 处，导管内用铁丝或麻绳将球塞悬吊在水位以上 0.2 m 处，然后向导管内浇筑混凝土。待导管和盛料漏斗装满混凝土后，即可剪断吊绳，水深 10 m 以内时可立即剪断，水深大于 10 m 时可将球塞降到导管中部或接近管底时再剪断吊绳。此时混凝土靠自重推动球塞下落，冲出管底后向四周扩散，形成一个混凝土堆，并将导管底部埋于混凝土中。当混凝土不断从盛料漏斗灌入导管并从其底部流出扩散后，管外混凝土面不断上升，导管也相应提升，每次提升高度应控制在 150 ~ 200 mm 范围内，以保证导管下端始终埋在混凝土内，其最小埋置深度如表 5.33 所示，最大埋置深度不宜超过 5 m，以保证混凝土的浇筑顺利进行。

表 5.33　导管的最小埋入深度

混凝土水下浇筑深度/m	导管埋入混凝土的最小深度/m	混凝土水下浇筑深度/m	导管埋入混凝土的最小深度/m
≤10	0.8	15 ~ 20	1.3
10 ~ 15	1.1	>20	1.5

当混凝土从导管底部向四周扩散时，靠近管口的混凝土均匀性较好、强度较高，而离管口较远的混凝土易离析，强度有所下降。为保证混凝土的质量，导管作用半径取值不宜大于 4 m，当多根导管同时浇筑时，导管间距不宜大于 6 m，每根导管浇筑面积不宜大于 30 m^2。采用多根导管同时浇筑时，应从最深处开始，并保证混凝土面水平、均匀地上升，相邻导管下口的标高差值不应超过导管间距的 1/20 ~ 1/15 。

混凝土的浇筑应连续进行，不得中断。应保证混凝土的供应量大于管内混凝土必须保持的高度所需要的混凝土量。

采用导管法浇筑时，由于与水接触的表面一层混凝土结构松软，故在浇筑完毕后应予以清除。软弱层的厚度，在清水中至少按 0.2 m 取值，在泥浆中至少按 0.4 m 取值。因此，浇筑混凝土时的标高控制，应比设计标高超出此值。

5.3.5　混凝土密实成型

混凝土灌入模板以后，由于骨料间的摩阻力和水泥浆的黏滞力，使其不能自行填充密实，因而内部是疏松的，且有一定体积的空洞和气泡，不能达到所要求的密实度，从而影响混凝土的强度和耐久性。因此，混凝土入模后，必须进行密实成型，以保证混凝土构件的外形及尺寸正确、表面平整，强度和其他性能符合设计及使用要求。混凝土密实成型的途径有 3 种：一是借助于机械外力（如机械振动）来克服拌和物内部的摩阻力而使之液化后密实；二是在拌和物中适当增加水分以提高其流动性，使之便于成型，成型后用离心法、真空抽吸法将多余的水分和空气排出；三是在拌和物中添加高效减水剂，使其坍落度大大增加，实现自流浇注成型，这是一种有发展前途的方法。目前施工中多采用机械振动成型的方法。

1. 机械振动成型

常用的混凝土振动机械按其工作方式分为内部振动器、外部振动器、表面振动器和振动台，如图 5.45 所示。

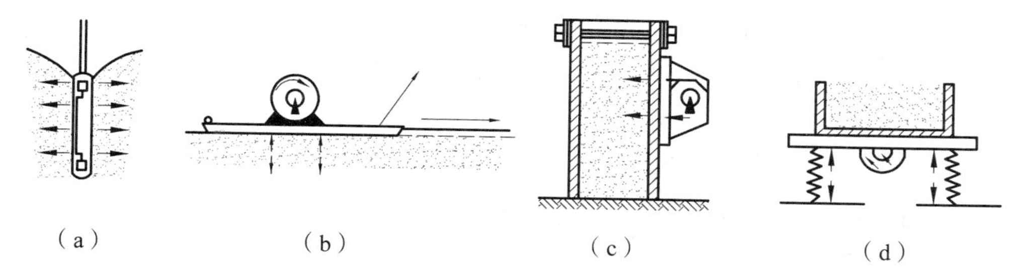

图 5.45 振动机械示意

1）内部振动器施工

内部振动器又称插入式振动器，常用的有电动软轴内部振动器（图 5.46）和直联式内部振动器（图 5.47）。电动软轴内部振动器由电动机、软轴、振动棒、增速器等组成。其振捣效果好，且构造简单，维修方便，使用寿命长，是土木工程施工中应用最广泛的一种振动器。

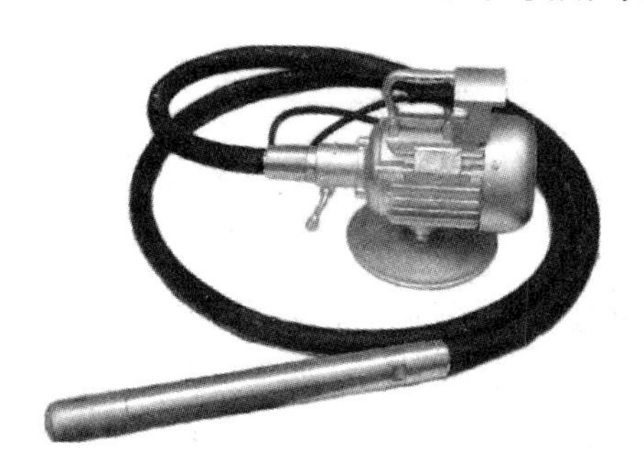

图 5.46 电动软轴内部振动器

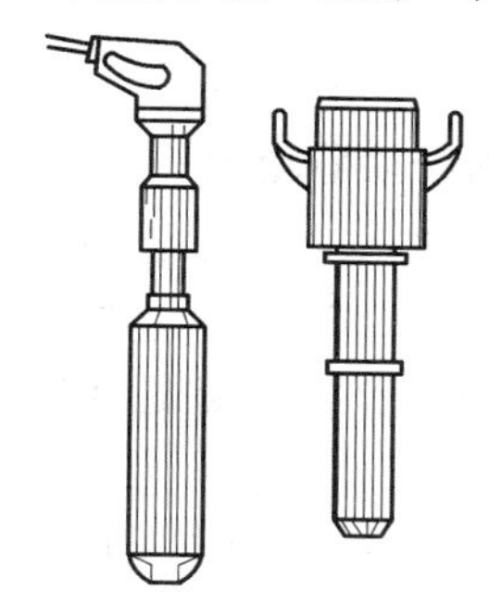

图 5.47 直联式内部振动器

插入式振动器常用于振捣基础、柱、梁、墙及大体积结构混凝土。使用时一般应垂直插入，并插到下层尚未初凝的混凝土中 50 ~ 100 mm，如图 5.48 所示。

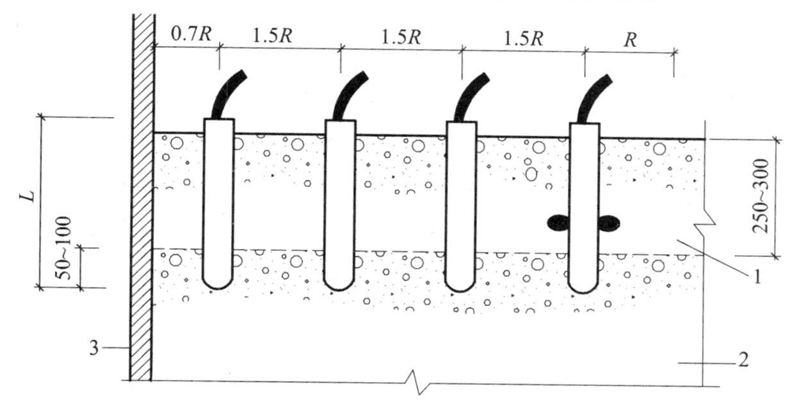

图 5.48 插入式振动器插入深度

为使上、下层混凝土互相结合，操作时要做到快插慢拔。如插入速度慢，会先将表面混凝土振实，与下部混凝土发生分层离析现象；如拔出速度过快，则由于混凝土来不及填补而在振动器抽出的位置形成空洞。振动器的插点要均匀排列，排列方式有行列式和交错式两种，如图 5.49 所示。插点间距不应大于 1.5 R（R 为振动器的作用半径），振动器与模板距离不应大于 0.5R，且振动中应避免碰振钢筋、模板、吊环及预埋件等。每一插点的振动时间一般为 20 ~ 30 s，用高频振动器时不应小于 10 s，过短不易振实，过长可能使混凝土分层离析。若混凝土表面已停止排出气泡拌和物不再下沉并在表面呈现浮浆时，则表明已被充分振实。

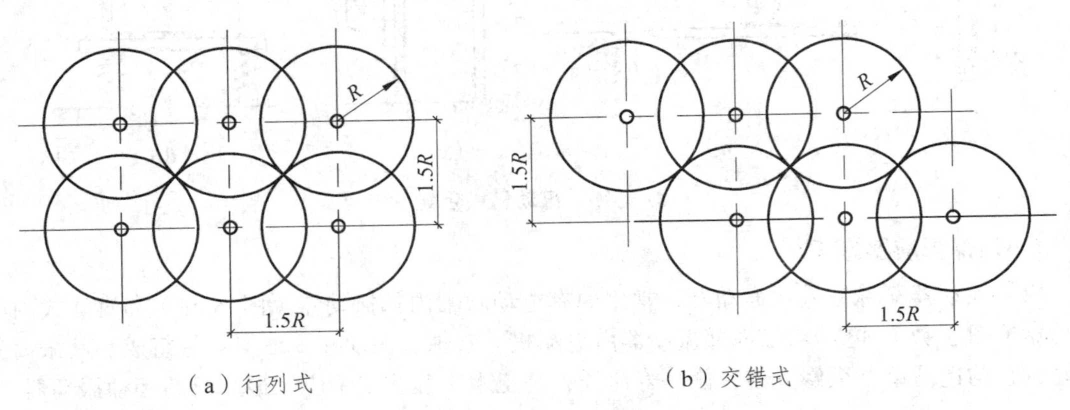

（a）行列式　　（b）交错式

图 5.49　插点布置

2）外部振动器施工

外部振动器又称附着式振动器，如图 5.50 所示。它适用于振实钢筋较密、厚度在 300 mm 以下的柱、梁、板、墙以及不宜使用插人式振动器的结构。

使用附着式振动器时模板应支设牢固，动作用能通过模板间接地传递到混凝土中。振动器应与模板外侧紧密连接，以便振振动器的侧向影响深度约为 250 mm，如构件较厚时，需在构件两侧同时安装振动器，振动频率必须一致其相对应的位置应错开，以便振动均匀。当混凝土浇筑入模的高度高于振动器安装部位后方可开始振动。振动器的设置间距（有效作用半径）及振动时间宜通过试验确定，一般距离 1.0 ~ 1.5 m 设置一台，振动延续时间则以混凝土表面成水平面且不再出现气泡时为止。

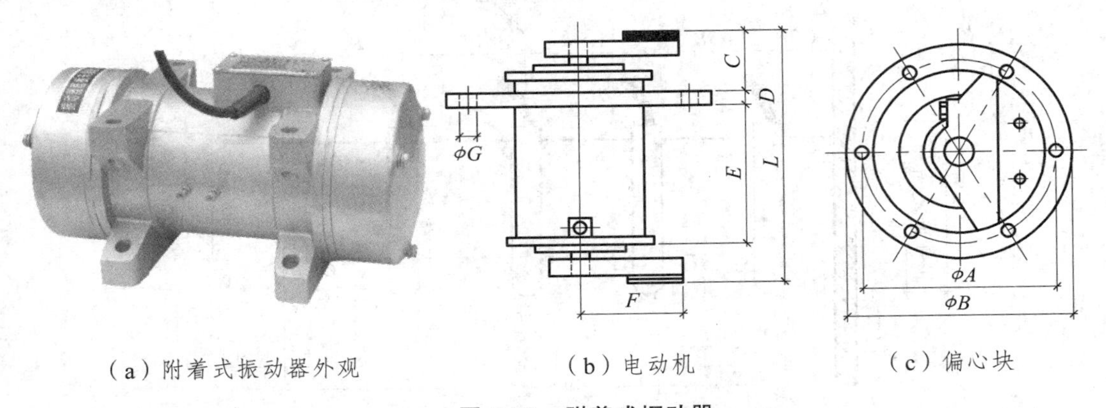

（a）附着式振动器外观　　（b）电动机　　（c）偏心块

图 5.50　附着式振动器

3）表面振动器施工

表面振动器又称平板式振动器，是将振动器固定在一块底板上而成，如图5.51所示。它适用于振动平面面积大、表面平整而厚度较小的构件，如楼板、地面、路面和薄壳等构件。使用表面振动器时应将混凝土浇筑区划分若干排依次按排平拉慢移，顺序前进。移动间距应使振动器的平板覆盖已振完混凝土的边缘30~50 mm，以防漏振。最好振动2遍，且方向互相垂直，第一遍主要使混凝土密实，第二遍主要使其表面平整。振动倾斜表面时，应由低处逐渐向高处移动，以保证混凝土振实。平板振动器在每一位置上的振动延续时间一般为25~40 s，以混凝土停止下沉、表面平整并均匀出现浆液为止。平板振动器的有效作用深度，在无筋及单层配筋平板中约为200 mm，在双层配筋平板中约120 mm。

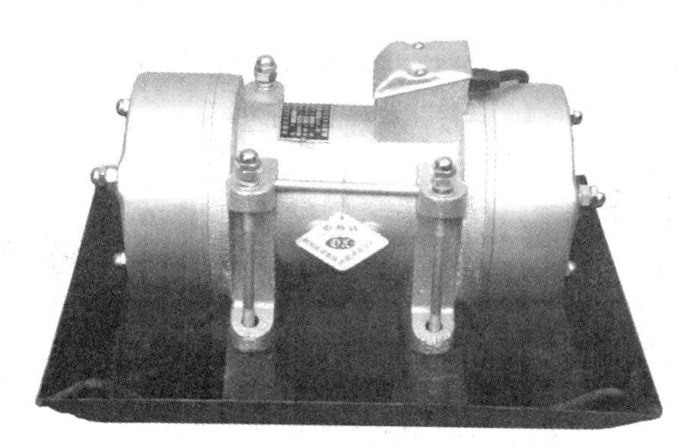

图5.51 平板式振动器

4）振动台施工

振动台是一个支承在弹性支座上的平台，平台下有振动机械，模板固定在平台上，如图5.52所示。它一般用于预制构件厂内振动干硬性混凝土以及在试验室内制作试块时的振实。

图5.52 振动台

采用机械振动成型时，混凝土经振动后表面会有水分出现，称泌水现象。泌水不宜直接排走，以免带走水泥浆，应采用吸水材料吸水，必要时可进行二次振捣，或二次抹光。如泌水现象严重，应考虑改变配合比，或掺用减水剂。

2. 离心法成型

离心法是将装有棍凝土的模板放在离心机上，使模板以一定转速绕自身的纵轴旋转，模板内的混凝土由于离心力作用而远离纵轴，均匀分布于模板内壁，并将混凝土中的部分水分挤出，使混凝土密实，如图 5.53 和图 5.54 所示。此方法一般用于制作混凝土管道、电线杆、管桩等具有圆形空腔的构件。

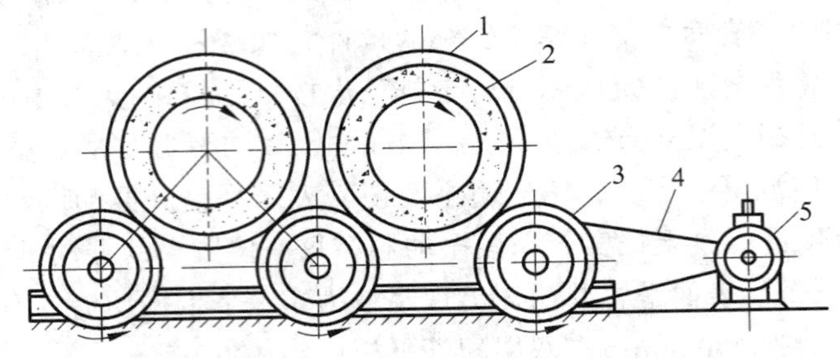

1—滚轴；2—管模；3—托轮；4—传送皮带；5—电动机

图 5.53　托轮式制管离心机成型示意

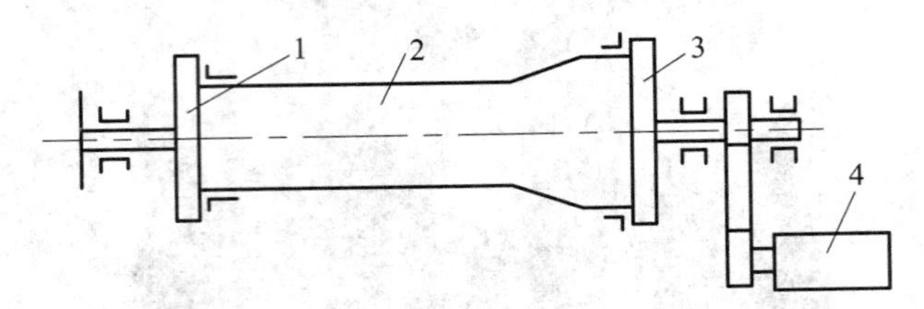

1—前卡盘；2—管模；3—后卡盘；4—电动机

图 5.54　轴式离心机制管示意

离心机有滚轮式和车床式两类，都具有多级变速装置。离心成型过程分为两个阶段：第一阶段是使混凝土沿模板内壁分布均匀，形成空腔，此时转速不宜太高，以免造成混凝土离析现象；第二阶段是使混凝土密实成型，此时可提高转速，增大离心力，以压实混凝土。

3. 真空作业法成型

真空作业法是借助于真空负压，将水分从已初步成型的混凝土拌和物中吸出，并使混凝土密实成型的一种方法，如图 5.55 所示。它可分为表面真空作业与内部真空作业两种。此方法适用预制平板和现浇楼板、道路、机场跑道；薄壳、隧道顶板；墙壁、水池、桥墩等混凝土的成型。

图 5.55　混凝土真空吸水机

5.3.6 混凝土养护

混凝土的凝结硬化，主要是水泥水化作用的结果，而水化作用需要适当的湿度和温度。混凝土浇筑后，如气候炎热、空气干燥而湿度过小，混凝土中的水分会蒸发过快而出现脱水现象，使已形成凝胶体的水泥颗粒不能充分水化，不能转化为稳定的结晶，缺乏足够的黏结力，从而会在混凝土表面出现片状或粉状剥落，影响混凝土的强度。同时，水分过早蒸发还会使混凝土产生较大的收缩变形，出现干缩裂缝，影响混凝土结构的整体性和耐久性。若温度过低，混凝土强度增长缓慢，则会影响混凝土结构和构件尽快投入使用。

所谓混凝土的养护，就是为混凝土硬化提供必要的温度和湿度条件，以保证其在规定的龄期内达到设计要求的强度，并防止产生收缩裂缝。目前混凝土养护的方法有自然养护、蒸汽养护、热拌混凝土热模养护、太阳能养护、远红外线养护等。自然养护成本低，简单易行，但养护时间长、模板周转率低、占用场地大；而蒸汽养护时间可缩短到十几个小时，热拌热模养护时间可减少到 5 ~ 6 h，模板周转率相应提高，占用场地大大减少。下面着重介绍自然养护和蒸汽养护。

1. 自然养护

混凝土的自然养护，即指在平均气温高于 5 °C 的自然气温条件下，于一定时间内使混凝土保持湿润状态。自然养护分为覆盖浇水养护和塑料薄膜养护 2 种方法。

覆盖浇水养护是用吸水保湿能力较强的材料，如草帘、麻袋、锯末等，将混凝土裸露的表面覆盖，并经常洒水使其保持湿润。

塑料薄膜养护是用塑料薄膜将混凝土表面严密地覆盖起来，使之与空气隔绝，防止混凝土内部水分的蒸发，从而达到养护的目的。塑料薄膜养护又有 2 种方法：薄膜布直接覆盖法和喷洒塑料薄膜养护液法。后者是指将塑料溶液喷涂在混凝土表面，溶剂挥发后结成一层塑料薄膜。这种养护方法用于不易洒水养护的高耸构筑物、大面积混凝土结构以及缺水地区。

对于一些地下结构或基础，可在其表面涂刷沥青乳液或用湿土回填，以代替洒水养护。对于表面积大的构件（如地坪、楼板、屋面、路面等），也可用湿土、湿砂覆盖，或沿构件周边用黏土等围住，在构件中间蓄水进行养护。

混凝土的自然养护应符合下列规定。

① 应在浇筑完毕后的 12 h 以内对混凝土加以覆盖并保湿养护。

② 混凝土浇水养护的时间：对采用硅酸盐水泥、普通硅酸盐水泥或矿渣硅酸盐水泥拌制的混凝土，不得少于 7 d；对掺用缓凝型外加剂或有抗渗性要求的混凝土，不得少于 14 d。

③ 浇水次数应能保持混凝土处于润湿状态；当日平均气温低于 5 °C 时，不得浇水；混凝土养护用水应与拌制用水相同。

④ 采用塑料薄膜覆盖养护混凝土，其敞露的全部表面应覆盖严密，并应保证塑料布内有凝结水。

⑤ 混凝土强度达到 1.2 MPa 以前，不得在其上踩踏或安装模板及支架。

2. 蒸汽养护

蒸汽养护是将混凝土构件放置在充满饱和蒸汽或蒸汽与空气混合物的养护室内，在较高的温度和相对湿度的环境中进行养护，以加速混凝土的硬化，使其在较短的时间内达到规定的强度。蒸汽养护的过程分为静停、升温、恒温、降温 4 个阶段。

静停阶段：混凝土构件成型后在室温下停放养护一段时间，以增强混凝土对升温阶段结构破坏作用的抵抗力。对普通硅酸盐水泥制作的构件来说，静停时间一般应为 2 ~ 6 h，对火山灰质硅酸盐水泥或矿渣硅酸盐水泥则不需静停。

升温阶段：即构件的吸热阶段。升温速度不宜过快，以免构件表面和内部产生过大温差而出现裂缝。升温速度，对薄壁构件（如多肋楼板、多孔楼板等）不得超过 25 °C/h，其他构件不得超过 20 °C/h，用干硬性混凝土制作的构件不得超过 40 °C/h。

恒温阶段：即升温后温度保持不变的时间。此阶段混凝土强度增长最快，应保持 90% ~ 100%的相对湿度。恒温阶段的温度，对普通水泥的混凝土不超过 80 °C，矿渣水泥、火山灰水泥的可提高到 85 ~ 90 °C。恒温时间一般为 5 ~ 8 h。

降温阶段：即构件的散热阶段。降温速度不宜过快，否则混凝土会产生表面裂缝。一般情况下，构件厚度在 10 cm 左右时，降温速度不超过 20 ~ 30 °C/h。此外，出室构件的温度与室外温度之差不得大于 40 °C/h；当室外为负温时，不得大于 20 °C/h。

5.3.7 混凝土的质量验收和缺陷的技术处理

1. 混凝土的质量验收

混凝土的质量验收包括施工过程中的质量检查和施工后的质量验收。

1）施工过程中混凝土的质量检查

① 混凝土拌制过程中应检查其组成材料的质量和用量，每工作班至少 1 次。原材料每盘称量的允许偏差是：水泥、掺和料为 2%；粗、细骨料为 3%；水、外加剂 2%。当遇雨天或含水率有显著变化时，应增加含水率检测次数，并及时调整水和骨料的用量。

② 应检查混凝土在拌制地点及浇筑地点的坍落度，每工作班至少检查 2 次。对于预拌（商品）混凝土，也应在浇筑地点进行坍落度检查。实测的混凝土坍落度与要求坍落度之间的允许偏差是：要求坍落度<50 mm 时，为±10 mm；要求坍落度 50 ~ 90 mm 时，为±20 mm；要求坍落度>90 mm 时，为±30 mm。

③ 当混凝土配合比由于外界影响有变动时，应及时进行检查。

④ 对混凝土的搅拌时间，也应随时进行检查。

2）施工后混凝土的质量验收

混凝土的质量验收，主要包括对混凝土强度和耐久性的检验、外观质量和结构构件尺寸的检查。

① 构混凝土的强度等级必须符合设计要求。用于检查结构构件混凝土强度的试件，应在混凝土的浇筑地点随机抽取。取样与试件留置应符合下列规定：每拌制 100 盘且不超过 100 m^3 的同配合比的混凝土，取样不得少于 1 次；每工作班拌制的同一配合比的混凝土不足 100 盘时，取样不得少于 1 次；当一次连续浇筑超过 100 m^3 时，同一配合比的混凝土每 200 m^3 取样

不得少于1次；每1层楼、同一配合比的混凝土，取样不得少于1次；每次取样应至少留置1组标准养护试件，同条件养护试件的留置组数应根据实际需要确定。

当混凝土试件强度评定不合格时，可采用非破损或局部破损的检测方法，对结构和构件的混凝土强度进行推定。非破损的方法有回弹法、超声波法和超声波回弹综合法，局部破损的方法通常采用钻芯取样检验法。

② 对有抗渗要求的混凝土结构，其混凝土试件应在浇筑地点随机取样。同一工程、同一配合比的混凝土，取样不应少于一次，留置组数可根据实际需要确定。

③ 混凝土结构拆模后，应对其外观质量进行检查，即检查其外观有无质量缺陷。现浇结构的外观质量缺陷有露筋、蜂窝、孔洞、夹渣、疏松、裂缝、连接部位缺陷、外形缺陷（缺棱掉角、棱角不直、翘曲不平、飞边凸肋等）和外表缺陷（构件表面麻面、掉皮、起砂、沾污等）。

现浇结构的外观质量不应有严重缺陷。对已经出现的严重缺陷，应由施工单位提出技术处理方案，并经监理（建设）单位认可后实施。对经处理的部位，应重新检查验收。

现浇结构的外观质量不宜有一般缺陷。对已经出现的一般缺陷，应由施工单位按技术处理方案进行处理，并重新检查验收。

④ 混凝土结构拆模后，还应对其外观尺寸进行检查。现浇结构尺寸检查的内容有轴线位置、垂直度、标高、截面尺寸、表面平整度、预埋设施中心线位置和预留洞中心线位置。设备基础尺寸检查的内容有坐标位置、不同平面的标高、平面外形尺寸、凸台上平面外形尺寸、凹穴尺寸、平面水平度、垂直度、预埋地脚螺栓（标高、中心距）、预留地脚螺栓孔（中心线位置、深度、孔垂直度）和预埋活动地脚螺栓锚板（标高、中心线位置、锚板平整度）。

现浇结构不应有影响结构性能和使用功能的尺寸偏差。混凝土设备基础不应有影响结构性能和设备安装的尺寸偏差。其尺寸允许偏差和检验方法应按国家现行有关规范的规定执行。对超过尺寸允许偏差且影响结构性能和安装、使用功能的部位，应由施工单位提出技术处理方案，并经监理（建设）单位认可后实施。对经处理的部位，应重新检查验收。

2. 混凝土缺陷的技术处理

在对混凝土结构进行外观质量检查时，若发现缺陷，应分析原因，并采取相应的技术处理措施。常见缺陷的原因及处理方法有以下几种。

① 数量不多的小蜂窝、麻面。其主要原因是：模板接缝处漏浆；模板表面未清理干净，或钢模板未满涂隔离剂，或木模板湿润不够；振捣不够密实。处理方法是：先用钢丝刷或压力水清洗表面，再用1∶2～1∶2.5的水泥砂浆填满、抹平并加强养护。

② 蜂窝或露筋。其主要原因是：混凝土配合比不准确，浆少石多；混凝土搅拌不均匀，或和易性较差，或产生分层离析；配筋过密，石子粒径过大使砂浆不能充满钢筋周围；振捣不够密实。处理方法是：先去掉薄弱的混凝土和突出的骨料颗粒，然后用钢丝刷或压力水清洗表面，再用比原混凝土强度等级高一级的细石混凝土填满，仔细捣实，并加强养护。

③ 大蜂窝和孔洞。其主要原因是；混凝土产生离析，石子成堆；混凝土漏振。处理方法是：在彻底剔除松软的混凝土和突出的骨料颗粒后，用压力水清洗干净并保持湿润状态72 h，然后用水泥砂浆或水泥浆涂抹结合面，再用比原混凝土强度等级高一级的细石混凝土浇筑、振捣密实，并加强养护。

④ 裂缝。构件产生裂缝的原因比较复杂，如：养护不好，表面失水过多；冬季施工中，拆除保温材料时温差过大而引起的温度裂缝，或夏季烈日暴晒后突然降雨而引起的温度裂缝；模板及支撑不牢固，产生变形或局部沉降；拆模不当，或拆模过早使构件受力过早；大面积现浇混凝土的收缩和温度应力过大等。处理方法应根据具体情况确定：对于数量不多的表面细小裂缝，可先用水将裂缝冲洗干净后，再用水泥浆抹补；如裂缝较大较深（宽 1 mm 以内），应沿裂缝凿成凹槽，用水冲洗干净，再用 1∶2～1∶2.5 的水泥砂浆或用环氧树脂胶泥抹补；对于会影响结构整体性和承载能力的裂缝，应采用化学灌浆或压力水泥灌浆的方法补救。

5.4 混凝土的冬期施工

5.4.1 混凝土冬期施工的基本概念

我国规范规定：根据当地多年气温资料统计，当室外日平均气温连续 5 d 稳定低于 5 °C 时，即进入冬期施工；当室外日平均气温连续 5 d 高于 5 °C 时，解除冬期施工。在冬期施工期间，混凝土工程应采取相应的冬期施工措施。

1. 温度与混凝土硬化的关系

温度的高低对混凝土强度的增长有很大影响。在湿度合适的条件下，温度越高，水泥水化作用就越迅速、完全，强度就越高；当温度较低时，混凝土硬化速度较慢，强度就较低；当温度降至 0 °C 以下时，混凝土中的水会结冰，水泥颗粒不能和冰发生化学反应，水化作用几乎停止，强度也就无法增长。

2. 冻结对混凝土质量的影响

混凝土在初凝前或刚初凝时遭受冻结，此时水泥来不及水化或水化作用刚刚开始，本身尚无强度，水泥受冻后处于“休眠”状态。恢复正常养护后，其强度可以重新发展直到与未受冻的基本相同，几乎没有强度损失。

若混凝土在初凝后，本身强度很小时遭受冻结，此时混凝土内部存在两种应力：一种是水泥水化作用产生的黏结应力；另一种是混凝土内部自由水结冻，体积膨胀 8%～9%所产生的冻胀应力。当黏结应力小于冻胀应力时，已形成的水泥石内部结构就很容易被破坏，产生一些微裂纹，这些微裂纹是不可逆的；而且冰块融化后会形成孔隙，严重降低混凝土的密实度和耐久性。在混凝土解冻后，其强度虽然能继续增长，但已不可能达到原设计的强度等级，从而极大地影响结构的质量。

3. 混凝土受冻临界强度

若混凝土达到某一强度值以上后再遭受冻结，此时其内部水化作用产生的黏结应力足以抵抗自由水结冰产生的冻胀应力，则解冻后强度还能继续增长，可达到原设计强度等级，对强度影响不大，只不过是增长缓慢而已。因此，为避免混凝土遭受冻结所带来的危害，必须使混凝土在受冻前达到这一强度值，这一强度值通常称为混凝土受冻的临界强度。

临界强度与水泥的品种、混凝土强度等级等有关。规范规定，冬期浇筑的混凝土，其受冻临界强度为：普通混凝土采用硅酸盐水泥或普通硅酸盐水泥配制时，应为设计的混凝土强度标准值的 30 %；采用矿渣硅酸盐水泥配制时，应为设计的混凝土强度标准值的 40 %，但混凝土强度等级为 C10 及以下时，不得小于 5.0 MPa；掺用防冻剂的混凝土，当室外最低气温不低于-15 °C 时不得小于 4.0 MPa，当室外最低气温不低于-30 °C 时不得小于 5.0 MPa。

在冬期施工中，应尽量使混凝土不受冻，或受冻时已使其达到临界强度值而可保证混凝土最终强度不受到损失。

5.4.2 混凝土冬期施工方法

1. 混凝土材料的选择及要求

配制冬期施工的混凝土，应优先选用硅酸盐水泥和普通硅酸盐水泥。水泥强度等级不应低于 42.5 级，最小水泥用量不应少于 300 kg/m^3，水灰比不应大于 0.6。使用矿渣硅酸盐水泥时，宜采用蒸汽养护。

拌制混凝土所采用的骨料应清洁，不得含有冰、雪、冻块及其他易冻裂物质。在掺用含有钾、钠离子的防冻剂混凝土中，不得采用活性骨料或在骨料中混有这类物质的材料。

采用非加热养护法施工所选用的外加剂，宜优先选用含引气剂成分的外加剂，含气量宜控制在 2% ~ 4%。在钢筋混凝土中掺用氯盐类防冻剂时，氯盐掺量不得大于水泥重量的 1%（按无水状态计算）。掺用氯盐的混凝土应振捣密实，且不宜采用蒸汽养护。掺用防冻剂、引气剂或引气减水剂的混凝土施工，应符合现行国家标准的有关规定。

2. 混凝土材料的加热

冬期施工中要保证混凝土结构在受冻前达到临界强度，就需要混凝土早期具备较高的温度，以满足强度较快增长的需要。温度升高所需要的热量，一部分来源于水泥的水化热，另外一部分则只有采用加热材料的方法获得。加热材料最有效、最经济的方法是加热水，当加热水不能获得足够的热量时，可加热粗、细骨料，一般采用蒸汽加热。任何情况下不得直接加热水泥，可在使用前把水泥运入暖棚，使其温度缓慢均匀地升高。

由于温度较高时会使水泥颗粒表面迅速水化，结成外壳，阻止内部继续水化，形成“假凝”现象，而影响混凝土强度的增长，故规范对原材料的最高加热温度作了限制，如表 5.34 所示。

若水、骨料达到规定温度仍不能满足要求时，水可加热到 100 °C，但水泥不得与 80 °C 以上的水直接接触。

冬期施工中，混凝土拌和物所需要的温度应根据当时的外界气温和混凝土入模温度等因素确定，再通过热工计算来确定原材料所需要的加热温度。

表 5.34　拌和水及骨料加热最高温度

项　目	拌和水	骨 料
强度等级小于 52.5 级的普通硅酸盐水泥、矿渣硅酸盐水泥	80 °C	60 °C
强度等级等于或大于 52.5 级的硅酸盐水泥、普通硅酸盐水泥	60 °C	40 °C

3. 混凝土的搅拌与运输

混凝土搅拌前，应用热水或蒸汽冲洗搅拌机。投料顺序为先投入骨料和已加热的水，再投入水泥，以避免水泥“假凝”。混凝土搅拌时间应比常温下延长 50%，以使拌和物的温度均匀。混凝土拌和物的出机温度不宜低于 10 °C，入模温度不得低于 5 °C。施工中应经常检查混凝土拌和物的温度及和易性，若有较大差异，应检查材料加热的温度和骨料含水率是否有误，并及时加以调整。在运输过程中应减少运输时间和距离，使用大容量的运输工具并加以保温，以防止混凝土热量的散失和冻结。

4. 混凝土的浇筑

混凝土在浇筑前，应清除模板和钢筋上的冰雪和污垢。冬期不得在强冻胀性地基上浇筑混凝土；在弱冻胀性地基上浇筑混凝土时，基土不得遭冻；在非冻胀性地基土上浇筑混凝土时，混凝土在受冻前的抗压强度不得低于临界强度。

对于加热养护的现浇混凝土结构，应注意温度应力的危害。加热养护时应合理安排混凝土的浇筑程序和施工缝的位置，以避免产生较大的温度应力；当加热养护温度超过 40 °C 时，应征得设计单位同意，并采取一系列防范措施，如梁支座可处理成活动支座而允许其自由伸缩，或设置后浇带，分段进行浇筑与加热。

分层浇筑大体积混凝土时，为防止上层混凝土的热量被下层混凝土过多吸收，分层浇筑的时间间隔不宜过长。已浇筑层的混凝土温度在未被上一层混凝土覆盖前，不应低于按热工计算的温度，且不应低于 2 °C。采用加热养护时，养护前的温度也不得低于 2 °C。

5. 混凝土冬期的养护方法

混凝土浇筑后应采用适当的方法进行养护，保证混凝土在受冻前至少已达到临界强度，才能避免其强度损失。冬期施工中混凝土养护的方法很多，有蓄热法、蒸汽加热法、电热法、暖棚法、掺外加剂法等。

1）蓄热法

蓄热法是利用原材料预热的热量及水泥水化热，通过适当的保温措施，延缓混凝土的冷却，保证混凝土在冻结前达到所要求强度的一种冬期施工方法。该方法适用于室外最低温度不低于−15 °C 的地面以下工程，或表面系数（指结构冷却的表面积与其全部体积的比值）不大于 5 m^{-1} 的结构。

蓄热法养护具有施工简单、不需外加热源、节能、费用低等特点。因此，在混凝土冬期施工时应优先考虑采用，只有当确定蓄热法不能满足要求时，才考虑选择其他方法。

蓄热法养护的 3 个基本要素是混凝土的入模温度、围护层的总传热系数和水泥水化热值，应通过热工计算调整以上 3 个要素，使混凝土冷却到 0 °C 时，强度能达到临界强度的要求。

采用蓄热法时，宜选用强度等级高、水化热大的硅酸盐水泥或普通硅酸盐水泥，掺用早强型外加剂；适当提高入模温度；选用传热系数较小、价廉耐用的保温材料，如草帘、草袋、锯末、谷糠及炉渣等；保温层覆盖后要注意防潮和防止透风，对边、棱角部位要特别加强保温。此外，还可采用其他一些有利蓄热的措施，如地下工程可用未冻结的土壤覆盖；用生石灰与湿锯末均匀拌和覆盖，利用保温材料本身发热来保温；充分利用太阳的热能，白天有日照时，打开保温材料，夜间再覆盖等。

2）蒸汽加热法

蒸汽加热养护分为湿热养护和干热养护两类。湿热养护是让蒸汽与混凝土直接接触，利用蒸汽的湿热作用来养护混凝土，常用的有棚罩法、蒸汽套法以及内部通汽法；而干热养护则是将蒸汽作为热载体，通过某种形式的散热器，将热量传导给混凝土使其升温，有毛管法和热模法等。

（1）棚罩法（蒸汽室法）。

棚罩法是在现场结构物的周围制作能拆卸的蒸汽室，如在地槽上部加盖简易的盖子或在预制构件周围用保温材料（木材、篷布等）做成密闭的蒸汽室，通入蒸汽加热混凝土。棚罩法设施灵活、施工简便、费用较少，但耗气量大，温度不易均匀，适用于加热地槽中的混凝土结构及地面上的小型预制构件。

（2）蒸汽套法。

蒸汽套法是在构件模板外再用一层紧密不透气的材料（如木板）做成蒸汽套，蒸汽套与模板间的空隙约为 150 mm，通入蒸汽加热混凝土。采用蒸汽套法时能适当控制温度，其加热效果取决于保温构造，但设施较复杂、费用较高，可用于现浇柱、梁及肋形楼板等整体结构的加热。

（3）内部通汽法。

内部通汽法是在混凝土构件内部预留直径为 13 ~ 50 mm 的孔道，再将蒸汽送入孔内加热混凝土，当混凝土达到要求的强度后，排除冷凝水，随即用砂浆灌入孔道内加以封闭。内部通汽法节省蒸汽，费用较低，但进汽端易过热而使混凝土产生裂缝，适用于梁、柱、框架单梁等结构件的加热。

（4）毛管法。

毛管法是在模板内侧做成沟槽，其断面可做成三角形、矩形或半圆形，间距 200 ~ 250 mm，在沟槽上盖以 0.5 ~ 2 mm 的铁皮，使之成为通蒸汽的毛管，通入蒸汽进行加热。毛管法用汽少，但仅适用于以木模浇筑的结构，对于柱、墙等垂直构件加热效果好，而对于平放的构件不易加热均匀。

（5）热模法。

热模法是在模板外侧配置蒸汽管，管内通蒸汽加热模板，向混凝土进行间接加热。为了减少热量损失，模板外面再设一层保温层。热模法加热均匀、耗用蒸汽少、温度易控制、养护时间短，但设备费用高，适用于墙、柱及框架结构的养护。

3）电热法

电热法施工主要有电极法、电热毯法、工频涡流加热法、远红外线养护法等。

（1）电极法。

在混凝土内部或表面每隔 100 ~ 300 mm 的间距设置电极（直径 6 ~ 12 mm 的短钢筋或厚

1 ~ 2 mm、宽 30 ~ 60 mm 的扁钢），通以低压电流，由于混凝土的电阻作用，使电能变为热能，产生热量对混凝土进行加热。电极的布置应使混凝土温度均匀，通电前应覆盖混凝土的外露表面，以防止热量散失。为保证施工安全，电极与钢筋的最小距离应符合表 5.35 的规定，否则应采取适当的绝缘措施，振动混凝土时要避免接触电极及其支架。电极法仅适用于以木模浇筑的结构，且用钢量较大，耗电量也较高，只在特殊条件下采用。

表 5.35　电极与钢筋之间的最小距离

工作电压/V	65	87	106
电极与钢筋的最小距离/mm	50 ~ 70	80 ~ 100	120 ~ 150

（2）电热毯法。

电热毯法采用设置在模板外侧的电热毯作为加热元件，适用于以钢模板浇筑的构件。电热毯由四层玻璃纤维布中间夹以电阻丝制成，其尺寸应根据钢模板外侧龙骨组成的区格大小而定，约为 300 mm×400 mm，电压宜为 60 ~ 80 V，功率宜为每块 75 ~ 100 W。电热毯外侧应设置耐热保温材料（如岩棉板等）。在混凝土浇筑前先通电将模板预热，浇筑后根据混凝土温度的变化可连续或断续通电加热养护。

（3）工频涡流加热法。

工频涡流加热法是在钢模板外侧设置钢管，钢管内穿单根导线，利用导线通电后产生的涡流在管壁上产生热效应，并通过钢模板对混凝土进行加热养护。工频涡流法加热混凝土温度比较均匀，控制方便，但需制作专用模板，故模板投资大，适用于以钢模板浇筑的墙体、梁、柱和接头。

（4）远红外线养护法。

远红外线养护法是采用远红外辐射器向混凝土辐射远红外线，对混凝土进行辐射加热的养护方法。产生远红外线的能源除电源外，还可以用天然气、煤气、石油液化气和热蒸汽等，可根据具体条件选择。远红外线养护法具有施工简便、升温迅速、养护时间短、降低能耗、不受气温和结构表面系数的限制等特点，适用于薄壁结构、装配式结构接头处混凝土的加热等。

4）暖棚法

在所要养护的结构或构件周围用保温材料搭起暖棚，棚内设置热源，以维持棚内的正温环境，可使混凝土的浇筑和养护如同在常温下一样。暖棚内的加热宜优先选用热风机，可采用强力送风的移动式轻型热风机。采用暖棚法养护混凝土时，棚内温度不得低于 50 °C，并应保持混凝土表面湿润。因搭设暖棚需大量材料和人工，能耗大，费用较高，故暖棚法一般只用于地下结构工程和混凝土量比较集中的结构工程。

5）掺外加剂法

在冬期混凝土施工中掺入适量的外加剂，可使其强度尽快增长，在冻结前达到要求的临界强度，或改善混凝土的某些性能，以满足冬期施工的需要。这是冬期施工的有效方法，可简化施工工艺、节约能源、降低成本，但掺用外加剂应符合冬期施工工艺要求的有关规定。目前冬期施工中常用的外加剂有早强剂、防冻剂、减水剂和引气剂。

（1）防冻剂和早强剂。

在冬期施工中，常将防冻剂与早强剂共同使用。防冻剂的作用是降低混凝土液相的冰点，使混凝土在负温下不冻结，并使水泥的水化作用能继续进行；早强剂则能提高混凝土的早期强度，使其尽快达到临界强度。

施工中须注意，掺有防冻剂的混凝土应严格控制水灰比；混凝土的初期养护温度不得低于防冻剂的规定温度，若达不到规定温度时应采取保温措施；对于含有氯盐的防冻剂，由于氯盐对钢筋有锈蚀作用，故应严格遵守规范对氯盐的使用及掺量的有关规定。

（2）减水剂。

减水剂具有减水及增强的双重作用。混凝土中掺入减水剂，可在不影响其和易性的情况下，大量减少拌和用水，使混凝土孔隙中的游离水减少，因而冻结时承受的破坏力就明显减少；同时，由于拌和用水的减少，可提高混凝土中防冻剂和早强剂的溶液浓度，从而提高混凝土的抗冻能力。

（3）引气剂。

在混凝土中掺入引气剂，能在搅拌时引入大量微小且分布均匀的封闭气泡。当混凝土具有一定强度后受冻时，孔隙中的部分水会被冰的冻胀压力挤入气泡中，从而缓解了冰的冻胀压力和破坏性，故可防止混凝土遭受冻害。

复习思考题

5.1 混凝土工程中对模板有哪些技术要求？

5.2 试述组合钢模板的特点和组成，简述其他常用模板的构造和特点。

5.3 组合钢模板配板设计时应遵循哪些原则？

5.5 试分析不同结构模板（基础、柱、梁、板、墙、楼梯）的受力状况，模板安装中各应解决什么问题，如何解决？

5.5 现浇结构模板拆除时对混凝土强度有何要求，拆模时应注意哪些问题？

5.6 关于模板拆除顺序的规定，其出发点是什么？

5.7 常用的普通钢筋按生产工艺可分为哪几种？钢筋进场验收的主要内容有哪些？

5.8 如何进行钢筋下料长度的计算？

5.9 试述钢筋代换的原则和方法。

5.10 钢筋加工时有哪几道基本工序？

5.11 钢筋连接常用的方法有哪些，如何进行合理的选择？

5.12 简述各种结构构件（基础、柱、梁、板、墙）的钢筋现场绑扎的施工要点，如何控制混凝土保护层的厚度及保证钢筋的正确位置？

5.13 简述混凝土常用外加剂的种类，各适用于什么情况？

5.14 混凝土配料时为什么要进行施工配合比的计算，如何计算？

5.15 混凝土搅拌制度包括哪些内容？

5.16 对混凝土的运输有何基本要求？泵送混凝土施工中应注意哪些问题？

5.17 混凝土浇筑前应做好哪些准备工作？

5.18 混凝土浇筑时应注意哪些事项？

5.19 什么是施工缝，如何正确留设施工缝，对施工缝如何处理？

5.20 如何进行主体结构（柱、墙、梁与板）混凝土的浇筑？

5.21 简述大体积混凝土的浇筑方案，如何有效地控制混凝土温度裂缝。

5.22 如何进行水下混凝土的浇筑？

5.23 混凝土机械振动成型的设备有哪几种类型？说明各自的适用范围，施工中如何使混凝土振捣密实？

5.24 试述混凝土自然养护的概念和方法，以及自然养护时应注意的事项。

5.25 混凝土的质量验收主要包括哪几方面的内容？

5.26 试述混凝土冬期施工的概念，何谓混凝土的受冻临界强度？

5.27 混凝土冬期施工中，对混凝土的各施工工艺有何特殊要求？

5.28 混凝土冬期施工中常用的养护方法有哪几类，如何进行蓄热法养护？

习 题

5.1 某框架结构现浇钢筋混凝土楼板，厚度为 100 mm，其支模尺寸为 3.3 m×4.95 m，楼层高度为 4.5 m。采用组合钢模板及钢管支架支模。试作配板设计及模板结构布置与验算。

5.2 已知某简支梁的配筋如图 5.56 所示，试计算各钢筋的下料长度。

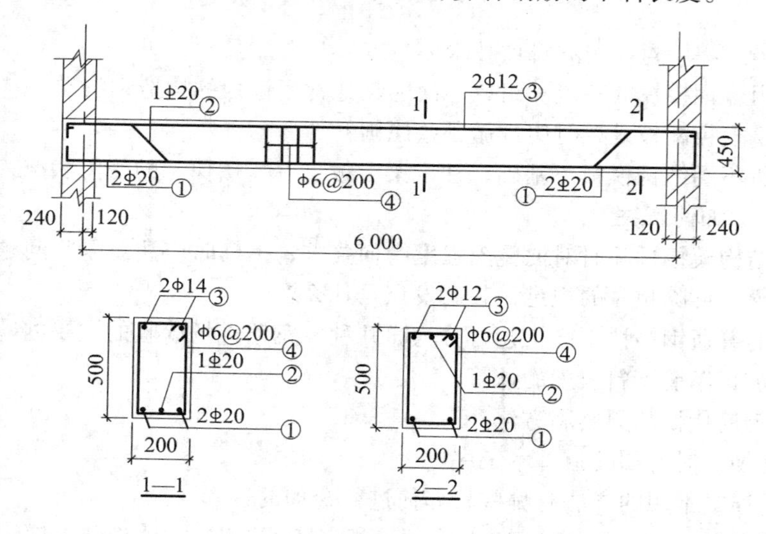

图 5.56

5.3 已知某梁截面尺寸为 250 mm×500 mm，混凝土为 C20，其受力纵筋设计为 5 根直径 20 mm 的 HRB335 级钢筋。由于无此钢筋，拟用 HPB235 级钢筋代换，试计算代换后的钢筋直径和根数。

5.4 已知某混凝土的实验室配合比为 1∶2.55∶5.12，水灰比为 0.65，经测定现场砂的含水率为 3%，石子的含水率为 1%，试计算其施工配合比。若使用 J-400L 搅拌机（出料容量 0.26m^3）进行搅拌。每立方米混凝土的水泥用量为 295 kg，试计算每次搅拌时宜投入水泥量为多少？其余材料投料量为多少？

附表 1 受检混凝土性能指标

<table>
<tr><th rowspan="3" colspan="2">项目</th><th colspan="13">外加剂品种</th></tr>
<tr><th colspan="3">高性能减水剂 HPWR</th><th colspan="2">高效减水剂 HWR</th><th colspan="3">普通减水剂 WR</th><th rowspan="2">引气减水剂 AEWR</th><th rowspan="2">泵送剂 PA</th><th rowspan="2">早强剂 Ac</th><th rowspan="2">缓凝剂 Re</th><th rowspan="2">引气剂 AE</th></tr>
<tr><th>早强剂 HPWR-A</th><th>标准型 HPWR-S</th><th>缓凝型 HPWR-R</th><th>标准型 HWR-S</th><th>缓凝型 HWR-R</th><th>早强剂 WR-A</th><th>标准型 WR-S</th><th>缓凝型 WR-R</th></tr>
<tr><td colspan="2">减水率/%，不小于</td><td>25</td><td>25</td><td>25</td><td>14</td><td>14</td><td>8</td><td>8</td><td>8</td><td>10</td><td>12</td><td>—</td><td>—</td><td>6</td></tr>
<tr><td colspan="2">泌水率/%，不大于</td><td>50</td><td>60</td><td>70</td><td>90</td><td>100</td><td>95</td><td>100</td><td>100</td><td>70</td><td>70</td><td>100</td><td>100</td><td>70</td></tr>
<tr><td colspan="2">含气量/%</td><td>≤6.0</td><td>≤6.0</td><td>≤6.0</td><td>≤3.0</td><td>≤4.5</td><td>≤4.0</td><td>≤4.0</td><td>≤5.5</td><td>≥3.0</td><td>≤5.5</td><td>—</td><td>—</td><td></td></tr>
<tr><td rowspan="2">凝结时间之差/min</td><td>初凝</td><td rowspan="2">-90～+90</td><td rowspan="2">-90～+120</td><td>>+90</td><td rowspan="2">-90～+120</td><td>>+90</td><td rowspan="2">-90～+90</td><td rowspan="2">-90～+120</td><td>>+90</td><td rowspan="2">-90～+120</td><td rowspan="2">—</td><td>-90～+90</td><td>>+90</td><td rowspan="2">-90～+120</td></tr>
<tr><td>终凝</td><td>—</td><td>—</td><td>—</td><td>—</td><td>—</td></tr>
<tr><td rowspan="2">1 h 经时变化量</td><td>坍落度/mm</td><td>—</td><td>≤80</td><td>≤60</td><td rowspan="2">—</td><td rowspan="2">—</td><td rowspan="2">—</td><td rowspan="2">—</td><td rowspan="2">—</td><td>—</td><td></td><td rowspan="2">—</td><td rowspan="2">—</td><td>—</td></tr>
<tr><td>含气量/%</td><td>—</td><td>—</td><td>—</td><td>-1.5～+1.5</td><td>—</td><td>-1.5～+1.5</td></tr>
<tr><td rowspan="4">抗压强度比/%，不小于</td><td>1d</td><td>180</td><td>170</td><td>—</td><td>140</td><td>—</td><td>135</td><td>—</td><td>—</td><td>—</td><td>—</td><td>135</td><td>—</td><td>—</td></tr>
<tr><td>3d</td><td>170</td><td>160</td><td>—</td><td>130</td><td>—</td><td>130</td><td>115</td><td>—</td><td>115</td><td>—</td><td>130</td><td>—</td><td>95</td></tr>
<tr><td>7d</td><td>145</td><td>150</td><td>140</td><td>125</td><td>125</td><td>110</td><td>115</td><td>110</td><td>110</td><td>115</td><td>110</td><td>100</td><td>95</td></tr>
<tr><td>28d</td><td>130</td><td>140</td><td>130</td><td>120</td><td>120</td><td>100</td><td>110</td><td>110</td><td>100</td><td>110</td><td>100</td><td>100</td><td>90</td></tr>
<tr><td>收缩率比/%，不大于</td><td>28d</td><td>110</td><td>110</td><td>110</td><td>135</td><td>135</td><td>135</td><td>135</td><td>135</td><td>135</td><td>135</td><td>135</td><td>135</td><td>135</td></tr>
<tr><td colspan="2">相对耐久性（200 次）/%，不小于</td><td>—</td><td>—</td><td>—</td><td>—</td><td>—</td><td>—</td><td>—</td><td>—</td><td>80</td><td>—</td><td>—</td><td>—</td><td>80</td></tr>
</table>

注：① 表 1 中抗压强度比、收缩率比、相对耐久性为强制性指标，其余为推荐性指标。② 除含气量和相对耐久性外，表中所列数据为掺外加剂混凝土与基准混凝土的差值或比值。③ 凝结时间之差性能指标中的“−”号表示提前，“+”号表示延缓。④ 相对耐久性（200 次）性能指标中的“≥80”表示将 28 d 龄期的受检混凝土试件快速冻融循环 200 次后，动弹性模量保留值≥80%。⑤ 1 h 含气量经时变化量指标中的“−”号表示含气量增加，“+”号表示含气量减少。⑥ 其他品种的外加剂是否需要测定相对耐久性指标，由供、需双方协商确定。⑦ 当用户对泵送剂等产品有特殊要求时，需要进行的补充试验项目、试验方法及指标，由供需双方协商决定。

第 6 章　预应力混凝土工程

【学习要点】

① 概述：掌握预应力混凝土按施加预应力方法的分类；了解预应力混凝土的特点。

② 先张法预应力混凝土施工：熟悉常用的先张法预应力筋；熟悉先张法预应力混凝土的施工工艺；了解先张法预应力混凝土的施工设备、机具。

③ 后张法预应力混凝土施工：掌握后张法有黏结预应力混凝土施工工艺，掌握后张法无黏结预应力混凝土施工；熟悉常用的后张法预应力筋和锚具；了解张拉设备。

6.1　概　述

本章适用于工业与民用建筑及构筑物中的现浇后张预应力混凝土及预制的先张法和后张发预应力混凝土构件，同时适用于渡槽、筒仓、高耸构筑物、桥梁等工程。另外，还适用于预应力钢结构、预应力结构的加固及体外预应力工程。

预应力施工应遵循以下规定：

（1）预应力施工必须由具有预应力专项施工资质的专业施工单位进行。

（2）预应力专业施工单位或预制构件的生产商所完成的深化设计应经原设计单位认可。

（3）在施工前，预应力专业施工单位或预制构件的生产商应根据设计文件，编制专项施工方案。

（4）预应力混凝土工程应依照设计要求的施工顺序施工，并应考虑各施工阶段偏差对结构安全度的影响。必要时应进行施工监测，并采取相应调整措施。

6.1.1　预应力混凝土的特点

普通钢筋混凝土结构具有很多优点，但它也存在一些缺点，如开裂过早、刚度较小、不能充分利用高强度材料等，从而影响了钢筋混凝土结构在土木工程中的应用。

由于混凝土的极限拉应变一般只有 0.000 1 ~ 0.0001 5，因而要使混凝土不开裂，受拉钢筋的应力只能达到 20 ~ 30 MPa；当裂缝宽度限制在 0.2 ~ 0.3 mm 时，受拉钢筋的应力也只能达到 150 ~ 250 MPa，这就使钢筋的强度未能充分地发挥。同时，开裂后构件刚度降低、变形增大，也使处于高湿度或侵蚀性环境中的构件耐久性降低。

为了克服普通钢筋混凝土结构的上述缺点，目前最好的方法是对混凝土施加预应力。即：在构件承受荷载之前，对构件受拉区域通过张拉钢筋的方法将钢筋的回弹力施加给混凝土，使得混凝土获得预压应力。这样，在构件承受荷载后，此预压应力就可以抵消荷载所产生的大部分或全部拉应力，从而延缓了裂缝的产生，抑制了裂缝的开展。

总的来说，预应力混凝土与普通钢筋混凝土相比，其优点是：构件抗裂性高、刚度大、耐久性好；可充分利用高强度钢筋和高强度等级的混凝土；可减小构件截面尺寸，减轻自重，节约材料；可扩大混凝土结构的使用功能，综合经济效益好。但是，预应力混凝土的施工，需要专门的机械设备；工艺比较复杂，要求技术水平较高；对材料要求也很严格。当然，随着施工技术的不断发展，预应力混凝土的施工工艺也将进一步成熟和完善。

目前，在建筑工程中，预应力混凝土除在屋架、吊车梁、大型屋面板和大跨度空心楼板等单个构件中应用之外，还成功地应用于现浇框架结构体系、现浇楼板结构体系、整体预应力装配式板柱结构体系等整体结构中。而在大跨度桥梁结构中，绝大多数都采用预应力混凝土。此外，在筒仓、贮液池、电视塔、核电站安全壳等技术难度较高的特种结构中，预应力混凝土也得到了广泛的应用。预应力混凝土的使用范围和数量，已成为一个国家土木工程技术水平的重要标志之一。

6.1.2 预应力混凝土的分类

预应力混凝土若按预加应力的大小可分为全预应力混凝土和部分预应力混凝土。全预应力混凝土是在全部使用荷载下受拉边缘的混凝土不允许出现拉应力，它适用于要求混凝土不开裂的结构。部分预应力混凝土是在全部使用荷载下受拉边缘的混凝土允许出现一定的拉应力或允许开裂，其综合性能较好，成本较低，适用面广。

预应力混凝土按施工方法不同可分为预制预应力混凝土、现浇预应力混凝土和叠合预应力混凝土等。

预应力混凝土按施加预应力的方法不同又可分为先张法预应力和后张法预应力。先张法是在混凝土浇筑前张拉钢筋，依靠钢筋与混凝土之间的黏结力将钢筋中的预应力传递给混凝土；后张法是在浇注混凝土并达到一定强度后张拉钢筋，依靠锚具传递预应力。在后张法中，按预应力筋的黏结状态又可分为有黏结预应力混凝土和无黏结预应力混凝土。前者在张拉后通过孔道灌浆使预应力筋与混凝土黏结在一起，共同工作；后者由于预应力筋涂有油脂，与混凝土接触面之间不存在黏结作用，此时锚具的作用显得更为重要。

6.2 先张法预应力混凝土施工

先张法是在浇筑混凝土前张拉预应力筋，并用夹具将其临时锚固在台座或钢模上，然后浇筑混凝土。待混凝土达到一定强度后再放张或切断预应力筋。先张法生产过程如图 6.1 所示。这种方法广泛用于中小型预制构件的生产。

先张法生产构件又有长线台座法和短线台模法两种。用台座法生产时，各道施工工序都在台座上进行，预应力筋的张拉力由台座承受。台模法为机组流水、传送带生产方法，预应力筋的张拉力由钢台模承受。台座法不需要复杂的机械设备，能适宜多种产品生产，故应用较广。本节将介绍台座法生产的施工方法。

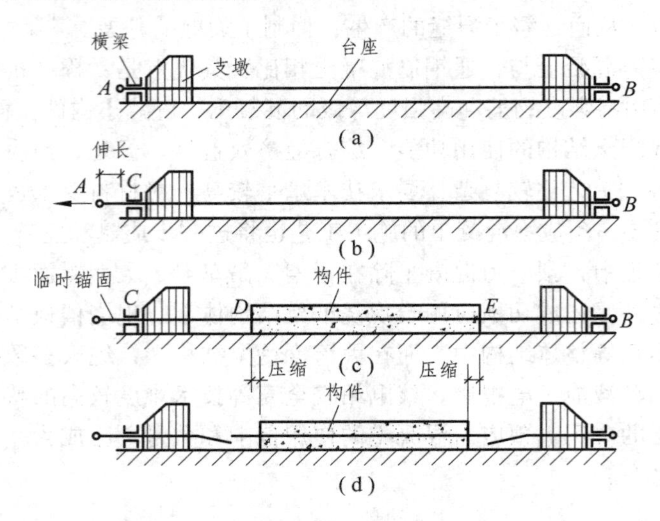

（a）钢筋就位；（b）张拉钢筋；（c）制作混凝土构件；（d）切断钢筋、挤压构件

图 6.1　先张法施工工序示意图

6.2.1　先张法预应力筋和施工设备、机具

1. 预应力筋

在先张法构件生产中，目前常采用的预应力筋为钢丝和钢绞线。钢丝是消除应力钢丝，并采用其中的螺旋肋钢丝和刻痕钢丝，以保证钢丝与混凝土的黏结力。钢绞线按捻制结构不同分为 1×3 钢绞线和 1×7 钢绞线；按深加工不同又分为标准型钢绞线和刻痕钢绞线，后者是由刻痕钢丝捻制而成，增加了钢绞线与混凝土的黏结力。

2. 台　座

台座是先张法生产中的主要设备之一，它承受预应力筋的全部张拉力。因此，台座应具有足够的强度、刚度和稳定性，以免因台座的变形、倾覆和滑移而造成预应力的损失。台座按构造不同可分为墩式台座和槽式台座两类。

1）墩式台座

墩式台座由承力台墩、台面与横梁组成，其长度宜为 50 ~ 150 m，宽度一般不大于 2 m。目前常用的墩式台座是将台墩与台面相连，共同受力。台座的荷载应根据构件张拉力的大小来确定，一般可按台座每米宽为 200 ~ 500 kN 的力来设计。

（1）承力台墩。

承力台墩一般埋置在地下，由现浇钢筋混凝土制成。台墩应具有足够的承载力、刚度和稳定性。台墩的稳定性验算包括抗倾覆验算和抗滑移验算。

台墩的抗倾覆验算如图 6.2 所示，按下式进行计算

$$K=\frac{M_1}{M}=\frac{GL+E_pe_2}{Ne_1}\geqslant 1.5 \tag{6.1}$$

式中 K——抗倾覆安全系数，应不小于1.50；

M——倾覆力矩，由预应力筋的张拉力产生；

N——预应力筋的张拉力；

e_1——预应力筋张拉力的合力作用点至倾覆点的力臂；

M_1——抗倾覆力矩，由台墩自重和主动土压力等产生；

G——台墩的自重；

L——台墩重心至倾覆点的力臂；

E_p——台墩后面主动土压力的合力，当台墩埋置深度较浅时，可忽略不计；

e_2——主力土压力合力重心至倾覆点的力臂。

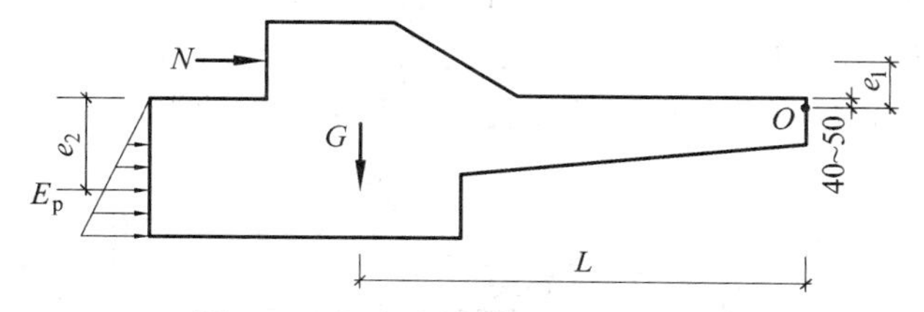

图6.2 承力台墩抗倾覆计算简图

台墩的倾覆点 O 的位置，对于与台面共同工作的台墩，理论上应在台面的表面处。但考虑到台墩的倾覆趋势使得台面端部顶点处有可能出现应力集中现象，以及混凝土面抹面层的强度不足的影响，因此，实际计算中倾覆点宜取在混凝土台面下40～50 mm处。

台墩的抗滑移验算，可按下式进行

$$K_c=\frac{N_1}{N}\geqslant 1.30 \tag{6.2}$$

式中 K_c——抗滑移安全系数，应不小于1.30；

N_1——抗滑移的力，对独立的台墩，由台墩前面的被动土压力和底部摩阻力等产生。

对于与台面共同工作的台墩，可不进行抗滑移验算，而应验算台面的承载力。

台墩的承载力计算，包括支承横梁的牛腿和台墩与台面接触的外伸部分的设计计算，应分别按钢筋混凝土结构的牛腿和偏心受压构件进行计算及配筋。

（2）台面。

台面一般是在夯实的碎石垫层上浇筑一层厚度为60～100 mm的混凝土而成。

其水平承载力F可按下式计算

$$F=\frac{\varphi\cdot Af_c}{K_1\cdot K_2}\geqslant N \tag{6.3}$$

式中 φ——轴心受压构件稳定系数，可取 $\varphi=1$；

A——台面截面面积；

f_c——混凝土轴心抗压强度设计值；

K_1——台面承载力超载系数，取1.25；

K_2——考虑台面截面不均匀和其他影响因素的附加安全系数，取1.50。

台面伸缩缝可根据当地温差和经验设置，一般约为每 10 m 长设置一道。也可采用预应力混凝土滑动台面，不留伸缩缝。

（3）横梁。

台座的两端设置有固定预应力筋的横梁，一般用型钢制作。横梁按承受均布荷载的简支梁计算，除满足在张拉力作用下的强度要求外，其挠度应控制在 2 mm 以内，并不得产生翘曲，以减少预应力损失。

2）槽式台座

生产吊车梁、箱梁等中型构件时，由于张拉力和倾覆力矩都较大，大多采用槽式台座。槽式台座由通长的钢筋混凝土压杆、端部上下横梁及台面组成，如图 6.3 所示。台座的长度一般不超过 50 m，宽度随构件外形及制作方式而定，一般不小于 1 m。在台座上加砌砖墙，加盖后还可以进行蒸汽养护。为便于浇筑混凝土和蒸汽养护，槽式台座一般多低于地面。在施工现场还可利用已预制好的柱、桩等构件，装配成简易的槽式台座。

设计槽式台座时，也应进行抗倾覆稳定性验算和承载力计算。

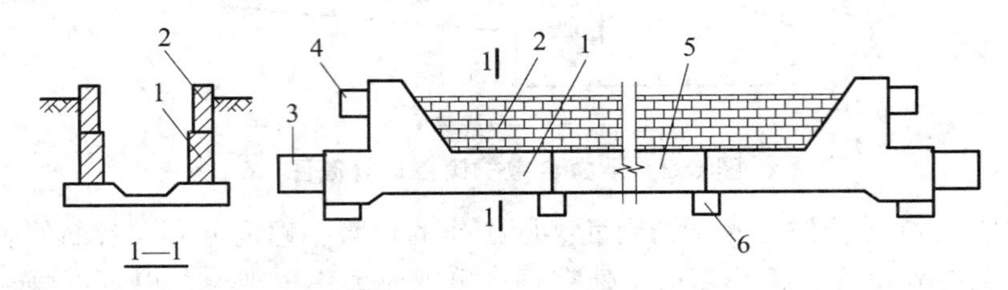

1—钢筋混凝土压杆；2—砖墙；3—下横梁；4—上横梁

图 6.3 槽式台座构造示意

3. 夹 具

在先张法施工中，夹具是进行预应力筋张拉和临时锚固的工具，夹具应工作可靠、构造简单、施工方便。根据夹具的工作特点，可将其分为张拉夹具和锚固夹具。

1）单根钢丝夹具

（1）锥销夹具。

锥销夹具适用于夹持单根直径 4 ~ 5 mm 的钢丝。锥销夹具由套筒与锚塞组成，如图 6.4 所示。套筒采用 45 号钢，锚塞采用倒齿形。

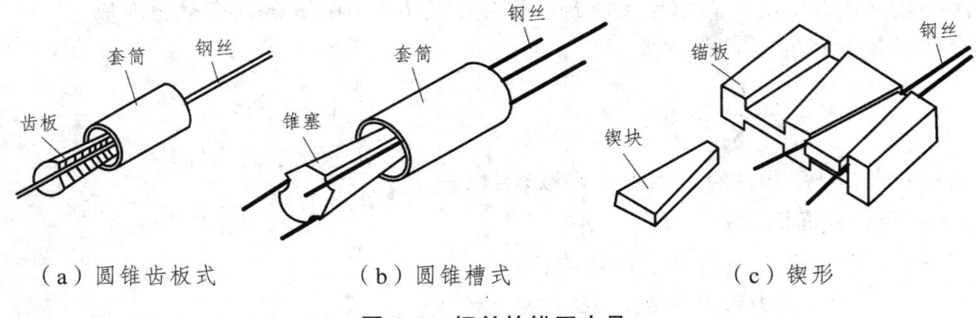

（a）圆锥齿板式　（b）圆锥槽式　（c）楔形

图 6.4 钢丝的锚固夹具

（2）夹片夹具。

夹片夹具适用于夹持单根直径 5 mm 的钢丝。夹片夹具由套筒和夹片组成，如图 6.5 所示。其中，图（a）夹具用于固定端；图（b）夹具用于张拉端，其套筒内装有弹簧圈，随时将夹片顶紧，以确保成组张拉时夹片不滑脱。

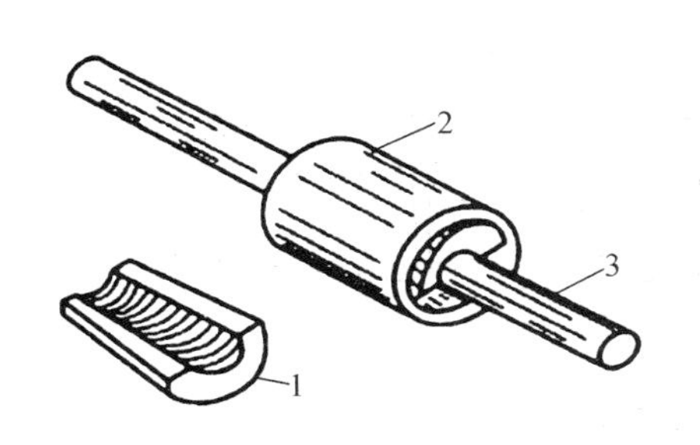

（a）1—销片；2—套筒；3—预应力筋

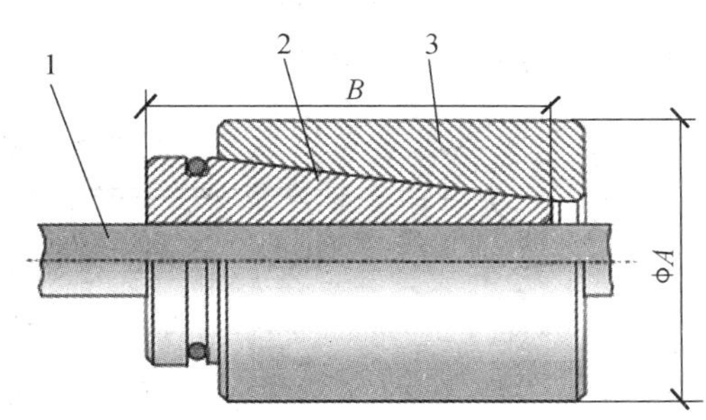

（b）1—预应力筋；2—工具夹片；3—单孔工具锚

图 6.5 两片式销片夹具

（3）镦头夹具。

预应力钢丝的固定端常采用镦头夹具，它适用于直径 7 mm 的钢丝，镦头可采用冷墩法制作。镦头夹具见图 6.6，夹具材料采用 45 号钢。

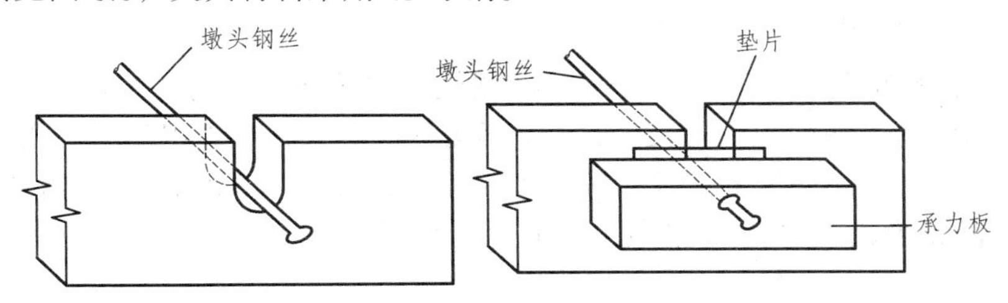

图 6.6 镦头夹具

2）钢丝张拉夹具

先张法中的钢绞线均采用单孔夹片锚具，它由锚环与夹片组成，如图 6.7（a）（b）所示。夹片的种类按片数可分为三片式和二片式，如图 6.8（a）（b）所示。二片式夹片的背面上部常开有一条弹性槽，以提高锚固性能；夹片按开缝形式可分为直开缝与斜开缝，直开缝夹片最为常用，斜开缝偏转角的方向与钢绞线的扭角相反。锚具的锚环采用 45 号钢；夹片采用合金钢 20CrMnTi，齿形为斜向细齿。

（a）二片式夹片

（b）三片式夹片

图 6.7 夹片式锚具实物

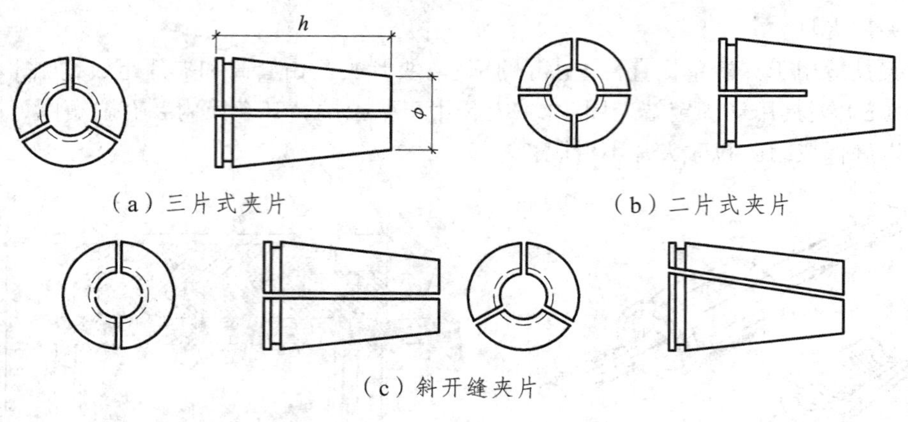

（a）三片式夹片　（b）二片式夹片

（c）斜开缝夹片

图 6.8　单孔夹片锚具

4. 张拉机具

先张法施工中预应力钢丝的张拉既可单根张拉，也可多根张拉。在台座上生产时多进行单根张拉，由于张拉力较小，一般采用电动螺杆张拉机或小型电动卷扬机。预应力钢绞线的张拉则常采用穿心式千斤顶。

1）电动螺杆张拉机

电动螺杆张拉机的构造如图 6.9 所示，为了便于工作和转移，将其装置在带轮小车上。电动螺杆张拉机操作时，按张拉力的数值首先调整好测力计标尺，再用丝钳夹住钢丝，开动电动机，螺杆向后运动，钢丝即被张拉。当达到张拉力数值时，电动机自动停止转动。待锚固好钢丝后，使电动机反向旋转，螺杆就向前运动，放松钢丝，完成一次张拉操作。

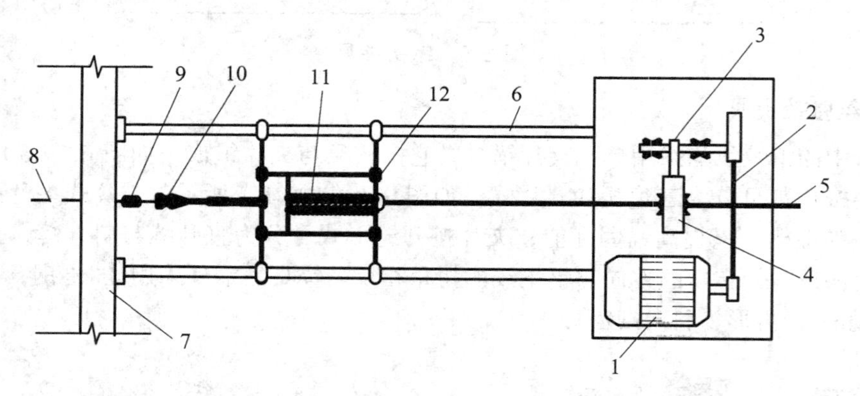

1—电动机；2—皮带传动；3—齿轮；4—齿轮螺母；5—螺杆；6—顶杆；7—台座横梁；
8—钢丝；9—锚固夹具；10—张拉夹具；11—弹簧测力器；12—滑动架

图 6.9　电动螺杆张拉机构造

2）电动卷扬张拉机

电动卷扬张拉机主要由电动卷扬机、弹簧测力计、电器自动控制装置及专用夹具等组成。操作时按张拉力预先标定弹簧测力计，开动卷扬机张拉钢丝，当达到预定张拉力时电源自动切断，实现张拉力自动控制。

3）穿心式千斤顶

预应力钢绞线的张拉常采用穿心式千斤顶，这是一种多功能的轻型穿心式千斤顶，主要用于张拉单根 Φ^s12.7 或必 Φ^s15.2 的钢绞线。穿心式千斤顶和前卡式穿心式千斤顶的外观及工作过程如图 6.10 和图 6.11 所示。

图 6.10　穿心式千斤顶

图 6.11　前卡式穿心式千斤顶

4）钢丝的张拉夹具

钢丝夹具是预应力筋进行张拉和临时固定的工具，可以重复使用。对夹具的要求是：工作方便可靠，构造简单，加工方便，如图 6.12 所示。

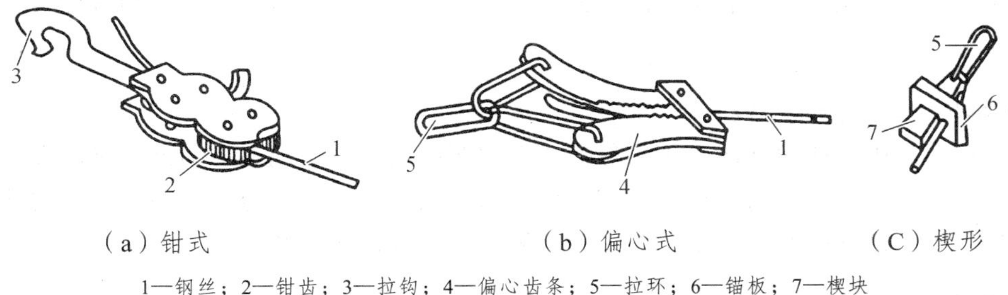

（a）钳式　　（b）偏心式　　（C）楔形

1—钢丝；2—钳齿；3—拉钩；4—偏心齿条；5—拉环；6—锚板；7—楔块

图 6.12　钢丝的张拉夹具

6.2.2　先张法预应力混凝土施工工艺

先张法预应力混凝土构件在台座上生产时，一般工艺流程如图 6.13 所示。

1. 预应力筋铺设

在铺设预应力筋之前，为便于构件的脱模，台座的台面和模板上应涂刷非油质类隔离剂。同时，为避免铺设预应力筋时因其自重而下垂，破坏隔离剂和沾污预应力筋，从而影响预应力筋与混凝土的黏结，应在台面上安放垫块或定位钢筋。预应力钢丝宜用牵引车铺设。如果钢丝需要接长，可借助钢丝拼接器用 20 ~ 22 号铁丝密排绑扎搭接。其绑扎长度，对螺旋肋钢丝不应小于 45d，对刻痕钢丝不应小于 80d，钢丝搭接长度应比绑扎长度大 10d。

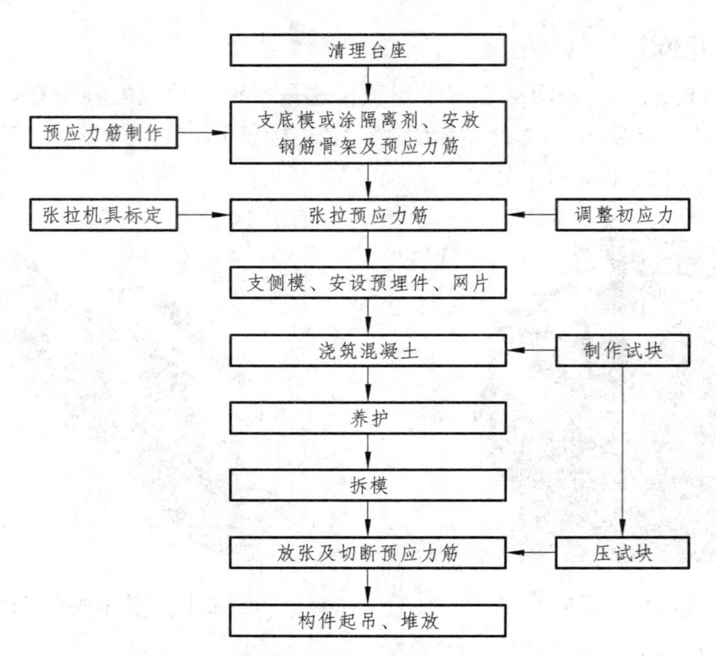

图 6.13　先张法预应力施工工艺流程

2. 预应力筋的张拉

预应力筋的张拉工作是施工中的关键工序，预应力筋的张拉应力应严格按照设计要求加以控。

1）张拉方法

先张法生产中预应力筋的张拉一般采用单根张拉的方法。当预应力筋数量较多且密集布筋，张拉设备拉力亦较大时，可采用多根成组张拉的方法，此时应先调整各预应力筋的初应力，使其长度和松紧一致，以保证张拉后各预应力筋的应力一致。

2）张拉顺序

在确定预应力筋的张拉顺序时，应考虑尽可能减小台座的倾覆力矩和偏心力。预制空心板梁的张拉顺序为先张拉中间的一根，再逐步向两边对称张拉。预制梁的张拉顺序应为左右对称进行，如梁顶预拉区配有预应力筋，则应先进行张拉。

3）张拉程序

预应力钢丝的张拉，由于张拉工作量大，宜采用一次张拉的程序

$$0 \rightarrow 1.03\sigma_{con} \sim 1.05\sigma_{con} \text{ 锚固}$$

其中，σ_{con} 为设计规定的张拉控制应力，系数 1.03 ~ 1.05 是考虑弹簧测力计的误差、台座横梁或定位板刚度不足、台座长度不符合设计取值、工人操作影响等而采用。

预应力钢绞线的张拉，当采用普通松弛钢绞线时宜采取超张拉，当采用低松弛钢绞线时，可采取一次张拉，张拉程序分别如下

$$\text{超张拉}\quad 0 \rightarrow 1.05\sigma_{con} \xrightarrow{\text{持荷2 min}} \sigma_{con} \text{（锚固）}$$

一次张拉　$0 \to \sigma_{con}$（锚固）

4）预应力值校核

对预应力钢绞线的张拉应力，一般校核其伸长值。《混凝土结构工程施工质量验收规范》（GB 50204—2015）中规定：预应力筋的实际伸长值与设计计算理论伸长值的相对允许偏差为±6%。

对于预应力钢丝，则在张拉锚固后，应采用钢丝内力测定仪检查其预应力值，如图 6.14 所示。测定时用测钩勾住钢丝，扭动旋钮又钢丝施加横向力，当挠度表上的液晶显示屏读数，即为钢丝的内力值。一根钢丝要重复测定 4 次，取后 3 次的平均值作为钢丝的口力值。

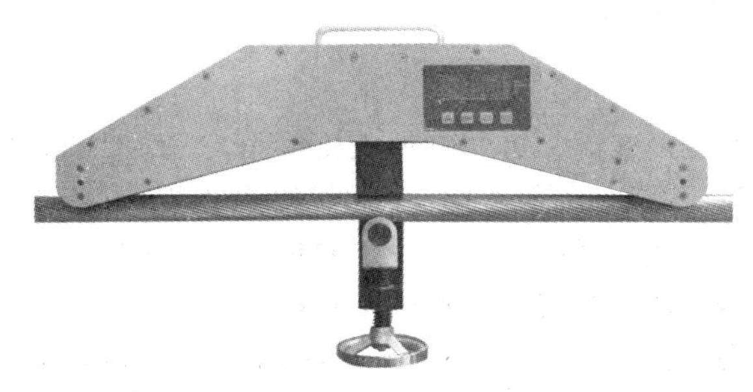

图 6.14　钢丝内力测定仪

检测工作应在钢丝张拉锚固 1 h 后进行，因为此时锚固损失已完成，钢筋应力松弛损失也部分完成。《混凝土结构工程施工质量验收规范》（GB 50204—2015）中规定：预应力筋张拉锚固后实际建立的预应力值与设计规定检验值的相对允许偏差为±5%。

此外，张拉工作中还应注意的是：预应力筋张拉后的位置与设计位置的偏差不得大于 5 mm，且不得大于构件截面短边边长的 4%。在浇筑混凝土前，预应力筋发生断裂或滑脱的，必须予以更换。

3. 混凝土的浇筑与养护

预应力筋张拉完毕后，应尽快进行非预应力筋的绑扎、侧模的安装及混凝土浇筑工作。在确定混凝土配合比时，应采用低水灰比，并控制水泥用量和采用良好级配的骨料，以尽量减少混凝土的收缩和徐变，从而减少由此引起的预应力损失。混凝土的浇筑必须一次完成，不允许留设施工缝。浇筑中振动器不得碰撞预应筋，并保证混凝土振捣密实，尤其是构件端部更应确保浇筑质量，以使混凝土与预力筋之间具有良好的黏结力，保证预应力的传递。

混凝土可采用自然养护或湿热养护，但在台座上进行预应力构件的湿热养护时，应采取正确的养护制度，以减少由温差而引起的预应力损失。通常可采取二次升温制，即初次升温的养护温度与张拉钢筋时的温度之差不超过 20 °C，当混凝土强度达到 7.5 ~ 10 MPa 后，再继续升温养护。

4. 预应力筋的放张

1）放张要求

预应力筋放张时，混凝土的强度应符合设计要求；当设计无具体要求时，不应低于设计的混凝土立方体抗压强度标准值的 75%。放张前，应拆除侧模，使构件放张时能自由压缩，以免损坏模板或构件开裂。

2）放张顺序

预应力筋的放张顺序，应符合设计要求；如设计未规定，可按下列顺序进行：

① 对承受轴心预压力的构件（如拉杆），所有预应力筋应同时放张；

② 对承受偏心预压力的构件（如梁），应先同时放张预压力较小区域的预应力筋，再同时放张预压力较大区域的预应力筋；

③ 若不能按上述顺序放张时，应分阶段、对称、交错地放张，以防止在放张过程中构件产生弯曲、裂纹及预应力筋断裂等现象。

3）放张方法

总的来说，在预应力筋放张时，宜缓慢地放松锚固装置，使得各根预应力筋同时得以缓慢放松。对于配有数量不多的钢丝的板类构件，钢丝的放张可直接用钢丝钳或氧-乙炔焰切断。放张工作宜从长线台座的中间处开始，以减少回弹量且利于脱模；对每一块板，应从外向内对称切割，以免构件扭转而端部开裂。若构件中的钢丝数量较多，所有钢丝应同时放张，不允许采用逐根放张的方法，否则最后的几根钢丝将因承受过大的拉力而突然断裂，导致构件端部开裂。对于配筋量较多且张拉力较大的钢绞线，也应同时放张。多根钢丝或钢绞线的放张，可采用砂箱整体放张法和楔块整体放张法。砂箱装置（图 6.15）或楔块装置（图 6.16）均放置在台座与横梁之间，起到了控制放张速度的作用，且工作可靠、施工方便。

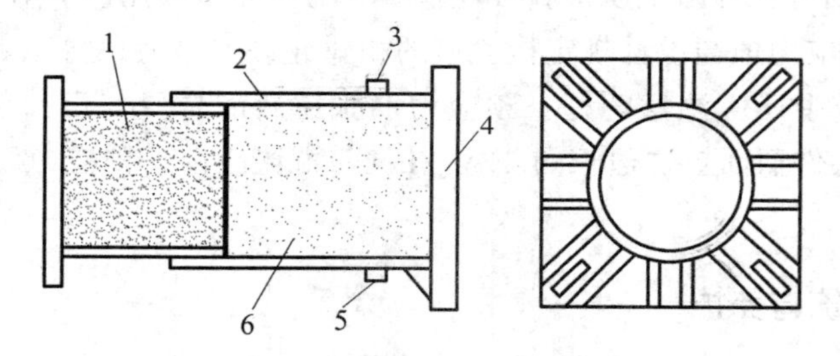

1—活塞；2—钢套箱；3—进砂口；4—钢套箱底板；5—出砂口；6—砂

图 6.15　砂箱构造

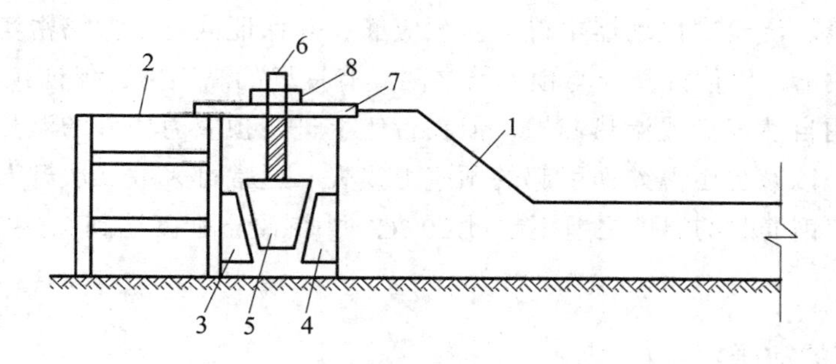

1—台座；2—横梁；3，4—钢块；5—钢楔块；6—螺杆；7—承力板；8—螺母

图 6.16　楔块放张示意

6.3　后张法预应力混凝土施工

后张法是先制作构件或结构，待混凝土达到一定强度后，在构件或结构上张拉预应力筋并用锚具锚固，通过锚具对混凝土施加预应力。后张法预应力施工，不需要台座设备，灵活性大，广泛用于生产大型预制预应力混凝土构件和现浇预应力混凝土结构的施工现场。后张法预应力混凝土又分为有黏结预应力和无黏结预应力两类。

有黏结预应力构件或结构制作时，需预先留设孔道，预应力筋穿入孔道并张拉锚固，最后进行孔道灌浆。这种方法，通过孔道灌浆使预应力筋与混凝土相互黏结，减轻了锚具传递预应力的作用，提高了锚固的可靠性与耐久性，广泛用于主要承重构件或结构。

无黏结预应力构件或结构制作时，直接铺设无黏结预应力筋，待混凝土达到一定强度后，张拉预应力筋并锚固。这种方法不需要留孔和灌浆，施工方便，但预应力只能永久地依靠锚具传递给混凝土，宜用于分散配置预应力筋的楼板、墙板、次梁及低预应力度的主梁等。

6.3.1　后张法预应力筋和施工设备、机具

1. 预应力筋（有黏结预应力）

在后张法有黏结预应力施工中，目前预应力钢材主要采用消除应力光面钢丝和 1×7 钢绞线，有时也采用精轧螺纹钢筋，在低预应力度构件中也可采用热轧 HRB400 和 RRB400 级钢筋。预应力钢丝按力学性能不同分为普通松弛钢丝和低松弛钢丝。预应力钢绞线则可采用标准型钢绞线和模拔钢绞线（图 6.17）。模拔钢绞线是在捻制成型后再经模拔处理制成，这种钢绞线内的钢丝在模拔时被压扁，使钢绞线外径减小，可减小孔道直径或在相同直径的孔道内增加钢绞线数量，而且各钢丝之间及与锚具间由点接触成为面接触，接触面较大而易于锚固。精轧螺纹钢筋是用热轧方法在整根钢筋表面上轧出无纵肋而横肋为不连续的螺纹，如图 6.18 所示。该钢筋在任意截面处都能用带内螺纹的连接器接长或用螺母进行锚固，具有无需焊接、锚固简便的特点。

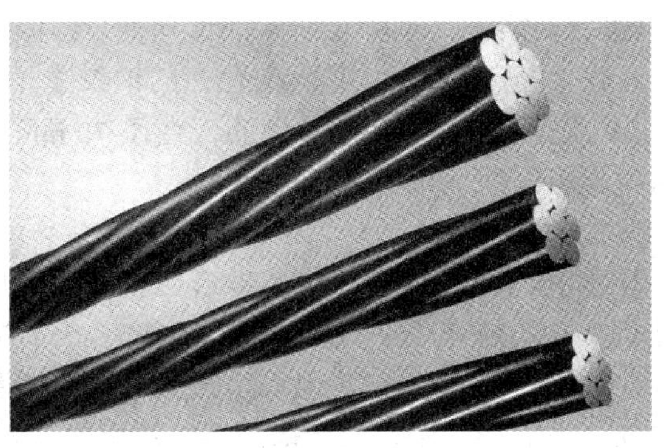

钢绞线外形

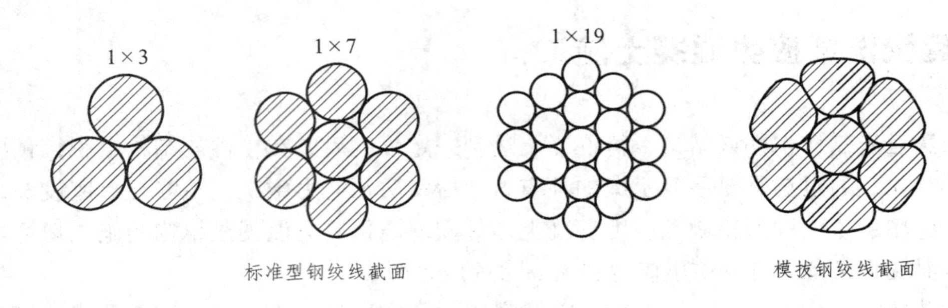

图 6.17　预应力钢绞线

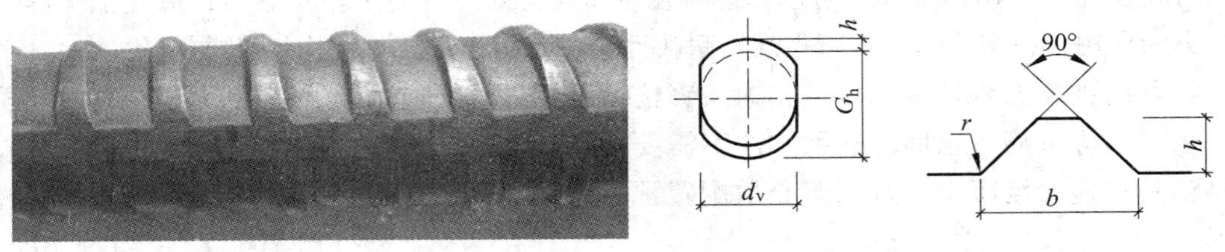

（a）精轧螺纹钢筋外管　　（b）精轧螺纹钢筋断面

图 6.18　精轧螺纹钢筋

以上各种预应力钢材在有黏结预应力结构或构件中的应用可归纳为三种类型，即钢丝束、钢绞线束和单根粗钢筋。

2. 锚　具

在后张法结构或构件中，锚具是为保持预应力筋拉力并将其传递到混凝土上的永久性锚固装置。锚具应具有可靠的锚固能力，且应构造简单、操作方便、体形较小、成本较低。锚具按其锚固方式不同，可分为夹片式（单孔与多孔夹片锚具）、支承式（镦头锚具、螺母锚具等）、锥塞式（钢质锥形锚具等）和握裹式（挤压锚具、压花锚具等）4 类。按所锚固预应力筋的类型不同，可分为钢绞线用锚具、钢丝束锚具和粗钢筋锚具，现分别介绍如下。

1）钢绞线锚具

（1）单孔夹片锚具。

单孔夹片锚具的组成与类型见 6.2.1 节中图 6.8。在后张法施工中，此种锚具与承压钢板、螺旋筋共同组成单孔夹片锚固体系，如图 6.19 所示。单孔夹片锚固体系适用于锚固单根无黏结预应力钢绞线，常用于锚固直径为 ϕ^s12.7 或势 ϕ^s15.2 的钢绞线；锚具下承压钢板的尺寸宜为 80 mm × 80 mm × 12 mm；螺旋筋采用 ϕ6 mm 钢筋，直径 70 mm，共 4 圈。此外，也可将单孔夹片锚具的锚环与承压钢板合一，采用铸钢制成。

（2）多孔夹片锚具。

多孔夹片锚具是在一块多孔的锚板上利用每个锥形孔装一副夹片，夹持一根钢绞线。其优点是任何一根钢绞线锚固失效，都不会引起整体锚固失效，因而锚固可靠。多孔夹片锚具与锚垫板（也称铸铁喇叭管、锚座）、螺旋筋等组成多孔夹片锚固体系，如图 6.20 所示。此种锚固体系在后张法有黏结预应力混凝土中，用于锚固钢绞线束，每束钢绞线的根数不受限制，对锚板与夹片的要求，与单孔夹片锚具相同。

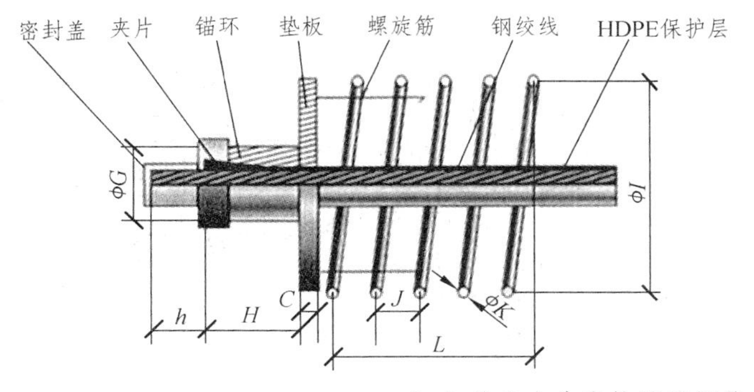

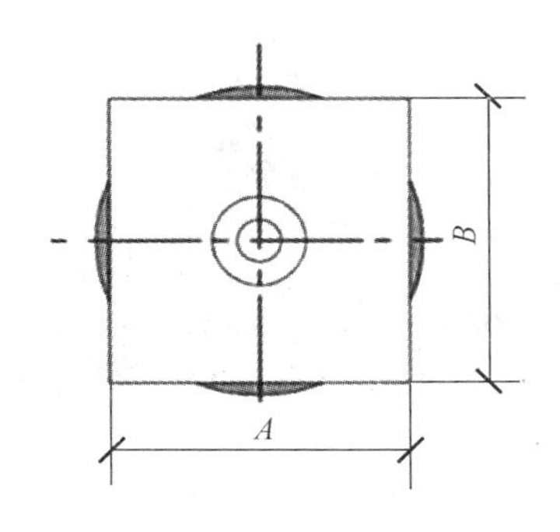

（a）单孔夹片张拉端锚固体系

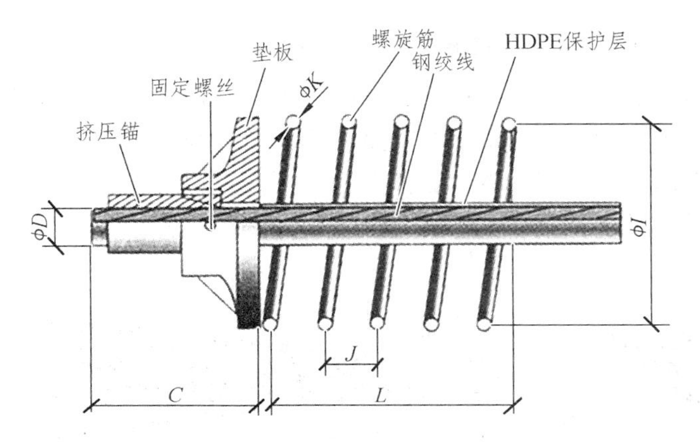

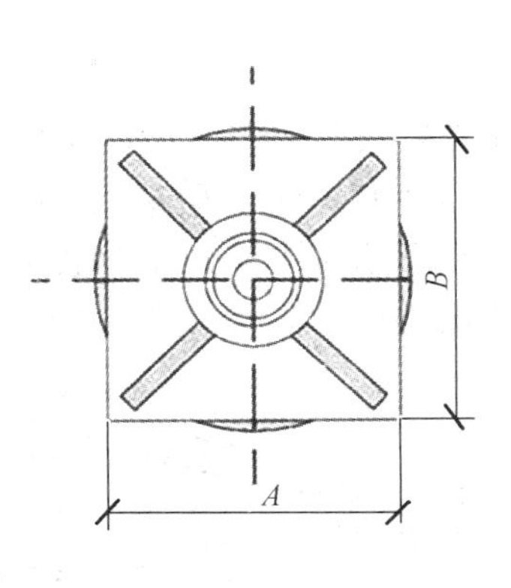

（b）单孔夹片固定端锚固体系

图 6.19

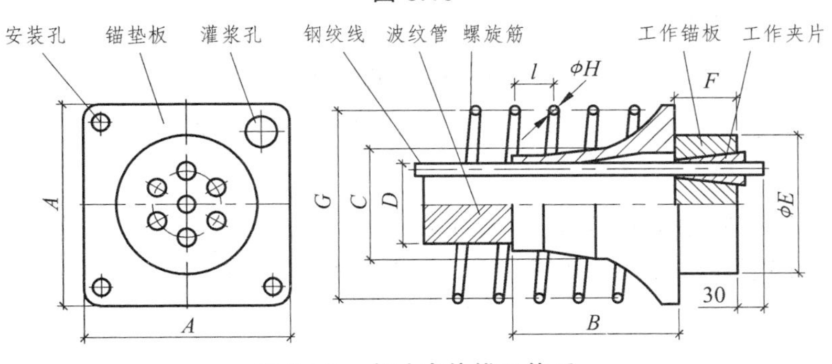

图 6.20　多孔夹片锚固体系

多孔夹片锚具目前在施工中被广泛应用，其品种有 QM 型、OVM 型，HVM 型和 B&S 型等多种型号，可分别锚固 $\phi^{s}12.7 \sim \phi^{s}15.7$ 的强度为 1 570 ~ 1 860 MPa 的各类钢绞线。

（3）固定端锚具。

钢绞线用固定端锚具有挤压锚具、压花锚具等。

挤压锚具是在钢绞线端部安装异形钢丝衬圈和挤压套，利用专用挤压机将挤压套挤过模孔后，使套筒变细，而握紧钢绞线，形成可靠的锚固头。挤压锚具下设钢垫板与螺旋筋，形成锚固体系，它既适用于有黏结预应力钢绞线束，例如 BM15（13）型（图 6.21）也适用于无黏结预应力单根钢绞线，应用范围最广。

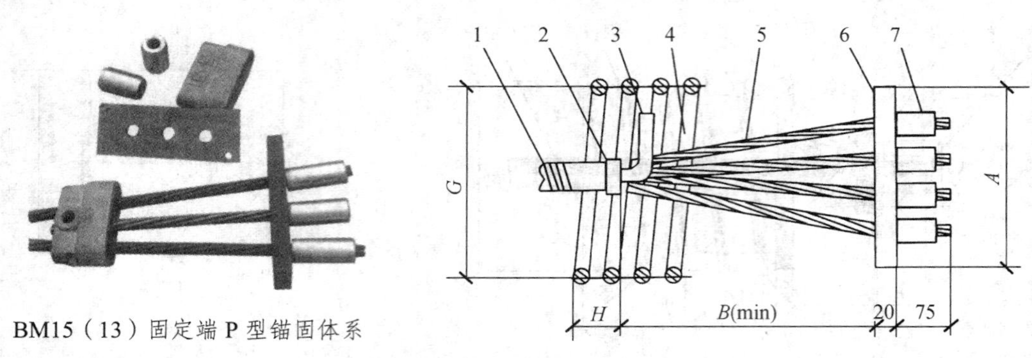

BM15（13）固定端 P 型锚固体系

1—扁波纹管；2—扁约束圈；3—排气管；4—扁螺旋筋；5—钢绞线；6—固定锚板；7—挤压锚

图 6.21　BM15（13）固定端 P 型锚具结构

压花锚具是利用专用压花机将钢绞线端头压成梨形散花头并埋入混凝土内一种握裹式锚具，如图 6.22 所示。混凝土强度不低于 C30。多根钢绞线的梨形头应分排埋置在混凝土内。为提高压花锚四周及散花头根部混凝土的抗裂强度，在散花头头部配置构造筋，在散花头根部配置螺旋筋。此种锚具仅用于固定端空间较大的有黏结钢绞线，但成本最低。

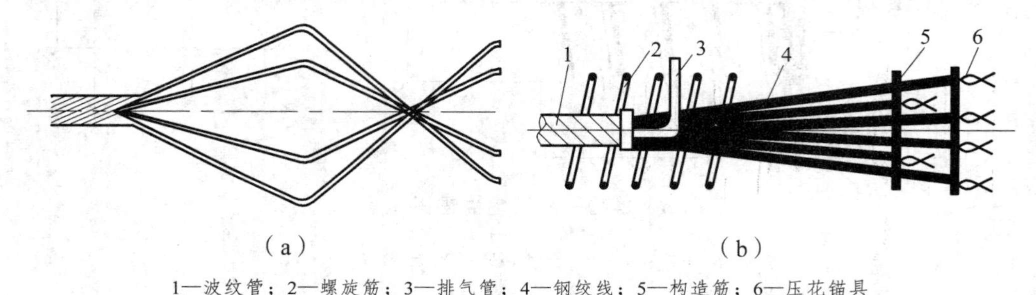

（a）　　　　（b）

1—波纹管；2—螺旋筋；3—排气管；4—钢绞线；5—构造筋；6—压花锚具

图 6.22　压花锚具

2）钢丝束锚具

（1）镦头锚具。

镦头锚具是利用钢丝两端的镦粗头来锚固预应力钢丝束的一种锚具。镦头锚具分为 A 型与 B 型，如图 6.23 所示。A 型由锚杯与螺母组成，用于张拉端，锚杯内外壁均有丝扣，内丝

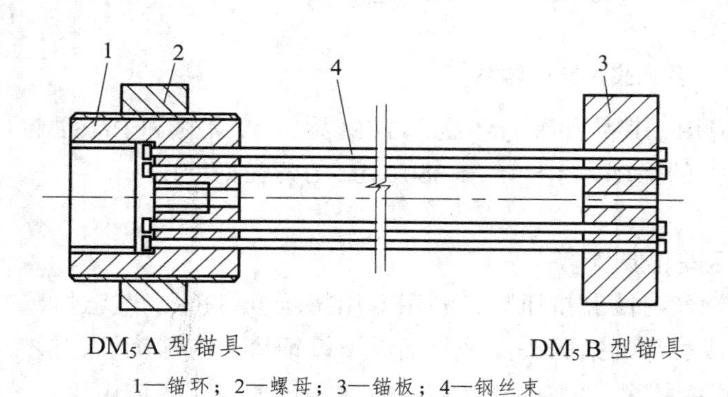

DM_5 A 型锚具　　DM_5 B 型锚具

1—锚环；2—螺母；3—锚板；4—钢丝束

图 6.23　钢丝束镦头锚具

图 6.24　钢制锥形锚具

扣用于连接张拉设备的螺丝杆，外丝扣用于拧紧螺母以锚固钢丝束。B 型为锚板，用于固定端。钢丝采用液压冷镦器镦头，施工时钢丝束一端可在制束时将头镦好，另一端则待穿束后镦头。镦头锚具适用于锚固任意根数的 $\phi^{\mathrm{P}}5$ 与 $\phi^{\mathrm{P}}7$ 钢丝束，其孔数、间距及形式可根据钢丝束根数自行设计。此种锚具加工简便、张拉方便、锚固可靠、成本较低，但对钢丝束的等长要求较严。

（2）钢质锥形锚具。

钢质锥形锚具由锚环和锚塞组成，用于锚固以锥锚式千斤顶张拉的钢丝束。锚环内孔的锥度与锚塞的锥度严格保持一致，均应 50°，锚塞表面刻有细齿槽，以夹紧钢丝，如图 6.24 所示。为防止钢丝在锚具内卡伤或卡断，锚环两端出口处均有倒角，锚塞小头处还有 5 mm 长无齿段。这种锚具适用于锚固 6 ~ 30 根 $\phi^{\mathrm{P}}7$ 和 12 ~ 24 根 $\phi^{\mathrm{P}}7$ 的钢丝束。

3）粗钢筋锚具

预应力筋中的粗钢筋目前采用的是精轧螺纹钢筋。精轧螺纹钢筋锚具是利用与该钢筋的螺纹相匹配的特制螺母进行锚固的一种支承式锚具，螺母下有垫板。螺母分为平面螺母和锥面螺母 2 种，相应的垫板也分为平面垫板和锥面垫板两种，如图 6.25 所示。锥面螺母可通过螺母上锥体与垫板上锥孔的配合，保证预应力筋的准确对中，螺母上开缝的作用是增强其对预应力筋的夹持力。精轧螺纹钢筋连接器的内螺纹也与钢筋的螺纹相匹配，可方便地进行钢筋的接长，如图 6.25（b）所示。

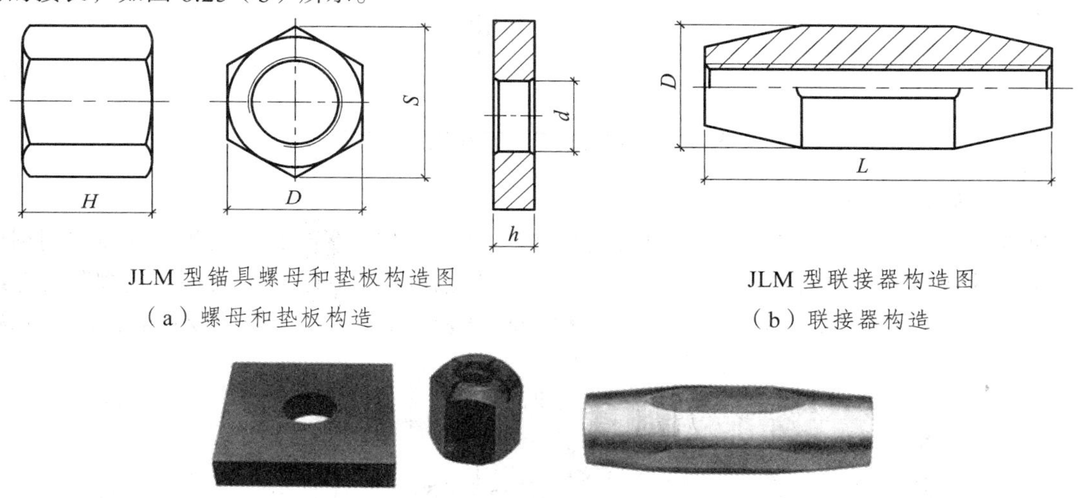

JLM 型锚具螺母和垫板构造图

（a）螺母和垫板构造

JLM 型联接器构造图

（b）联接器构造

（c）精轧螺纹钢筋锚具外观

图 6.25 精轧螺纹钢筋锚具与联接器

3. 张拉设备

在张拉预应力混凝土施工中，预应力筋的张拉均采用液压张拉千斤顶，并配有电动油泵和外接油管，还需装有测力仪表。液压张拉千斤顶按机型不同可分为拉杆式千斤顶、穿心式千斤顶、锥锚式千斤顶等；按使用功能不同可分为单作用千斤和双作用千斤顶；按张拉吨位大小可分为小吨位（≤250 kN）、中吨位（ > 250 kN， < 1 000 kN）和大吨位（≥1 000 kN）千斤顶。由于拉杆式千斤顶是单作用千斤顶，且只能张拉吨位≤600 kN 的支承式锚具，已逐步被多功能的穿心式千斤顶代替。现将目前常用的千斤顶介绍如下。

1）穿心式千斤顶

穿心式千斤顶是一种利用双液缸张拉预应力筋和顶压锚具的双作用千斤顶，它主要由张拉油缸、顶压油缸、顶压活塞、回程弹簧等组成。张拉前需将预应力筋穿过千斤顶固定在其尾部的工具锚上。目前该系列产品有 YC20D 型、YC60 型和 YC120 型等，YC60 型千斤顶的构造及工作原理见图 6.26。穿心式千斤顶适应性强，既适用于张拉需要顶压的夹片式锚具；配上撑脚与拉杆后，也可用于张拉螺杆锚具和镦头锚具；在前端装上分束顶压器后还可张拉钢质锥形锚具。

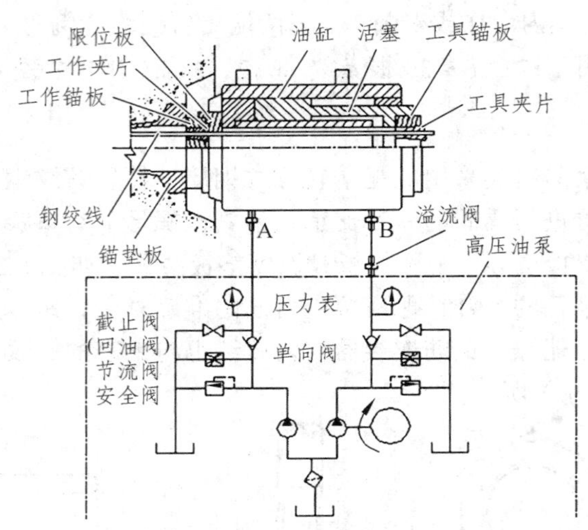

图 6.26　穿心式千斤顶构造及工作原理

2）锥锚式千斤顶

锥锚式千斤顶是一种具有张拉、顶锚和退楔功能的三作用千斤顶，仅用于张拉采用钢质锥形锚具的钢丝束。锥锚式千斤顶由张拉油缸、顶压油缸、锥形卡环、楔块和退楔装置等组成，如图 6.27 所示。目前，该系列产品有 YZ38 型、YZ60 型、YZ85 型和 YZ150 型千斤顶等。

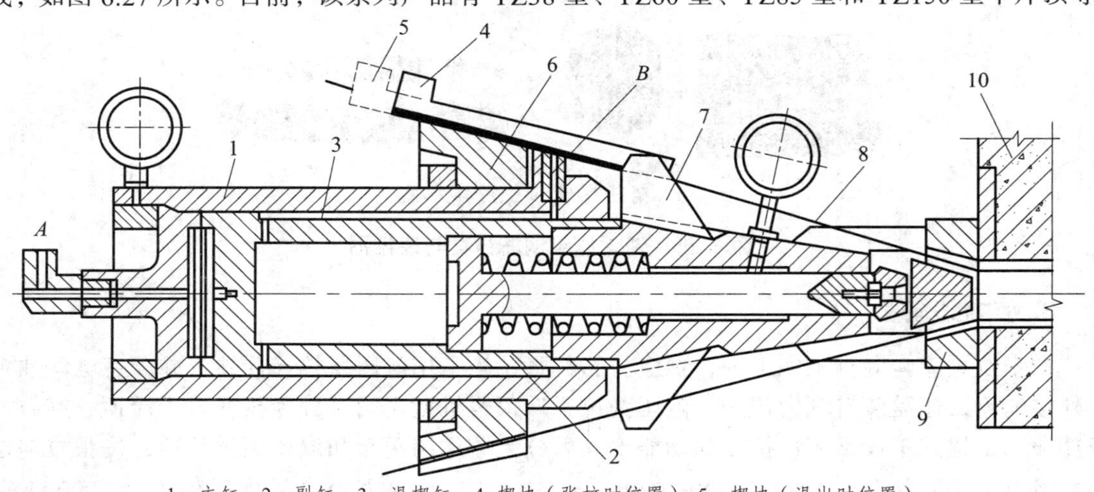

1—主缸；2—副缸；3—退楔缸；4-楔块（张拉时位置）；5—楔块（退出时位置）；
6—锥形卡环；7—退楔翼片；8—钢丝；9—锥形锚具；10—构件；A、B—进油嘴

图 6.27　锥锚式千斤顶

3）前置内卡式千斤顶

前置内卡式千斤顶是一种将工具锚安装在千斤顶前部的穿心式千斤顶。这利千斤顶的优点是可减小预应力筋的外伸长度，从而节约钢材；且其使用方便、效率高。目前，该系列产品有 YDCQ 型前卡式和 YDCN 型内卡式千斤顶，每一型号又有多种规格产品。

4）大孔径穿心式千斤顶

大孔径穿心式千斤顶又称群锚千斤顶，是一种具有一个大口径穿心孔，利用单液缸张拉预应力筋的单作用千斤顶。这种千斤顶被广泛用于张拉大吨位钢绞线束；配上撑脚与拉杆后，也可作为拉杆式穿心千斤顶。目前该系列产品有 YCD 型、YCQ 型和 YCW 型千斤顶，每一型号又有多种规格产品。

6.3.2 后张法有黏结预应力混凝土施工工艺

后张法有黏结预应力混凝土的施工工艺流程，如图 6.28 所示。

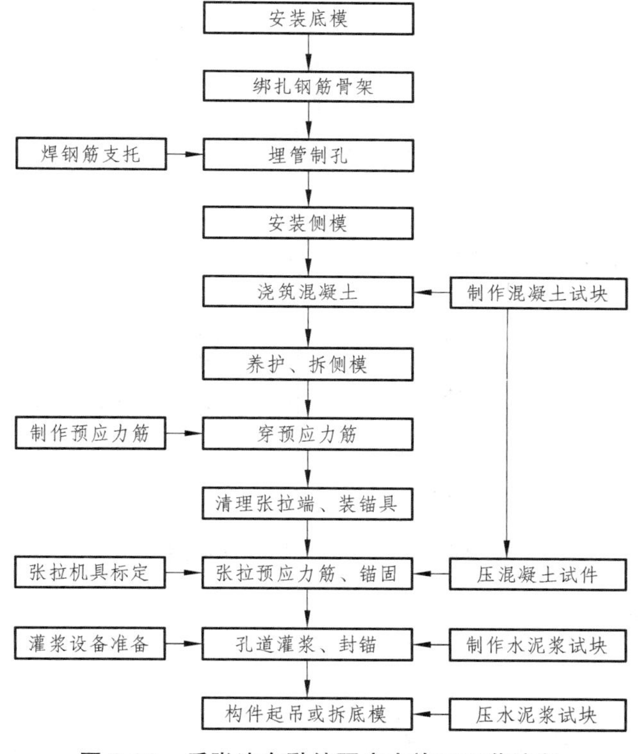

图 6.28　后张法有黏结预应力施工工艺流程

1. 孔道留设

1）预埋金属螺旋管留孔

预埋金属螺旋管留孔法是目前在有黏结预应力施工中应用最广泛的一种方法，尤其在现浇预应力混凝土结构中更为普遍。金属螺旋管又称波纹管，是用冷轧钢带或镀锌钢带经压波后螺旋咬合而成。它具有重量轻、刚度好、连接简便、摩擦系数小、与混凝土黏结良好等优点，可在构件中布置成直线、曲线和折线等各种形状的孔道，是留设孔道的理想材料。螺旋管外形按照相邻咬口之间的凸出部分（即波纹）的数量分为单波和双波纹；按照截面形状分为圆形和扁形，如图 6.29 所示；按照径向刚度分为标准型和增强型。

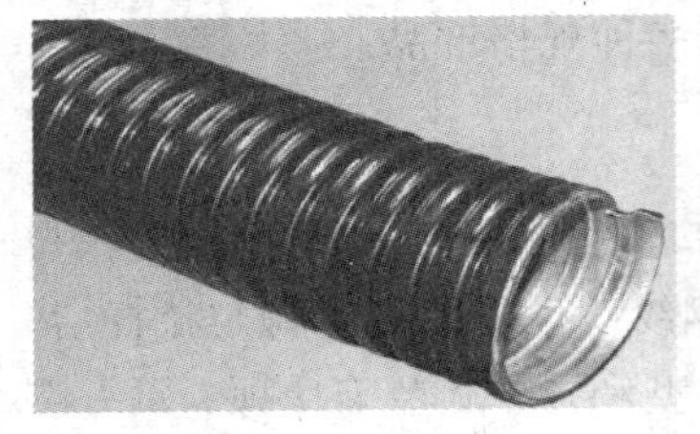

（a）单波圆形螺旋管

（b）双波圆形螺旋管

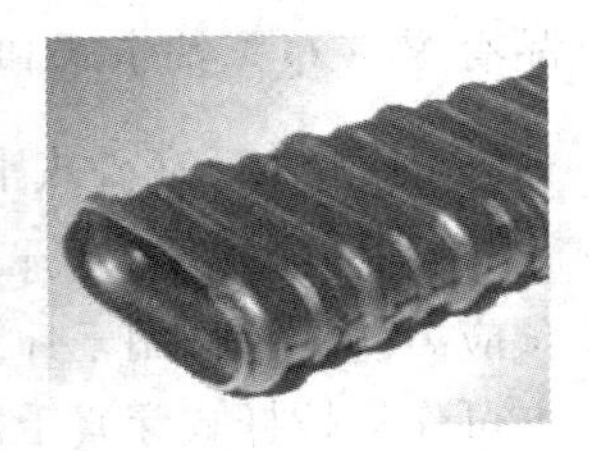
（c）扁形螺纹管

图 6.29　螺旋管外形

标准型圆形螺旋管用途最广，扁形螺旋管仅用于板类构件。圆形螺旋管有多种规格，管内径 40~120 mm；螺旋管的长度由于运输关系，每根为 4 ~ 6 m。螺旋管在构件中的连接，是采用大一号的同型螺旋管作为接头管。接头管的长度为 200 ~ 300 mm，两端用密封胶带或塑料热缩管封裹。

螺旋管安装时，应事先按设计图中预应力筋的直线或曲线位置在箍筋上划线标出，以螺旋管底为准。然后将钢筋支托焊在箍筋上，支托间距为 0.8 ~ 1.2 m，箍筋底部要用垫块垫实，如图 6.30 所示。螺旋管在托架上安装就位后，必须用铁丝绑牢，以防浇筑混凝土时螺旋管上浮而造成质量事故。

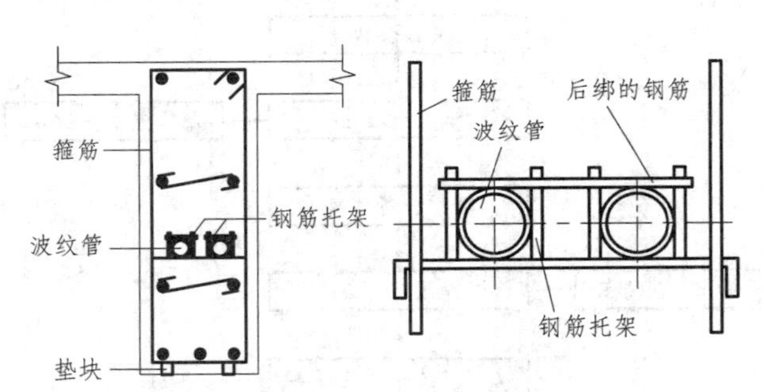

图 6.30　金属螺旋管的固定

2）抽拔芯管留孔

（1）钢管抽芯法。

在制作预制预应力混凝土构件时，也可采用钢管抽芯法。该方法是：在预应力筋的位置预先埋设钢管；在混凝土浇筑后，每隔一定时间缓慢转动钢管，使之不与混凝土黏结；待混凝土初凝后、终凝前抽出钢管，即形成孔道。为防止浇筑混凝土时钢管发生位移，应每隔 1 m 用钢筋井字架将钢管固定，井字架则与构件中的钢筋骨架扎牢。钢管接头处可用长度为 300 ~ 400 mm 的铁皮套管连接。钢管抽芯法仅适用于留设直线形孔道。

（2）胶管抽芯法。

制作预制预应力混凝土构件，还可采用胶管抽芯法。该方法是：在预应力筋的位置预先埋设帆布胶管，胶管两端有密封装置；浇筑混凝土前向胶管内充入压力为 0.6 ~ 0.8 MPa 的压缩空气或压力水，使管径增大约 3 mm；待混凝土初凝后、终凝前放出空气或水，管径则缩小与混凝土脱离，即可拔出胶管。胶管抽芯法可用于留设直线或曲线形孔道。留直线孔道时固定胶管的钢筋井字架间距约为 0.6 m，曲线段孔道则应适当加密。

2. 预应力筋的制作

预应力筋制作时，应采用砂轮锯或切断机切断下料，不得采用电弧切割。预应力筋的下料长度，则应根据所采用钢材品种、锚具类型和张拉工艺等计算确定。

1）钢丝束下料长度

（1）采用钢质锥形锚具，以锥锚式千斤顶在构件上张拉时，钢丝的下料长度 L 按图 6.31 所示计算。

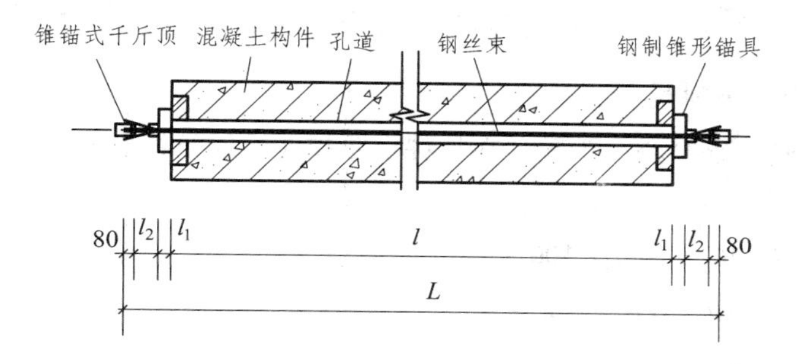

图 6.31 采用钢质锥形锚具时钢丝下料长度计算简图

① 端张拉 $L=l+2(l_1+l_2+80)$ （6.4）

② 端张拉 $L=l+2(l_1+80)+l_2$ （6.5）

式中 l——构件的孔道长度；

l_1——锚环厚度；

l_2——千斤顶分丝头至卡盘外端距离，对 YZ85 型千斤顶为 470 mm。

（2）采用镦头锚具，以拉杆穿心式千斤顶在构件上张拉时，钢丝下料长度 L 的计算，应考虑钢丝束张拉锚固后螺母位于锚杯的中部，即按图 6.32 所示计算。

$$L=l+2(h+\delta)-k(H+H_1)-\Delta L-C \quad (6.6)$$

式中 l——构件的孔道长度，按实际丈量；

h——锚杯底部厚度或锚板厚度；

δ——钢丝镦头预留量，对 $\phi^{P}5$ 取 10 mm；

k——系数，一端张拉时取 0.5，两端张拉时取 1.0；

H——锚杯高度；

H_1——螺母高度；

ΔL——钢丝束张拉伸长值；

C——张拉时构件混凝土弹性压缩值。

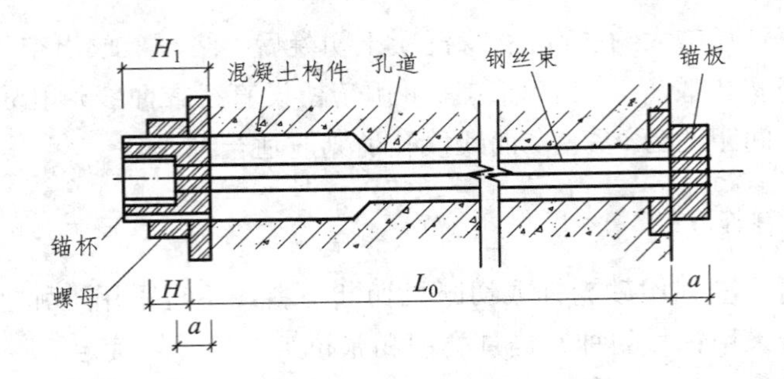

图 6.32　采用镦头锚具时钢丝下料长度计算简图

采用镦头锚具时，同束钢丝应等长下料，其相对误差不应大于 $L/5\,000$，且不得大于 5 mm。为了达到这一要求，可采用钢管限位法下料，即将钢丝穿入小直径钢管（其内径比钢丝直径大 3~5 mm），利用钢管将钢丝调直并固定于工作台上再下料，便可提高下料的精度。

2）钢绞线（束）下料长度

采用夹片式锚具，以穿心式千斤顶在构件上张拉时，钢绞线束的下料长度 L 按图 6.33 所示计算。

① 端张拉 $L = l + 2(l_1 + l_2 + l_3 + 100)$ （6.7）

② 端张拉 $L = l + 2(l_1 + 100) + l_2 + l_3$ （6.8）

式中　l——构件的孔道长度；

l_1——夹片式工作锚厚度；

l_2——穿心式千斤顶长度；

l_3——夹片式工具锚厚度。

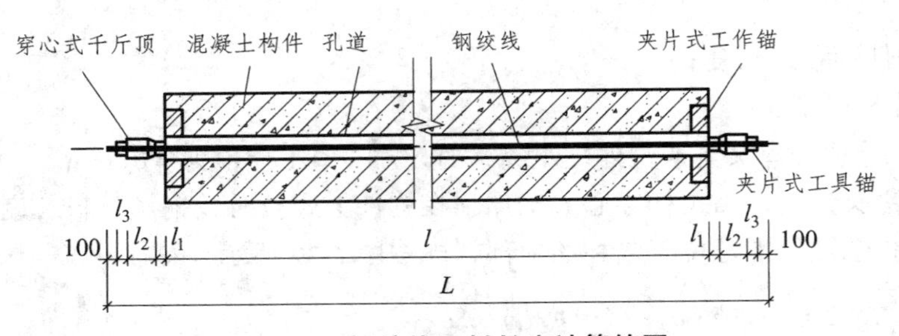

图 6.33　钢绞线下料长度计算简图

3. 预应力筋张拉

1）张拉要求

预应力筋的张拉是后张法预应力施工中的关键。张拉时构件或结构的混凝土强度应符合设计要求；当设计无具体要求时，不应低于设计强度的 75%。张拉前，应将构件端部预埋钢板与锚具接触处的焊渣、毛刺、混凝土残渣等清除干净。

2）张拉方式

① 一端张拉。一端张拉的方式适用于长度不大于 30 m 的直线形预应力筋。当同一截面中

有多根一端张拉的预应力筋时，张拉端宜分别设置在结构的两端。

② 两端张拉。两端张拉的方式适用于曲线形预应力筋和长度大于 30 m 的直线形预应力筋。两端张拉时，可在结构两端安置设备同时张拉同一束预应力筋，张拉后宜先将一端锚固，再将另一端补足张拉力后进行锚固；也可先在结构一端安置设备，张拉并锚固后，再将设备移至另一端，补足张拉力后锚固。

3）张拉顺序

当结构或构件配有多束预应力筋时，需进行分批张拉。分批张拉的顺序应符合设计要求；当设计无具体要求时，应遵循对称张拉的顺序，以免构件在偏心压力下出现侧弯或扭转。分批张拉时，由于后批预应力筋张拉所产生的混凝土弹性压缩会对先批张拉的预应力筋造成预应力损失，所以，先批张拉的预应力筋的张拉力应补足改损失值 $\Delta\sigma$（即应力增加值）。

$$\Delta\sigma = \frac{E_s}{E_c} \cdot \frac{(\sigma_{con} - \sigma_1)A_p}{A_n} \tag{6.9}$$

式中 $\Delta\sigma$——先批张拉预应力筋的应力增加值；

E_s——预应力筋弹性模量；

E_c——混凝土弹性模量；

σ_{con}——预应力筋张拉控制应力；

σ_1——后批张拉预应力筋的第一批应力损失（包括锚具与摩擦损失）；

A_p——（次特指）后批张拉的预应力筋面积；

A_n——构件混凝土净截面面积（包括非预应力纵向钢筋折算面积）。

对于在施工现场平卧重叠制作的构件，其张拉顺序宜先上后下逐层进行。为了减少上下层之间因摩阻力引起的预应力损失，可逐层加大张拉力。根据重叠构件的层数和隔离剂的不同，增加的张拉力为 1%~5%。

4）张拉操作程序

预应力筋的张拉操作程序，主要根据构件类型、张拉锚固体系、松弛损失等因素确定。

① 采用普通松弛预应力筋时，为减少预应力筋的应力松弛损失，应采用下列超张拉程序进行操作。

对镦头锚具等可卸载锚具为 $0 \rightarrow 1.05\sigma_{con} \xrightarrow{\text{持荷2min}} \sigma_{con}$ 锚固

对夹片锚具等不可卸载锚具为 $0 \rightarrow 1.03\sigma_{con}$ 锚固

② 采用低松弛钢丝和钢绞线时，可采取一次张拉，张拉操作程序为 $0 \rightarrow \sigma_{con}$ 锚固

5）张拉伸长值校核

预应力筋的张拉宜采用应力控制法进行控制，但同时应校核预应力筋的伸长值。通过此项校核可以综合反映张拉力是否足够，孔道摩擦损失是否偏大，以及预应力筋是否有异常现象等。实际伸长值与计算伸长值的误差在±6%以内为正常，否则应暂停张拉，查明原因并采取措施进行调整后，方可继续张拉。

预应力筋的计算伸长值 ΔL 锚固可按下式计算

$$\Delta L=\frac{PL_{\mathrm{T}}}{A_{\mathrm{p}}E_{\mathrm{s}}} \tag{6.10}$$

式中 P——预应力筋的平均张拉力，取张拉端的拉力与计算截面处扣除孔道摩擦损失后的拉力平均值；

L_{T}——预应力筋的实际长度；

A_{p}——预应力筋的截面面积；

E_{s}——预应力筋的弹性模量。

预应力筋的实际张拉伸长值，宜在初应力为张拉控制应力的 10%左右时开始量测，其实际伸长值 ΔL 应按下式确定

$$\Delta L'=\Delta L_1+\Delta L_2-(A+B+C) \tag{6.11}$$

式中 ΔL_1——从初应力至最大张拉力之间的实测伸长值；

ΔL_2——初应力以下的推算伸长值，可根据弹性范围内张拉力与伸长值成正比的关系，用计算法或图解法确定；

A——张拉过程中锚具楔紧引起的预应力筋内缩值；

B——千斤顶体内预应力筋的张拉伸长值；

C——施加预应力时，构件混凝土的弹性压缩值（其值微小时可略去不计）。

4. 孔道灌浆和封锚

预应力筋张拉、锚固完成后，应立即进行孔道灌浆工作。孔道灌浆的作用，一是可保护预应力筋，以免其锈蚀；二是使预应力筋能与构件混凝土有效地黏结在一起，故称为有黏结预应力。有黏结预应力可控制构件裂缝的开展，并减轻梁端锚具的负荷，因此必须重视孔道灌浆的质量。

1）灌浆材料

孔道灌浆应采用强度等级不低于 42.5 的普通硅酸盐水泥配制的水泥浆，水泥浆的水灰比为 0.4~0.45。水泥浆应具有较大的流动性、较小的干缩性和泌水性，搅拌后 3 h 的泌水率不宜大于 2 %，且不应大于 3 %。为改善水泥浆性能，可掺入适量减水剂，如掺入占水泥重量 0.25%的木质素磺酸钙，但严禁掺入含氯化物或对预应力筋有腐蚀作用的外加剂。

灌浆用水泥浆的试块用边长为 70.7 mm 的立方体试模制作。试块 28 d 的抗压强度不应低于 30 MPa。起吊构件或拆除底模时，水泥浆试块强度不应低于 15 MPa。

2）灌浆施工

灌浆前应全面检查预应力筋孔道及灌浆孔、泌水孔、排气孔是否洁净、畅通。对抽拔芯管所成孔道，可采用压力水冲洗、湿润孔道；对预埋管所成孔道，必要时可采用压缩空气清孔。

灌浆用水泥浆应采用机械搅拌，且水泥浆须过滤（网眼不大于 5 mm），灌浆中还应不断搅拌，以免泌水沉淀。灌浆设备可采用电动或手动灰浆泵。灌浆的顺序宜先灌下层孔道，再灌上层孔道。灌浆工作应缓慢均匀地进行，不得中断，并应排气通畅。

在灌满孔道至两端冒出浓浆并封闭排气孔后，宜再继续加压至 0.5~0.7 N/mm^2，稳压 2 min

后再封闭灌浆孔。当孔道直径较大且水泥浆中未掺入微膨胀剂或减水剂时，可采用二次压浆法，其间隙时间宜为 30~40 min，以提高灌浆的密实性。

3）端头封锚

预应力筋锚固后的外露长度应不小于 30 mm，且钢绞线不宜小于其直径的 1.5 倍，多余部分宜用砂轮锯切割。孔道灌浆后应及时将锚具用混凝土封闭保护。封锚混凝土宜采用比构件设计强度高一等级的细石混凝土，其尺寸应大于预埋钢板尺寸，锚具的保护层厚度不应小于 50 mm。锚具封闭后与周边混凝上之间不得有裂纹。

5. 张拉实例

【例 6.1】某预应力屋架长 24 m，采用后张法施工，下弦截面如图 6.34 所示，孔道长 23.8 m，预应力筋为精轧螺纹钢 $4\phi^{T}25$，f_{py}=785 N/mm²，弹性模量 E_s=2.0×10⁵ N/mm²，混凝土 C40，E_c=3.25×10⁴ N/mm₂，两端张拉，$\sigma_{con}=0.70f_{pyk}$，螺母锚具采用两批对称张拉。试求，第一批预应力筋张拉时的应力增加值 $\Delta\sigma$、张拉力、油表读数和理论伸长值。

【解】选用 YC60 型千斤顶，分两批对角对称张拉，采用 $0\rightarrow1.03\sigma_{con}$ 张拉顺序。

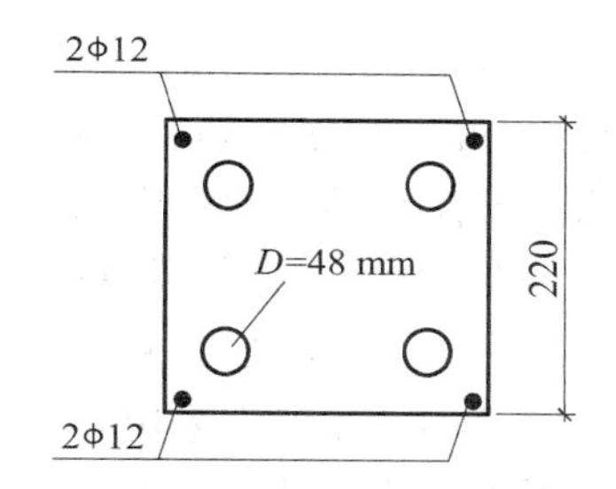

图 6.34 某屋架下弦截面示意

应力增加值 $\Delta\sigma$。

已知 $E_s=2.0\times10^5\ \text{N/mm}^2$，$E_c=3.25\times10^4\ \text{N/mm}^2$，$\sigma_{con}=0.70f_{pyk}=549.5\ \text{N/mm}^2$

第一批预应力损失

$$\sigma_1=\sigma_1=30.3\ \text{N/mm}^2,\quad A_p=982\ \text{mm}^2$$

$$A_n=240\times220-\frac{4\pi\times48^2}{4}+4\times113\times\frac{200\ 000}{32\ 500}=48\ 347\ \text{mm}^2$$

则

$$\Delta\sigma=\frac{E_s}{E_c}\cdot\frac{(\sigma_{con}-\sigma_1)A_p}{A_n}=\frac{200\ 000}{32\ 500}\times\frac{(549.5-30.3)\times982}{48\ 352}\ \text{N/mm}^2=64.9\ \text{N/mm}^2$$

第一批预应力筋张拉应力及张拉力为

$$\sigma=(549.5+64.9)\times1.03\ \text{N/mm}^2=632.8\ \text{N/mm}^2<0.9f_{py}=706.5\ \text{N/mm}^2$$

$$N=1.03\times632.8\times491\ \text{N}=320.03\ \text{kN}$$

油表读数 $P=320\ 030\div16\ 200=19.75\ \text{N/mm}^2$

理论伸长值 $\Delta L=\dfrac{320\ 030\times 24\ 000}{491\times 2\times 10^5}\text{mm}=78.2\text{mm}$

6.3.3 后张法无黏结预应力混凝土施工

无黏结预应力混凝土是后张法预应力技术的发展与重要分支，它是指配有无黏结预应力筋并完全依靠锚具传递预应力的一种混凝土结构。无黏结预应力的施工过程是：将无黏结预应力筋如同普通钢筋一样铺设在模板内，然后浇筑混凝土，待混凝土达到设计规定的强度后进行张拉并锚固。这种预应力工艺的特点是：① 无需留孔与灌浆，施工简便；② 张拉时摩擦力较小；③ 预应力筋易弯成曲线形状，最适于曲线配筋的结构；④ 对锚具要求较高。目前，无黏结预应力技术在单、双向大跨度连续平板和密肋板中应用较多，也比较经济合理；在多跨连续梁中也有发展前途。

1. 无黏结预应力筋

无黏结预应力筋由钢绞线、涂料层和外包层组成，如图 6.35 所示。钢绞线一般采用 1×7 结构，直径有 9.5 mm、12.7 mm、15.2 mm 和 15.7 mm 等几种。涂料层的作用是使预应力筋与混凝土隔离，减少张拉时的摩擦力，并防止预应力筋腐蚀。涂料层多采用防腐润滑油脂。对其性能的要求是：① 具有良好的化学稳定性，对周围材料无侵蚀作用；② 不透水、不吸湿；③ 抗腐蚀性能好；滑性能好、摩阻力小；④ 在−20 ~ +70° C 温度范围内高温不流淌、低温不变脆，并有一定韧性。无黏结预应力筋的外包层常采用高密度聚乙烯塑料制作，因其具有足够的抗拉强度、韧性和抗磨性，能保证预应力筋在运输、储存、铺设和浇筑混凝土的过程中不易发生破损。

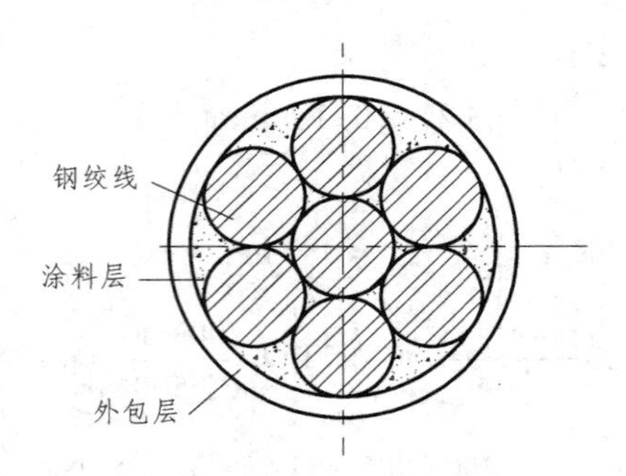

图 6.35 无黏结预应力筋

无黏结预应力筋在工厂制作成型后整盘供应。现场存放时应堆放在通风干燥处，露天堆放应搁置在板架上，并加以覆盖。使用时可按所需长度及锚固形式下料、铺设。

2. 无黏结预应力筋的铺设

在无黏结预应力筋铺设前，应仔细检查其外包层，对局部轻微破损处，可用防水胶带缠绕补好，严重破损的应予剔除。

1）铺设顺序

无黏结预应力筋的铺设应严格按设计要求的曲线形状就位。在单向连续板中，无黏结筋的铺设比较简单，与非预应力筋基本相同。在双向板中，由于无黏结筋需配制成两个方向的悬垂曲线，两个方向的筋相互穿插，给施工操作带来困难。因此，必须事先逐根对各交叉点处相应的两个标高进行比较，编制出无黏结筋的铺设顺序。无黏结预应力筋的铺设，通常是在底部普通钢筋铺设后进行，水电管线宜在无黏结筋铺设后进行，支座处非预应力负弯矩筋则在最后铺设。

2）就位固定

无黏结筋的竖向位置宜用支撑钢筋或钢筋马凳控制，其间距为 1 ~ 2 m，以保证无黏结筋的曲率符合设计要求。板类结构中其矢高的允许偏差为±5 mm。无黏结筋的水平位置应保持顺直。在对无黏结筋的竖向、水平位置检查无误后，要用铅丝将其与非预应力钢筋及马凳绑扎牢固，避免在浇筑混凝土的过程中发生位移和变形。

3）端部固定

张拉端的无黏结筋应与承压钢板垂直，固定端的挤压锚具应与承压钢板贴紧。曲线段的起始点至端部锚固点应有不小于 300 mm 的直线段。当张拉端采用凹入式方法时，可采用塑料穴模、泡沫塑料、木块等形成凹口。

3. 无黏结预应力筋的张拉

1）张拉顺序

无黏结预应力混凝土楼盖结构总体的张拉顺序是宜先张拉楼板，后张拉楼面梁。板中的无黏结筋可单根依次张拉，张拉设备宜选用前置内卡式千斤顶，锚具宜选用单孔夹片式锚具。梁中的无黏结筋宜对称张拉。

2）张拉程序和方式

无黏结筋张拉操作的程序与有黏结后张法基本相同。当无黏结筋的长度小于 35 m 时，可采取一端张拉的方式，但张拉端应交错设置在结构的两端。若无黏结筋长度超过 35 m 时，应采取两端张拉，此时宜先在一端张拉锚固，再在另一端补足张拉后锚固。为减小无黏结筋的摩擦损失，张拉中宜先用千斤顶往复抽动 1 ~ 2 次，再张拉至所需的张拉力。

3）张拉伸长值校核

无黏结预应力筋张拉伸长值的校核与有黏结预应力筋相同。

4. 锚固区密封处理

在无黏结预应力结构中，预应力筋中张拉力的保持和对混凝土的传递完全依靠其端部的锚具，因此对锚固区的要求比有黏结预应力更高。

锚固区必须有严格的密封防腐措施，严防水汽锈蚀预应力筋和锚具。

无黏结预应力筋锚固后的外露长度不小于 30 mm，多余部分宜用手提砂轮锯切割。为了使无黏结筋端头全封闭，在锚具与垫板表面应涂以防水涂料，外露无黏结筋和锚具端头涂以防腐润滑油脂后，罩上封端塑料盖帽。对凹入式锚固区，经上述处理后，再用微膨胀混凝土或低收缩防水砂浆，将锚固处密封。对凸出式锚固区，可采用外包钢筋混凝土圈梁封闭。锚固区密封构造，如图 6.36 所示，对锚固区混凝土或砂浆净保护层厚度的要求是梁中不小于 25 mm、板中不小于 20 mm。

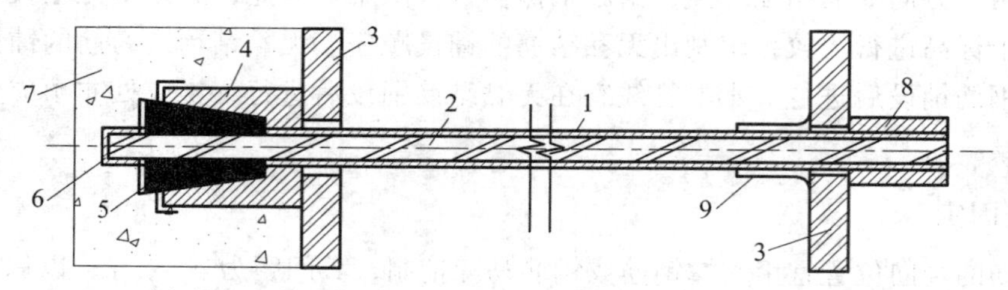

1—外包层；2—钢绞线；3—承压钢板；4—锚环；5—夹片；6—塑料帽；
7—封头混凝土；8—挤压锚具；9—塑料套管或黏胶带

图 6.36　无黏结预应力筋全密封构造

复习思考题

6.1　施加预应力的方法有几种？其预应力值是如何传递的？

6.2　在先张法和后张法施工中，常用的预应力筋有哪些？

6.3　试述先张法生产中台座和夹具的作用。

6.4　简述先张法预应力混凝土的主要施工工艺过程。

6.5　先张法预应力筋的张拉程序有哪几种？何时可以放张预应力筋？怎样进行放张？

6.6　在后张法施工中，锚具、张拉设备应如何与预应力筋配套使用？

6.7　简述后张法有黏结预应力混凝土的主要施工工艺过程。

6.8　在后张法施工中，孔道留设的方法有哪几种？应注意哪些问题？

6.9　在制作后张法预应力筋时，如何计算其下料长度？

6.10　试叙后张法预应力筋的张拉方法和张拉程序，张拉时为什么要校核其伸长值？

6.11　预应力筋张拉后为什么应及时进行孔道灌浆？如何进行孔道灌浆？

6.12　试述无黏结预应力筋的施工工艺，铺设无黏结筋时应注意哪些问题？

6.13　对无黏结筋的锚固区应如何进行密封处理？

第7章 结构安装工程

【学习要点】

了解结构安装工程常用起重机械和索具的性能特点。理解单层工业厂房结构吊装的准备工作、吊装工艺。掌握构件平面布置方法和要求，能选择结构吊装方案。理解钢结构构件的加工、制作、验收、运输、堆放等工艺。理解钢结构单层工业厂房及多高层钢结构吊装工序。掌握钢结构单层工业厂房及多高层钢结构基础准备。

结构安装工程就是利用各种类型的起重机械将预先在工厂或施工现场制作的结构构件，严格按照设计图纸的要求在施工现场进行组装，以构成一幢完整的建筑物或构筑物的整个施工过程。结构安装工程的施工特点是：高空作业，构件受力复杂，构件预制质量影响大。

7.1 起重机械

在结构安装工程中起重机械的合理选择和使用，对于减少劳动强度、提高劳动效率、加速工程进度、降低工程造价，有很重要的作用。结构安装工程中常用的起重机械有：桅杆式起重机、自行式起重机和塔式起重机。

7.1.1 桅杆式起重机

桅杆式起重机常见的有：独脚拔杆、人字拔杆、悬臂拔杆、牵缆式桅杆起重机。

1. 独脚拔杆

独脚拔杆按制作的材料分为木独脚拔杆、钢管独脚拔杆和格构式独脚拔杆（图 7.1）。木独脚拔杆起重高度一般为 8~15 m，起重量在 100 kN 以内；钢管独脚拔杆起重高度在 20 m 以内，起重量可达 300 kN；格构式独脚拔杆起重高度可达 70 m，起重量可达 1 000 kN。

独脚拔杆是由拔杆、起重滑轮组、卷扬机、缆风绳及锚碇等组成，起重时拔杆保持不大于 10°的倾角。

2. 人字拔杆

人字拔杆一般是用两根木杆或钢杆以钢丝绳或铁件铰接而成（图 7.2）。其两根杆件夹角以 30°为宜，在拔杆底部应设拉杆或钢丝绳以平衡其水平推力。人字桅杆的特点是：起升荷载大、稳定性好，但构件吊起后活动范围小，适用于吊装重型柱子等构件。

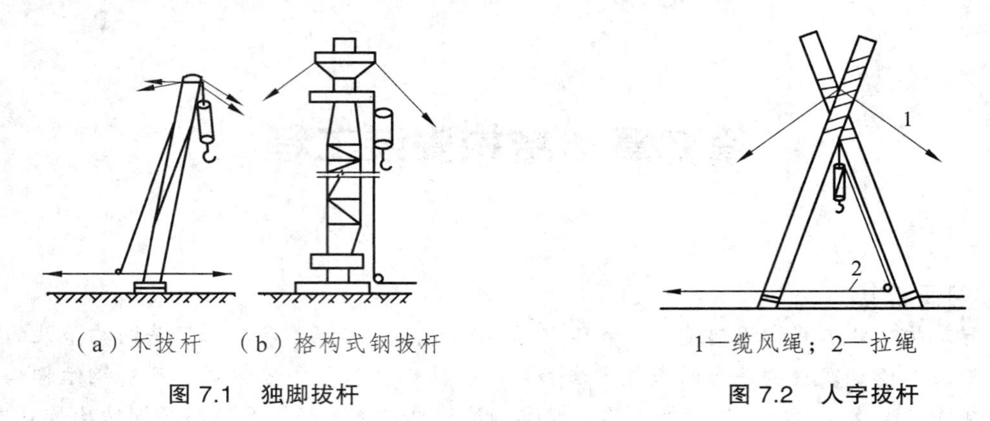

图 7.1　独脚拔杆

图 7.2　人字拔杆

3. 悬臂拔杆

在独脚拔杆中部或 2/3 高处安装一根起重臂即成悬臂拔杆（图 7.3）。其特点是：有较大的起重高度和工作幅度，起重臂能起伏和左右摆动（120°～270°）。适用于吊装屋面板、檩条等小型构件。

4. 牵缆式桅杆起重机

在独脚桅杆的下端装一根起重臂即成为牵缆式桅杆起重机（图 7.4）。牵缆式桅杆起重机的特点是起重臂可以起伏；整个机身可作 360°回转，能在服务范围内灵活地将构件吊装到设计位置；其起升荷载（150～600 kN）和起升高度（25 m）都较大，适用于构件多而集中的建筑物吊装。

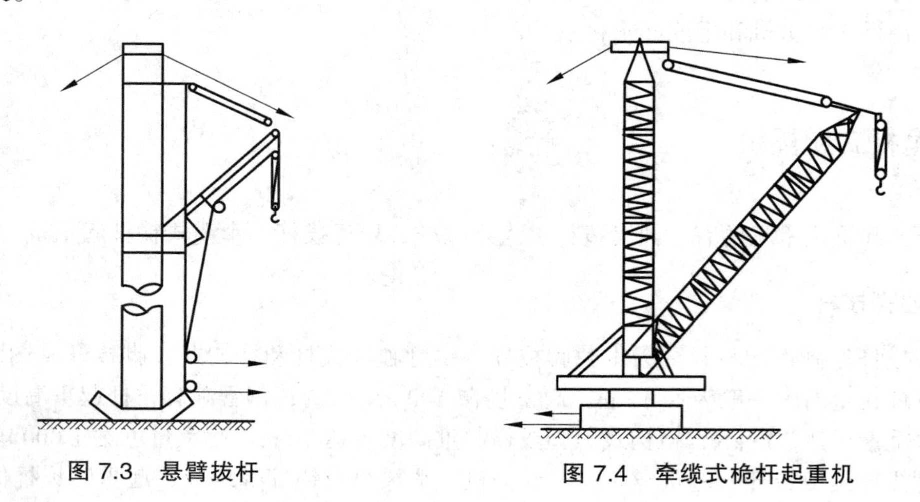

图 7.3　悬臂拔杆

图 7.4　牵缆式桅杆起重机

7.1.2　自行式起重机

自行式起重机有履带式起重机、轮胎式起重机和汽车式起重机三类。

1. 履带式起重机

履带式起重机由行走部分、回转部分、机身及起重臂等几部分组成（图7.5）。由于履带的面积较大，所以对地面的压强较低，行走时一般不超过 0.20 MPa，起重时一般不超 0.40 MPa。因此，它可以在较为坎坷不平的松软地面行驶和工作（必要时可垫以路基箱）；履带式起重机的机身还可以原地作 360°回转；起重时不需设支腿，并可以负载行驶。是结构吊装工程中常用的机械之一。

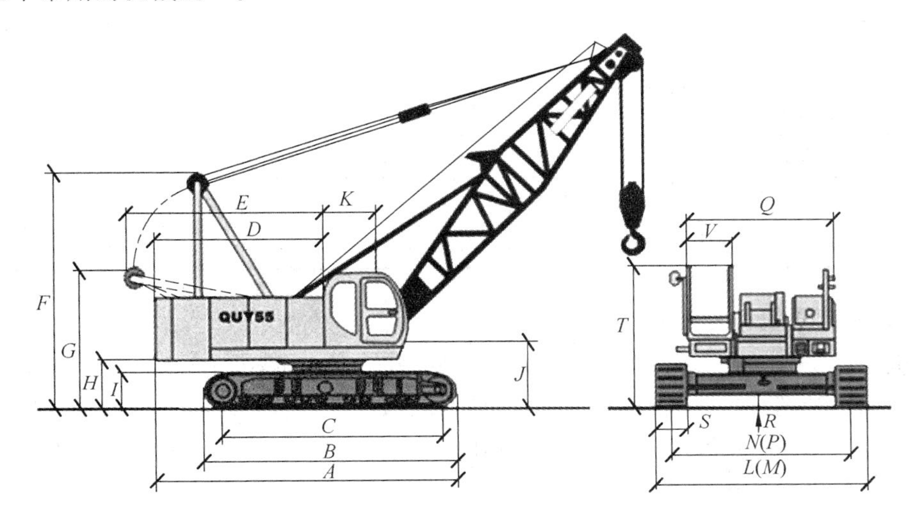

1—底盘；2—机棚；3—起重臂；4—起重滑轮组；5—变幅滑轮组；6—履带
A、B、C、D、E、F、G、J、K、M、N—外形尺寸符号；L—起重臂长；
H—起重高度；R—起重半径

图 7.5 履带式起重机

1）履带式起重机的常用型号及性能（见表 7.1，表 7.2）

表 7.1 履带式起重机外形尺寸

符号	名称	型号				
		W1-50	W1-100	W1-200	KH-180	KH-100
A	机身尾部到回转中心距离	2 900	3 300	4 500	4 000	3 290
B	机身宽度	2 700	3 120	3 200	3 080	2 900
C	机身顶部到地面高度	3 220	3 675	4 125	3 080	2 950
D	机身底部距地面高度	1 000	1 045	1 190	1 065	970
E	起重臂下铰点中心距地面高度	1 555	1 700	2 100	1 700	1 625
F	起重臂下铰点中心至回转中心距离	1 000	1 300	1 600	900	900
G	履带长度	3 420	4 005	4 950	5 400	4 430
M	履带架宽度	2 850	3 200	4 050	4 300/3 300	3 300
N	履带板宽度	550	675	800	760	760
J	行走底架距地面高度	300	275	390	360	410
K	机身上部支架距地面高度	3 480	4 170	6 300	5 470	4 560

表 7.2　履带式起重机技术性能表

参　数		单位	型　号							
			W1-50		W1-100			W1-200		
起重臂长度		m	10	18	18 带鸟嘴	13	23	15	30	40
最大工作幅度		m	10.0	17.0	10.0	12.5	17.0	15.5	22.5	30.0
最小工作幅度		m	3.7	4.5	6.0	4.23	6.5	4.5	8.0	10.0
起重量	最小工作幅度时	t	10.0	7.5	2.0	15.0	8.0	50.0	20.0	8.0
	最大工作幅度时	t	2.6	1.0	1.0	3.5	1.7	8.2	4.3	1.5
起升高度	最小工作幅度时	m	9.2	17.2	17.2	11.0	19.0	12.0	26.8	36.0
	最大工作幅度时	m	3.7	7.6	14.0	5.8	16.0	3.0	19.0	25.0

2）履带式起重机稳定性验算

起重机的稳定性是指起重机在自重和外荷载作用下抵抗倾覆的能力。导致起重机失稳的因素很多，如吊装超载、额外接长起重臂、地面陡坡度及回转时离心力过大等。目前起重机的稳定性指标采用稳定性安全系数，它是相对于倾覆中心的稳定力矩和倾覆力矩之比值。

履带式起重机验算稳定性时应选择最不利位置，即车身与行驶方向垂直的位置。以靠负重侧的中心点 A 为倾覆中心，其安全条件为：K=稳定力矩／倾覆力矩。

为简化计算，验算起重机的稳定性时，一般不考虑附加荷载（图 7.6），即

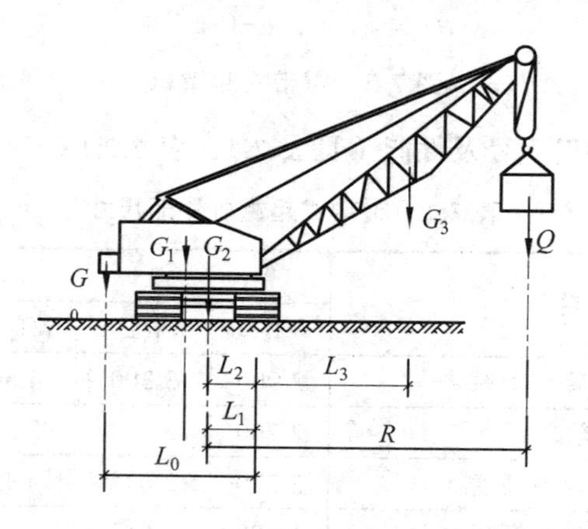

图 7.6　履带式起重机受力简图

$$K=(G_1L_1+G_2L_2+G_0L_0-G_3L_3)/Q(R-L_2) \tag{7.1}$$

式中　G_0——机身平衡重量（kN）；

G_1——起重机机身可转动部分的重量（kN）；

G_2——起重机机身不可转动部分的重量（kN）；

G_3——起重臂的重量（kN）；

Q——吊装荷载（包括构件和索具）（kN）；

L_0、L_1、L_2、L_3——G_0、G_1、G_2、G_3重心至A点的距离（m）；

R——工作幅度（m）。

2. 汽车式起重机

汽车式起重机是一种自行式全回转起重机（图 7.7），起重机构安装在汽车底盘上。它具有行驶速度高、机动性好、对地面破坏性小等优点；其缺点是：起吊时必须支腿落地，不能负载行驶，故使用上不及履带式起重机灵活。轻型汽车式起重机主要用于装卸作业，大型汽车式起重机可用于一般单层或多层房屋的结构吊装。国产汽车式起重机的型号和主要技术性能（表 7.3）。

图 7.7　GNQY-898 型汽车式起重机

表 7.3　汽车式起重机主要技术性能

项目		单位	项目									
			Q2-12			Q2-16			Q2-32			
行驶速度		km/h	60			60			55			
起重机总重		kN	173			215			320			
起重臂长度		m	8.5	10.8	13.2	8.2	14.1	20	9.5	16.5	23.5	30
工作幅度（R）	最大	m	6.4	7.8	10.4	7.0	12	18	9	14	18	25
	最小	m	3.6	4.6	5.5	3.5	3.5	4.3	3.5	4	5.2	7.2
起升荷载（Q）	R_{max}时	kN	40	30	20	50	19	8	70	26	15	6
	R_{min}时	kN	120	70	50	160	80	60	320	220	130	80
起升高度（H）	R_{max}时	m	5.8	7.8	8.6	4.4	7.7	9	—			
	R_{min}时	m	8.4	10.4	12.8	7.9	14.2	20	—			

3. 轮胎式起重机

轮胎式起重机是把起重机构安装在加重型轮胎和轮轴组成的专用底盘上的全回转起重机（图 7.8）。轮胎式起重机的特点是：行驶时不会损伤路面，行驶速度快，起重量较大，使用成本低；起吊时必须支腿落地，灵活性较差。国产轮胎式起重机的型号和主要技术性能见表 7.4。

表 7.4 轮胎式起重机主要技术性能

项目		单位	型号												
			Q1-16			Q2-25					Q3-40				
行驶速度		km/h	18			18					15				
起升速度		m/min	6.3			7					9				
起重机总重		kN	230			280					537				
起重臂长度		m	10	15	20	12	17	22	27	32	15	21	30	36	42
工作幅度（R）	最大	m	11	15.5	20	11.5	14.5	19	21	21	13	16	21	23	25
	最小	m	4.0	4.7	5.5	4.5	6	7	8.5	10	5	6	9	11.5	11.5
起升荷载（Q）	R_{max} 时	kN	28	15	8	46	28	14	8	6	92	62	35	24	15
	R_{min} 时	kN	160	110	80	250	145	106	72	50	400	320	161	103	100
起升高度（H）	R_{max} 时	m	5.3	4.6	6.9						8.8	14.2	21.8	27.8	33.8
	R_{min} 时	m	8.3	13.2	18						10.4	15.6	25.4	31.6	37.2

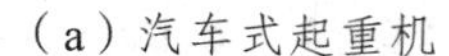

（a）汽车式起重机　　（b）臂架式起重机

图 7.8 轮胎式起重机

7.1.3 塔式起重机

塔式起重机的起重臂安装在塔身上部，起重高度和工作幅度都较大，适用于多层和高层的工业与民用建筑的结构安装。

1. 常用塔式起重机的型号及性能

按结构和性能特点塔式起重机可分为轨道式塔式起重机、内爬式塔式起重机、附着式塔式起重机等。

1）轨道式塔式起重机

轨道式塔式起重机是一种能在轨道上行驶的起重机，又称自行式塔式起重机。这种起重机可负荷行走，有的只能在直线轨道上行驶，有的可沿“L”形或“U”形轨道上行驶。常用的轨道式塔式起重机有以下几种：

（1）QT1-2 型塔式起重机。

QT1-2 型塔式起重机是一种塔身回转式轻型塔式起重机，主要由塔身、起重臂和底盘组成。这种起重机塔身可以折叠，能整体运输。起重力矩 160 kN·m，起重量 10 ~ 20 kN，轨距 2.8 m。适用于 5 层以下民用建筑结构安装和预制构件厂装卸作业。

（2）QT1-6 型塔式起重机。

QT1-6 型塔式起重机是塔顶旋转式塔式起重机，由底座、塔身、起重臂、塔顶及平衡重等组成（图 7.9）。塔顶有齿式回转机构，塔顶通过它围绕塔身回转 360°。起重机底座有两种，一种有 4 个行走轮，只能直线行驶；另一种有 8 个行走轮能转弯行驶，内轨半径不小于 5 m。QT1-6 型塔式起重机的最大起重力矩为 400 ~ 450 kN·m，起重量 20 ~ 60 kN。

主要组成：门架、第一节架、卷扬机室、操纵室、连接节架、塔帽、起重臂、平衡臂

图 7.9　QT1-6 型塔式起重机

（3）QT-60/80 型塔式起重机。

QT-60/80 型塔式起重机是一种塔顶旋转式塔式起重机，起重力矩 600 ~ 800 kN·m，最大

起重量 100 kN。这种起重机适用于多层装配式工业与民用建筑结构安装，尤其适合装配式大板房屋施工。

（4）QT-20 型塔式起重机。

QT-20 型塔式起重机为塔身回转式起重机，主钩最大起重量 200 kN，起重半径 8.5 ~ 20 m，20 m，最大起重高度 53 m，塔身高 35 ~ 57.8 m，幅度 30 m，适用于多层工业与民用建筑结构构件安装。

2）内爬式塔式起重机

内爬式塔式起重机安装在建筑物内部（如电梯井等），它的塔身长度不变，底座通过伸缩支腿支撑在建筑物上，一般每隔 1 ~ 2 层爬升一次。这种塔吊体积小，自重轻，安装简单，既不需要铺设轨道，又不占用施工场地，特别适用于施工现场狭窄的高层建筑施工。内爬式塔式起重机由塔身、套架、起重臂和平衡臂组成。

内爬式塔式起重机是利用自身机构进行提升，其自升过程可分为以下 3 个阶段（图 7.10）：

（1）收起套架上的横梁支腿，准备提升。

（2）用吊钩起吊套架横梁至上一个楼层并与建筑物的主梁固牢。

（3）提升塔吊至需要的位置，翻出底座支腿与该层的主梁固牢，升塔完毕。

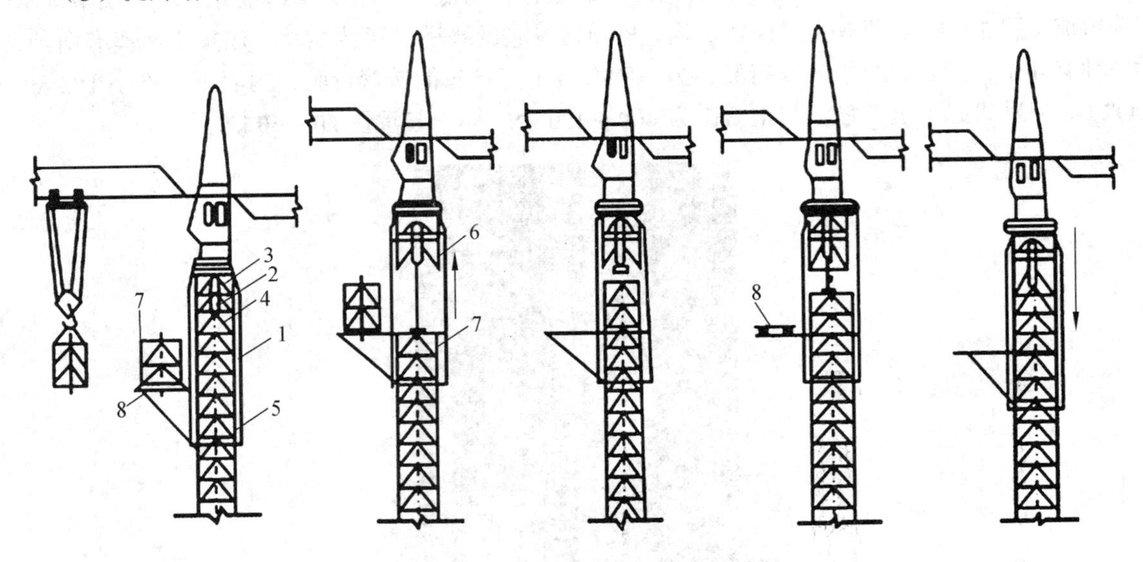

图 7.10　自升塔式起重机的自升过程

QT4-10 型塔式起重机（图 7.11）是一种上旋式、小车变幅的自升式塔式起重机。随着建筑物的增高，它可以利用液压顶升系统而逐步自行接高塔身，每提升一次，可提高 2.5 m。常用的起重臂长度为 30 m，最大起重力矩为 160 kN · m，起升荷载为 50 ~ 100 kN，工作幅度为 3 ~ 30 m，最大起重高度为 160 m。该起重机通过更换或增加一些部件或辅助装置，也可作为轨道式、固定式和内爬式起重机使用。

当建筑物较低（≤36 m）时，可作为轨道式起重机使用；当建筑物较高（≤50 m）时，可作为固定式起重机使用，底座固定在建筑物旁的混凝土基础上，塔身可随施工进程逐段向上提升，但必须根据塔身升高情况用牵缆绳锚固于地锚上；当建筑物更高时，可作为附着式起重机使用，安装在建筑物旁的混凝土基础上，并每隔 16 ~ 36 m 设置一道锚固装置与建筑物结构连接，以保证塔身的稳定。

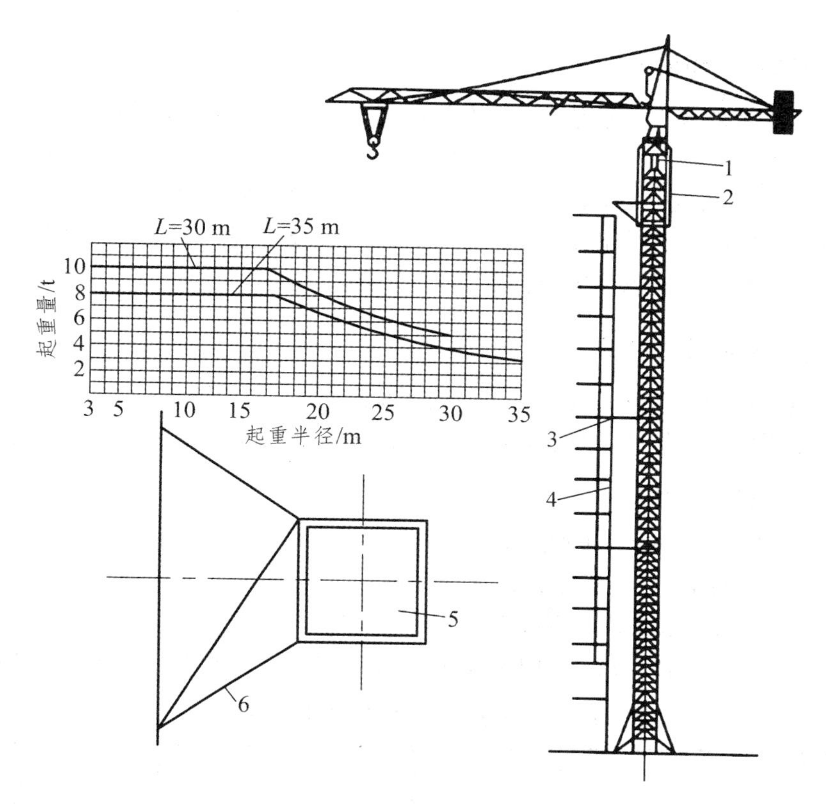

1—液压千斤顶；2—顶升套架；3—锚固装置；4—建筑物；5—塔身；6—附着杆

图 7.11　QT4-10 型塔式起重机

2. 塔式起重机使用要点

（1）塔式起重机的轨道边线与建筑物应有适当的距离，以防行走时走台与建筑物发生碰撞，并避免起重机轮压力传至基础，造成基础沉陷。轨道两端必须设置车档。

（2）起重机工作时必须严格按照额定起升荷载起吊，不得超载；不允许斜拉重物及拔除地下埋设物。

（3）运转完毕后，起重机应停放在轨道中部，用轨钳夹紧在钢轨上；吊钩应上升到距离起重臂 2 ~ 3 m 处，并使起重臂转到平行于轨道方向。

（4）遇到 6 级以上大风及雷雨天，禁止操作。

7.2　结构安装工程中的索具设备

结构安装工程施工中要使用许多辅助工具，如卷扬机、滑轮组、钢丝绳、吊钩、卡环、横吊梁、柱销等，一般有定型产品可供选用。

7.2.1 钢丝绳

1. 钢丝绳的种类和用途

钢丝绳是吊装工艺中的主要绳索，具有强度高、韧性好、耐磨损等优点。在结构吊装中，常用 6 股的钢丝绳，每股由 19、37 和 61 根组成。习惯上用 2 个数字来表示钢丝绳的型号，并在其后加一个“1”字，是表示绳的中间置有 1 根麻芯，以增加其柔韧性。如 6×19+1、6×37+1、6×61+1 等型号。在相同的直径时，每股钢丝绳越多则其柔韧性越好。上述 3 种钢丝绳可分别适用于缆风绳、滑轮组、起重机械。

2. 钢丝绳的容许拉力计算

在结构吊装过程中，钢丝绳处于复杂的受力状态之中。为了保证在使用中有安全可靠度，就必须加大安全系数，以便使它具有足够的储备能力。钢丝绳的容许拉力应满足下式的要求：

$$[P] \leqslant a P_{破} / K \tag{7.2}$$

式中 $[P]$——钢丝绳的容许拉力（kN）；

a——钢丝绳破断拉力换算系数，选用可查表 7.5；

K——钢丝绳安全系数，选用可查表 7.6；

$P_{破}$——钢丝绳破断拉力总和（kN），可查阅建筑施工手册中钢丝绳的主要数据表。

表 7.5 钢丝绳破断拉力换算系数 *a*

钢丝绳规格	a	钢丝绳规格	a
6×19	0.85	6×61	0.80
6×37	0.82		

表 7.6 钢丝绳安全系数

用 途	K	用 途	K
作缆风绳	3.5	作吊索（无弯曲时）	6~7
作手动起重设备	4.5	作捆绑吊索	8~10
作手动起重设备	5~6	作载人升降机	14

7.2.2 滑轮组

滑轮组是由若干个定滑轮和动滑轮以及绳索组成。它既可以省力，又可以根据需要改变用力方向（图 7.12）；滑轮组可用作简单的起重工具，也是起重机械不可缺少的组成部分。滑轮组的绳索拉力为

$$P=KQ \tag{7.3}$$

式中 P——绳索拉力（kN）；

Q——构件自重（kN）；

K——滑轮组的省力系数，$K= f_n(f-1)/(f_n-1)$；起重机的滑轮组，常用青铜轴套轴承，其滑轮组的省力系数 K 值可直接查表 7.7。

f——单个滑轮组的阻力系数（滚珠轴承，f=1.02；青铜轴套轴承，f=1.04；无轴套轴承，f=1.06）；

n——工作线数。若绳索从定滑轮引出，则 n=定滑轮数+动滑轮数+1；若绳索从动滑轮引出，则 n：定滑轮数+动滑轮数。

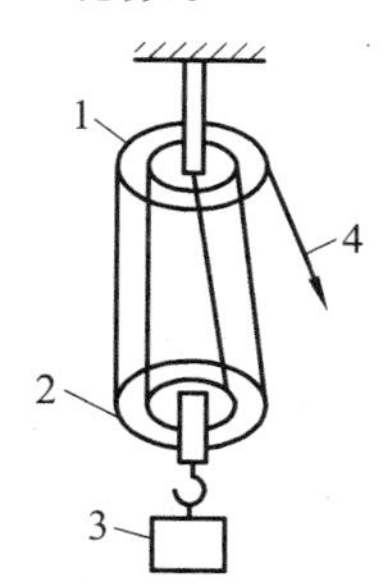

1—定滑轮；2—动滑轮；3—重物；4—绳索

图 7.12　滑轮组

表 7.7　青铜轴承滑轮组省力系数

项目		$K=f^n(f-1)/(f^n-1)$，其中 f=1.04									
1	工作线数 n	1	2	3	4	5	6	7	8	9	10
	省力系数 k	1.040	0.529	0.360	0.275	0.224	0.190	0.166	0.148	0.134	0.123
2	工作线数 n	11	12	13	14	15	16	17	18	19	20
	省力系数 k	0.114	0.106	0.100	0.095	0.090	0.086	0.082	0.079	0.076	0.074

7.2.3　卷扬机

卷扬机又称绞车，按驱动方式分为手动和电动 2 种。因手动卷扬机起重牵引力小，劳动强度大，只有在小规模的起重牵引工作中才使用，常用的是电动卷扬机。

1. 电动卷扬机

电动卷扬机主要由电动机、减速机、卷筒和电磁抱闸等组成。按其牵引速度可分为快速卷扬机（钢丝绳牵引速度为 25 ~ 50 m/min）和慢速卷扬机（钢丝绳牵引速度为 7 ~ 13 m/min）2 种。快速卷扬机主要用作垂直和水平运输，以及打桩作业等；慢速卷扬机主要用于结构吊装、钢筋冷拉等作业。电动卷扬机的牵引力较大（一般为 10 ~ 100 kN），操作轻便，使用安全，因而被广泛使用。

2. 使用注意事项

（1）卷扬机的安装位置应距第一个定向滑轮的距离为 15 倍卷筒长度，以便使钢丝绳能自行在卷筒上缠绕。

（2）卷扬机使用时必须有可靠的固定，常用压重、锚桩等固定，以防使用中滑移或倾覆。

（3）缠绕在卷筒上的钢丝绳至少应保留两圈的安全储备长度，不可全部拉出，以防绳松脱钩发生事故。

（4）钢丝绳引入卷筒时应接近水平，并应从卷筒的下面引入，以减少卷扬机的倾覆力矩。

7.2.4 吊具及锚碇

1. 吊 具

吊具主要包括吊钩、卡环、吊索、横吊梁等。

（1）吊钩。吊钩有单钩和双钩两种，外形如图 7.13 所示。吊装时一般都用单钩。

（2）钢丝绳夹头（卡扣）。用于固定钢丝绳端部，外形如图 7.14 所示。选用夹头时，必须使 U 形的内侧净距等于钢丝绳的直径。使用夹头的数量和钢丝绳的粗细有关，粗绳用得较多。

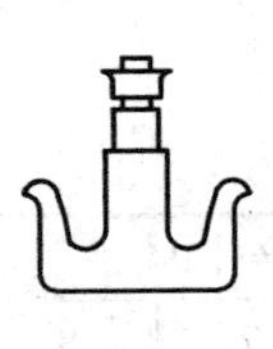

图 7.13 吊钩

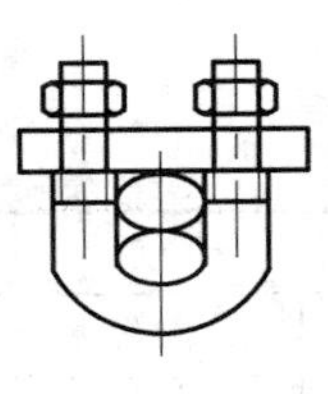

图 7.14 钢丝绳夹头

（3）卡环（卸甲）。用于吊索之间或吊索与构件吊环之间连接。由弯环与销子两部分组成；弯环的形 式有直形和马蹄形，销子的连接形式有螺栓式和活络式。活络卡环的销子端头和弯环孔 眼无螺纹，可以直接抽出，多用于吊装柱子。当柱子就位并临时固定后，可以在地面上用绳将销子拉出，解除吊索，避免在高空作业。卡环外形及柱子的绑扎法，如图 7.15 所示。

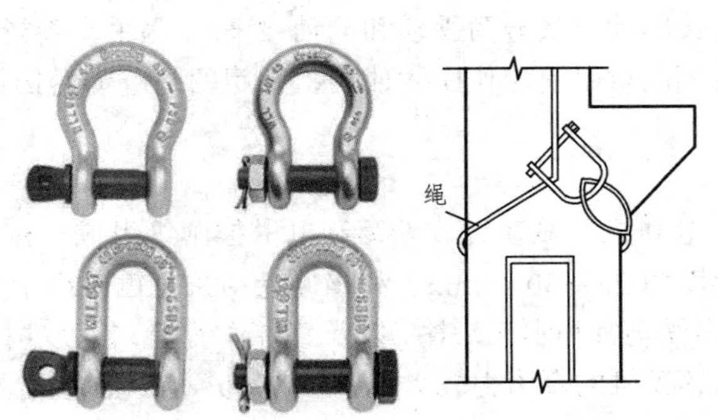

图 7.15 卡环及柱子绑扎示意

（4）吊索（千斤绳）。作吊索用的钢丝绳要求质地柔软，容易弯曲，一般要求直径大于 11 mm。根据形式不同，可分为环形吊索（万能吊索）和开口吊索，如图 7.16 所示。

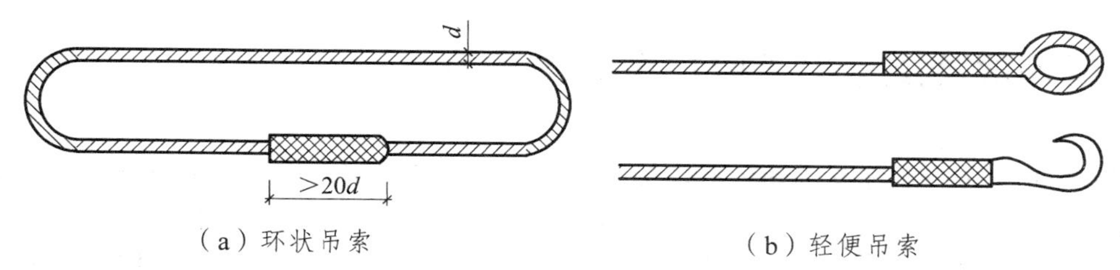

（a）环状吊索　　（b）轻便吊索

图 7.16　吊索

（5）横吊梁。横吊梁又称铁扁担，常用于柱和屋架等构件的吊装。柱吊装采用直吊法时，用横吊梁使柱保持垂直；吊屋架时，用横吊梁可减少索具的高度。横吊梁的型式有钢板横吊梁，如图 7.17 所示，钢管横吊梁，如图 7.18 所示。

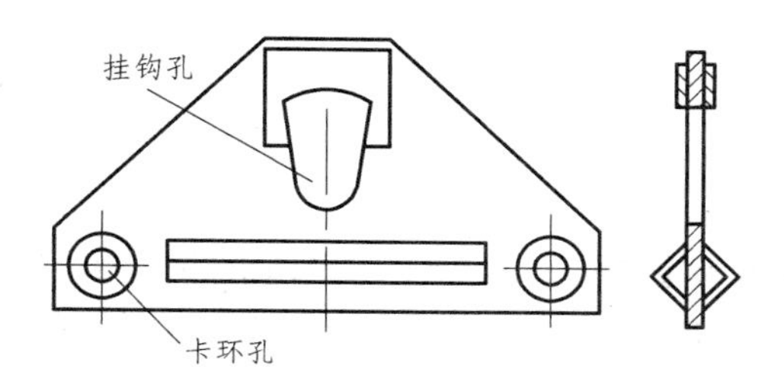

图 7.17　钢板横吊梁

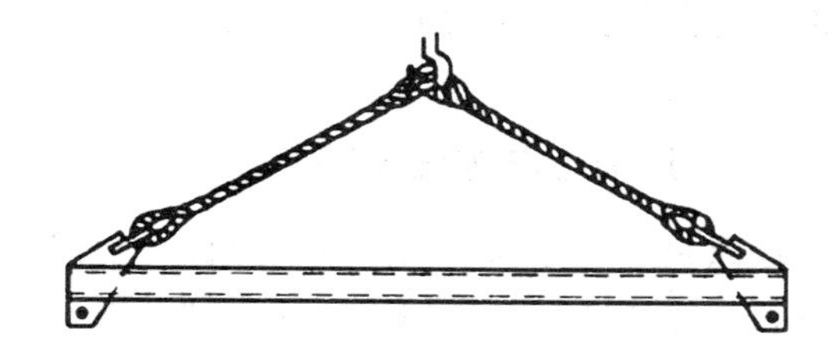

图 7.18　钢管横吊梁

2. 锚　碇

锚碇又称地锚，是用以固定缆风绳和卷扬机的承力装置。一般分为桩式锚碇和水平锚碇。

（1）桩式锚碇。桩式锚碇是把圆木打入土中而成（图 7.19），受力可达 10~50 kN，木桩的根数、圆木尺寸及入土深度（一般应不小于 1.2 m）应根据作用力的大小而定。

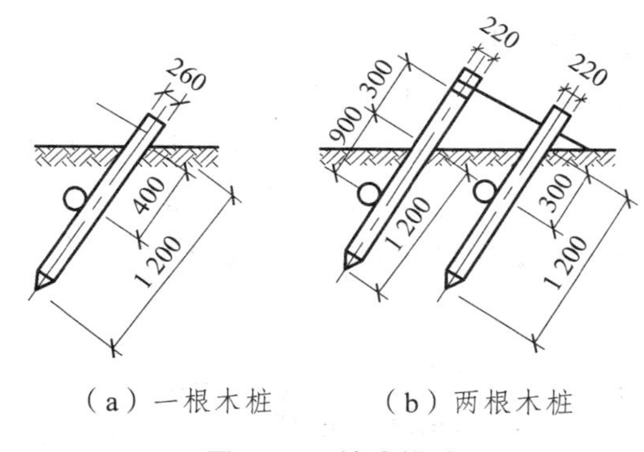

（a）一根木桩　　（b）两根木桩

图 7.19　桩式锚碇

（2）水平锚碇。水平锚碇是由一根或几根圆木捆绑在一起，横放在挖好的土坑内（一般埋深不小于 1.5 m），并把钢丝绳系在横木上，成 30° ~ 45°斜度引出地面，然后用土石回填夯实而成（图 7.20），受力可达 150 kN。

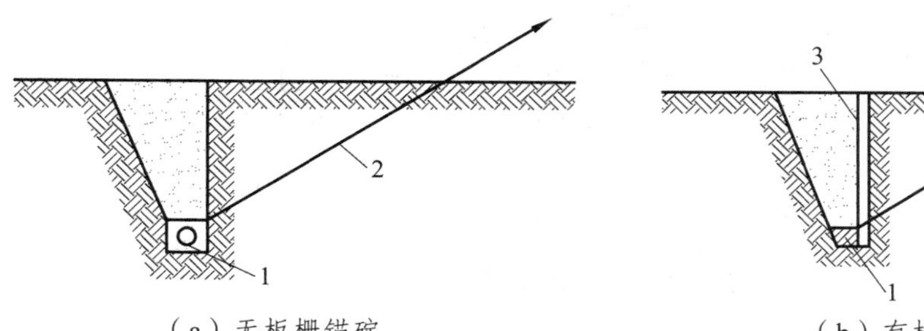

（a）无板栅锚碇　　（b）有板栅锚碇

1—横梁；2—钢丝绳；3—板栅

图 7.20　水平锚碇

7.3 钢筋混凝土单层工业厂房结构吊装

单层工业厂房一般除基础在施工现场就地浇筑外，其他构件均为预制构件。一般分普通钢筋混凝土构件和预应力混凝土构件两大类。单层工业厂房预制构件主要有柱、吊车梁、连系梁、屋架、天窗架、屋面板、地梁等。一般较重、较大的构件（如屋架、柱子）由于运输困难都在现场就地预制；其他重量较轻、数量较多的构件（如屋面板、吊车梁、连系梁等）宜在工厂预制，运到现场安装。

7.3.1 结构安装前的准备工作

1. 场地清理与铺设道路

起重机进场之前，按照现场平面布置图，标出起重机的开行路线，清理道路上的杂物，并进行平整压实。在回填土或松软地基上，要用枕木或厚钢板铺垫。雨季施工，要做好施工排水工作。

2. 构件的运输、堆放与临时加固

1）构件的运输

钢筋混凝土构件的运输多采用汽车运输，选用载重量较大的载重汽车和半拖式或全拖式的平板拖车。构件在运输过程中必须保证构件不变形、不倾倒、不损坏。为此，要求路面平直，并有足够的宽度和转弯半径；构件运输时，支垫位置和方法应正确、合理，符合构件受力情况，防止构件开裂，按路面情况掌握行车速度，尽量保持平稳，减少振动和冲击，如图 7.21 所示。

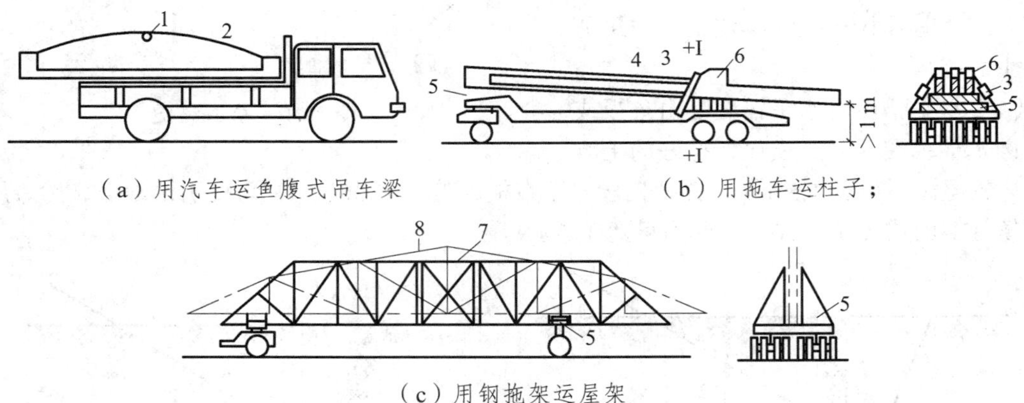

（a）用汽车运鱼腹式吊车梁

（b）用拖车运柱子；

（c）用钢拖架运屋架

1—钢丝；2—鱼腹式吊车梁；3—倒链；4—钢丝绳；5—垫木；6—柱子；7—钢拖架；8—屋架

图 7.21 构件运输示意

2）构件的堆放

构件应按照施工组织设计的平面布置图进行堆放，避免进行二次搬运。堆放构件的场地

应平整坚实并有排水措施。构件根据其刚度和受力情况，确定平放或立放，堆放的构件必须保持稳定。水平分层堆放的构件，层与层之间应以垫木隔开，各层垫木的位置应在同一条垂直线上，以免构件折断。构件堆垛的高度应按构件强度、堆场地面的承载力、垫木的强度和堆垛的稳定性而定。

3）构件的临时加固

在吊装前须进行吊装应力的验算，并采取适当的临时加固措施。

3. 构件的检查与清理

构件安装前应对所有构件进行全面检查。

（1）数量。各类构件的数量是否与设计的件数相符。

（2）强度。安装时混凝土的强度应不低于设计强度等级的 70 %。对于一些大跨度或重要构件，如屋架，则应达到 100%的设计强度等级。对于预应力混凝土屋架，孔道灌浆强度应不低于 15 MPa。

（3）外形尺寸。构件的外形尺寸，预埋件的位置和尺寸，吊环的位置和规格，接头的钢筋长度等是否符合设计要求。

构件检查应做记录，对不合格的构件，应会同有关单位研究，并采取适当措施，才可进行安装。

4. 构件的弹线与编号

构件经检查合格后，即可在构件表面上弹出中心线，以作为构件安装、对位、校正的依据。对形状复杂的构件，还要标出它的重心和绑扎点的位置。具体要求是：

（1）柱子。要在三个面上弹出安装中心线，矩形截面可按几何中心线弹线；工字形截面柱，除在矩形截面弹出中心线外，为便于观察及避免视差，还应在工字形截面的翼缘部位弹出一条与中心线平行的线。所弹中心线的位置应与柱基杯口面上的安装中心线相吻合。此外，在柱顶与牛腿面上要弹出屋架与吊车梁的安装中心线，见图 7.22。

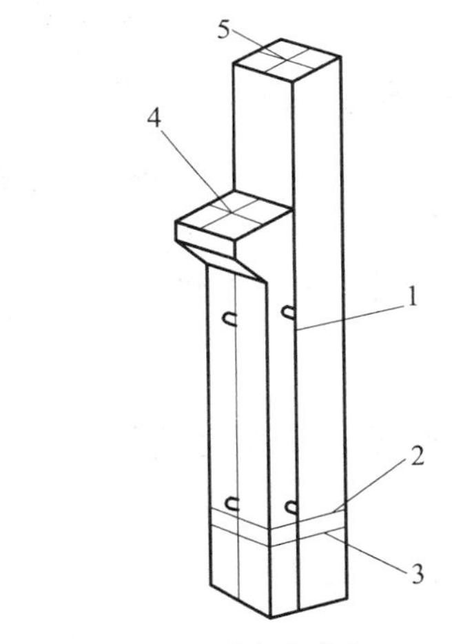

1—柱子中心线；2—地坪标高线；3—基础顶面线；4—吊车梁对位线；5—柱顶中心线

图 7.22　柱子弹线示意

（2）屋架。屋架上弦顶面应弹出几何中心线，并从跨度中央向两端分别弹出天窗架、屋面板或檩条的安装位置线，在屋架的两个端头，弹出屋架的安装中心线。

（3）梁。在梁的两端及顶面弹出安装中心线。在弹线的同时，应按图纸对构件进行编号，号码要写在明显部位。不易辨别上下左右的构件，应在构件上标明记号，以免安装时将方向搞错。

5. 钢筋混凝土杯形基础的准备

基础准备工作主要有以下两项：

（1）检查杯口尺寸，并根据柱网轴线在基础顶面弹出十字交叉的安装中心线，用于柱子校正，如图 7.23 所示。中心线对定位轴线的允许偏差为±10 mm。

（2）在杯口内壁测设一水平线，如图 7.23 所示。并对杯底标高进行一次抄平与调整，以便柱子安装后其牛腿面标高能符合设计要求。如图 7.24 所示的柱基，调整时先用尺测出杯底实际标高（小柱测中间一点，大柱测 4 个角点）。牛腿面设计标高 H_2 与杯底实际标高的差，就是柱脚底面至牛腿面应有的长度 l_1，再与柱实际长度 l_2 相比（其差值就是制作误差），即可算出杯底标高调整值ΔH，结合柱脚底面平整程度，用水泥砂浆或细石混凝土将杯底垫至所需高度。标高允许偏差为±5 mm。

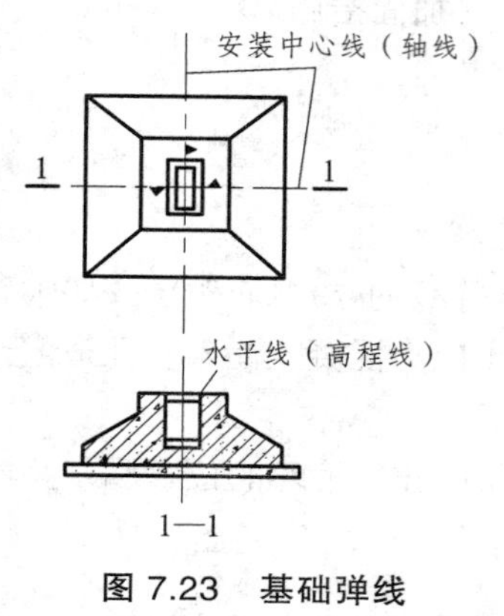

图 7.23　基础弹线

7.24　柱基抄平与调整

6. 料具的准备

结构安装之前，要准备好钢丝绳、吊具、吊索、滑车等；还要配备电焊机、电焊条。为配合高空作业，便于人员上下，准备好轻便的竹梯或挂梯。为临进固定柱子和调整构件的标高；准备好各种规格的垫铁、木楔或钢楔。

7.3.2　构件的安装工艺

1. 柱子的安装

柱子的安装工艺，包括绑扎、吊升、就位、临时固定、校正、最后固定等工序。

1）绑　扎

绑扎柱子用的吊具有吊索、卡环和铁扁担等。为使在高空中脱钩方便，尽量采用活络式卡环。为避免起吊时吊索磨损构件表面，要在吊索与构件之间垫以麻袋或木板。

柱子的绑扎位置和绑扎点，要根据柱子的形状、断面、长度、配筋和起重机性能等确定。中、小型柱子（重 130 kN 以下），可以绑扎一点；重型柱子或配筋少而细长的柱子（如抗风柱），为防止起吊过程中柱身断裂，需绑扎两点。一点绑扎时，绑扎位置常选在牛腿下；工字形截面和双肢柱，绑扎点应选在实心处（工字形柱的矩形截面处和双肢柱的平腹杆处），否则，应在绑扎位置用方木垫平。特殊情况下，绑扎点要计算确定。常用的绑扎方法有：

① 斜吊绑扎法。当柱平放起吊的抗弯强度满足要求时，可采用斜吊绑扎法，如图 7.25 所示，柱吊起后呈倾斜状态，起重钩可低于柱顶，因此，起重臂可以短些。

② 直吊绑扎法。当柱平放起吊的抗弯强度不足，需将柱由平放转为侧立然后起吊时，可采用

直吊绑扎法，如图 7.26 所示。起吊后，铁扁担高过柱顶，柱身呈直立状态，柱子垂直插入杯口。

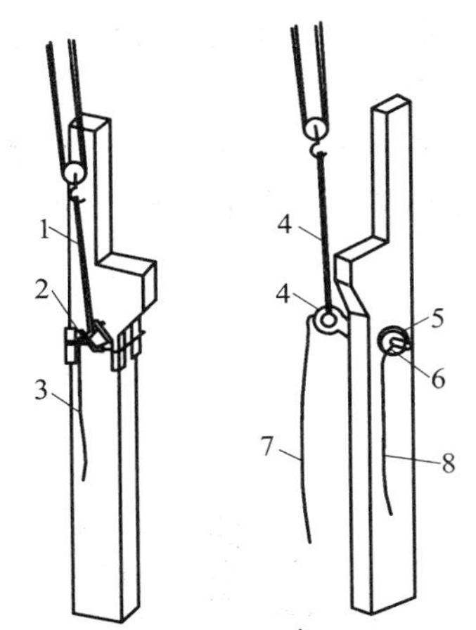

（a）采用活络卡环　（b）采用柱销

1—吊索；2—活络卡环；3—活络卡环插销拉绳；4—柱销；5—垫圈；6—插销；7—柱销拉绳；8—插销拉绳

图 7.25　柱的斜吊绑扎法

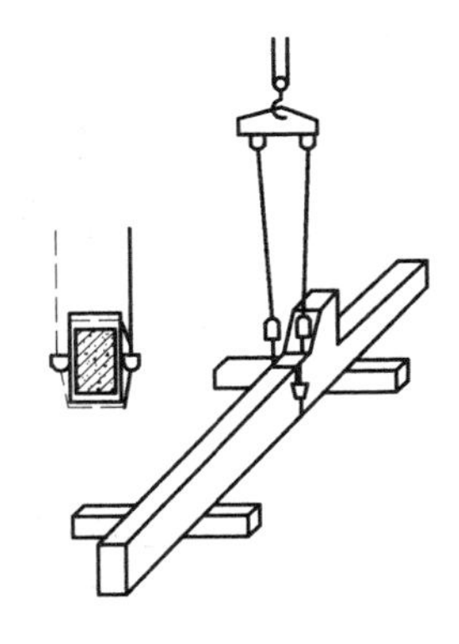
图 7.26　柱的直吊绑扎法

2）吊升方法

柱子的吊升方法，根据柱子重量、长度、起重机性能和现场施工条件而定。一般可分为旋转法和滑行法 2 种。

（1）旋转法。柱子吊升时，起重机边升钩，边回转起重杆，使柱子绕柱脚旋转而吊起之后插入杯口，如图 7.27 所示。为了便于操作和起重机吊升时起重臂不变幅，柱子在预制和堆放时，应使柱子的绑扎点，柱脚中心和杯口中心三点均位于起重机的同一起重半径的圆弧上。该圆弧的圆心为起重机的回转中心，半径为圆心到绑扎点的距离。柱子堆放时，应尽量使柱脚靠近杯口，以提高吊装速度。

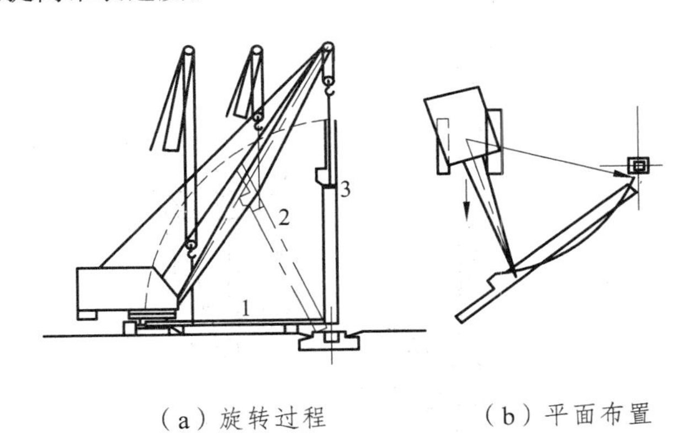

（a）旋转过程　（b）平面布置

图 7.27　旋转法吊装柱子

用旋转法吊装时，柱在吊装过程中所受振动较小，生产效率较高，但对起重机的要求较高。采用自行式起重机吊装时，宜采用此法。

（2）滑行法。采用滑行法吊装时，如图 7.28 所示，柱的平面布置应使绑扎点、基础杯口中心两点共弧，并在起重半径 R 为半径的圆弧上，柱的绑扎点宜靠近基础。起吊时，起重臂不动，仅起重钩上升，柱顶也随之上升，而柱脚则沿地面滑向基础，直至柱身转为直立状态，起重钩将柱提离地面，对准基础中心，将柱脚插入杯口。

用滑行法吊装时，柱在滑行过程中受到振动，对构件不利，但滑行法对起重机械的要求较低；只需要起重钩上升一个动作。因此，当采用独脚拔杆、人字拔杆，对一些长而重的柱，为便于构件布置及吊升，常采用此法。

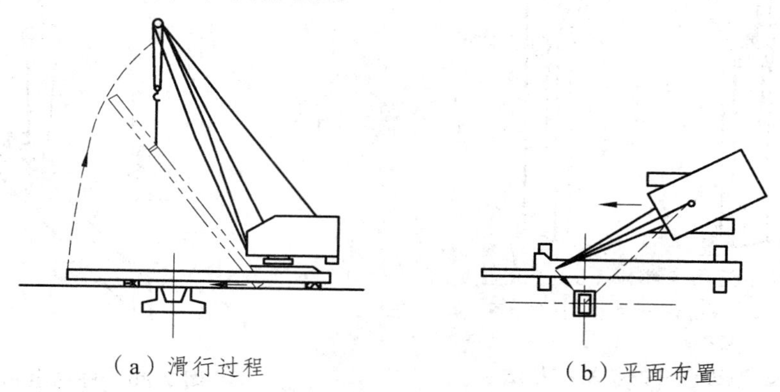

图 7.28　滑行法吊装柱子

3）就位和临时固定

柱脚插入杯口后，并不立即降至杯底，而是在离杯底 30~50 mm 处进行悬空对位，如图 7.29 所示。就位的方法，是用八只木楔或钢楔从柱的四边打入杯口，并用撬棍撬动柱脚，使柱的安装中心线对准杯口上的安装中心线，并使柱基本保持垂直。

柱就位后，将八只楔块略加打紧，放松吊钩，让柱靠自重沉至杯底，再检查一下安装中心线对准的情况，若已符合要求；即将楔块打紧，将柱临时固定。

吊装重型柱或细长柱时，除采用八只楔块临时固定外，必要时增设缆风绳拉锚。

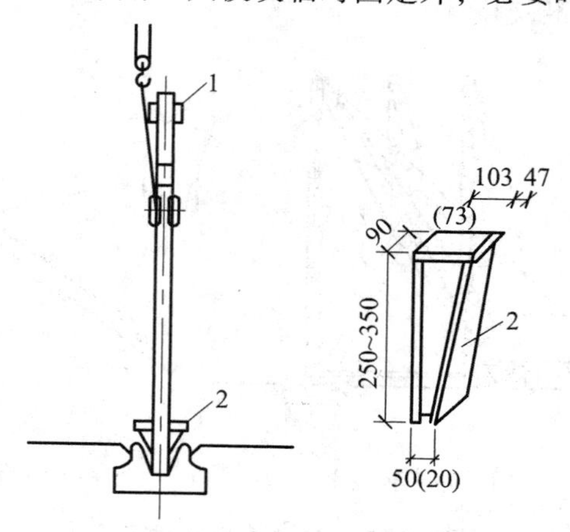

1—安装缆风绳或挂操作台的夹箍；2—钢楔（括号内的数字表示另一种规格钢楔的尺寸）

图 7.29　柱的对位与临时固定

4）校　正

柱的校正是一项重要工作，如果柱的吊装对位不够准确，就会影响与柱相连接的吊车梁、屋架等构件吊装的准确性。

柱的校正包括 3 个方面的内容，即平面位置、标高及垂直度。但柱标高的校正在杯形基础杯底抄平时，已经完成，而柱平面位置的校正则在柱对位时也已完成。在柱临时固定后，则需进行柱垂直度的校正。柱垂直偏差的检查方法，是用两架经纬仪从柱相邻的两边（视线应基本与柱面垂直）去检查柱安装中心线的垂直度。在没有经纬仪的情况上，也可用垂球进行检查。如偏差超过规定值，则应校正柱的垂直度。垂直度校正方法常用楔子配合钢钎校正法，如图 7.30 所示；丝杠千斤顶平顶法，如图 7.31 所示；钢管撑杆校正法，如图 7.32 所示。在实际施工中，无论采用何种方法，均必须注意以下几点：

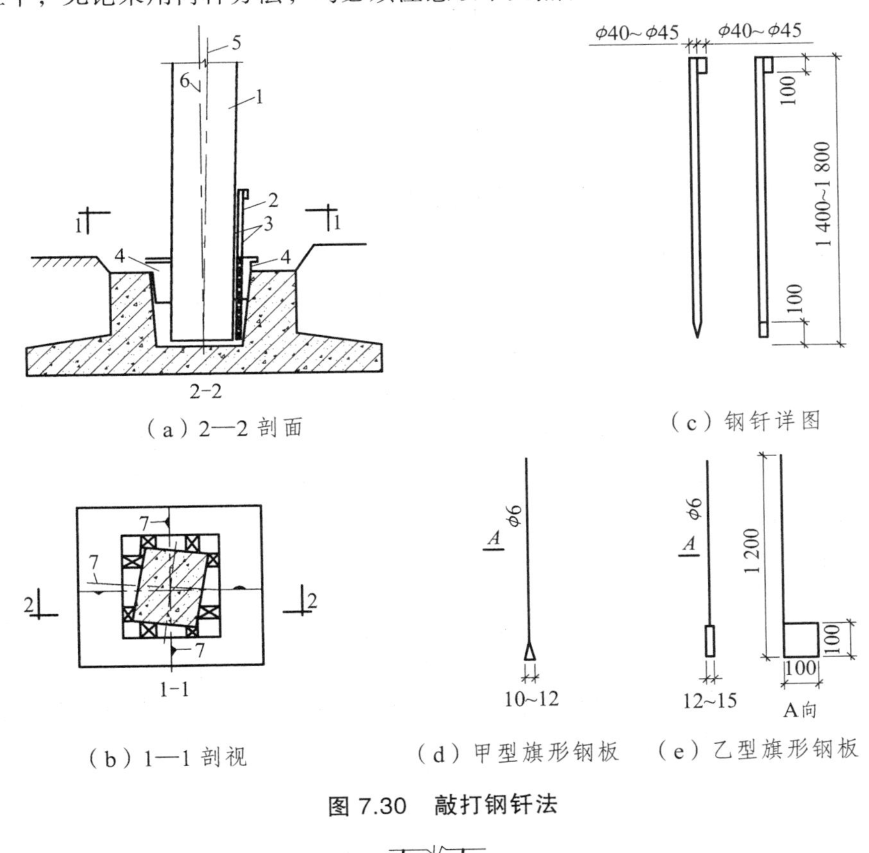

图 7.30 敲打钢钎法

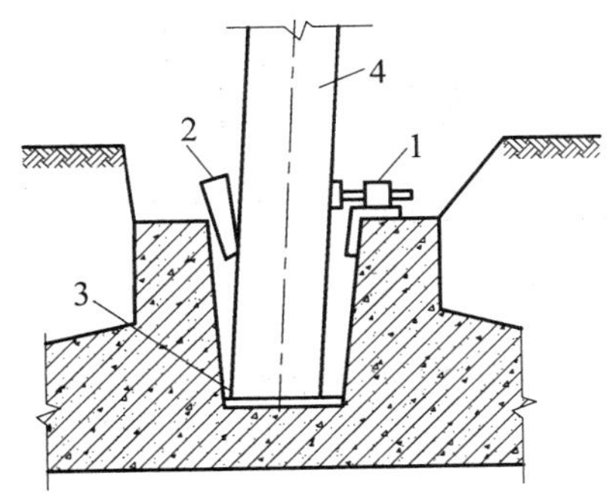

1—丝杠千斤顶；2—楔子；3—石子；4—柱

图 7.31 丝杆千斤顶平顶法

（1）应先校正偏差大的，后校正偏差小的，如两个方向偏差数相近，则先校正小面，后校正大面。校正好一个方向后，稍打紧两面相对的 4 个楔子，再校正另一个方向。

（2)柱在两个方向的垂直度都校正好后，应再复查平面位置，如偏差在 5 mm 以内，则打紧 8 个楔子，并使其松紧基本一致。80 kN 以上的柱校正后，如用木楔固定，最好在杯口，柱底脚另用大石或混凝土块塞紧与杯底四周空隙较大者，宜用坚硬石块将柱脚卡死。

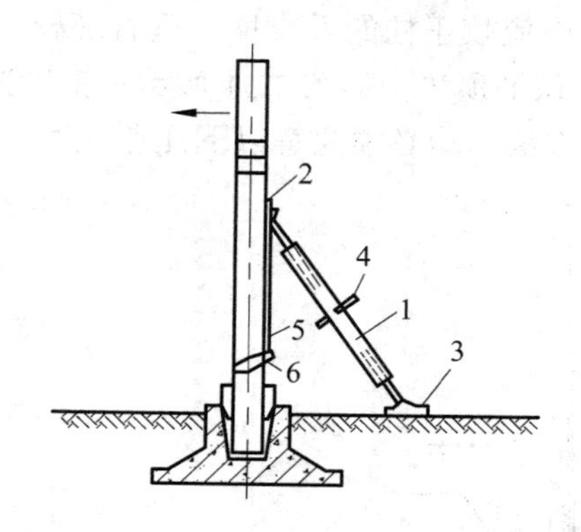

1—钢管；2—头部摩擦板；3—底板；4—转动手柄；5—钢丝绳；6—卡环

图 7.32　钢管撑杆校正法

（3）在阳光照射下校正柱的垂直度，要考虑温差影响。由于温差影响，柱将向阴面弯曲使柱顶有一个水平位移。水平位移的数值与温差、柱长度及厚度等有关。长度小于 10 m 的柱可不考虑温差影响。细长柱可利用早晨、阴天校正；或当日初校，次日晨复校；也可采取预留偏差的办法来解决。

5）最后固定

柱校正后，应立即进行最后固定。最后固定的方法，是在柱脚与杯口的空隙中灌注细石混凝土。所用混凝土的强度等级可比原构件的混凝土强度等级提高一级。

混凝土的灌注分两次进行，如图 7.33 所示。第一次灌注混凝土至楔块下端，第二次当第一次灌注的混凝土达到设计强度标准值的 25%时，即可拔出楔块，将杯口灌满混凝土。

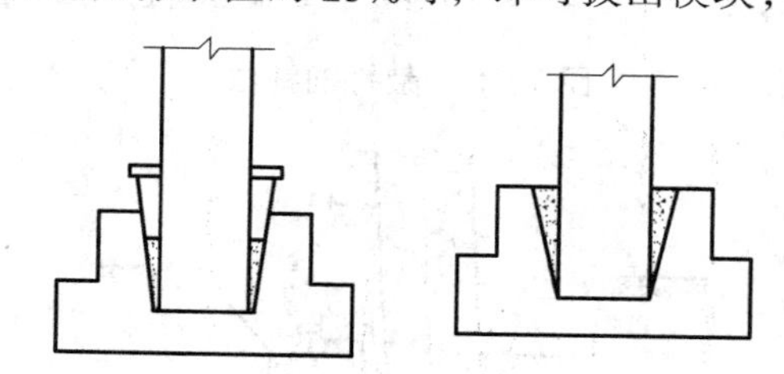

（a）第一次灌注混凝土　（b）第二次灌注混凝土

图 7.33　柱的最后固定

2. 吊车梁的安装

吊车梁的安装，必须在柱子杯口第二次浇筑的混凝土达到强度标准值的 75%以后进行。其安装程序为：绑扎、起吊、就位、临时固定、校正和最后固定。

1）绑扎、吊升、就位与临时固定

吊车梁绑扎点应对称设在梁的两端，吊钩应对准梁的重心，如图 7.34 所示。以便起吊后梁身基本保持水平。梁的两端设拉绳控制，避免悬空时碰撞柱子。

吊车梁对位时应缓慢降钩，使吊车梁端部与柱牛腿面的横轴线对准。在对位过程中不宜用撬棍顺纵轴方向撬动吊车梁。因为柱子顺纵轴线方向的刚度较差，撬动后会使柱顶产生偏移。假如横线未对准，应将吊车梁吊起，再重新对位。

吊车梁本身的稳定性较好，一般对位时，仅用垫铁垫平即可，无需采取临时固定措施，起重机即可松钩移走。当梁高与底宽之比大于 4 时，可用 8 号铁丝将梁捆在柱上，以防倾倒。

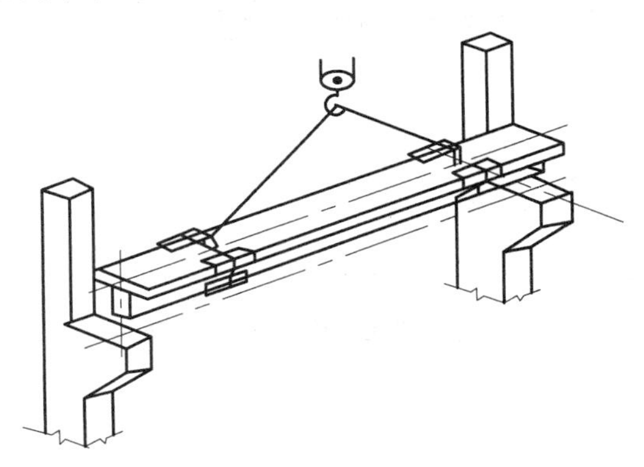

图 7.34　吊车梁的吊装

2）校正、最后固定

吊车梁的校正主要是平面位置和垂直度的校正。因为吊车梁的标高在做基础抄平时，已对牛腿面至柱脚的距离作过测量和调整，如仍存在误差，可待安装吊车轨道时，在吊车梁面上抹一层砂浆找平即可。

吊车梁平面位置的校正，包括纵轴线和跨距两项。检查吊车梁纵轴线偏差，有以下几种方法。

（1）通线法。根据柱的定位轴线，在车间两端地面定出吊车梁定位轴线的位置，打下木桩，并设置经纬仪。用经纬仪先将车间两端的 4 根吊车梁位置校正准确，并用钢尺检查两列吊车梁之间的跨距 L_K 是否符合要求。然后在 4 根已校正的吊车梁端设置支架（或垫块），约高 200 mm，并根据吊车梁的定位轴线拉钢丝通线。如发现吊车梁的吊装纵轴线与通线不一致，则根据通线来逐根拨正吊车梁的安装中心线。拨动吊车梁可用撬棍或其他工具，如图 7.35 所示。

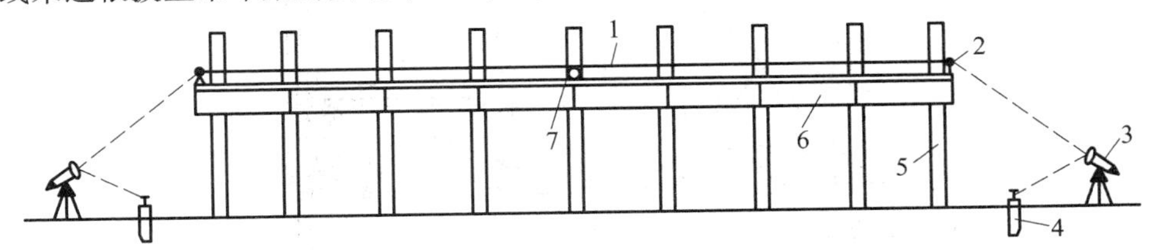

1—通线；2—支架；3—经纬仪；4 —木桩；5—柱；6 —吊车梁

图 7.35　通线法校正吊车梁示意

（2）平移轴线法。在柱列边设置经纬仪，如图 7.36 所示，逐根将杯口上柱的吊装准线投影到吊车梁顶面处的柱身上，并作出标志。若柱安装准线到柱定位轴线的距离为 a，则标志距吊车梁定位轴线应为 $\lambda-a$,（λ 为柱定位轴线到吊车梁定位轴线之间的距离，一般 λ= 750 mm）。可据此来逐根拨正吊车梁的安装纵轴线，并检查两列吊车梁之间的跨距 L_K 是否符合要求。

工业厂房的钢筋混凝土屋架，一般在施工现场平卧预制。安装的施工顺序是绑扎、扶直与就位、吊升、对位、临时固定、校正和最后固定。

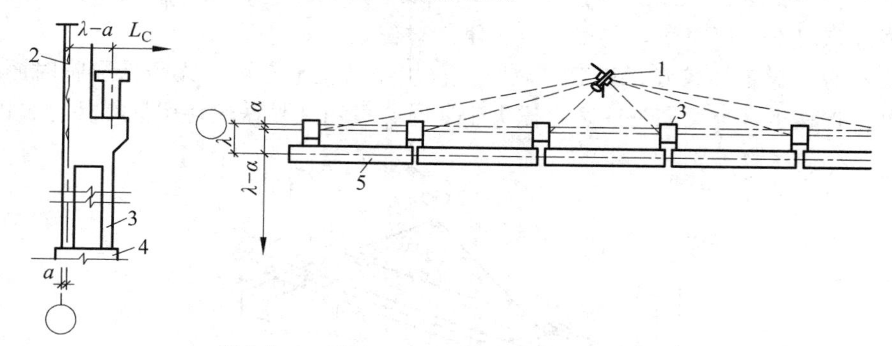

1—经纬仪；2—标志；3—柱；4—柱基础；5—吊车梁；

图 7.36　平移轴线法校正吊车梁

3. 屋架的安装

1）绑　扎

屋架的绑扎点应选在上弦节点处，左右对称，并高于屋架重心，在屋架两端应加拉绳，以控制屋架转动。绑扎时吊索与水平线的夹角不宜小 45°，以免屋架承受过大的横向压力。必要时，为了减少屋架的起吊高度及所受横向压力，可采用横吊梁。

屋架跨度小于或等于 18 m 时绑扎两点；当跨度大于 18 m 时绑扎 4 点；当跨度大于 30 m 时应考虑采用横吊梁，以减少绑扎高度，对三角组合屋架等刚度较差的屋架，下弦不能承受压力，故绑扎时也应采用横吊梁，如图 7.37 所示

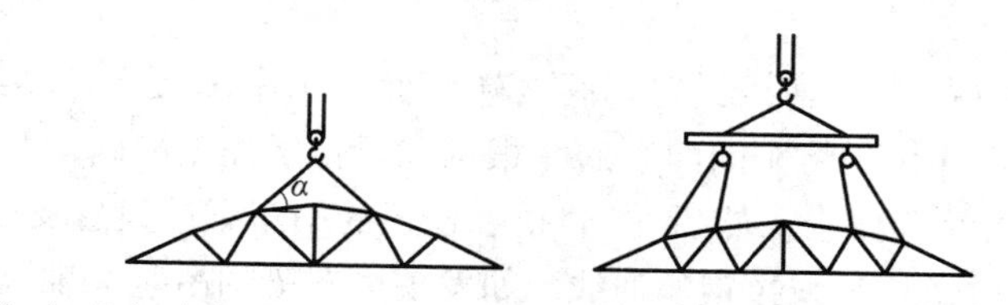

（a）屋架跨度小于或等于 18 m 时　（b）屋架跨度大于 18 m 时

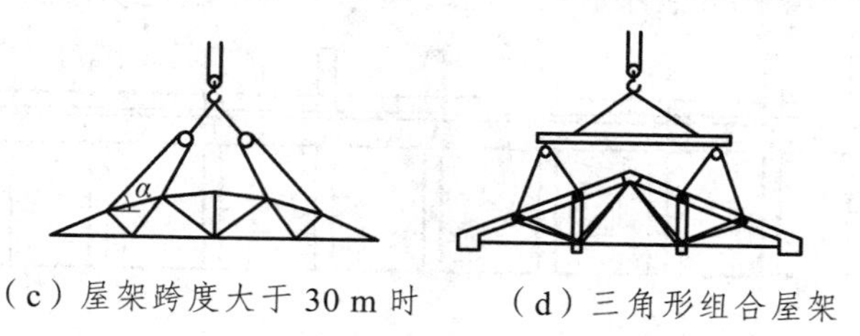

（c）屋架跨度大于 30 m 时　（d）三角形组合屋架

图 7.37　屋架的绑扎

2）扶直与就位

屋架在安装前，先要翻身扶直，并将屋架吊运至预定地点就位。钢筋混凝土屋架的侧向

刚度较差，扶直时由于自重影响，改变了杆件的受力性质，特别是上弦杆极易扭曲造成屋架损伤。因此在屋架扶直时必须采取技术措施，严格遵守操作要求，才能保证安全施工。扶直屋架时，由于起重机与屋架相对位置不同，可分为正向扶直与反向扶直。

（1）正向扶直。起重机位于屋架下弦一边，起臂使屋架脱模，接着起重机升钩并升起重臂，使屋架以下弦为轴转为直立状态，如图 7.38、图 7.39（a）所示。

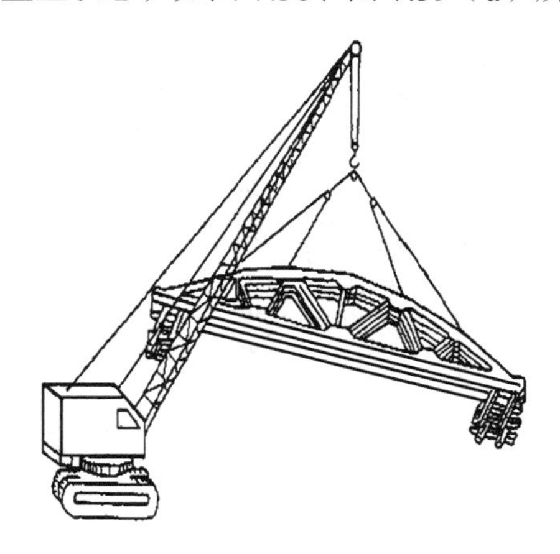

图 7.38　屋架的正向扶直

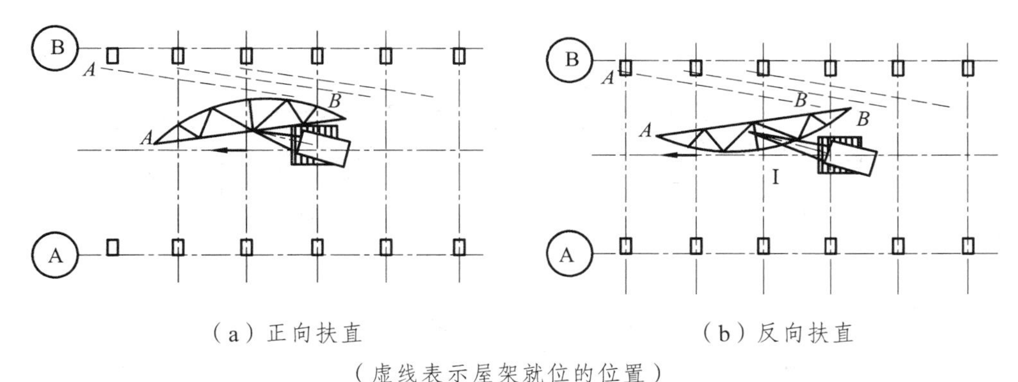

（a）正向扶直　　（b）反向扶直

（虚线表示屋架就位的位置）

图 7.39　屋架的扶直

（2）反向扶直。起重机立于屋架上弦一边，吊钩对准屋架上弦中点，收紧吊钩，接着升钩并降低起重臂，使屋架以下弦为轴缓缓转为直立状态，如图 7.39（b）所示。

正向扶直与反向扶直的最大不同点，就是在扶直过程中，前者升高起重臂，后者降低起重臂。而升臂比降臂更易于操作，且较安全，故应尽可能采用正向扶直。

屋架扶直后，立即进行就位。屋架就位的位置与屋架的安装方法、起重机械性能有关，应少占场地、便于吊装。且应考虑到屋架的安装顺序、两端朝向等问题。一般靠柱边斜放或以 3~5 榀为一组平行柱边就位。

3）吊升、对位与临时固定

屋架吊升是先将屋架吊离地面约 300 mm，然后将屋架转至吊装位置下方，再将屋架提升超过柱顶约 300 mm，然后将屋架缓缓降至柱顶，进行对位。

屋架对位应以建筑物的定位轴线为准。因此在屋架吊装前，应用经纬仪或其他工具在柱顶放出建筑物的定位轴线。如柱顶截面中线与定位轴线偏差过大时，可逐渐调整纠正。

屋架对位后，立即进行临时固定。临时固定稳妥后，起重机方可摘钩离去。

第一榀屋架的临时固定必须高度重视。因为它是单片结构，侧向稳定较差，而且还是第二榀屋架的临时固定的支撑。第一榀屋架的临时固定方法，通常是用 4 根缆风绳从两边将屋架拉牢，也可将屋架与抗风柱连接作临时固定。

第二榀屋架的临时固定，是用工具式支撑撑牢在第一榀屋架上，如图 7.40 所示。以后各榀屋架的临时固定也都是用工具式支撑撑牢在前一榀屋架上，如图 7.41 所示。

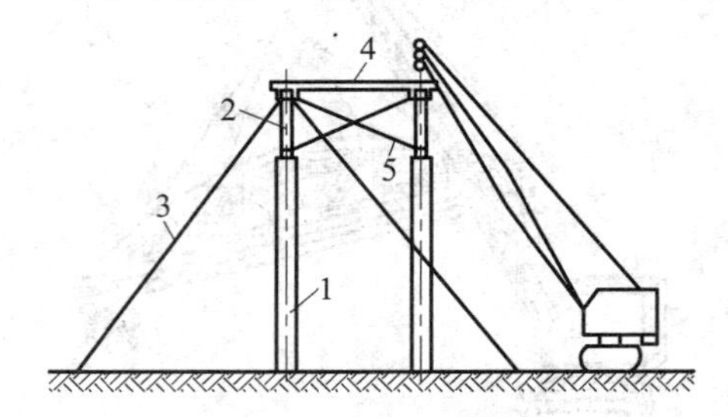

1—柱子；2—屋架；3—缆风绳；4—工具式支撑；5—屋架垂直支撑

图 7.40 屋架的临时固定

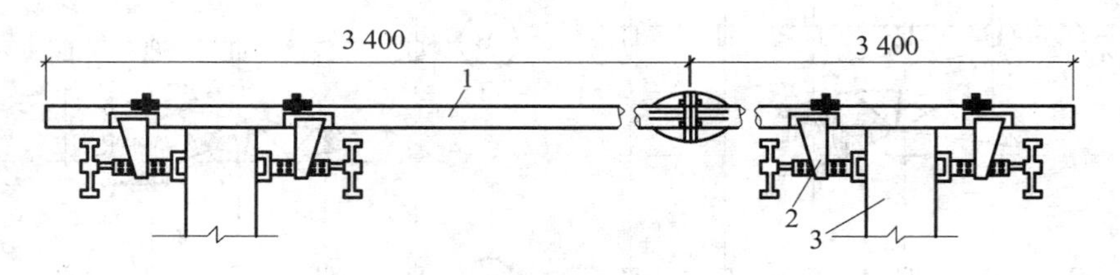

1—钢管；2—撑脚；3—屋架上弦

图 7.41 工具式支撑的构造

4）校正、最后固定

屋架经对位、临时固定后，主要校正垂直度偏差。规范规定屋架上弦（在跨中）对通过两支座中心垂直面的偏差不得大于 $h/250$（h 为屋架高度）。检查时可用垂球或经纬仪。用经纬仪检查是将仪器安置在被检查屋架的跨外，距柱的横轴线约 1 m 左右，然后观测屋架中间腹杆上的中心线（安装前已弹好），如偏差超出规定数值，可转动工具式支撑上的螺栓加以纠正，并在屋架端部支承面垫入薄钢片。校正无误后，立即用电焊焊牢作为最后固定，应对角施焊，以防焊缝收缩导致屋架倾斜。

4. 屋面板的安装

屋面板四角一般预埋有吊环，用带钩的吊索钩住吊环即可安装。1.5 m×6 m 的屋面板有 4 个吊环，起吊时，应使 4 根吊索长度相等，屋面板保持水平。

屋面板的安装次序，应自两边檐口左右对称地逐块铺向屋脊，避免屋架承受半边荷载。屋面板对位后，立即进行电焊固定，每块屋面板可焊 3 点，最后一块只能焊 2 点。

7.3.3　结构吊装方案

单层工业厂房结构的特点是平面尺寸大、承重结构的跨度与柱距大、构件类型少、重量大，厂房内还有各种设备基础（特别是重型厂房）等。因此，在拟定结构安装方案时，应着重解决起重机选择、结构安装方法、起重机械开行路线与构件的平面布置等问题。

1. 起重机的选择

起重机的选择是吊装工程的重要问题，因为它关系到构件安装方法、起重机开行路线与停机位置、构件平面布置等许多问题。

1）起重机类型的选择

结构安装用的起重机类型，主要根据厂房的跨度、构件重量、安装高度以及施工现场条件和当地现有起重设备等确定。

中小型厂房结构采用自行式起重机安装是比较合理的。当厂房结构的高度和长度较大时，可选用塔式起重机安装屋盖结构。在缺乏自行式起重机的地方，可采用独脚拔杆、人字拔杆、悬臂拔杆等安装。大跨度的重型工业厂房，选用的起重机既要能安装厂房的承重结构，又要能完成设备的安装。所以多选用大型自行式起重机、重型塔式起重机、大型牵缆式桅杆起重机等。对于重型构件，当 1 台起重机无法吊装时，也可用 2 台起重机抬吊。

2）起重机型号及起重臂长度的选择

起重机的类型确定之后，还需要进一步选择起重机的型号及起重臂的长度。所选起重机应满足 3 个工作参数：起重量、起重高度、工作幅度的要求。

（1）起重量。起重机的起重量必须大于所吊装构件的重量与索具重量之和，即

$$Q \geqslant Q_1 + q \tag{7.4}$$

式中　Q——起重机的起重量（kN）；

Q_1——构件的重量（kN）；

q——索具的重量（kN）。

（2）起重高度。起重机的起重高度必须满足所吊装构件的安装高度要求，如图 7.42 所示。

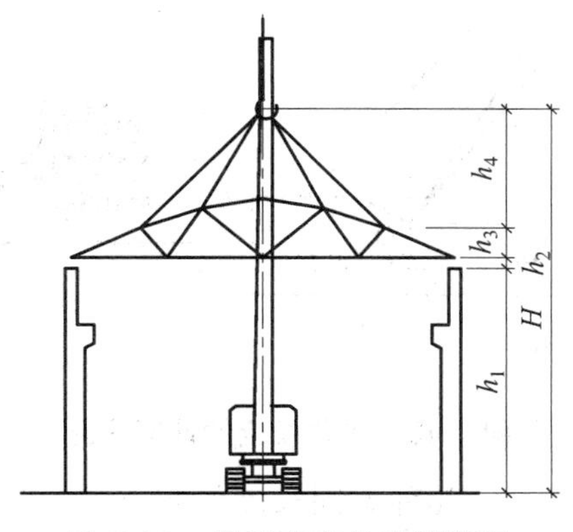

图 7.42　起重高度的计算简图

$$H \geqslant h_1+h_2+h_3+h_4 \tag{7.5}$$

式中　H——起重机的起重高度，从停机面算起至吊钩钩口（m）；

h_1——吊装支座表面高度，从停机面算起（m）；

h_2——吊装间隙，视具体情况而定，但不小于 0.3 m；

h_3——绑扎点至构件吊起后底面的距离（m）；

h_4——索具高度，自绑扎点至吊钩钩口，视具体情况而定（m）。

（3）工作幅度。当起重机可以不受限制地开到所安装构件附近去吊装构件时，可不验算工作幅度。但当起重机受限制不能靠近安装位置去吊装构件时，则应验算当起重机的工作幅度为一定值时的起重量与起重高度能否满足吊装构件的要求。一般根据所需的 Q_{min}、H_{min} 值，初步选定起重机型号，再按下式进行计算

$$R_{min}=F+D+0.5b \tag{7.6}$$

$$D=g+(h_1+h_2+h_3-E)\cot\alpha \tag{7.7}$$

式中　F——起重臂枢轴中心距回转中心距离（m）；

D——起重臂枢轴中心距所吊构件边缘距离，可用式（7.7）计算（m）；

g——构件上口边缘与起重臂之间的水平空隙，不小于 0.5 m（m）；

E——吊杆枢轴心距地面高度（m）；

α——起重臂的倾角；

h_1、h_2——含义同前；

h_3——所吊构件的高度（m）；

b——构件的宽度。

工作幅度的计算简图，如图 7.43 所示。

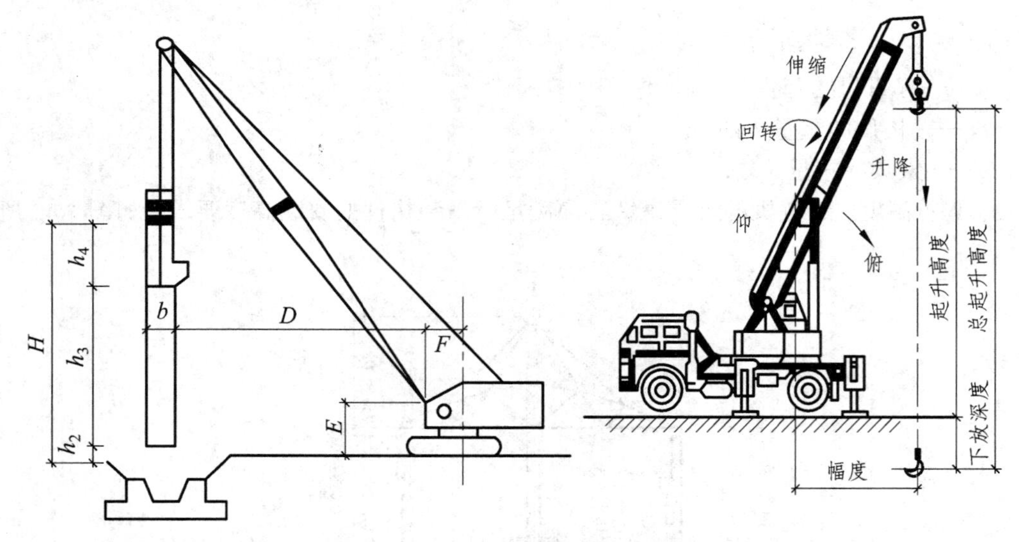

图 7.43　工作幅度的计算简图

同一种型号的起重机可能具有几种不同长度的起重臂，应选择一种既能满足 3 个吊装工作参数的要求而又最短的起重臂。但有时由于各种构件吊装工作参数相差大，也可选择

几种不同长度的起重臂。例如，吊装柱子可选用较短的起重臂，吊装屋面结构则选用较长的起重臂。

（4）最小起重臂长度的确定。当起重机的起重臂需跨过屋架去安装屋面板时，为了不碰动屋架，需求出起重臂的最小长度。求最小臂长可用数解法或图解法。

① 数解法，如图7.44所示。

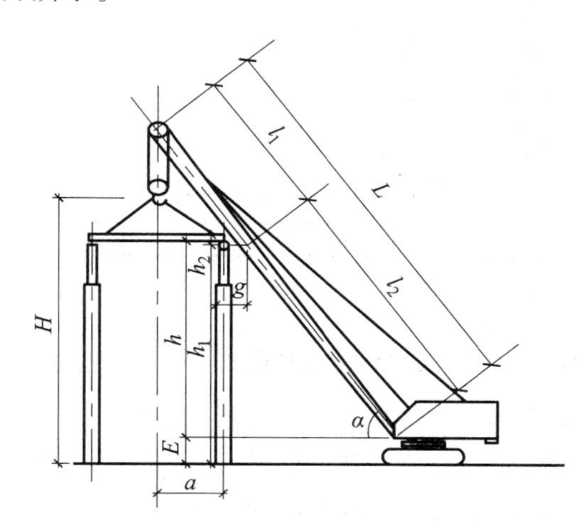

图7.44 起重机最小臂长计算示意（数解法）

数解法求起重机最小臂长计算方法示意图。最小臂长 L_{min} 可按下式计算

$$L_{min}=\frac{h}{\sin\alpha}+\frac{a+g}{\cos\alpha} \tag{7.8}$$

$$\alpha=\arctan\sqrt[3]{\frac{h}{a+g}} \tag{7.9}$$

式中 L_{min}——起重臂最小臂长，m；

h——起重臂底铰至构件吊装支座（屋架上弦顶面）的高度（m）；

a——起重钩需跨过已吊装结构的距离（m）；

g——起重臂轴线与已吊装屋架轴线间的水平距离（至少取1 m）；

α——起重臂仰角，可按式（7.9）计算。

② 作图法。如图7.45所示，可按以下作图步骤求起重机最小臂长。

a. 按一定比例绘出需吊装厂房一个节间的纵剖面图，并画出起重机吊装屋面板时，起重钩需伸到处的垂线 $V—V$；

b. 按地面实际情况确定停机面，并根据初步选用的起重机型号，查出起重臂底铰至停机面的距离 E 值，画出水平线 $H—H$；

c. 自屋架顶面向起重机方向水平量出距离（$g\geqslant 1$m），可得 P 点；

d. 过 P 点画若干条直线，被 $V—V$ 及 $H—H$ 两线所截，得线段 S_1G_1、S_2G_2、S_3G_3……这些线段即起重机吊装屋面板时起重臂的轴线长度。取其中最短的一根即所求的最小臂长，量出 α 角，即所求的起重臂倾角。

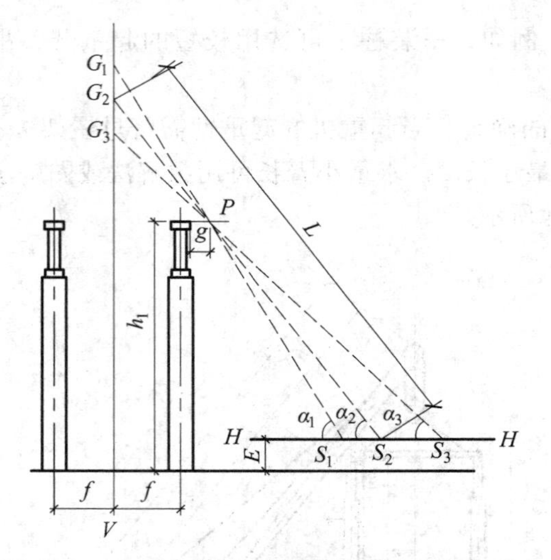

图 7.45　起重机最小臂长计算示意（图解法）

按上述方法先确定起重机跨中，吊装跨中屋面板所需臂长及起重倾角。然后再复核一下能否满足吊装最边缘一块屋面板的要求。若不能满足吊装要求，则需改选较长的起重臂及改变起重倾角，或将起重机开到跨边去吊装跨边的屋面板。

2. 结构安装方法及起重机开行路线

1）结构安装方法

单层工业厂房的结构安装方法，有分件安装法和综合安装法 2 种。

（1）分件安装法。是指起重机在车间内每开行一次仅安装 1 种或 2 种构件。通常分 3 次开行安装完全部构件。

第 1 次开行——安装全部柱子，并对柱子进行校正和最后固定；

第 2 次开行——安装吊车梁和连系梁以及柱间支撑等；

第 3 次开行——分节间安装屋架、天窗架、屋面板及屋面支撑等，如图 7.46 所示，表示分件安装时的构件安装顺序。

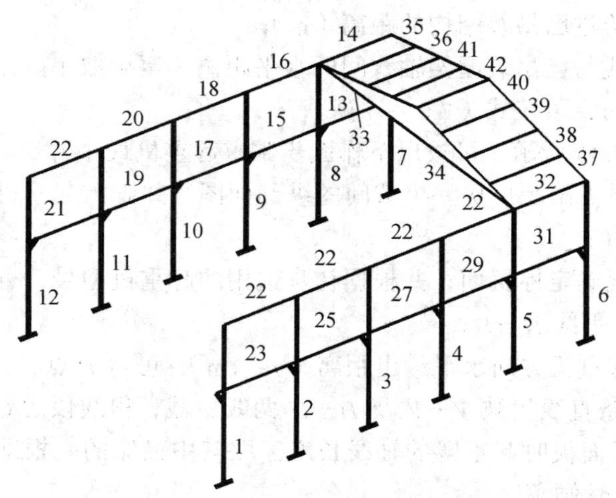

图 7.46　分件安装时的构件吊装顺序

此外，在屋架安装之前还要进行屋架的扶直就位、屋面板的运输堆放，以及起重臂接长等工作。

分件安装法由于起重机每次开行是安装同类型构件，索具不需经常更换，操作程序基本相同，所以安装速度快；能充分发挥起重机的工作能力；构件的供应、现场的平面布置以及构件的校正也比较容易。因此，目前装配式钢筋混凝土单层工业厂房多采用分件安装法。

图中 7.46 数字表示构件吊装顺序，其中 1~12—柱；13~32—单数是吊车梁，双数是连系梁；33、34—屋架；35~42—屋面板。

（2）综合安装法。是指起重机在车间内的一次开行中，分节间安装完所有各种类型的构件。开始安装 4~6 根柱子，立即加以校正和浇筑混凝土固定，接着安装吊车梁、连系梁、屋架、屋面板等构件。总之，起重机在每一停机位置，安装尽可能多的构件。因此，综合安装法起重机的开行路线较短，停机位置较少。但综合安装法要同时安装各种类型的构件，影响起重机生产效率的提高，使构件的供应、平面布置复杂，构件的校正也较困难。因此，目前较少采用。

由于分件安装法与综合安装法各有优缺点，目前有不少工地采用分件安装法吊装柱，而用综合安装法来吊装吊车梁、连系梁、屋架、屋面板等各种构件，起重机分 2 次开行安装完各种类型的构件。

2）起重机的开行路线及停机位置

起重机的开行路线和起重机的停机位置与起重机的性能、构件的尺寸及重量、构件的平面布置、构件的供应方式、安装方法等许多因素有关。

当安装屋架、屋面板等屋面构件时，起重机大多沿跨中开行；当吊装柱时，则视跨度大小、柱的尺寸、重量及起重机性能，可沿跨中开行或跨边开行，如图 7.47 所示。

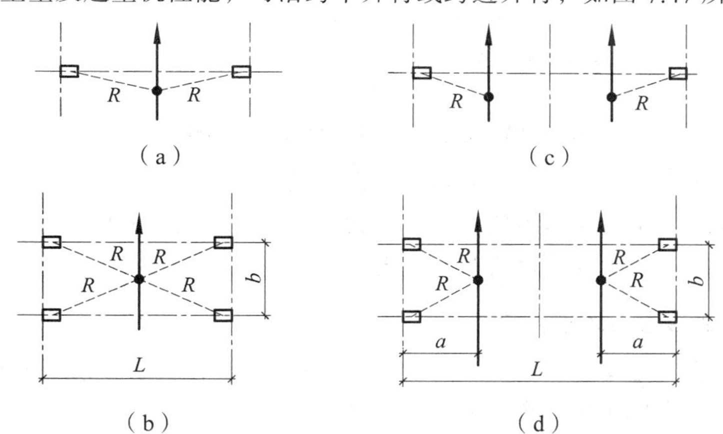

图 7.47　起重机吊装柱时的开行路线及停机位置

当 $R \geqslant L/2$ 时，起重机可沿跨中开行，每个停机位置可吊装两根柱，如图 7.47（a）所示；

当 $R \geqslant \sqrt{\left(\dfrac{L}{2}\right)^2+\left(\dfrac{b}{2}\right)^2}$ ，则可安装 4 根柱，如图 7.47（b）所示；

当 $R<\dfrac{L}{2}$ 时，起重机需沿跨边开行，每个停机位置安装一根柱，如图 7.47（c）所示；

若 $R \geqslant \sqrt{a^2+\left(\frac{b}{2}\right)^2}$，则可安装两根柱，如图 7.47（d）所示。

式中 R——起重机的工作幅度（m）；

L——厂房跨度（m）；

b——柱的间距（m）；

a——起重机开行路线到跨边的距离（m）。

当柱布置在跨外时，则起重机一般沿跨外开行，停机位置与跨边开行相似。

如图 7.48 是一个单跨车间，当采用分件吊装法时，起重机的开行路线及停机位置图。起重机自 B 轴线进场，沿跨外开行吊装 A 列柱，再沿 B 轴线跨内开行吊装 A 列柱，再转到 B 轴扶直及排放屋架，再转到 B 轴吊装 B 列吊车梁、连系梁等，再转到 A 轴吊装 B 列吊车梁，再转到跨中吊装屋盖系统。

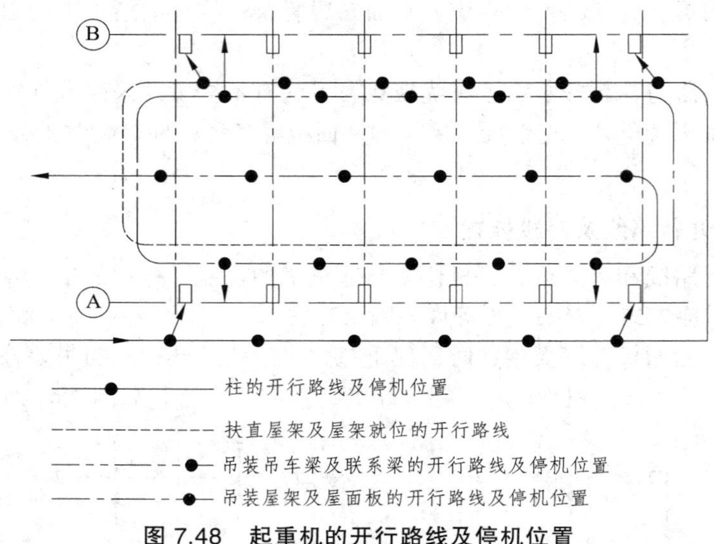

图 7.48　起重机的开行路线及停机位置

制定安装方案时，尽可能使起重机的开行路线最短，在安装各类构件的过程中，互相衔接，不跑空车。同时，开行路线要能多次重复使用，以减少铺设钢板、枕木的设施。要充分利用附近的永久性道路作为起重机的开行路线。

3）构件的平面布置与运输堆放

构件的平面布置与起重机的性能、安装方法、构件的制作方法有关。在选定起重机型号、确定施工方案后，根据施工现场实际情况加以制定。

（1）构件的平面布置原则。

① 每跨的构件宜布置在本跨内，如有困难时，也可布置在跨外便于安装的地方。

② 构件的布置，应便于支模及浇筑混凝土；若为预应力混凝土构件，要留出抽管、穿筋的操作场地。

③ 构件的布置，要满足安装工艺的要求，尽可能布置在起重机的工作幅度内，尽量减少起重机负荷行驶的距离及起伏起重臂的次数。

④ 构件的布置，力求占地最少，保证起重机械、运输车辆的道路畅通。起重机回转时，

机身不得与构件相碰。

⑤ 构件布置时，要注意安装朝向，避免在安装时空中调头，影响安装进度和安全。

⑥ 构件均应在坚实的地基上浇筑，新填土要加以夯实，以防下沉。

（2）预制阶段的构件平面布置。

① 柱的布置。柱的布置方式与场地大小、安装方法有关，一般有 3 种，即斜向布置、纵向布置及横向布置。

② 柱的斜向布置：柱子如用旋转法起吊，可按三点共弧斜向布置。确定预制位置，可采用作图法，其作图的步骤，如图 7.49 所示。

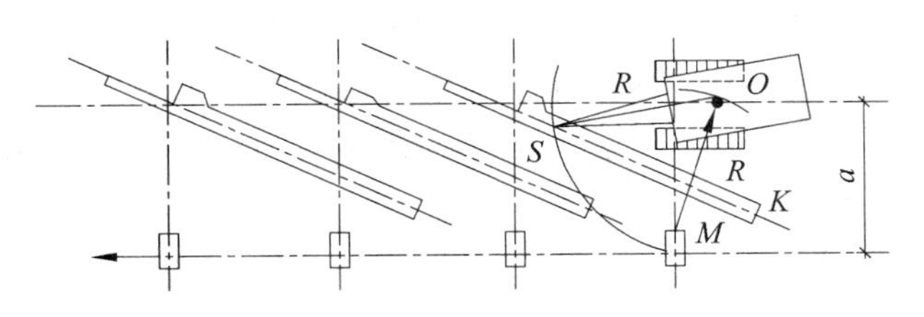

图 7.49　柱的斜向布置

确定起重机开行路线到柱基中线的距离 a 和起重机吊装柱子时与起重机相应的工作幅度 R，起重机的最小工作幅度 R_{min} 有关，要求

$$R_{min} < a \leqslant R$$

同时，开行路线不要通过回填土地段，不要靠近构件，防止起重机回转时碰撞构件。确定起重机的停机点。安装柱子时，起重机位于所吊柱子的横轴线稍后的范围内比较合适；这样，司机可看到柱子的吊装情况便于安装对位。停机点确定的方法是，以要安装的基础杯口中心 M 为圆心，所选的工作幅度 R 为半径，画弧相交开行路线于 O 点，O 点即为安装那根柱子的停机点。

确定柱的预制位置。以停机点 O 为圆心，OM 为半径画弧，在靠近柱基的弧上任选一点 K 作为预制时柱脚中心。K 点选定后，以 K 为圆心，柱脚到吊点的长度为半径画弧，与 OM 半径所画的弧相交于 S，连 KS 线，得出柱中心线，即可画出柱子的模板位置图。量出柱顶、柱脚中心点到柱列纵横轴线的距离 A、B、C、D，作为支模时的参考。

布置柱时，要注意柱牛腿的朝向，避免安装时在空中调头。当柱布置在跨内时，牛腿应面向起重机；布置在跨外时，牛腿应背向起重机。

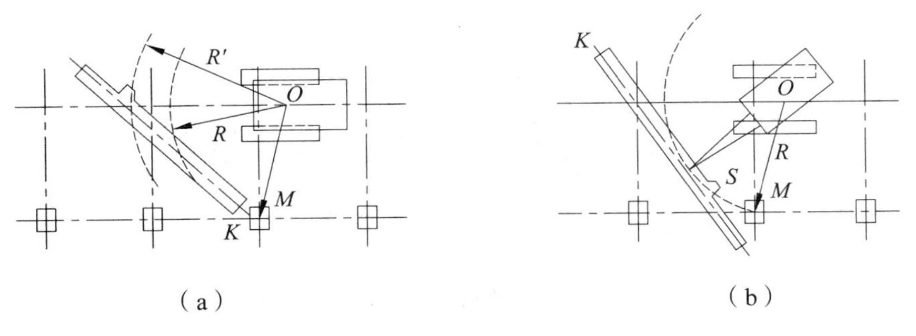

图 7.50　两点共弧布置法

布置柱时，有时由于场地限制或柱身过长，无法做到三点（杯口、柱脚、吊点）共弧，可根据不同情况，布置成两点共弧。两点共弧的布置方法有 2 种：一是将杯口、柱脚共弧，吊点放在工作幅度 R 之外，如图 7.50（a）所示。安装时，先用较大的工作幅度吊起柱子，并升起重臂，当工作幅度变为 R 后，停止升臂，随之用旋转法安装柱子。另一种方法是：将吊点、杯口共弧，安装时采用滑行法，如图 7.50（b）所示。即起重机在吊点上空升钩，柱脚向前滑行，直到柱子成直立状态，起重臂稍加回转，即可将柱子插入杯口。

③ 柱的纵向布置：对于一些较轻的柱，起重机能力有富余，考虑到节约场地，方便构件制作，可顺柱列纵向布置，如图 7.51 所示。

柱纵向布置时，起重机的停机点应安排 在两柱基的中点，使 $OM_1=OM_2$，这样，每一停机点可吊两根柱。为了节约模板，减少用地，也可采取两柱叠浇。预制时，先安装的柱放在上层，两柱之间要做好隔离措施。上层柱由于不能绑扎，预制时要埋设吊环。

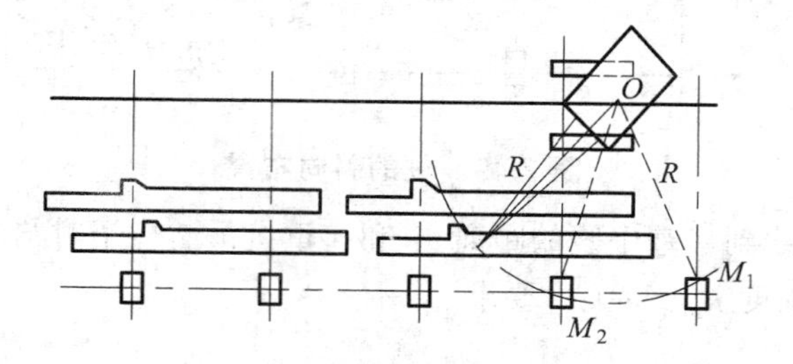

图 7.51　柱子的纵向布置

（3）屋架的布置。屋架一般安排在跨内平卧叠浇预制，每叠 3~4 榀。布置的方式有 3 种：正面斜向布置、正反斜向布置、顺轴线正反向布置等，如图 7.52 所示。

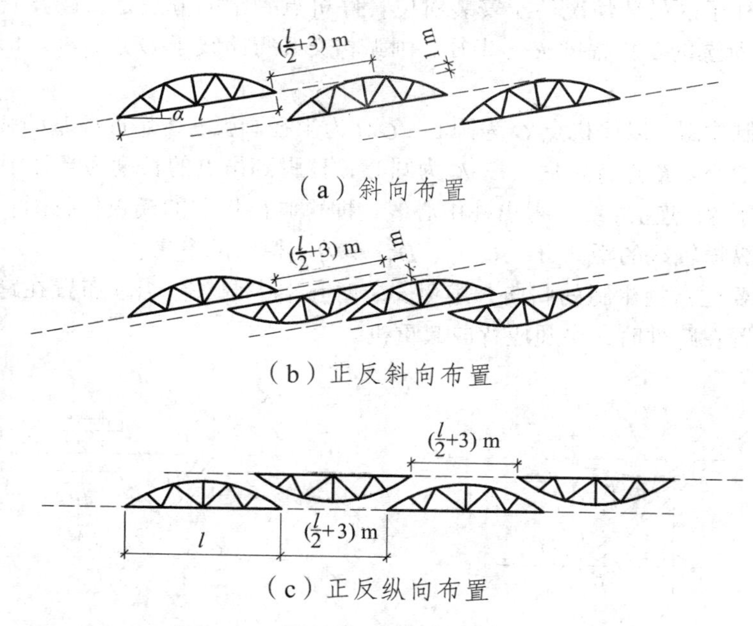

图 7.52　屋架预制时的几种布置方式

在上述 3 种布置形式中，应优考虑采用斜向布置方式，因为它便于屋架的扶直就位。只有在场地受限制时才考虑采用其他两种形式。

屋架正面斜向布置时，下弦与房纵轴线的夹角 α=10°~20°。预应力混凝土屋架，预留孔洞采用钢管时，屋架两端应留出 $L/2+3$（m）一段距离（L 为屋架跨度）作为穿管和抽筋的操作场地；如在一端抽管时，应留出 $L+3$（m）的一段距离。如用胶皮管预留孔洞时，距离可适当缩短。屋架之间的间隙可取 1 m 左右以便支模及浇筑混凝土。屋架之间互相搭接的长度视场地大小及需要而定。

（4）吊车梁的布置。当吊车梁安排在现场预制时，可靠近柱基顺纵向轴线或略作倾斜布置。也可插在柱子的空档中预制。如具有运输条件，也可在场外集中预制。

3. 安装阶段构件的就位布置及运输堆放

安装阶段的就位布置，是指柱子安装完毕后，其他构件的就位布置。包括屋架的扶直就位，吊车梁、屋面板的运输就位等。

1）屋架的扶直就位

屋架可靠柱边斜向就位或成组纵向就位。

① 屋架的斜向就位：确定就位位置的方法，可采用作图法，其步骤如下：

确定起重机安装屋架时的开行路线及停机点。安装屋架时，起重机一般沿跨中开行，也可根据安装需要稍偏于跨度的一边开行，先在跨中画出平行于纵轴线的开行路线，再以安装的某轴线（如②轴线）的屋架中心点 M_2 为圆心，以选择好的工作幅度 R 为半径画弧，相交开行路线上于 O_2 点，O_2 点即为安装②轴线屋架时的停机点，如图 7.53 所示。

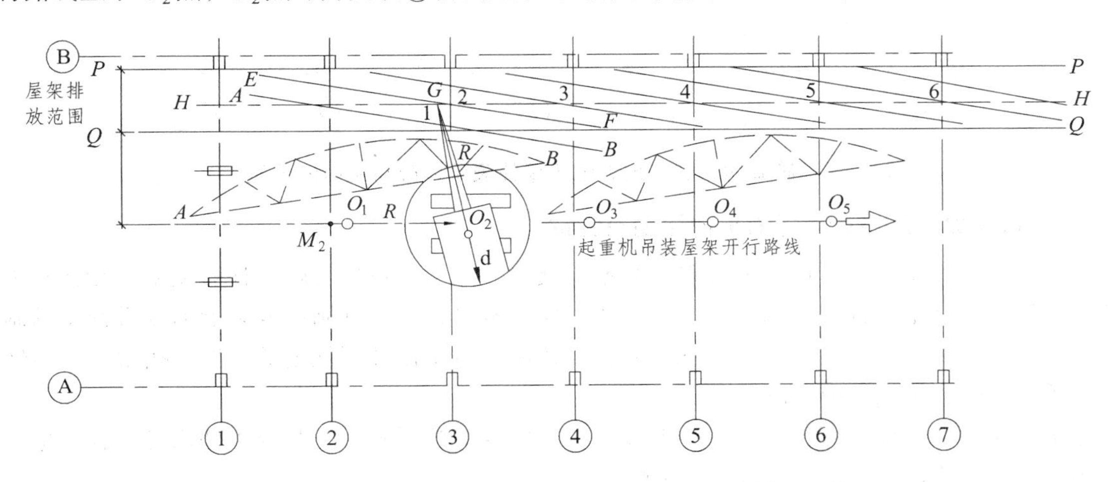

图 7.53　屋架的斜向就位（虚线表示屋架预制时置）

② 确定屋架的就位范围。屋架一般靠柱边就位，但应离开柱边不小于 200 mm，并可利用柱子作为屋架的临时支撑。当受场地限制时，屋架的端头也可稍许伸出跨外。根据以上原则，确定屋架就位范围的外边界线 PP。起重机安装屋架及屋面板时，机身需要回转，设起重机尾部至机身回转中心的距离为 d，则在距开行路线为（d+0.5）m 的范围内，不宜布置屋架和其他较高的构件；以此为界，画出就位范围的内边界线 QQ。两条边界线 PP、QQ 之间，即为屋架的就位范围。当厂房跨度较大时，这一范围的宽度过大，可根据实际情况加以缩小。

③ 确定屋架的就位位置。确定好就位范围后，在图上画出 PP、QQ 两边界线的中线屋架

就位后，屋架的中点均在线上。以②轴线屋架为例，就位位置可按以下方法确定：以停机点 O_2 为圆心，安装屋架时的工作幅度 R 为半径，画弧交 HH 线于 G 点，G 点即为②号屋架就位后的中点。再以 G 点为圆心，屋架跨度之半为半径，画弧交 PP、QQ 两线于 E、F 两点，连 EF，即为②号屋架的就位位置。其他屋架的就位位置，均平行于此屋架，端点相距 6m，但①号屋架由于抗风柱的阻挡，要退到②号屋架的附近就位。

2）屋架的成组纵向就位

屋架纵向就位时，一般以 4~5 榀为一组靠柱边顺轴线纵向就位。屋架与柱之间、屋架与屋架之间的净距不小于 200 mm，相互之间用铅丝及支撑拉紧撑牢。每组屋架之间，应留 3 m 左右的间距作为横向通道。应避免在已安装好的屋架下面去绑扎、吊装屋架。屋架起吊后，注意不要与已安装的屋架相碰；因此，布置屋架时，每组屋架的就位中心线，可大约安排在该组屋架倒数第二榀安装轴线之后 2 m 处，如图 7.54 所示。

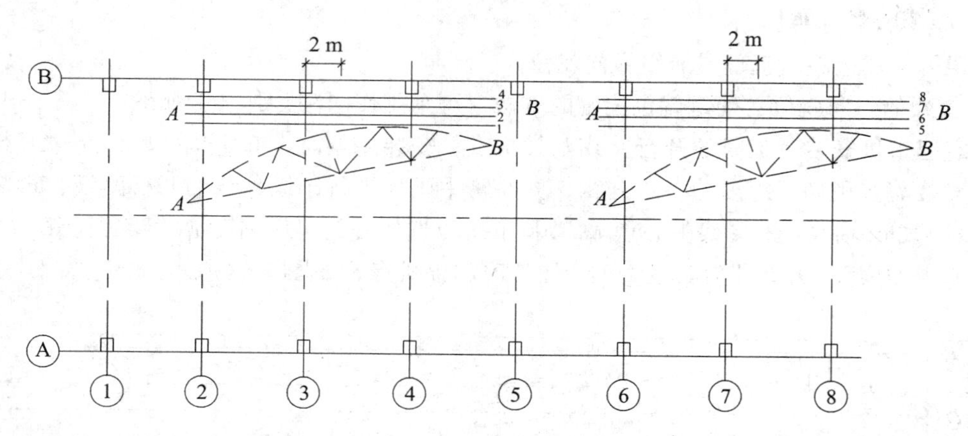

图 7.54 屋架的成组纵向就位（虚线表示屋架预制时的位置）

3）吊车梁、连系梁、屋面板的运输与就位

吊车梁、连系梁、屋面板的运输、堆放与就位。单层工业厂房除了柱和屋架一般在施工现场制作外，其他构件，如吊车梁、连系梁、屋面板等，均在预制厂或附近的露天预制场制作，然后运至工地吊装。构件运至现场后，应按施工组织设计所规定的位置，按编号及构件吊装顺序进行就位或集中堆放。

吊车梁、连系梁的就位位置，一般在其吊装位置的柱列附近，跨内跨外均可。有时也可不用就位，而从运输车辆上直接吊至牛腿上。

屋面板的就位位置，可布置在跨内或跨外，如图 7.55 所示。根据起重机吊装屋面板时所需的工作幅度，当屋面板在跨内就位时；大约应向后退 3~4 个节间开始就位，若在跨外就位，应向后退 1~2 个节间开始就位。

4. 构件布置平面图设计

单层厂房构件平面图设计包括柱的平面布置图，屋架现场预制平面图布置，屋架扶直就位平面图布置及吊车梁、连系梁、屋面板和天窗架等构件的平面图布置以及吊装时起重机开行路线设计等内容。应当说明的是，单层厂房施工过程是先预制构件，而后进行吊装，而构件布置平面图则应从吊装开始就着手设计。特别是屋架，它在施工过程中还有扶直的过程。因此，应先从吊装要求思考，然后使屋架扶直的布置适应吊装要求，而预制时的构件布置则应适应扶直要求。

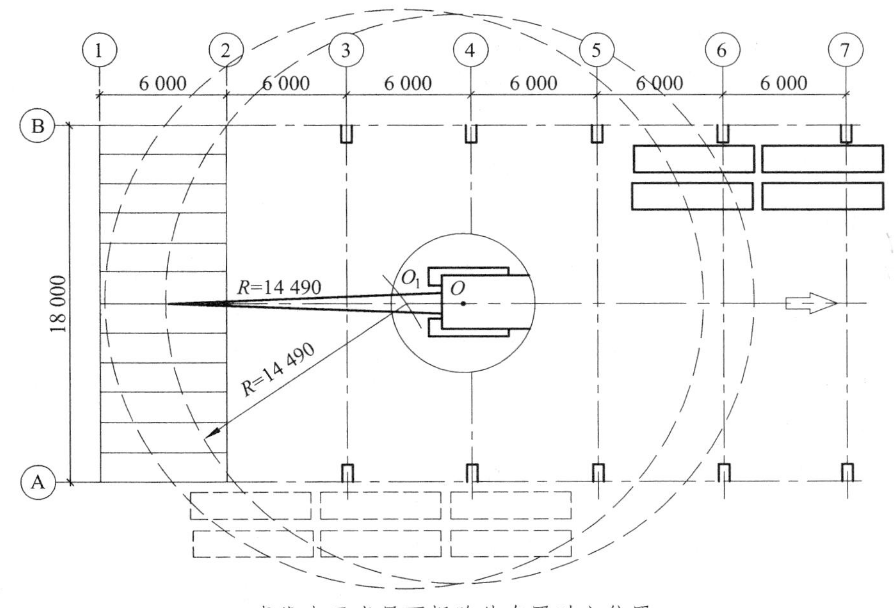

图 7.55 屋面板吊装工作参数计算简图及屋面板的就位布置图

5. 吊装质量要求

在吊装施工时应保证各构件吊装时不能产生过大的偏差，否则需要通过校正措施进行校正，以保证吊装偏差在允许范围之内，以保证单层厂房结构吊装完成后的结构整体性。

7.4 钢结构安装工程

7.4.1 钢构件的制作与堆放

1. 钢结构施工图

钢结构施工图的识读重点和难点是构件之间连接构造的识读，在识读钢结构施工图中一定要将各种图结合起来看，一般钢结构加工图包括钢结构设计总说明、构件布置图、构件详图、构件序号和材料表。

1）钢结构设计总说明

（1）钢材、螺栓、冷弯薄壁型钢、栓钉、围护板材的材质（颜色）、厂家等；

（2）焊缝的质量等级和范围等要求；

（3）预拼装、起拱现场吊装吊耳要求；

（4）制作、检验标准等。

2）构件布置图

（1）锚栓布置图：钢材材质、数量、攻丝长度、焊脚高度；

（2）梁柱布置图：构件名称、规格、数量，梁的安装方向、轴线距离和楼层标高，柱牛腿高、加劲板、螺栓孔；

（3）檩条、墙梁布置图：主要关注构件名称、数量、是否有斜拉条和斜撑等。

3）构件详图

（1）钢柱、梁详图。柱截面和总长度、各层标高与布置图对照验证，通过索引图判断钢柱视图方向，牛腿或连接板数量、方向对照布置图进行验证，柱的标高尺寸、长度分尺寸和总尺寸是否一致，通过剖视符号和板件编号找到对应的大样图进行识图，装配和检验要根据构件的特点来判断基准点、线；每块板件装配前要根据图纸的焊缝标示和工艺进行剖口处理，按布置图验证节点是否一致等。

（2）钢屋面详图。钢屋架施工图根据钢屋架的复杂程度，有不同数量的零件详图，这些详图详细说明了各种零件的具体做法，要清楚钢屋架图中杆件的型钢形式、截面规格、长度、焊脚尺寸，节点板的形状和尺寸，肢背和肢尖处的焊缝长度，翼缘、腹板的分段位置，屋面梁放坡坡度，系杆连接板、天沟支架连接板、水平支撑位置、安装的方向等。

（3）吊车梁详图。注意轴线和吊车梁长度的关系，中间跨的吊车梁和边跨吊车梁长度一般不一样；吊车梁上翼缘是否需要预留固定轨道的螺栓孔；注意吊车梁上翼缘的隅撑留孔在哪一侧；注意下翼缘的垂直支撑留孔在哪一侧；吊车梁上翼缘和腹板的 T 形焊缝是否需要熔透；对照设计总说明和图纸进行验证；注意加劲肋厚度以及它与吊车梁的焊缝定义等。

（4）支撑详图。支撑的截面、肢尖朝向；放样的基准点是否明确；连接板的尺寸、螺栓孔间距。

2. 钢结构加工制作

1）钢结构加工制作的工艺程序

（1）放样。放样是根据产品施工详图或零、部件图样要求的形状和尺寸，按照 1∶1 的比例把产品或零、部件的实形画在放样台或平板上，求取实长并制成样板的过程。对比较复杂的壳体零、部件，还需要作图展开。放样的步骤如下：

① 仔细阅读图纸，并对图纸进行核对。

② 准备放样需要的工具，包括钢尺、石笔、粉线、划针、圆规、铁皮剪刀等。准备好做样板和样杆的材料，一般采用薄铁片和小扁钢。可先刷上防锈油漆。

③ 放样以 1∶1 的比例在样板台上弹出大样。当大样尺寸过大时，可分段弹出，尺寸画法应避免偏差累积。先以构件某一水平线和垂直线为基准，弹出十字线；然后据此逐一划出其他各个点和线，并标注尺寸。

③ 样板制出后，必须在上面注明图号、零件名称、件数、位置、材料牌号、坡口部位、弯折线及弯折方向、孔径和滚圆半径、加工符号等内容。同时，应妥善保管样板，防止折叠和锈蚀，以便进行校核。

④ 为了保证产品质量，防止由于下料不当造成废品，样板应注意适当预放加工余量，一般可根据不同的加工量按下列数据进行：自动气割切断的加工余量为 3 mm；手工气割切断的加工余量为 4 mm；气割后需铣端或刨边者，其加工余量为 4 ~ 5 mm；剪切后无需铣端或刨边的加工余量为零；对焊接结构零件的样板，除放出上述加工余量外，还须考虑焊接零件的收缩量。一般沿焊缝长度纵向收缩率为 0.03 % ~ 0.2 %；沿焊缝宽度横向收缩，每条焊缝为 0.03 ~ 0.75 mm；加强肋的焊缝引起的构件纵向收缩，每肋每条焊缝为 0.25 mm。加工余量和焊接收缩量，应以组合工艺中的拼装方法、焊接方法及钢材种类、焊接环境等决定。

⑤ 放样过程中，应及时与技术部门协调；放样结束，应对照图纸进行自查；最后应根据样板编号编写构件号料明细表。

（2）号料。号料就是根据样板在钢材上画出构件的实样，并打上各种加工记号，为钢材的切割下料作准备。常用号料方法有：

① 集中号料法：把同厚度的钢板零件和相同规格的型钢零件，集中在一起进行号料。

② 套料法：把同厚度的各种不同形状的零件，组合在同一材料上，进行“套料”。

③ 统计计算法：在线形材料（如型钢）下料时将所有同规格零件归纳在一起，按零件的长度、先长后短的顺序排列。根据最长零件号料算出余料的长度，直至整根料被充分利用为止。

④ 去余料统一号料法：在号料后剩下的余料上进行较小零件的号料。

（3）切割下料。切割的目的就是将放样和号料的零件形状从原材料上进行下料分离。钢材的切割可以通过切削、冲剪、摩擦机械力和热切割来实现。常用的切割方法有：气割、机械剪切和等离子切割 3 种方法。

气割法：是利用氧气与可燃气体混合产生的预热火焰加热金属表面达到燃烧温度并使金属发生剧烈的氧化，放出大量的热促使下层金属也自行燃烧：通过高压氧气射流，将氧化物吹除而引起一条狭小而整齐的割缝。随着割缝的移动，使切割过程连续切割出所需的形状。气割前，应将钢材切割区域表面的铁锈、污物等清除干净，气割后，应清除熔渣和飞溅物。

机械切割法：可利用上、下两剪刀的相对运动来切断钢材，或利用锯片的切削运动把钢材分离，或利用锯片与工件间的摩擦发热使金属熔化而被切断。常用的切割机械有剪板机、联合冲剪机、弓锯床、砂轮切割机等。

等离子切割法：是利用高温高速的等离子焰流将切口处金属及其氧化物熔化并吹掉来完成切割，所以能切割任何金属，特别是熔点较高的不锈钢及有色金属铝、铜等。

（4）钢材矫正。钢材使用前，由于存放、运输、吊运不当等原因，会引起钢材变形。在加工成型过程中，由于操作和工艺原因会引起成型件变形、构件连接过程的焊接变形等。为保证钢结构的制作及安装质量，必须对不符合标准的材料、构件进行矫正。钢材矫正的内容有钢板的平直度、型钢的挠曲度以及翼缘对腹板的不垂直度等。矫正可采用机械矫正、加热矫正、加热与机械联合矫正等方法。

（5）坡口加工。焊接质量与坡口加工的精度有直接关系，如果坡口表面粗糙有尖锐且深的缺口，就容易在焊接时产生不熔部位，将在事后产生焊接裂缝。又如，在坡口表面粘附油污，焊接时就会产生气孔和裂缝，因此要重视坡口质量。坡口加工一般可用气体加工和机械加工，在特殊的情况下采用手动气体切割的方法，但必须进行事后处理，如打磨等。

（6）开孔。在焊接结构中，不可避免地将会产生焊接收缩和变形，因此在制作过程中，把握好什么时候开孔将在很大程度上影响产品精度。特别是对于柱及梁的工程现场连接部位的孔群的尺寸精度直接影响钢结构安装的精度，因此把握好开孔的时间是十分重要的，一般有 4 种情况：

① 在构件加工时预先划上孔位，待拼装、焊接及变形矫正完成后，再划线确认进行打孔加工。

② 在构件一端先进行打孔加工，待拼装、焊接及变形矫正完成后，再对另一端进行打孔加工。

③ 待构件焊接及变形矫正后，对端面进行精加工，然后以精加工面为准线，划线、打孔。

④ 在划线时，考虑了焊接收缩量、变形的余量、允许公差等，直接进行打孔。

常用的机械打孔有电钻及风钻、立式钻床、摇臂钻床、桁式摇臂钻床、多轴钻床、NC 开孔机，打孔后应用磨光机清除孔边毛刺。

（7）组装。

组装的零件、部件应经检查合格，连接件和沿焊缝边缘约 50 mm 范围内的铁锈、毛刺、污垢、油迹等应清除干净。

钢材的拼接应在组装前进行。构件的组装应在部件组装、部件焊接、部件矫正后进行。

组装可采用胎夹具方法。当在平台上组装时，平台的平面高低差不得超过 4 mm。构件的组装应根据结构形式、焊接方法和焊接顺序等因素，确定合理的组装顺序。

组装的质量要求：除工艺要求外零件组装的间隙不得大于 1.0 mm。对顶紧接触面应有 75 % 以上面积紧贴，用 0.3 mm 塞尺检查，其塞入面积不得大于 25 %，边缘最大间隙不得大于 0.8 mm。金属接触部分的精加工可用龙门铣床、卧式镗床、牛头刨床、斜面切削机等来进行。

组装的隐蔽部位应在焊接和涂装检查合格后方可封闭。

3. 钢结构构件的验收、运输、堆放

1）钢结构构件的验收

钢构件加工制作完成后，应按照施工图和《钢结构工程施工质量验收规范》（GB 50205—2001）的规定进行验收，有的还分工厂验收、工地验收，因工地验收还增加了运输的因素，钢构件出厂时，应提供下列资料：

（1）产品合格证。

（2）施工图的设计变更文件。

（3）制作中技术问题处理的协议文件。

（4）钢材、连接材料、涂装材料的质量证明或试验报告。

（5）焊接工艺评定报告。

（6）高强度螺栓摩擦面抗滑移系数试验报告，焊缝无损检验报告及涂层检测资料。

（7）主要构件检验记录。

（8）预拼装记录：由于受运输、吊装条件的限制，另外设计的复杂性，有时构件要分两段或若干段出厂，为了保证工地安装的顺利进行，在出厂前进行预拼装。

（9）构件发运和包装清单。

2）构件的运输

发运的构件，在易见部位用油漆标上重量及重心位置的标志，以免在装、卸车和起吊过

程中损坏构件。节点板、高强度螺栓连接面等重要部分要有适当的保护措施，零星的部件等都要按同一类别用螺栓和铁丝紧固成束包装发运。

大型或重型构件的运输应根据行车路线、运输车辆的性能、码头状况、运输船只来编制运输方案。在运输方案中要着重考虑吊装工程的堆放条件、工期要求来编制构件的运输顺序。

运输构件时，应根据构件的长度、重量和断面形状选用车辆；构件在运输车辆上的支点、两端伸长的长度及绑扎方法均应保证构件不产生永久变形、不损伤涂层。构件起吊必须严格按设计吊点起吊。

3）构件的堆放

构件一般要堆放在工厂的堆放场和现场的堆放场。构件堆放场地应平整坚实，无水坑、冰层，并应排水通畅，有较好的排水设施，同时有车辆进出的回路。

构件应按种类、型号、安装顺序划分区域，插立标志牌。构件底层垫块要有足够的支承面，不允许垫块有大的沉降量，堆放的高度应有计算依据，以最下面的构件不产生永久变形为准，不得随意堆高。

在堆放中，发现有变形不合格的构件，则严格检查，进行矫正，然后再堆放。不得把不合格的变形构件堆放在合格的构件中，否则会影响安装进度。

对于已堆放好的构件，要派专人汇总资料。建立完善的构件进出厂管理制度，严禁乱翻、乱移。同时对已堆放好的构件进行适当保护，避免风吹雨打、日晒夜露。

7.4.2 钢结构单层工业厂房安装

单层钢结构工程是以单层工业厂房结构安装最为典型。钢结构单层工业厂房一般由柱、柱间支撑、吊车梁、制动梁（桁架）、托架、屋架、天窗架、上下弦支撑、檩条及墙体骨架等构件组成。柱基通常采用钢筋混凝土阶梯或独立基础。

1. 安装前的准备工作

1）技术准备

（1）钢结构安装前，应按构件明细表核对进场的构件，核查质量证明书，设计变更文件、加工制作图、设计文件、构件交工时所提交的技术资料。

（2）落实和深化施工组织设计，对起吊设备、安装工艺，对稳定性较差的构件，起吊前应进行稳定性验算，必要时应进行临时加固。大型构件和细长构件的吊点位置和吊环构造应符合设计或施工组织设计的要求，对大型或特殊的构件吊装前应进行试吊，确认无误后方可正式起吊。确定现场焊接的保护措施。

（3）应掌握安装前后外界环境，如风力、温度、风雪、日照等资料，做到胸中有数。

（4）钢结构安装前，应对下列图纸进行自审和会审：钢结构设计图；钢结构加工制作图；基础图；其他必要的图纸和技术文件。

2）基础准备

基础准备包括轴线测量，基础支承面的准备，支承面和支座表面标高与水平度检验，地脚螺栓位置和伸出支承面长度的量测等。

基础支承面的准备有两种做法：一种是基础一次浇筑到设计标高，即基础表面先浇筑到设计标高以下 20 ~ 30 mm 处，然后用细石混凝土仔细铺筑支座表面，如图 7.56 所示；另一种是先浇筑至距设计标高 50 ~ 60 mm 处，柱子吊装时，在基础面上放钢垫板（不得多于 3 块）以调整标高，待柱子吊装就位后，再在钢柱脚底下浇筑细石混凝土，如图 7.57 所示。后一种方法虽然多了一道工序，但钢柱容易校正，故重型钢柱宜采用此法。

3）构件的检查与弹线

钢构件外形和几何尺寸正确，可以保证结构安装顺利进行。为此，在结构吊装前应仔细检查钢构件的外形和几何尺寸，如有超出规定的偏差，在吊装前应设法消除。

此外，为便于校正钢柱的平面位置和垂直度、桁架和吊车梁的标高等，需在钢柱底部和上部标出两个方向的轴线，在钢柱底部适当高度处标出标高准线。对于吊点亦应标出，便于吊装时按规定吊点绑扎。

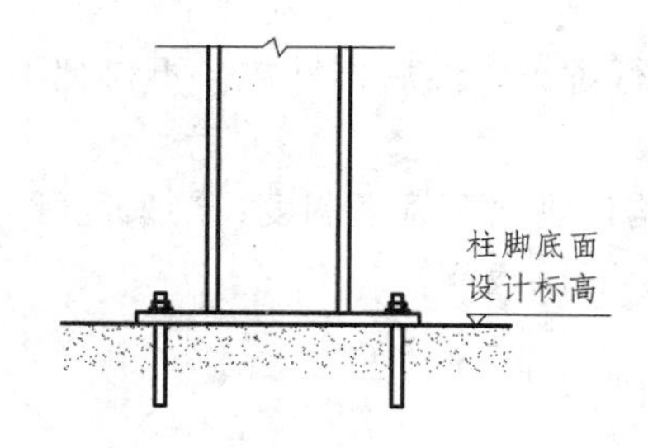

图 7.56　钢柱基础一次浇筑法

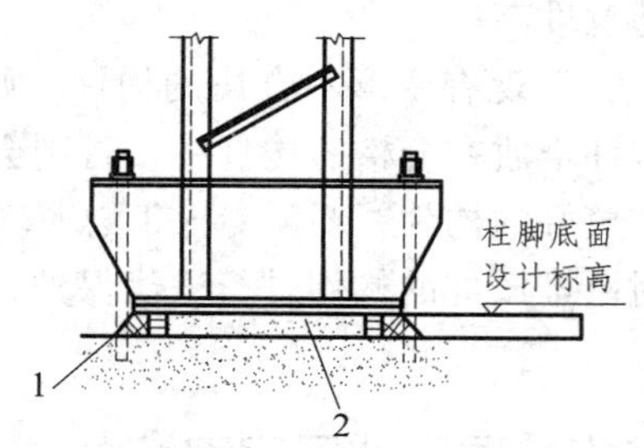

1—调整柱子用的钢垫板；2—柱子安装后浇筑的细石混凝土

图 7.57　钢柱基础二次浇筑法

2. 钢柱子安装

（1）单层工业厂房占地面积较大，通常用自行杆式起重机或塔式起重机吊装钢柱。钢柱的吊装方法与装配式钢筋混凝土柱相似，可采用旋转吊装法及滑行吊装法。对重型钢柱可采用双机抬吊的方法进行吊装。

（2）多节柱安装时，宜将柱组装后再整体吊装。

（3）钢柱就位后经过初校，待垂直度偏差控制在 20 mm 以内，则可进行临时固定。同时起重机在固定后可以脱钩。钢柱的垂直度用经纬仪检验，如有偏差，用螺旋千斤顶或油压千斤顶进行校正。

（4）钢柱安装就位后需要调整，校正应符合下列规定：

① 应排除阳光侧面照射所引起的偏差。

② 应根据气温（季节）控制柱垂直度偏差：气温接近当地年平均气温时（春、秋季），柱垂直偏差应控制在“0”附近。气温高于或低于当地平均气温时，应以每个伸缩段（两伸缩缝间）设柱间支撑的柱子为基准，垂直度校正至接近“0”，行线方向连跨应以与屋架刚性连接的两柱为基准；此时，当温高于平均气温（夏季）时，其他柱应倾向基准点相反方向；气温低于平均气温（冬季）时，其他柱应倾向基准点方向。柱的倾斜值应根据施工时气温和构件跨度与基准的距离而定。

（5）柱子安装的允许偏差应符合有关要求。

（6）屋架、吊车梁安装后，进行总体调整，然后固定连接。固定连接后尚应进行复测，超差的应进行调整。

（7）对长细比较大的柱子，吊装后应增加临时固定措施。

（8）柱子支撑的安装应在柱子找正后进行，只有确保柱子垂直度的情况下，才可安装柱间支撑，支撑不得弯曲。

3. 吊车梁安装

（1）吊车梁的安装应在柱子第一次校正和柱间支撑安装后进行。安装顺序应从有柱间支撑的跨间开始：吊装后的吊车梁应进行临时固定。

（2）吊车梁的校正应在屋面系统构件安装并永久连接后进行，其允许偏差应控制在规定范围内。

（3）吊车梁的校正：

① 吊车梁轴线的检验，以跨距为准，采用通线法对各吊车梁逐根进行检验。亦可用经纬仪在柱侧面放一条与吊车梁轴线平行的校正基线，作为吊车梁轴线校正的依据。

② 吊车梁跨距的检验，用钢卷尺量测，跨度大时，应用弹簧秤拉测（拉力一般为 100～200 N），防止下垂，必要时应对下垂度 Δ 进行校正计算。

③ 吊车梁标高校正，主要是对梁作高低方向的移动，可用千斤顶或起重机等。轴线和跨距的校正是对梁作水平方向的移动，可用撬棍、钢楔、花篮螺丝、千斤顶等。

（4）吊车梁下翼缘与柱牛腿连接应符合：吊车梁是靠制动桁架传给柱子制动力的简支梁梁的两端留有空隙，下翼缘的一端为长螺栓连接孔，连接螺栓不应拧紧，所留间隙应符合设计要求，并应将螺母与螺栓焊固。纵向制动由吊车梁和辅助桁架共同传给柱的吊车梁，连接螺栓应拧紧后将螺母焊固。

（5）吊车梁与辅助桁架的安装宜采用拼装后整体吊装。其侧向弯曲，扭曲和垂直度应符合规定。

4. 吊车轨道安装

（1）吊车轨道的安装应在吊车梁安装符合规定后进行。

（2）吊车轨道的规格和技术条件应符合设计要求和国家现行有关标准的规定，如有变形应经矫正后方可安装。

（3）在吊车梁顶面上弹放墨线的安装基准线，也可在吊车梁顶面上拉设钢线，作为轨道安装基准线。

（4）轨道接头采用鱼尾板连接时，要做到：

① 轨道接头应顶紧，间隙不应大于 3 mm；接头错位，不应大于 1 mm。

② 伸缩缝应符合设计要求，其允许偏差为±3 mm。

（5）轨道采用压轨器与吊车梁连接时，要做到：压轨器与吊车梁上翼应密贴，其间隙不得大于 0.5 mm 有间隙的长度不得大于压轨器长度的 1/2；压轨器固定螺栓紧固后螺纹露长不应少于 2 倍螺距。

（6）轨道端头与车挡之间的间隙应符合设计要求，当设计无要求时，应根据温度留出轨道自由膨胀的间隙。两车挡应与起重机缓冲器同时接触。

5. 屋面系统结构安装

（1）屋架的安装应在柱子校正符合规定后进行。

（2）对分段出厂的大型桁架，现场组装时应符合：

① 现场组装的平台，支点间距为 L，支点的高度差不应大于 $L/1\ 000$，且不超过 10 mm。

② 构件组装应按制作单位的编号和顺序进行，不得随意调换。

③ 桁架组装，应先用临时螺栓和冲钉固定，腹杆应同时连接，经检查达到规定后，方可进行节点的永久连接。

（3）屋面系统结构可采用扩大组合拼装后吊装，扩大组合拼装单元宜成为具有一定刚度的空间结构：也可进行局部加固达到此目的。

（4）每跨第一、第二榀屋架及构件形成的结构单元，是其他结构安装的基准。安全网、脚手架，临时栏杆等可在吊装前装设在构件上。垂直支撑、水平支撑、檩条和屋架角撑的安装应在屋架找正后进行，角撑安装应在屋架两侧对称进行，并应自由对位。

（5）有托架且上部为重屋盖的屋面结构，应将一个柱间的全部屋面结构构件安装完，并且连接固定后再吊装其他部分。

（6）天窗架可组装在屋架上一起起吊。

（7）安装屋面天沟应保证排水坡度，当天沟侧壁是屋面板的支承点时，则侧壁板顶面标高与屋面板其他支承点的标高相匹配。

（8）屋面系统结构安装允许偏差应符合设计规定的要求。

7.4.3 钢结构多层、高层建筑安装

用于钢结构高层建筑的体系有：框架体系、框架剪力墙体系、框筒体系、组合筒体系及交错钢桁架体系等。钢结构具有强度高、抗震性能好、施工速度快的优点，所以在高层建筑中得到广泛应用。但同时用钢量大、造价高、防火要求高。

1. 安装前的准备工作

多层及高层钢结构安装工程安装前的准备工作主要包括：

（1）选择起重机械。起重机械的选择是多层及高层钢结构工程安装前准备工作的关键。一般多层及高层钢结构的安装多采用塔式起重机，并要求塔式起重机应具有足够的起重能力，臂杆长度应具有足够的覆盖面；钢丝绳要满足起吊高度的要求；当需要多机作业时，臂杆要有足够的高差，互不碰撞并安全运转。

（2）选择吊装方法。多层及高层钢结构的吊装多采用综合吊装法，其吊装顺序一般是：平面内从中间的一个节间开始，以一个节间的柱网为一个吊装单元，先吊装柱，后吊装梁，然后往四周扩展；垂直方向自下而上，组成稳定结构后，分层次安装次要构件，一节间一节

间钢框架、一层楼一层楼安装完成。这样有利于消除安装误差累积和焊接变形，使误差减低到最少限度。

（3）确定流水施工的方向，划分流水段。多、高层钢结构的安装，必须按照建筑物的平面形状、结构形式、安装机械的数量和位置等，合理划分安装施工流水区段。平面流水段的划分应考虑钢结构在安装过程中的对称性和整体稳定性。其安装顺序，一般应由中央向四周扩展，以利焊接误差的减少和消除。立面流水以一节钢柱（各节所含层数不一）为单元。每个单元以主梁或钢支撑、带状桁架安装成框架为原则，其次是次梁、楼板及大量结构构件的安装。塔式起重机的提升、顶升与锚固，均应满足组成框架的需要。高层钢结构安装前，应根据安装流水区段和构件安装顺序，编制构件安装顺序表。表中应注明每一构件的节点型号、连接件的规格数量、高强螺栓规格数量、栓焊数量及焊接量、焊接形式等。

2. 钢柱的吊装

1）钢柱吊装

钢结构高层建筑的柱子，多为 3~4 层一节，节与节之间用坡口焊连接。钢柱吊装前，应预先按施工需要在地面上把操作挂篮、爬梯等固定在相应的柱子部位上。钢柱的吊点在吊耳处，根据钢柱的重量和起重机的起重量，钢柱的吊装可选用双机抬吊或单机吊装，如图 7.58 所示。单机吊装时，需在柱根部垫以垫木，用旋转法起吊，防止柱根部拖地和碰撞地脚螺栓，损坏丝扣；双机抬吊时；多用递送法使钢柱在吊离地面后在空中进行回直。在吊装第一节钢柱时，应在预埋的地脚螺栓上加设保护套，以免钢柱就位时碰坏地脚螺栓的丝牙。

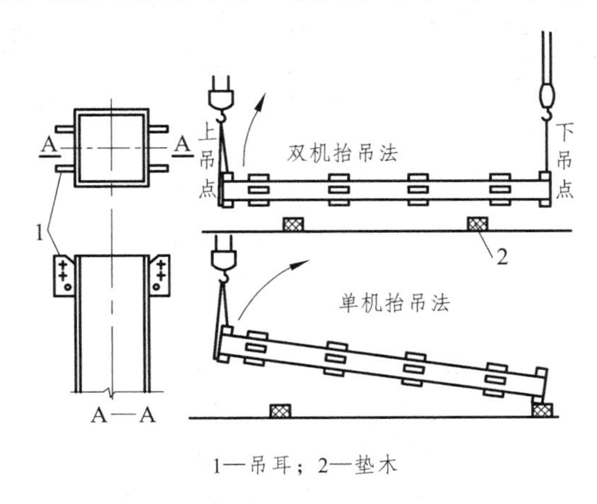

1—吊耳；2—垫木

图 7.58 钢柱吊装

2）钢柱校正

对于控制柱网的基准柱，用线锤或激光仪测量，其他柱子则根据基准柱子用钢卷尺测量。所谓基准柱，是能控制框架平面轮廓的少数柱子，用它来控制框架结构的安装质量。一般选择平面转角杆为基准柱。以基准柱的柱基中心线为依据，从 X 轴和 Y 轴分别引出距离为 e 的补偿线，其交点作为基准柱的测量基准点，e 值大小由工程情况确定。

为了利用激光仪量测柱子的安装误差，在柱子顶部固定测量靶标，为了使激光束通过，在激光仪上方的各楼面板上留置 ϕ100 mm 孔，激光经纬仪设置在基准点处。进行钢柱校正时，采用激光经纬仪以基准点为依据对框架标准柱进行竖直观测，对钢柱顶部进行竖直度校正，使其在允许范围内。柱子间距的校正，对于较小间距的柱，可用油压千斤顶或钢楔进行校正；对于较大间距的柱，则用钢丝绳和电葫芦进行校正。图 7.59 是钢柱的一些校正方法。

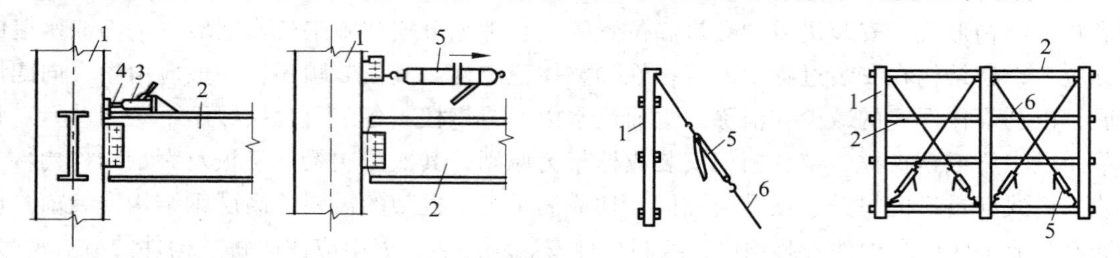

（a）千斤顶与钢楔校正法 （b）倒链与钢丝绳校正法 （c）单柱缆风绳校正法 （d）群柱缆风绳校正法

1—钢柱；2—钢梁；3—100 kN 液压千斤顶；4—钢楔；5—20 kN 倒链；6—钢丝绳

图 7.59 钢柱的校正

3）柱底灌浆

在第一节框架安装、校正、螺栓紧固后，即应进行底层钢柱柱底灌浆，如图 7.60 所示。灌浆方法是先在柱脚四周立模板，将基础上表面清除干净，清除积水，然后用高强度聚合砂浆从一侧自由灌入至密实，灌浆后用湿草袋和麻袋覆盖养护。

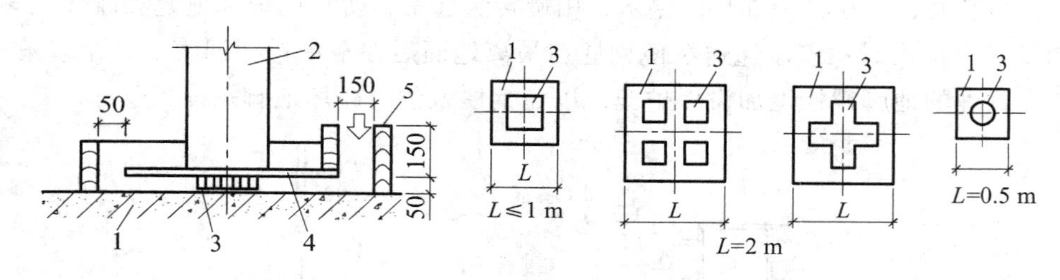

1—柱基；2—钢柱；3—无收缩水泥砂浆标高块；4—12 mm 钢板；5—模板

图 7.60 钢柱柱底灌浆

3. 钢梁的吊装

钢梁在吊装前，应检查柱子牛腿处标高和柱子间距。主梁吊装前，应在主梁上装好扶手杆和扶手绳，待主梁吊装到位时，将扶手绳与钢柱系住，以保证施工安全。

钢梁采用二点吊，一般在钢梁上翼缘处开孔作为吊点。吊点位置取决于钢梁的跨度。有时可将梁、柱在地面组装成排架后进行整体吊装，以减少高空作业。当一节钢框架吊装完毕，即需对已吊装的柱、梁进行误差检查和校正。

4. 构件间的连接

钢柱之间的连接常采用坡口焊连接。主梁与钢柱的连接，一般上、下翼缘用坡口焊连接，而腹板用高强螺栓连接。次梁与主梁的连接基本上是在腹板处用高强螺栓连接，少量再在上、下翼缘处用坡口焊连接，如图 7.61 所示。柱与梁的焊接顺序，先焊接顶部柱、梁节点，再焊接底部柱、梁节点，最后焊接中间部分的柱、梁节点。

坡口焊连接应先做好准备（包括焊条烘焙、坡口检查、设电弧引入、引出板和钢垫板，并点焊固定，清除焊接坡口、周边的防锈漆和杂物，焊接口预热）。柱与柱的对接焊接，采用二人同时对称焊接，柱与梁的焊接亦应在柱的两侧对称同时焊接，以减少焊接变形和残余应力。

高强螺栓连接两个连接构件的紧固顺序是：先主要构件，后次要构件。工字形构件的紧固是：上翼缘→下翼缘→腹板。同一节柱上各梁柱节点的紧固顺序是：柱子上部的梁柱节点柱子下部的梁柱节点+柱子中部梁柱节点。每一节点安设紧固高强度螺栓顺序是：摩擦面处理→检查安装连接板（对孔、扩孔）→临时螺栓连接→高强螺栓紧固→初拧→终拧。

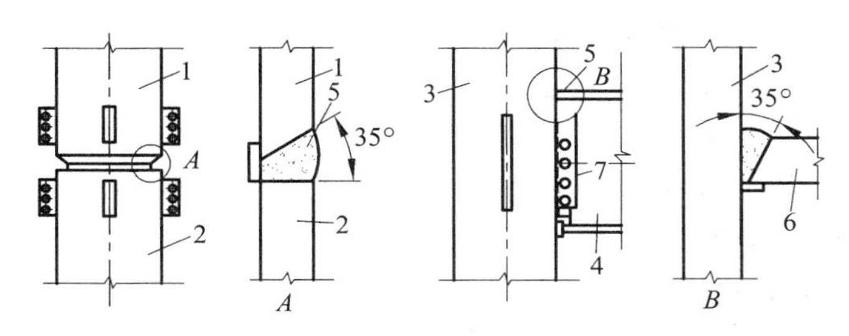

1—上节钢柱；2—下节钢柱；3—柱；4—主梁；5—焊缝；6—主梁翼板；7—高强螺栓

图 7.61　上柱与下柱、柱与梁连接构造

5. 安全施工措施

钢结构高层和超高层建筑施工，应采取有效措施保证施工安全。

（1）在钢结构吊装时，为防止人员、物料和工具坠落造成安全事故，需铺设安全网。安全网分平面网和竖网。安全网设置在梁面以上 2 m 处，当楼层高度小于 4.5 m 时，安全平网可隔层设置，安全平网要求在建筑平面范围内满铺。安全竖网铺设在建筑物外围，防止人和物飞出造成安全事故，竖网铺设的高度一般为两节柱的高度。

（2）为便于施工登高，吊装柱子前要先将登高钢梯固定在钢柱上。为便于进行柱梁节点紧固高强螺栓和焊接，需在柱梁节点下方安装挂脚手架。

（3）为便于接柱施工，在接柱处要设操作平台，平台固定在下节柱的顶部。钢结构施工时所需用的设备需随结构安装面逐渐升高，为此需在刚安装的钢梁上设置存放设备的平台。设置平台的钢梁必须将紧固螺栓全部紧固拧紧。

（4）在柱、梁安装后而未设置浇筑楼板用的压型钢板时，为便于柱子螺栓等施工的方便，需在钢梁上铺设适当数量的走道板。

（5）施工用的电动机械和设备均须接地，绝对不允许使用破损的电线和电缆，严防设备漏电。施工用电器设备和机械的电线，须集中在一起，并随楼层的施工而逐节升高。每层楼面须分别设置配电箱，供每层楼面施工用电需要。高空施工，当风速达到 15 m/s 时，所有工作均须停止。施工时尚应注意防火并安排必要的灭火设备和消防人员。

复习思考题

1. 结构安装常用的起重机械有哪三大类？各有何特点？
2. 起重机的起重性能表现在哪些方面？

3. 柱子吊装前应进行哪些准备工作?
4. 简述柱子吊升时旋转法和滑行法的吊装特点和适用范围。
5. 简述柱子按三点共弧进行斜向布置的方法。
6. 简述如何对柱进行临时固定和最后固定。
7. 简述如何校正吊车梁的位置。
8. 分件安装法和综合安装法各有什么特点?
9. 构件的平面布置应遵循哪些原则?
10. 预制阶段柱的布置方式有哪几种?
11. 屋架在预制阶段布置的方式有哪几种?
12. 屋架在安装阶段的扶直有哪几种方法?如何确定屋架的就位范围和就位位置?
13. 简述钢结构材料放样的步骤。
14. 简述钢结构材料号料的方法和切割的方法。
15. 简述钢结构单层厂房吊装前基础的准备工作。
16. 简述高层钢结构钢柱、钢梁的吊装工艺。

第8章 防水工程

【学习要点】

1. 掌握防水工程分类。2. 屋面防水工程：掌握卷材防水工程施工工艺及构造要求，掌握刚性防水工程施工工艺及构造要求，掌握涂膜防水工程施工工艺及构造要求。3. 混凝土结构自防水施工：掌握混凝土结构自防水施工工艺，了解混凝土结构自防水施工方案。4. 室内防水工程：掌握室内防水工程施工工艺，了解室内防水工程材料。

建筑工程的防水是建筑产品的一项重要功能，是关系到建筑物、构筑物的寿命、使用环境及卫生条件的一项重要内容。建筑工程的防水，按其构造做法可分为结构构件的自防水和采用不同材料的防水层防水两大类；按其材料不同分为柔性防水（如各类卷材、涂膜防水）和刚性防水（如砂浆、细石混凝土防水）两大类；按建筑工程不同部位，又可分为地下防水、屋面防水、厕浴间楼地面防水及水池、水塔等构筑物防水等。

8.1 屋面防水工程

目前屋面防水做法主要有：卷材防水屋面、涂膜防水屋面和刚性防水屋面。屋面防水根据建筑物的性质、重要程度、使用功能要求以及防水层耐用年限分为4个等级，详见表8.1。

屋面工程施工前，施工单位应进行图纸会审，并应编制屋面工程施工方案或技术措施。

屋面工程施工时，应建立各道工序的三检制度，并有完整的检查记录。

表8.1 屋面防水等级和设防要求

项目	屋面防水等级			
	Ⅰ	Ⅱ	Ⅲ	Ⅳ
建筑物类别	特别重要的民用建筑和对防水有特殊要求的工业建筑	重要的工业与民用建筑、高层建筑	一般的工业与民用建筑	非永久性的建筑
防水层耐用年限	25年	15年	10年	5年

续表

项目	屋面防水等级			
	Ⅰ	Ⅱ	Ⅲ	Ⅳ
防水层选用材料	宜选用合成高分子防水卷材、高聚物改性沥青防水卷材、合成高分子防水涂料、细石防水混凝土等材料	宜选用高聚物改性沥青防水卷材、合成高分子防水卷材、金属板材、合成高分子防水涂料、高聚物改性沥青防水涂料、细石混凝土，平瓦、油毡瓦等材料	宜选用三毡四油沥青防水卷材、高聚物改性沥青防水卷材、合成高分子防水卷材、金属板材、高聚物改性沥青防水涂料、合成高分子防水涂料、细石混凝土，平瓦、油毡瓦等材料	可选用二毡三油沥青防水卷材、高聚物改性沥青防水涂料等材料
设防要求	三道或三道以上防水设防	二道防水设防	一道防水设防	一道防水设防

8.1.1 卷材防水屋面

卷材防水屋面是指采用胶结材料粘贴卷材或采用带底面黏结胶的卷材进行热熔或冷粘贴于屋面基层进行防水的屋面。这种屋面可运用于防水等级为Ⅰ~Ⅳ级的屋面防水。卷材防水屋面属于柔性防水屋面，它具有自重轻、防水性能较好的优点，卷材经粘贴后形成一整片防水的屋面覆盖层起到防水作用。卷材有一定的韧性，可以适应一定程度的胀缩和变形。卷材防水屋面粘贴层的材料取决于卷材种类：沥青卷材用沥青胶做粘贴层，高聚物改性沥青防水卷材则用改性沥青胶；合成橡胶树脂类卷材合成高分子系列的卷材，需用特制的粘结剂冷粘贴于预涂底胶的屋面基层上，形成一层整体、不透水的屋面防水覆盖层。

1. 卷材防水屋面的构造

卷材防水屋面分保温卷材屋面和不保温卷材屋面，其构造如图 8.1 所示。

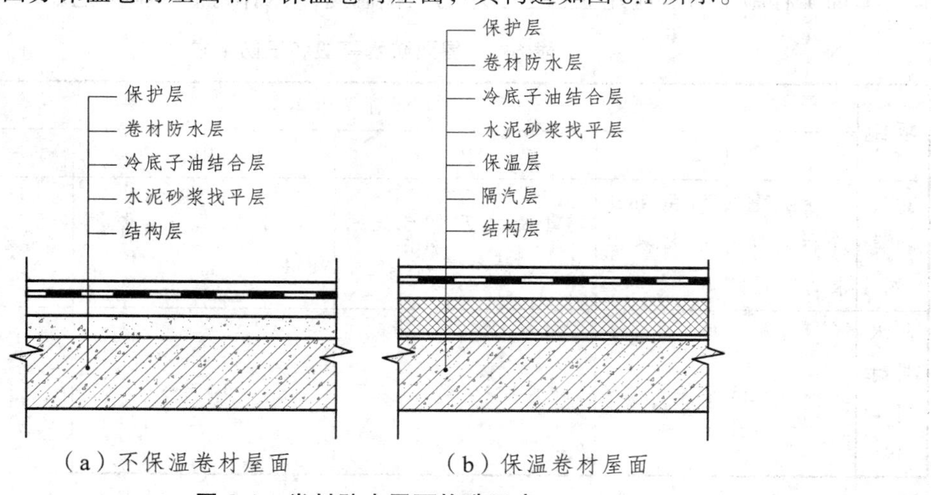

图 8.1　卷材防水屋面构造示意

对于卷材屋面的防水功能要求，主要是：

（1）耐久性，又叫大气稳定性，在日光、温度、臭氧影响下，卷材有较好的抗老化性能。

（2）耐热性，又叫温度稳定性，卷材应具有防止高温软化、低温硬化的稳定性。

（3）耐重复伸缩，在温差作用下，屋面基层会反复伸缩与龟裂，卷材应有足够的抗拉强度和极限延伸率。

（4）保持卷材防水层的整体性，还应注意卷材接缝的黏结，使一层层的卷材黏结成整体防水层。

（5）保持卷材与基层的黏结，防止卷材防水层起鼓或剥离。

2. 卷材防水材料

1）防水卷材

对防水卷材的要求是：水密性好、大气稳定性好、温度稳定性好、有一定的力学性能、三个性能良好、污染少。

常用的防水卷材有沥青防水卷材、高聚物改性沥青防水卷材及合成高分子卷材等。

（1）沥青防水卷材（油毡）。

沥青防水卷材是用原纸、纤维织物、纤维毡等胎体浸涂沥青，表面撒布粉状、粒状或片状材料制成可卷曲的片状防水材料。常用的有石油沥青纸胎油毡、石油沥青玻璃布油毡、石油沥青玻纤胎油毡、石油沥青麻布胎油毡等。沥青防水卷材一般为叠层铺设、热粘贴施工。

沥青防水卷材的外观质量、规格及技术性能应符合表8.2和表8.3的要求。

表8.2　沥青防水卷材的外观质量要求

项　目	外观质量要求
孔洞、硌伤	不允许
露胎、涂盖不均	不允许
折纹、折皱	距卷芯1 000 mm以外，长度不大于100 mm
裂纹	距卷芯1 000 mm以外，长度不大于10 mm
裂口、缺边	边缘裂口小于20 mm，缺边长度小于50 mm，深度小于20 mm，每卷不超过4处
接头	每卷不应超过4处

表8.3　沥青防水卷材规格及技术性能

标号	宽度/mm	每卷面积/m^2	每卷质量/kg	性能要求			
				纵向拉力/N	耐热度	柔性	不透水性
350号	915 1 000	200±0.3 200±0.3	粉毡≥28.5 片毡≥31.5	25±2 °C时≥340	25±2 °C 2 h不流淌，无集中性气泡	绕直径20 mm圆棒无裂纹	压力≥0.1 N/mm^2保持时间≥30 min
500号	915 1 000	200±0.3 200±0.3	粉毡≥39.5 片毡≥42.5	25±2 °C时≥440		绕直径25 mm圆棒无裂纹	压力≥0.1 N/mm^2保持时间≥30 min

常用的沥青防水卷材的特点、适用范围和施工工艺见表8.4。

表 8.4　沥青防水卷材的特点、适用范围和施工工艺

卷材名称	特　点	适用范围	施工工艺
石油沥青纸胎油毡	是我国传统的防水材料，目前在屋面工程中仍占主导地位，其低温柔性差，防水层耐用年限较短，但价格较低	三毡四油、二毡三油叠层铺设的屋面工程	热玛琋脂、冷玛琋脂黏结施工
玻璃布沥青油毡	抗拉强度高，胎体不易腐烂，材料柔韧性好，耐久性比纸胎油毡提高 1 倍以上	多用作纸胎油毡的增强附加层和突出部位的防水层	热玛琋脂、冷玛琋脂黏结施工
玻纤胎沥青油毡	有良好的耐水性，耐腐蚀性和耐久性、柔韧性也优于纸胎沥青油毡	常用作屋面或地下防水工程	热玛琋脂、冷玛琋脂黏结施工
黄麻胎沥青油毡	抗拉强度高，耐水性好，但胎体材料易腐烂	常用作屋面增强附加层	热玛琋脂、冷玛琋脂黏结施工
铝箔胎沥青油毡	有很高的阻隔蒸汽的渗透能力、防水功能好，且具有一定的抗拉强度	与带孔玻纤毡配合或单独使用，宜用于隔冷层	热玛琋脂黏结施工

注：沥青胶以当天熬制，当天用完为宜。如有剩余，第二天熬制时，每锅最多掺入锅容量的 10%的剩余沥青胶。

（2）高聚物改性沥青卷材。

高聚物改性沥青防水卷材是以合成高分子聚合物改性沥青为涂盖层，纤维织物或纤维毡为胎体，同时以粉状、粒状、片状或薄膜材料为覆盖面材料制成的可卷曲条状防水材料。它具有高温不流淌、低温不脆裂、抗拉强度高、延伸率大等特点，能较好地适应基层开裂及伸缩变形地要求。

根据高聚物改性材料的种类不同，目前常见的有 SBS 改性沥青防水卷材、APP 改性沥青防水卷材、再生胶改性沥青卷材等。

高聚物改性沥青卷材的外观质量和规格及物理性能应符合表 8.5 和表 8.6 的要求。

表 8.5　高聚物改性沥青卷材的外观质量和规格

外观质量要求		规　格		
项　目	外观质量要求	厚度/mm	宽度/mm	每卷长度/m
断裂、折皱、孔洞、剥离	不允许	2.0	≥1 000	15.0~20.0
边缘不整齐、砂砾不均匀	无明显差异	3.0	≥1 000	10.0
胎体未浸透、露胎	不允许	4.0	≥1 000	7.5
涂盖不均匀	不允许	5.0	≥1 000	5.0

表 8.6　高聚物改性沥青卷材的物理性能

项目		性能要求			
		Ⅰ类	Ⅱ类	Ⅲ类	Ⅳ类
拉伸性能	拉力/N	≥400	≥400	≥50	≥200
	延伸率/%	≥30	≥5	≥200	≥3
耐热度（85 °C±2 °C），2 h		不流淌，无集中性气泡			
柔性（－5 °C～－25 °C）		绕规定直径圆棒无裂纹			
不透水性	压力/MPa	≥0.2			
	保持时间/min	≥30			

注：① Ⅰ类指聚酯胎体，Ⅱ类指麻布胎体，Ⅲ类指聚乙烯膜胎体，Ⅳ类指玻纤胎体。

② 表中柔性的温度范围系数表示不同品种产品的低温性能。

常用高聚物改性沥青防水卷材的特点和适用范围见表8.7。

表8.7 高聚物改性沥青防水卷材的特点和适用范围

卷材名称	特 点	适用范围	施工工艺
SBS改性沥青防水卷材	耐高、低温性能有明显提高，卷材的弹性和耐疲劳性明显改善	单层铺设的屋面防水工程或复合使用，适合于寒冷地区和结构变形频繁的建筑	冷施工铺贴或热熔铺贴
APP改性沥青防水卷材	具有良好的强度、延伸性、耐热性、耐紫外线照射及耐老化性能	单层铺设，适合于紫外线辐射强烈及炎热地区屋面使用	热熔法或冷粘法铺设
PVC改性焦油防水卷材	有良好的耐热及耐低温性能，最低开卷温度为-18 °C	有利于在冬期施工	可热作业亦可冷施工
再生胶改性沥青防水卷材	有一定的延伸性，且低温柔性较好，有一定的防腐蚀能力，价格低廉，属低档防水卷材	变形较大或档次较低的防水工程	热沥青粘贴
废橡胶粉改性沥青防水卷材	比普通石油沥青纸胎油毡的抗拉强度、低温柔性均明显改善	叠层使用于一般屋面防水工程，宜在寒冷地区使用	热沥青粘贴

（3）合成高分子防水卷材。

合成高分子防水卷材是以合成橡胶、合成树脂或它们两者的共混体为基料，加入适量的化学助剂和填充料等，经混炼、压延或挤出等工序加工耐制成的可卷曲的长条状防水材料。该卷材具有抗拉强度高、断裂伸长率大、耐热性能好、低温柔性大、耐老化、耐腐蚀、适应变形能力强、有较长的防水耐用年限、可以冷施工等优点，可采用冷粘法或自粘法施工。

合成高分子卷材目前使用的主要有三元乙丙、聚氯乙稀、氯化聚乙烯、氯磺化聚乙烯、氯化聚乙烯－橡胶共混防水卷材等。其外观质量、规格和物理性能应符合表8.8和表8.9的要求。

表8.8 合成高分子防水卷材的外观质量和规格

外观质量要求		规 格		
项目	外观质量要求	厚度/mm	宽度/mm	每卷长度/m
折痕	每卷不超过2处，总长度不超过20 mm	1.0	≥1 000	20.0
杂质	不允许有大于0.5 mm的颗粒，每1 m^2不超过9 mm^2	1.2	≥1 000	20.0
胶块	每卷不超过6处，每处面积不大于4 mm^2	1.5	≥1 000	20.0
缺胶	每卷不超过6处，每处不大于7 mm	2.0	≥1 000	10.0

表8.9 合成高分子防水卷材的物理性能

项 目	性能要求		
	I	II	III
拉伸强度/MPa	≥7	≥2	≥9
断裂伸长率/%	≥450	≥100	≥10
低温弯折性/°C	−40	−20	−20
	无裂纹		

续表

<table>
<tr><td rowspan="2">项　目</td><td colspan="4">性能要求</td></tr>
<tr><td>I</td><td colspan="2">II</td><td>III</td></tr>
<tr><td rowspan="2">不透水性</td><td>压力/MPa</td><td>≥0.3</td><td>≥0.2</td><td>≥0.3</td></tr>
<tr><td>保持时间/min</td><td colspan="3">≥30</td></tr>
<tr><td rowspan="2">热老化保持率
80 °C±2 °C，168 h</td><td>拉伸强度/%</td><td colspan="3">≥80</td></tr>
<tr><td>断裂伸长率/%</td><td colspan="3">≥70</td></tr>
</table>

常用合成高分子防水卷材的特点和适用范围见表 8.10。

表 8.10　合成高分子防水卷材的特点和适用范围

卷材名称	特　点	适用范围	施工工艺
三元乙丙橡胶防水卷材（EPDM）	防水性能优异，耐候性好，耐臭氧性、耐化学腐蚀性好，弹性和抗拉强度大，对基层变形开裂的适应性强，重量轻，使用温度范围宽，寿命长，但价格高，黏结材料尚需配套完善	防水要求较高、防水层耐用年限要求长的工业与民用建筑，单层或复合使用	冷粘法和自粘法
丁基橡胶防水卷材	有较好的耐候性、耐油性、抗拉强度和延伸率，耐低温性能稍低于三元乙丙防水卷材	单层或复合使用于要求较高的防水工程	冷粘法施工
氯化聚乙烯防水卷材 CCPE	具有良好的耐候、耐臭氧、耐热老化、耐油、耐化学腐蚀及抗撕裂的性能	单层或复合使用于紫外线强的炎热地区	冷粘法施工
氯磺化聚乙烯防水卷材	具有较高的拉伸和撕裂强度，延伸率较大，耐老化性能好，原材料丰富，价格便宜	单层或复合使用于外露或有保护层的防水工程	冷粘法或热风焊接法施工
氯化聚乙烯-橡胶共混型防水卷材	不但具有氯化聚乙烯特有的高强度和优异的耐候、耐老化性能，而且具有橡胶所特有的高弹性、高延伸性以及良好的低温柔性	单层或复合使用，尤宜用于寒冷地区使用	冷粘法施工
三元乙丙橡胶-聚乙烯共混型防水卷材	是热塑性弹性材料，有良好的耐低温和耐老化性能，使用寿命长，柔性好可在负温条件下施工	单层或复合外防水屋面，宜在寒冷地区使用	冷粘法施工

2）基层处理剂

基层处理剂是为了增强防水材料与基层之间的黏结力，在防水层施工前，预先涂刷在基层上的稀质涂料，常用的基层处理剂有冷底子油及高聚物改性沥青卷材和合成高分子卷材配套的底胶，它与卷材的材性应相容，以免与卷材发生腐蚀或黏结不良。

（1）冷底子油。

冷底子油是沥青卷材基层处理剂。

冷底子油是用 10 号或 30 号石油沥青加入挥发性溶剂制成的溶液，它能渗透到找平层的毛细孔中，增加防水层与找平层的黏结力。用石油沥青与轻柴油或煤油以 4：6 的配合比调制的冷底子油为慢挥发性冷底子油，涂刷后 12~48 h 干燥；用石油沥青与汽油或苯以 3：7 的配合比制成的冷底子油为快挥发性冷底子油，涂刷后 5~10 h 干燥。

（2）卷材基层处理剂。

高聚物改性沥青卷材的基层处理剂一般由生产厂家配套供应，使用应按产品说明书的要求进行。

合成高分子防水卷材应根据卷材品种与材性选用相应的基层处理剂，也可将该品种的胶黏剂稀释后使用。合成高分子防水卷材基层处理剂见表 8.11。

表 8.11 合成高分子防水卷材基层处理剂

卷材名称	基层处理剂
1. 三元乙丙橡胶防水卷材	聚氨酯底胶（甲液：乙液 = 1：3） 或聚氨酯防水涂料（甲液：乙液：甲苯 = 1：1.5：2）
2. 氯化聚乙烯-橡胶共混防水卷材	聚氨酯涂料稀释，或氯丁胶 BX-12 胶黏剂
3. LYX－603 氯化聚乙烯防水卷材	稀释胶黏剂，或乙酸乙酯：汽油 = 1：1
4. 氯磺化聚乙烯防水卷材	用氯丁胶涂料稀释
5. 三元丁橡胶防水卷材	CH-1 配套胶黏剂稀释
6. 丁基橡胶防水卷材	氯丁胶黏剂稀释
7. 硫化型橡胶类防水卷材	氯丁乳胶

3）胶黏剂

（1）沥青胶结材料（玛琋脂）。

沥青胶结材料是 2 种或 3 种牌号的沥青按一定的配合比熔合，经熬制脱水后，掺入适当的滑石粉（一般为 20%～30%）或石棉粉（一般为 5%～15%）等填充料配制而成的沥青胶结材料（俗称玛缔脂）。掺入填料可以改善沥青胶的耐热度、柔韧性、黏结力三项指标作全面考虑，尤以耐热度最为重要，耐热度太高、冬季容易脆裂；太低，夏季容易流淌。熬制时，必须严格撑握配合比、控制温度和时间，遵守有关操作规程。沥青胶结材料的加热温度和使用温度见表 8.12。

表 8.12 石油沥青胶的加热温度与使用温度

沥青类别	熬制温度/°C	使用温度/°C	熬制时间
普通石油沥青（高蜡沥青）或掺配建筑石油沥青	不高于 280	不宜低于 240	以 3～4 h 为宜，熬制时间过长，容易使沥青老化变质，影响质量
建筑石油沥青	不高于 240	不宜低于 190	

注：沥青胶以当天熬制，当天用完为宜。如有剩余，第二天熬制时，每锅最多掺入锅容量的 10%的剩余沥青胶。

（2）高聚物改性沥青卷材和合成高分子防水卷材胶黏剂。

高聚物改性沥青卷材的胶黏剂一般由生产厂家配套供应，使用应按产品说明书的要求进行。合成高分子防水卷材胶黏剂可分为基层与卷材黏结的胶黏剂及卷材与卷材搭接的胶黏剂 2 种。不同品种的合成高分子防水卷材应选用不同的专用胶黏剂。

3. 卷材防水屋面施工

卷材防水屋面的施工顺序主要为：找坡及保温层施工→找平层施工→防水层施工→保护层施工。

1）基层施工

现浇钢筋混凝土屋面板宜连续浇捣，不留施工缝，振捣密实，表面平整，并符合排水坡度规定；预制板则要求安放平稳牢固，板缝间应嵌填密实，结构层要求表面清理干净，板面应刷冷底子油一道或铺设一毡二油卷材作为隔冷层，以防止屋内水汽进入保温层。

2）保温层施工

保温层采用松散保温材料时应分层铺设，适当压实，每层虚铺厚度不宜大于 150 mm，保温层压实后厚度应达到设计规定，其允许偏差为+10 %或−5%，压实后不得在上面行车或堆放重物。

整体保温材料要求表面平整，具有一定强度，一般要求抗压强度对整块材料≥2 N/mm^2，板状材料≥0.4 N/mm^2；有机纤维板，抗折强度≥1 N/mm^2。

3）找平层施工

找平层为基层（或保温层）与防水层之间的过渡层。一般用 1：3 水泥砂浆，细石混凝土或 1：8 沥青砂浆。找平层表面应平整、粗糙、无松动、起壳和开裂现象，与基层黏结牢固，坡度应符合设计要求，一般檐沟纵向坡度不应小于 1%，水落口周围直径 500 mm 范围内坡度不应小于 5%。两个面相接处均应做成半径不小于 100~150 mm 的圆角或斜边长 100~150 mm 的钝角。找平层应设宽度为 20 mm 的分格缝，不并嵌填密封材料，设在预制板支承边的拼缝处，纵横缝间距为：采用水泥砂浆或细石混凝土时，宜大于 6 m；采用沥青砂浆时，不宜大于 4 m。

找平层质量好坏将直接影响到防水层的质量，所以应严格按照找平层施工质量要求和技术标准操作，找平层厚度技术要求见表 8.13，找平层施工质量要求表 8.14。

表 8.13 找平层厚度及技术要求

类别	基层种类	厚度/mm	技术要求
水泥砂浆找平层	整体混凝土	15~20	1：2.5~1：3（水泥：砂）体积比，水泥强度等级不低于 32.5 级
	整体或板状材料保温层	20~25	
	装配式混凝土板、松散材料材料保温层	20~30	
细石混凝土	松散材料保温层	30~35	混凝土强度等级不低于 C20
沥青砂浆找平层	整体混凝土	15~20	重量比为 1：8（沥青：砂）
	装配式混凝土板、整体或板状材料保温层	20~25	

表 8.14 找平层施工质量要求

项目	施工质量要求
材料	水泥砂浆、细石混凝土或沥青砂浆，其材料、配合比必须符合设计要求
平整度	找平层应黏结牢固，没有松动、起壳、翻砂等现象。表面平整，用 2 m 长的直尺检查，找平层与直尺间空隙不应超过 5 mm，空隙仅允许平缓变化，每米长度内不得多于 1 处。
坡度	找平层坡度应符合设计要求，一般天沟纵向坡度不小于 1%；内部排水的水落口周围应做成半径约 0.5 m 和坡度不宜小于 5 %的杯形洼坑
转角	两个面的相接处，如墙、天窗壁、伸缩缝、女儿墙、沉降缝、烟囱、管道泛水处以及檐口、天沟、斜沟、水落口、屋脊等，均应做成半径不小于 100~150 mm 的钝角垫坡，并检查泛水处的预埋件位置和数量
方格	找平层宜留设分格缝，并嵌填密封材料，缝宽一般为 20 mm。分格缝应留设在顶制板支承边的拼缝处，其纵横向的最大间距：水泥砂浆或细石混凝土找平层，不宜大于 6 m；沥青砂浆找平层，不宜大于 4 m。分格缝兼作排气屋面的排气道时，可适当加宽，并应与保温层连通。分格缝应附加 200~300 mm 宽的卷材，用沥青胶结材料单边点贴覆盖
水落口	内部排水的水落口杯应牢固固定在承重结构上，水落口所有零件上的铁锈均应预先清除干净，并涂上防锈漆。水落口杯与竖管承口的联接处，应用沥青与纤维材料拌制的填料或油膏填塞

找平层施工必须做到“五要”“四不”“三做到”。

五要：一要坡度准确、排水流畅；二要表面平整；三要坚固；四要干净；五要干燥。

四不：一是表面不起砂；二是表面不起皮；三是表面不酥松；四是不开裂。

三做到：一要做到混凝土或砂浆配比准确；二要做到表面二次压光；三要做到充分养护。

4）基层处理剂涂刷

大面积涂刷基层处理剂前，先用毛刷对屋面节点、周边、拐角等部位先行处理。

冷底子油作为基层处理剂，主要用于热粘贴沥青卷材。涂刷冷底子油之前，先检查找平层表面。找平层表面应清扫干净且干燥，其含水率应满足卷材铺贴要求，避免卷材起鼓、黏结不牢或被表面石屑砂粒刺破。检验找平层是否干燥的方法是：将 1 m^2 左右油毡铺于找平层上，3 h 后掀开看，若无水印即为铺贴防水卷材的合适干燥适度。冷底子油可以涂刷或喷涂，宜在铺油毡前 1~2 d 进行，涂刷时应均匀而薄，不得有空白、麻点或气泡。

高聚物改性沥青卷材和合成高分子防水卷材基层处理剂的种类应与卷材的材性相容。其施工与冷底子油基本相同。

5）防水层卷材铺贴施工

（1）铺贴前施工准备。

卷材防水层施工应在屋面上其他工程完工后进行，施工前应准备好熬制、拌和、运输沥青、刷油、浇油、清扫、铺贴油毡等操作工具以及安全和灭火器材，设置水平和垂直运输工具、机具和脚手架，并检查是否符合安全要求。

卷材铺贴前应保持干燥，应先清除卷材表面的撒布物（如滑石粉等），熬制好沥青胶。沥青胶中的沥青成分应与卷材中的沥青成分相同。卷材铺贴层数一般为 2 ~ 3 层，沥青胶铺贴厚度一般在 1 ~ 1.5 mm 之间，最厚不得超过 2 mm。

（2）施工顺序。

铺设多跨和高低跨房屋卷材防水层时，应按先高后低，先远后近的顺序进行；在铺设同一跨时应先铺设排水比较集中的水落口、檐口、斜沟、天沟等部位及油毡附加层，按标高由低到高的顺序进行；坡面与立面的油毡，应由下开始向上铺贴，使油毡按流水方向搭接。

（3）铺贴方向。

卷材的铺贴方向应根据屋面坡度或是否受振动荷载而定。当屋面坡度小于3%时，宜平行于屋脊铺贴；当屋面坡度大于15%或屋面受振动荷载时，应垂直于屋脊铺贴。在铺贴卷材时，上下层卷材不得相互垂直铺贴。

（4）搭接要求。

平行于屋脊铺贴时，由檐口开始。两幅卷材的长边搭接，应顺流水方向；短边搭接，应顺主导方向。垂直于屋脊铺贴时，由屋脊开始向檐口进行。长边搭接应顺主导方向，短边接头应顺流水方向。同时在屋脊处不能留设搭接缝，必须使卷材相互越过屋脊交错搭接，以增强屋脊的防水和耐久性。

为防止卷材接缝处漏水，卷材间应具有一定的搭接宽度，见表8.15。油毡平行屋脊铺贴时，长边搭接不小于70 mm；短边搭接平屋顶不应小于100 mm，坡屋顶不宜小于150 mm。当第一层油毡采用条粘、点粘或空铺时，长边搭接不应小于100 mm，短边不应小于150 mm，相邻两幅油毡短边搭接接缝应错开不小于500 mm，上下两层油毡应错开1/3或1/2幅宽（图8.2）；上下两层

表8.15　卷材搭接宽度　　mm

名　称		短边搭接		长边搭接	
		满粘法	空铺、点粘、条粘法	满粘法	空铺、点粘、条粘法
沥青防水卷材		100	150	70	100
高聚物改性沥青防水卷材		80	100	80	100
合成高分子防水卷材	胶粘剂	80	100	80	100
	胶粘带	50	60	50	60
	单缝焊	60，有效焊接宽度不小于25			
	双缝焊	80，有效焊接宽度10×2+空腔			

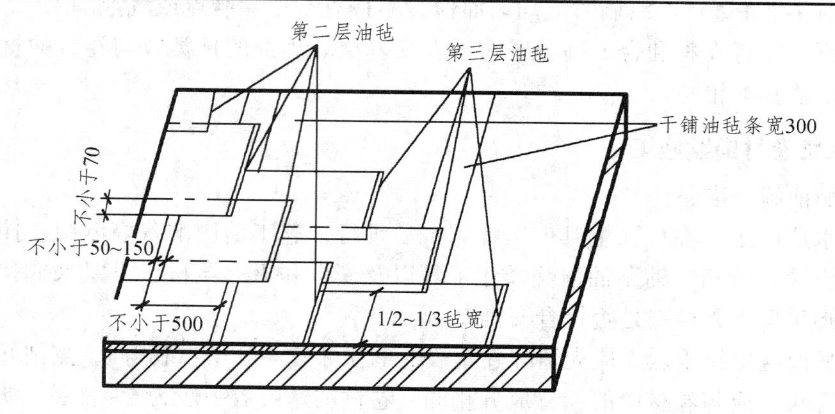

图8.2　卷材水平铺贴搭接要求

油毡不宜相互垂直铺贴；垂直于屋脊的搭接缝应顺主导风向搭接；接头顺水流方向，每幅油毡铺过屋脊的长度应不小于200 mm。铺贴油毡时应弹出标线、油毡铺贴前，应使找平层干燥。

（5）铺贴方法。

卷材防水层的粘贴方法按其底层卷材是否与基层全部黏结，分为满粘法、空铺法、点粘或条粘法。

① 满粘法是指卷材与基层全部黏结的施工方法。适用于屋面面积小、屋面结构变形不大且基层较干燥时。

② 空铺法是指卷材与基层仅在四周一定宽度内黏结，其余部分不黏结的施工方法。铺贴时，在檐口、屋脊、屋面转角处及突出屋面的连接处，油毡与找平层应满涂玛琋脂黏结且黏结宽度不得小于800 mm，油毡与油毡的搭接缝应满粘。叠层铺贴时，上下层油毡之间也应满粘。这种铺贴方法可使卷材与基层之间互不黏结，减少了基层变形对防水层的影响，有利于解决防水层开裂与起鼓等问题，但降低了防水功能，一旦渗漏不容易准确确定渗漏部位。这种方法适用于基层湿度大、找平层的水汽难以由排汽道排入大气的屋面，或用于埋压法施工的屋面。

③ 条粘法是指卷材与基层条状黏结的施工方法。要求每幅卷材与基层的粘结面不得少于两条，每条宽度不应小于150 mm，每幅卷材与卷材的搭接缝应满粘；当采用叠层铺贴时，卷材与卷材之间也应满粘。这种方法有利于解决卷材屋面的开裂、起鼓问题，但施工操作比较复杂，也会降低防水功能，适用于采用留槽排汽不能可靠地解决卷材防水层开裂和起鼓的无保温层的屋面、或者温差较大而基层又十分潮湿的排汽屋面。

④ 点粘法是指卷材与基层采用点状黏结的施工方法。要求每平方米面积内至少有5个粘结点，每点面积不小于100 mm×100 mm，卷材之间的接缝应满粘，防水层周边一定范围内也应与基层满粘牢固。点粘法的特点及适用条件与条粘法相同。

（6）铺贴工艺。

① 沥青卷材的铺贴施工工艺

沥青卷材的铺贴施工工艺主要有两类，即热粘法施工和冷粘法施工。热粘法是指先熬制沥青胶，然后趁热涂洒并立即铺贴油毡的一种方法。冷粘法是用冷沥青胶粘贴油毡，其粘贴方法与热沥青胶粘贴方法基本相同，但具有劳动条件好、工效高、工期短等优点，还可避免热作业熬制沥青胶对周围环境的污染。

目前油毡仍以热粘法居多，常用的“三毡四油”做法施工程序如下：基层检验、清理→喷刷冷底子油→节点密封处理→浇刮热沥青胶→铺第一层油毡→浇刮热沥青胶→铺第二层油毡→浇刮热沥青胶→铺第三层油毡→油毡收头处理→浇刮面层热沥青胶→铺撒绿豆砂→清扫多余绿豆砂海检查、验收。

② 高聚物改性沥青卷材的铺贴施工工艺

高聚物改性沥青卷材施工时，防水卷材一般为单层铺设，也可复合使用，根据不同卷材可采用热熔法、冷粘法和自粘法施工。

a. 热熔法。

热熔法指采用火焰加热熔化热熔防水卷材底层的热熔胶进行粘结的施工方法。

施工验收规范规定：火焰加热器加热卷材应均匀，不得过分加热或烧穿卷材，厚度小于

3 mm 的高聚物改性沥青防水卷材严禁采用热熔法施工；卷材表面热熔后应立即滚铺卷材，卷材下面的空气应排尽，并辊压粘结牢固，不得空鼓；卷材接缝部位必须溢出热熔的改性沥青胶；铺贴的卷材应平整顺直，搭接尺寸准确，不得扭曲、皱折。

施工要点：清理基层上的杂质，涂刷基层处理剂，要求涂刷均匀，厚薄一致，待干燥后，按设计节点构造做好处理，按规范要求排布卷材定位、画线，弹出基线；热熔时，应将卷材沥青膜底面向下，对正粉线，用火焰喷枪对准卷材与基层的结合面，同时加热卷材与基层，喷枪距加热面 50 ~ 100 mm，当烘烤到沥青熔化，卷材表面熔融至光亮黑色，应立即滚铺卷材，并用胶皮压辊辊压密实，排除卷材下的空气，黏贴牢固。

b. 冷粘法。

冷粘法施工是指在常温下采用胶黏剂等材料进行卷材与基层、卷材与卷材间粘结的施工方法。该工艺在常温下作业，不需要加热或明火，施工方便、安全，但要求基层干燥，胶黏剂的溶剂（或水分）充分挥发，否则不能保证粘结质量。

施工验收规范规定：胶黏剂涂刷应均匀，不露底，不堆积。根据胶黏剂的性能，应控制胶黏剂涂刷与卷材铺贴的间隔时间。铺贴的卷材下面的空气应排尽，并辊压黏结牢固。铺贴卷材应平整顺直，搭接尺寸准确，不得扭曲、皱折。接缝口应用密封材料封严，宽度不应小于 10 mm。

施工程序：基层检查、清扫 → 涂刷基层处理剂 → 节点密封处理 → 卷材反面涂胶 → 基层涂胶 → 卷材粘贴、辊压排气 → 搭接缝涂胶 → 搭接缝黏合、辊压 → 搭接缝口密封 → 收头固定密封 → 清理、检查、修整。

③合成高分子卷材的铺贴施工工艺

合成高分子卷材的铺贴施工方法有：冷粘法、自粘法、热风焊接法等。

a. 冷粘法。

在常温下采用胶黏剂等材料进行卷材与基层、卷材与卷材间粘结的施工方法。冷粘法是最常用的一种，其施工工艺与改性沥青卷材的冷粘法相似。

b. 自粘法施工。

采用带有自黏胶的防水卷材进行黏结的施工方法。

c. 热风焊接法施工。

采用热空气焊枪进行防水卷材搭接粘合的施工方法。

热风焊接法施工工艺流程为：施工准备 → 检查清理基层 → 涂刷基层处理剂 → 节点密封处理 → 定位及弹基准线 → 卷材反面涂胶（先撕去隔离纸）→ 基层涂胶 → 卷材粘贴、辊压排气 → 搭接面清理 → 搭接面处焊接 → 搭接缝口处密封（用密封胶）→ 收头固定处密封 → 检查、清理、修整。

6）卷材保护层施工

卷材铺设完毕，经检查合格后，应立即进行保护层施工，及时保护卷材以减少雨水、冰雹冲刷或其他外力造成的卷材机械性损伤，并可折射阳光、降低温度，减缓卷材老化，从而增加防水层的寿命。目前采用的保护层，是根据不同的防水材料和屋面功能决定的。见表 8.16。

表 8.16 防水层保护层的种类

序号	保护层名称	材料做法	适用范围	优 缺 点
1	浅色涂层	丙烯酸浅色反射涂料	卷材、涂料或刚性防水层上	阻止紫外线、臭氧作用，反射部分阳光，降温，耐久性差
2	金属反射膜	铝箔、铝膜	改性卷材表面	反射部分阳光，降温，耐久性差
3	蛭石、云母粉	蛭石、云母片	涂膜表面	阻止紫外线，反射部分阳光，降低屋面温度，易脱落
4	粒料	砂、豆砂、彩砂、片石	油毡面保护层，改性沥青卷材面层	阻止紫外线，反射部分阳光，降低屋面温度，色彩鲜，易脱落
5	纤维毡，塑料网格布	化纤毡，塑料网格布	卷材、涂膜面层，刚性保护层面层	阻止紫外线，反射部分阳光，降温，防外力损害，可上人散步
6	卵石，块体	河卵石，混凝土制品	卷材、涂膜、倒置屋面保护层	阻止紫外线，反射阳光，降温，防外力损害
7	砂浆	水泥砂浆，聚合物水泥砂浆，隔离层，贴缸砖	卷材涂膜面层倒置屋面保护层	阻止紫外线、酸雨、臭氧对防水层损害，防雨水冲刷，降温，防外力损害，可上人
8	混凝土、钢筋混凝土	混凝土、钢筋混凝土、隔离层	卷材、涂膜面层、上人屋面、使用屋面、倒置屋面保护层	阻止紫外线、酸雨、臭氧 对防水层损害，防雨水冲刷，降温，防外力损害，可做为使用面层，荷重大

（1）浅色涂层的施工。

浅色涂层可在卷材、涂膜和刚性细石混凝土、砂浆上涂刷，涂刷面除干净外，还应干燥，涂膜应完全固化，刚性层应硬化干燥。涂刷时应均匀，不露底，不堆积，一般应涂刷 2 遍以上。

（2）金属反射膜粘铺。

金属反射膜一般在工厂生产时敷于热熔改性沥青卷材表面，也可以用黏结剂粘贴于涂膜表面。现场粘铺于涂膜表面时，应两人滚铺，从膜下排出空气立即辊压粘牢。

（3）蛭石、云母粉、粒料（砂、石片）撒布。

这些粒料如用于热熔改性沥青卷材表面时，系在工厂生产时粘附。在现场粘铺于涂膜表面时，是在涂刷最后一遍热玛琋脂或涂料时，立即均匀撒铺粒料并轻轻地辊压一遍，待完全冷却或干燥固化后，再将上面未粘牢的粒料扫去。

（4）纤维毡、塑料网格布的施工。

纤维毡一般在四周用压条钉压固定于基层，中间可采取点粘固定，塑料网格布在四周亦应固定，中间均已咬口连接。

（5）卵石、块体铺设。

在铺设前应先点粘铺贴一层聚酯毡。卵石的大小要符合设计要求，并应全部密布铺满防水层。块体有各式各样的混凝土制品，如方砖、六角形、多边形，只要铺摆就可以，如上人屋面，则要求座砂、座浆铺砌，块体施工时，应铺平垫稳，缝隙均匀一致。

（6）水泥砂浆、聚合物水泥砂浆或干粉砂浆铺抹。

铺抹砂浆也应按设计要求，如需隔离层，则应先铺一层无纺布，再按设计要求铺抹砂浆，抹平压光；并按设计分格，也可以在硬化后用锯切割，但必须注意不可伤及防水层，锯割深度为砂浆厚度的 1/3 ~ 1/2。

（7）混凝土、钢筋混凝土施工。

混凝土、钢筋混凝土保护层施工前应在防水层上做隔离层。隔离层可采用低标号砂浆（石灰粘土砂浆）、油毡、聚酯毡、无纺布，等等；隔离层应铺平，然后铺放绑扎配筋，支好分格缝模板，浇筑细石混凝土，也可以全部浇筑硬化后用锯切割混凝土缝，但缝中应填嵌密封材料。

8.1.2 涂膜防水屋面

涂膜防水屋面是在屋面基层上涂刷防水涂料，经固化后形成一层有一定厚度和弹性的整体涂膜，从而达到防水目的的一种防水屋面形式。涂膜防水屋面构造如图 8.3 所示。

涂膜防水具有操作简单、施工速度快；大多采用冷施工，改善劳动条件，减少环境污染；温度适应性良好；易于修补的优点。其最大缺点是涂膜的厚度在施工中较难保持均匀一致。

强制性条文："涂膜防水层不得有渗漏或积水现象。"

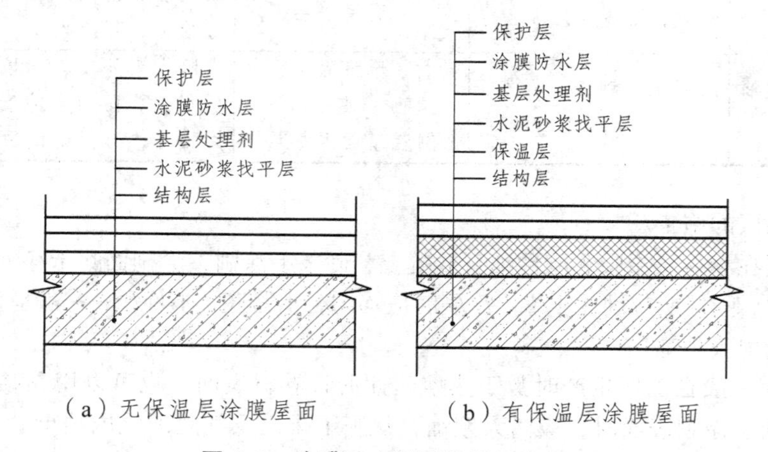

图 8.3 涂膜防水屋面构造示意图

1. 防水涂料的分类

防水涂料是以高分子合成材料为主体，在浑浊下呈无定型液态，经涂布能在结构物表面结成坚韧防水膜的物料的总称。

防水涂料按其组成材料可分为沥青基防水涂料、高聚物改性沥青防水涂料和合成高分子防水涂料。

1）沥青基涂料

沥青基涂料以沥青为基料配制而成的水乳型或溶剂型的防水材料。

2）高聚物改性沥青防水涂料

高聚物改性沥青防水涂料以沥青为基料，用合成高分子聚合物进行改性，配制而成的水乳型、溶剂型或热熔型防水涂料。

高聚物改性沥青防水涂料在柔韧性、抗裂性、强度、耐高低温性能、使用寿命等方面都比沥青基材料有了较大的改善。常用的品种有氯丁橡胶改性沥青涂料、丁基橡胶改性沥青涂料、丁苯橡胶改性沥青涂料、SBS 改性沥青涂料和 APP 改性沥青涂料等。可用于防水要求较高的屋面。

3）合成高分子防水涂料

合成高分子防水涂料以合成橡胶或合成树脂为主要成膜物质配制而成的水乳型或溶剂型防水涂料。根据成膜机理分为反应固化型、挥发固化型和聚合物水泥防水涂料 3 类。由于合成高分子材料本身的优异性能，以此为原料制成的合成高分子防水涂料有较高的强度和延伸率，优良的柔韧性、耐高低温性能、耐久性和防水能力。常用的品种有丙烯酸防水涂料、EVA 防水涂料、聚氨酯防水涂料、沥青聚氨酯防水涂料、硅橡胶防水涂料、聚合物水泥防水涂料等。适用于防水要求较高的屋面防水工程。

防水涂料按涂料形成液态方式不同可分为溶剂型、反应型和水乳型。

溶剂型涂料是以各种有机溶剂使高分子材料等溶解成液态的涂料。溶剂型涂料的优点是成膜迅速，缺点是易燃、有毒等。

反应型涂料是以 1 个或 2 个液态组分构成的涂料，涂刷后经化学反应形成固态涂膜。这类涂料的优点是成膜时无体积收缩，故涂刷一次即可获得所要求的涂膜厚度；缺点是现场配制必须精确、均匀，否则不易保证质量。

水乳型涂料是以水作为分散介质，使高分子材料及沥青材料等形成乳状液，水分蒸发后成膜。这种涂料的优点是无毒、无味、无燃烧危险，操作简便，尤其是可在比较潮湿的水泥基面上施工等；其缺点是在低温下成膜困难，不能在 5 °C 以下低温施工，涂料与基层的黏结力较差。

防水涂料有时还按涂料成膜的主要成分分为合成树脂类、橡胶类、橡胶沥青类、沥青类和水泥类等 5 种。

2. 涂膜防水施工的一般要求

涂膜防水施工的一般工艺流程：

施工准备工作→板缝处理及基层施工→基层检查及处理→涂刷基层处理剂→节点和特殊部位附加增强处理→涂布防水涂料、铺贴胎体增强材料→防水层清理与检查整修→保护层施工。

其中板缝处理和基层施工及检查处理是保证涂膜防水施工质量的基础，防水涂料的涂布和胎体增强材料的铺设是最主要和最关键的工序，这道工序的施工方法取决于涂料的性质和设计方法。

（1）施工准备工作：施工前应做好材料、施工机具等物质准备；同时熟悉图纸、了解节点处理及施工要求，做好技术交底；防水材料进场后应抽检合格。

（2）板缝处理及基层施工：对预制板屋面的板缝要清理干净，细石混凝土要浇捣密实。基层（找平层）质量应符合要求，要确保平整度及规定的坡度，施工前应保持基层干净、干燥。找平层一般采用掺膨胀剂的细石混凝土，强度等级不低于 C15，厚度宜为 40 mm。找平层应设分格缝，缝宽宜为 20 mm，并应留在板的支承处，间距不宜大于 6 m，分格缝应嵌填密封材料。基层转角处应抹成圆弧形，圆弧半径不小于 50 mm。

（3）涂膜防水的施工顺序：涂膜防水的施工与卷材防水层一样，也必须按照“先高后低、先远后近”的原则进行，即遇有高低跨屋面，一般先涂布高跨屋面，后涂布低跨屋面。在相同高度的大面积屋面上，要合理划分施工段；施工段的交接处应尽量设在变形缝处，以便于操作和运输顺序的安排，在每段中要先涂布离上料点较远的部位，后涂布较近的部位。在同一屋面上，先涂布排水较集中的水落口、天沟、檐沟、泛水、檐口等节点部位，再进行大面积涂布。一般涂布方向应顺屋脊方向，如有胎体增强材料时，涂布方向应与胎体增强材料的铺贴方向一致。

（4）胎体增强材料铺设方向、搭接：胎体增强材料的铺设方向与屋面坡度有关。屋面坡度小于 15 %时可平行屋脊铺设，屋面坡度大于 15 %时，为防止胎体增强材料下滑，应垂直屋脊铺设。铺设时由屋面最低标高处开始向上操作，使胎体增强材料搭接顺流水方向，避免呛水。胎体增强材料搭接时，其长边搭接宽度不得小于 50 mm，短边搭接宽度不得小于 70 mm。采用两层胎体增强材料时，由于胎体增强材料的纵向和横向延伸率不同，因此上下层胎体应同方向铺设，使两层胎体材料有一致的延伸性。上下层的搭接缝还应错开，其间距不得小于 1/3 幅宽，以避免产生重缝。

（5）使用 2 种及 2 种以上不同防水材料时，应考虑不同材料之间的相容性，不相容则不得使用。

（6）涂膜防水层厚度：沥青基防水涂膜在Ⅲ级防水屋面上单独使用时不得小于 8 mm，在Ⅳ级防水屋面或复合使用时不宜小于 4 mm；高聚物改性沥青防水涂膜不得小于 3 mm，在Ⅲ级防水屋面上复合使用时，不宜小于 1.5 mm；合成高分子防水涂膜在Ⅰ、Ⅱ级防水屋面上使用时不得小于 1.5 mm，在Ⅲ级防水屋面上单独使用时不得小于 2 mm，复合使用时不得小于 1 mm。

（7）细部节点的附加增强处理：屋面细部节点，如天沟、檐沟、檐口、泛水、出屋面管道根部、阴阳角和防水层收头等部位均应加铺有胎体增强材料的附加层。一般先涂刷 1~2 遍涂料，铺贴裁剪好的胎体增强材料，使其贴实、平整，干燥后再涂刷一遍涂料。

（8）施工气候条件要求：防水涂料严禁在雨天、雪天和风力 5 级及其以上时施工，以免影响涂料的成膜质量。施工环境温度不宜过低或过高，适宜的气温是：水乳型涂料宜为 5 ~ 35 °C，溶剂型涂料宜为−5 ~ 35 °C。

3. 沥青基防水涂料施工

以沥青为基料配制成的水乳型或溶剂防水涂料称之为沥青基防水涂料。常见的有石灰乳化沥青涂料、膨润土乳化沥青涂料和石棉乳化沥青涂料。其施工工艺如下：

1）涂布前的准备工作

（1）涂料使用前应搅拌均匀，因为沥青基涂料大都属厚质涂料，含有较多填充料。如搅拌不匀，不仅涂刮困难，而且未拌匀的杂质颗粒残留在涂层中会成为隐患。

（2）涂层厚度控制试验采用预先在刮板上固定铁丝或木条的办法，也可在屋面上做好标志控制。

（3）涂布间隔时间控制以涂层涂布后干燥并能上人操作为准，脚踩不粘脚、不下陷时即可进行后一涂层的施工，一般干燥时间不少于 12 h。

2）涂刷基层处理剂

基层处理剂一般采用冷底子油，涂刷时应做到均匀一致，覆盖完全。石灰乳化沥青防水涂料，夏季可采用石灰乳化沥青稀释后作为冷底子油涂刷一遍；春秋季宜采用汽油沥青冷底子油涂刷一遍。膨润土、石棉乳化沥青防水涂料涂布前可不涂刷基层处理剂。

3）涂布

沥青基防水涂料一般采用抹压法涂布，即先将涂料直接分散倒在屋面基层上，用胶皮刮板来回刮涂，使它厚薄均匀一致，不露底、不存在气泡、表面平整，然后待其干燥。涂料刮平待表面收水尚未结膜时，用铁抹子进行压实抹光。采用抹压法施工时，应注意抹压时间，太早抹压，起不到作用；太迟会使涂料粘住抹子，出现抹痕。为了便于抹压，加快施工进度，常采用分条间隔抹压的方法，一般分条宽度为 0.8~1.0 m，并与胎体增强材料宽度相一致。

涂布应分层分遍涂布。应待前一遍涂层干燥成膜后，并检查表面是否有气泡、皱折不平、凹坑、刮痕等弊病，合格后才能进行后一遍涂层的涂布，否则应进行修补。第二遍的涂刮方向应与前一遍相垂直。

立面部位涂层应在平面涂刮前进行，应视涂料流平性能好坏确定涂布次数。流平性好的涂料应薄而多次进行，否则会产生流坠现象，使上部涂层变薄，下部涂层变厚，影响防水性能。立面防水层和节点细部处理一般采用刷涂法施工。

4）胎体增强材料的铺设

胎体增强材料的铺设可采用湿铺法或干铺法进行。沥青基防水涂料的胎体增强材料宜用湿铺法铺贴。湿铺法是在第一遍涂层表面刮平后，不待其干燥就铺贴胎体增强材料，即边涂边铺。铺贴应平整、不起皱，但也不能拉伸过紧。铺贴后用刮板或抹子轻轻刮压或抹压，使胎布网眼（或毡面上）充满涂料，待其干燥后再进行第 2 遍涂料的施工。

5）收头处理

收头部位胎体增强材料应裁齐，防水层应做在滴水下或压入凹槽内，并用密封材料封压，立面收头待墙面抹灰时用水泥砂浆压封严密。

6）保护层施工

涂膜保护层可采用细砂、云母、蛭石、浅色涂料，也可以采用水泥砂浆或细石混凝土或板块保护层等。

4. 高聚物改性沥青涂料及合成高分子涂料施工

以沥青为基料，用合成高分子聚合物进行改性，配制成的水乳型或溶剂型防水涂料称之为高聚物改性沥青防水涂料。与沥青基涂料相比，高聚物改性沥青防水涂料在柔韧性、抗裂性、强度、耐高低温性能、使用寿命等方面都有了较大的改进，常用的品种有氯丁橡胶改性沥青涂料、SBS 改性沥青涂料及 APP 改性沥青涂料等。

以合成橡胶或合成树脂为主要成膜物质，配制成的水乳型或溶剂型防水涂料称之为合成高分子防水涂料。由于合成高分子材料本身的优异性能，以此为原料制成的合成高分子防水涂料具有高弹性、防水性、耐久性和优良的耐高低温性能。常用的品种有聚氨酯防水涂料、丙烯胶防水涂料、有机硅防水涂料等。

胎体增强材料（亦称加筋材料、加筋布、胎体）是指在涂膜防水层中增强用的化纤无纺布、玻璃纤维网格布等材料。

高聚物改性沥青防水涂料和合成高分子防水涂料在涂膜防水屋面使用时其设计涂膜总厚度在 3 mm 以下，称之为薄质涂料。

1）涂刷前的准备工作

（1）基层要求。

基层的检查、清理、修整应符合前述要求。对基层的干燥程度要求是：防水涂料为溶剂型时，基层必须干燥。对合成高分子涂料，基层必须干燥；对高聚物改性沥青涂料，为水乳型时，基层干燥程度可适当放宽。

（2）配料和搅拌。

多组分防水涂料在施工现场要进行各组分的调配，各组分或各材料的配合比必须严格按照产品使用要求准确计量，严禁任意改变配合比。

涂料混合时，应先将主剂放入搅拌容器或电动搅拌器内，然后放入固化剂，并立即开始搅拌，并搅拌均匀，搅拌时间一般在 3~5 min。

搅拌的混合料以颜色均匀一致为标准。如涂料稠度太大涂布困难时，可掺加稀释剂，切忌任意使用稀释剂稀释，否则会影响涂料性能。

多组分涂料每次配制量应根据每次涂刷面积计算确定，混合后的涂料在规定的时间用完。不应一次搅拌过多使涂料发生凝聚或固化而能使用。夏天施工时尤需注意。

单组分涂料一般开盖后即可使用，但由于涂料桶装量大（一般为 200 kg）且防水涂料中含有填充料，容易产生沉淀，故使用前还应进行搅拌，使其均匀后再使用。

（3）涂层厚度控制试验。

涂层厚度是影响涂膜防水质量的一个关键问题。因此，涂膜防水施工前，必须根据设计要求的每平方米涂料用量、涂膜厚度及涂料材性事先试验确定每遍涂料涂刷的厚度以及每个涂层需要涂刷的遍数。

（4）确定涂刷间隔时间。

各种防水涂料都有不同的干燥时间（表干和实干），因此涂刷前必须根据气候条件经试验确定每遍涂刷的涂料用量和间隔时间。在涂刷厚度及用量试验的同时，可测定每遍涂层的间隔时间。

薄质涂料施工时，每遍涂刷必须待前遍涂膜实干后才能进行。薄质涂料每遍涂层表干时实际上已基本达到了实干。因此，可用表干时间来控制涂刷间隔时间。涂膜的干燥快慢与气候有较大关系，气温高，干燥就快；空气干燥、湿度小，且有风时，干燥也快。

2）涂刷基层处理剂

基层处理剂的种类由防水涂料类型而定。若使用水乳型防水涂料，可用掺 0.2 %~0.5 %乳化剂的水溶液或软化水（不用天然水或自来水）将涂料稀释，作为基层处理剂；若使用溶剂型防水涂料，可直接用涂料薄涂作基层处理（若涂料较稠，可用相应的溶剂稀释后使用）；高聚物改性沥青防水涂料可用冷底子油作为基层处理剂。

基层处理剂在基层干燥后进行涂刷。涂刷时，应用刷子用力薄涂，使涂料尽量刷进基层表面的毛细孔中，并将基层可能留下来的少量灰尘等无机杂质，像填充料一样混入基层处理剂中，使之与基层牢固结合。涂刷要均匀、完全覆盖。

3）涂刷防水涂料

涂刷方法有涂刷法、涂刮法或机械喷涂法等，应分条或按顺序进行涂布。分条进行时，每条的宽度应与胎体增强材料的宽度相一致，以免操作人员踩踏刚涂好的涂层。每次涂布前应仔细检查前遍涂层有无缺陷，如气泡、露底、漏刷、胎体增强材料皱折、翘边、杂物混入等现象，若发现上述问题，应先进行修补，再涂布下一遍涂层。立面部位涂层应在平面涂布前进行，而且应采用多次薄层涂布，尤其是流平性好的涂料，否则会产生流坠现象，使上部涂层变薄，下部涂层增厚，影响防水性能。

涂刷法是指采用滚刷或棕刷将涂料涂刷在基层上的施工方法。涂刷应采用蘸刷法，不得采用将涂料倒在屋面上，再用滚刷或棕刷涂刷的方法，以免涂料产生堆积现象。该法主要用于立面防水层或节点部位细部处理。

涂刮法是用胶皮刮板将涂料涂布在基层上的施工方法，一般是先将涂料分散倒在基层上用刮板来回刮涂，使其厚薄均匀，不露底、不存气泡、表面平整，然后待其干燥后在继续下一遍涂层的涂刮。该法使用于大面积施工。

喷涂法是指采用带有一定压力的喷涂设备使从喷嘴中喷出的涂料产生一定的雾化作用，涂布在基层表面的施工方法。喷涂时应根据喷涂压力的大小，选用合适的喷嘴，使喷出的涂料成雾状均匀喷出，喷涂时应控制好喷嘴移动速度，保持匀速前进，使喷涂的涂层厚薄均匀。该法适用于粘度较小的高聚物改性沥青涂料及合成高分子涂料的大面积施工。

4）铺设胎体增强材料

胎体增强材料一般采用平行屋脊铺贴的方法，以方便施工、提高工效。

高聚物改性沥青涂料及合成高分子涂料涂膜防水层在涂料第2遍涂刷时，或第3遍涂刷前，即可加铺胎体增强材料，铺贴方法可采用湿铺法或干铺法。

湿铺法就是边倒料、边涂刷、边铺贴的操作方法。施工时，先在已干燥的涂层上，用刷子将涂料仔细刷匀，然后将成卷的胎体增强材料平放在屋面上，逐渐推滚铺贴于刚刷上涂料的屋面上，用滚刷液压一遍，务必使全部布眼浸满涂料，使上下两层涂料能良好结合，确保其防水效果。

干铺法就是在前一遍涂层干燥后，边干铺胎体增强材料，边在已展平的表面上用橡皮刮板均匀满刮一遍涂料。也可将胎体增强材料按要求在已干燥的涂层上展平后，先在边缘部位用涂料点粘固定，然后再在上面满刮一遍涂料，使涂料浸入网眼渗透到已固化的涂膜上。当渗透性较差的涂料与比较密实的胎体增强材料配套使用时不宜采用干铺法。

胎体增强材料铺设后，应严格检查表面是否有缺陷（皱折、翘边、空鼓）或搭接不足等现象。如发现上述情况，应及时修补完整，使它形成一个完整的防水层。然后才能在其上继续涂刷涂料，面层涂料应至少徐刷2遍以上，以增加涂膜的耐久性。如面层做粒料保护层，可在涂刷最后一遍涂料时，同时撒铺覆盖粒料。

5）收头处理

为防止收头部位出现翘边现象，所有收头均应用密封材料压边，压边宽度不得小于10 mm。收头处的胎体增强材料应裁剪整齐，如有凹槽时应压入凹槽内不得出现翘边、皱褶、露白等现象，否则应先进行处理后再涂封密封材料。

6）保护层施工

涂膜保护层施工与卷材保护层施工要求基本相同。

8.1.3 细石混凝土刚性防水屋面

刚性防水屋面是指利用刚性防水材料作为防水层的屋面。主要有普通细石混凝土防水屋面、补偿收缩混凝土防水屋面、纤维混凝土防水屋面和预应力混凝土防水屋面等。与卷材及涂膜防水屋面相比，刚性防水屋面所用材料易得，价格便宜，耐久性好，维修较方便；但刚性防水层材料的表观密度大，抗拉强度低，极限拉应变小，易受混凝土或砂浆的干湿变形、温度变形或结构变位的影响而产生裂缝。因此，刚性防水屋面主要适用于防水等级为Ⅲ级的屋面防水，也可作Ⅰ、Ⅱ级屋面多道防水设防中的一层防水层；刚性防水屋面不适用于设有松散保温层的屋面、大跨度和轻型屋盖的屋面以及受较大震动或冲击的建筑屋面。而且刚性防水的节点部位应与柔性材料复合使用，才能保证防水的可靠性。刚性防水屋面的一般构造形式如图 8.4 所示。

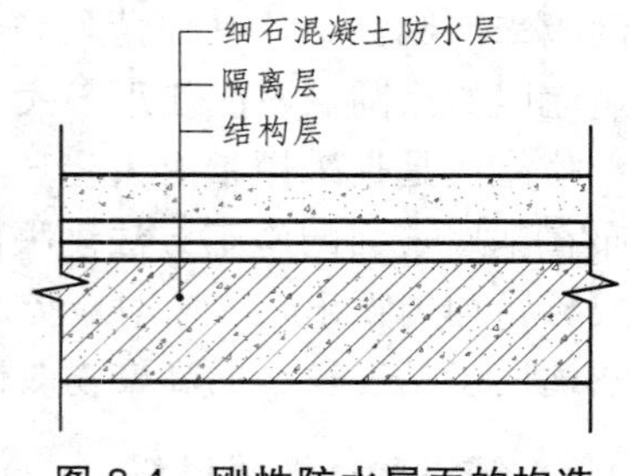

图 8.4 刚性防水屋面的构造

1. 细石混凝土屋面的构造要求

1）对承重基层的要求

装配式结构的屋面板作为防水层的承重基层时，必须有良好的刚度。屋面板排列方向应尽量一致，长边宜平行屋脊，同时长边不要搁在墙上，以免三边支承受力与相邻板变形不一致而引起防水层开裂。如板下有隔墙，隔墙顶和板底间应有 20 mm 左右的孔隙，在抹灰时用疏松材料填充，避免隔墙处硬顶而使屋面板反翘。屋面板安装就位后，支承端应坐浆，使板搁置平稳牢固。板缝大小应一致，上口宽不小于 20 mm，相邻板高差不大于 10 mm。灌缝前先清理并湿润板缝，随即用 C20 以上的细石混凝土嵌缝并捣实养护；板缝较宽时应在板下吊模板，并补放钢筋，再浇筑细石混凝土并养护；待达到要求强度后，即可在基层上做隔离层。

2）隔离层处理

为了减小结构变形对防水层的不利影响，可将防水层和结构层完全脱离，在结构层和防水层之间增加一层低强度等级砂浆、卷材、塑料薄膜等材料做隔离层，常见做法有：

（1）在结构基层表面抹 10 ~ 20 mm 厚石灰黏土砂浆（石灰膏：砂：黏土=1：2.4：3.6），待砂浆基本干燥后，进行防水层施工；

（2）在结构基层上抹 15 mm 厚 1：4 石灰砂浆；

（3）在找平好的结构基层上干铺 4 ~ 8 mm 厚细砂，上面干铺一层卷材，卷材接缝用热沥青胶进行粘合；

（4）在找平好的结构基层上直接铺塑料薄膜；

（5）抹 5 ~ 7 mm 厚纸筋麻刀灰一层。

3）细石混凝土防水层及分格缝设置

细石混凝土刚性防水屋面，一般是在屋面板上浇筑一层厚度不小于 40 mm，强度等级不低于 C20 的细石混凝土作为屋面防水层。为了使其受力均匀，有良好的抗裂和抗渗能力，在混凝土中配置直径为 4 mm、间距为 100~200 mm 的双向钢筋网片，且钢筋网片在分格缝处应断开，其保护层厚度不小于 10 mm。

对于大面积的细石混凝土屋面防水层，为了避免受温度变化等影响而产生裂缝，防水层必须设置分格缝。分格缝的位置应按设计要求而定，一般应留在结构应力变化较大的部位。如设置在屋面板的支承端、屋面转折处、防水层与突出屋面的交接处，并应与板缝对齐其纵横向间跨不宜大于 6 m。一般情况下，屋面板的支承端每个开间应留横向缝，屋脊应留纵向缝，分格的面积以 20 m^2 左右为宜。

分格缝的做法：在浇细石混凝土前，先在隔离层上定好方格缝位置，再用分格木条隔开作为分格缝，按分块浇筑混凝土；待混凝土初凝后，将分格木条取出，分格缝处必须有防水措施，通常采用油青嵌缝，缝口上还做覆盖保护层（图 8.5）。

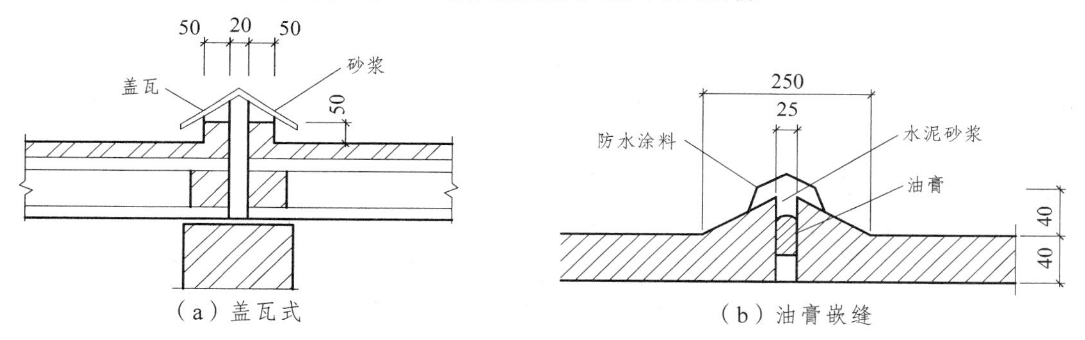

图 8.5 分格缝防水示意图

细石混凝土防水层施工时，屋面泛水与屋面防水层应一次做成，泛水高度不应低于 120 mm，以防止雨水倒灌或爬水现象引起渗漏水。

2. 细石混凝土防水层施工

防水层的细石混凝土宜用普通硅酸盐水泥或硅酸盐水泥，用矿渣硅酸盐水泥时应采取减小泌水性措施。水泥强度等级不宜低于 42.5 级，不得使用火山灰质水泥。防水层的细石混凝土和砂浆中，粗骨料的最大粒径不宜超过 15 mm，含泥量不应大于 1%；细骨料应采用中砂或粗砂，含泥量不应大于 12%；混凝土水灰比不应大于 0.55，每立方米混凝土水泥最小用量不应小于 330 kg，含砂率宜为 35%~40%，灰砂比应为 1∶2.5。拌和用水应用不含有害物质的洁净水。防水层细石混凝土使用的膨胀剂、减水剂、防水剂等外加剂应根据不同品种的适用范围，技术要求选定。水泥储存时，应防止受潮，存放期不得超过 3 个月，否则必须重新检验确定其强度等级。防水层内配置的钢筋网宜采用冷拔低碳钢丝，钢筋网的位置应设在截面上半部。普通细石混凝土、补偿收缩混凝土的强度等级不应小于 C20，补偿收缩混凝土的自由膨胀率应为 0.05%~0.1%。

浇筑细石混凝土防水层时，一个分格缝内的混凝土必须一次浇完，不得留施工缝。浇筑混凝土时应保证双向钢筋网片设置在防水层中部略偏上的位置，钢筋保护层厚度不小于 10 mm，通常是先浇筑 20 mm 厚的细石混凝土，放置钢筋网片后，再浇 20 mm。防水层混凝土应采用机械振捣密实，表面泛浆后抹平，收水后再次压光。细石混凝土防水层施工时，屋面泛水与屋面防水层应一次做成，泛水高度不应低于 120 mm，以防止雨水倒灌或爬水现象引起渗漏水。

细石混凝土防水层，其伸缩弹性很小，故对地基不均匀沉降结构位移和变形对温差和混凝土收缩、徐变引起的应力变形等敏感性大，容易开裂。在施工时应抓好以下主要工作，才能确保工程质量。

① 防水层细石混凝土所用的水泥品种、水泥最小用量、水灰比以及粗细骨料规格和级配应符合规范要求。

② 混凝土防水层，施工气温宜为 5~35 °C，不得在负温和烈日暴晒下施工。

③ 细石混凝土浇筑 12 ~ 24 h 后应及时养护，养护时间不得少于 14 d。

8.1.4 复合屋面施工

复合屋面是指采用不同的防水材料，利用各自的特点组成能独立承担放水能力的层次，从而组合形成的防水屋面。这种采用不同性能的材料构成的复合防水能充分利用各种材料在性能上的优势互补，从而提高防水质量。在节点部位采用复合防水的优越性尤为明显。

目前常见的复合形式有：涂膜与卷材的复合、两种不同性能卷材的复合、涂膜与刚性防水层的复合、卷材与刚性防水层的复合、刚性防水材料之间的复合、防水混凝土与瓦屋面的复合等。

无论是何种复合形式，每一防水层的厚度都必须达到要求才能保证其形成一个独立的防水层。复合使用时，要求合成高分子卷材的厚度≥1.0 mm，高聚物改性沥青卷材厚度≥2.0 mm，合成高分子涂膜厚度≥1.0 mm，高聚物改性沥青涂膜厚度≥1.5 mm，沥青基防水涂膜厚度≥4.0 mm。

复合屋面施工方法同各层防水层施工相同，施工中应注意以下几点：

① 基层的质量应满足底层防水层的要求。

② 不同胎体和性能的卷材复合使用时或夹铺不同胎体增强材料的涂膜复合使用时，高性能的应作为面层。

③ 不同防水材料复合使用时，耐老化、耐穿刺的放水材料应设置在最上面。

8.1.5 倒置式屋面施工

倒置式屋面是将防水层设在保温层下面，即在结构找平层上面先做好防水层，然后在做保温层的屋面，如图 8.6 所示。这种屋面的最大特点是防水层受到保温层的保护，可以使防水层不直接接触大气，避免阳光、紫外线、臭氧的老化，减少了高温、低温对防水层的作用，更减少了温差变化使防水层产生拉伸变形，从而能延缓防水层的老化过程。同时有保温层的覆盖，也避免了防水层受穿刺和外力的直接损坏，提高防水层的耐久性和使用年限。

由于保温层置于防水层之上，所以倒置屋面的保温材料应具有一定的防水能力（即必须采用低吸水率＜6 %的保温材料。常用的保温材料有沥青膨胀珍珠岩、聚苯乙烯泡沫板、聚氨酯泡沫、泡沫玻璃等。

倒置式屋面应确保防水层的可靠性，一般宜采用涂料和卷材复合的柔性防水层，使防水的可靠性大大提高。

保温层上的保护层可采用细石混凝土、水泥砂浆、卵石、板材等。

倒置式屋面的施工要点：

（1）防水层施工后应进行全面检查无缺陷，并试水不渗漏和不积水后方可进行保温层施工。

（2）保温层铺设时应平稳，与防水层不得架空，拼缝应严密。破碎应补好，碎块应用胶结料胶结后使用。

（3）施工保护层时应对保温层采取保护措施，不可直接在保温层上施工。

（4）采用现浇水泥砂浆或细石混凝土作保护层时应留分格缝，缝间距为10 m。

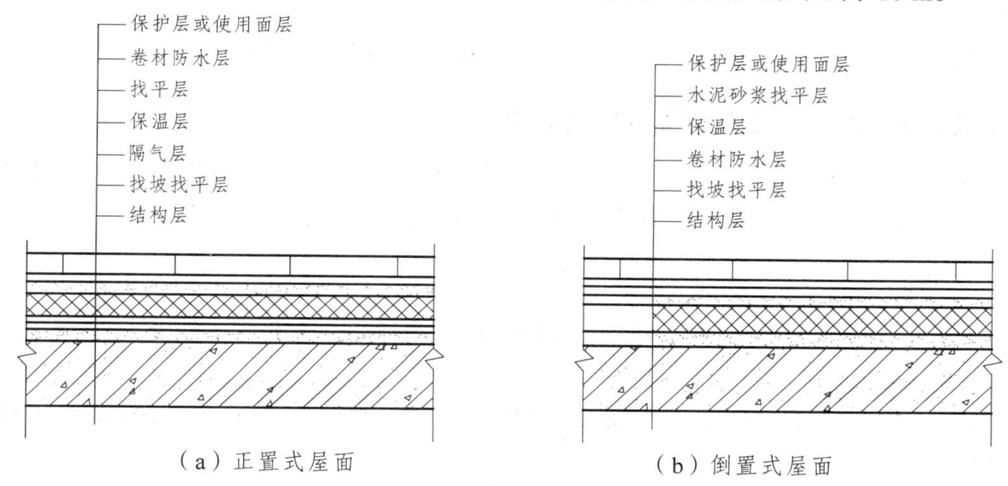

图8.6 卷材防水屋面构造层次示意图

8.2 室内防水工程

8.2.1 室内防水工程的基本特征

室内防水工程具有以下基本特征：

（1）与屋面、地下防水工程相比，不受自然气候的影响，温差变形及紫外线影响小，耐水压力小。因此，对防水材料的温度及厚度要求较小。

（2）受水的浸蚀具有长久性或干湿交替性。要求防水材料的耐水性、耐久性优良、不易水解、霉烂。

（3）室内防水工程较复杂。存在施工空间相对狭小、空气流通不畅、厕浴间和厨房等处穿楼板（墙）管道多、阴阳角多等不利因素；防水材料施工不易操作，防水效果不易保证，选择防水材料应充分考虑可操作性。

（4）从使用功能上考虑，室内防水工程选用的防水材料直接或间接与人接触，要求防水材料无毒、难燃、环保，满足施工和使用的安全要求。

8.2.2 厕浴间、厨房防水构造

厕浴间、厨房防水工程是最常见的室内防水工程。其防水构造一般为：

1. 楼地面结构层

预制钢筋混凝土圆孔板板缝通过厕浴间时，板缝间应用防水砂浆堵严抹平，缝上加一层宽度 250 mm 的胎体增强材料，并涂刷 2 遍防水涂料。

2. 防水基层（找平层）

用配合比 1∶2.5 或 1∶3.0 水泥砂浆找平，厚度 20 mm 抹平压光。

3. 地面防水层、地面与墙面阴阳角处理

地面防水层应做在地面找平层之上，饰面层以下。地面四周与墙体连接处防水层往墙面上返 250 mm 以上，地面与墙面阴阳角处先做附加层处理，再做四周立墙防水层。

4. 管根防水

（1）管根孔洞在立管定位后，楼板四周缝隙用 1∶3 水泥砂浆堵严。缝大于 20 mm 时，可用细石防水混凝土堵严，并做底模。

（2）在管根与混凝土（或水泥砂浆）之间应留凹槽，槽深 10 mm、宽 20 mm。凹槽内嵌填密封膏。

（3）管根平面与管根周围立面转角处应做涂膜防水附加层。

（4）必要时在立管外设置套管。一般套管高出铺装层地面 20~50 mm，套管内径要比立管外径大 2~5 mm，空隙嵌填密封膏。套管安装时，在套管周边预留 10 mm×10 mm 凹槽，凹槽内嵌填密封膏。

5. 饰面层

防水层上做 20 mm 厚水泥砂浆保护层，其上做地面砖等饰面层，材料由设计选定。

6. 墙面与顶板防水

墙面与顶板应做防水处理。有淋浴设施的厕浴间墙面防水层高度不应小于 1.8 m，并与楼地面防水层交圈。顶板防水处理由设计确定。

8.2.3 厕浴间、厨房防水施工

厨房、厕浴间防水施工应先做立墙后做地面。在作业上一般采用施工灵便、无接缝的涂膜防水做法，也可选用优质聚乙烯丙纶防水卷材与配套粘结料复合防水做法。以实施冷作业、对人身健康无危害、符合环保要求及安全施工为原则。

目前防水涂料的品种很多，适用于厕浴间、厨房等室内防水工程涂膜防水的防水涂料主要有聚氨酯防水涂料、聚合物水泥防水涂料、聚合物乳液防水涂料和渗透结晶型防水涂料。以单组分聚氨酯防水涂料为例，厕浴间、厨房防水工程涂膜防水的施工工艺流程为：清理基层→细部附加层施工→第1遍涂膜防水层→第2遍涂膜防水层→第3遍涂膜防水层→第1次蓄水试验→保护层、饰面层施工→第2次蓄水试验→工程质量验收。相应的施工操作要点如下：

（1）清理基层。表面必须彻底清扫干净，不得有浮尘、杂物、明水等。

（2）细部附加层施工。厕浴间的地漏、管根、阴阳角等处应用单组分聚氨酯涂刮一遍做附加层处理。

（3）第1遍涂膜施工。以单组分聚氨酯涂料用橡胶刮板在基层表面均匀涂刮，厚度一致涂刮量以0.6~0.8 kg/m^{2}为宜。

（4）第2遍涂膜施工。在第一遍涂膜固化后，再进行第2遍聚氨酯涂刮。对平面的涂刮方向应与第1遍刮涂方向相垂直涂刮量与第1遍相同。

（5）第3遍涂膜和粘砂粒施工。第2遍涂膜固化后进行第3遍聚氨酯涂刮，达到设计厚度。在最后1遍涂膜施工完毕尚未固化时，在其表面应均匀地撒上少量干净的粗砂，以增加与即将覆盖的水泥砂浆保护层之间的粘结。厨房、厕浴间防水层经多遍涂刷单组分聚氨酯涂膜总厚度应大于等于1.5 mm。

（6）当涂膜固化完全并经蓄水试验验收合格才可进行保护层、饰面层施工。厕浴间、厨房防水层完工后，应做24 h蓄水试验，蓄水高度在最高处为20~30 mm，确认无渗漏时再做保护层或饰面层。设备与饰面层施工完毕还应在其上继续做第2次24 h蓄水试验，达到最终无渗漏和排水畅通为合格方可进行正式验收。

8.3 地下防水工程

地下防水工程是防止地下水对地下构筑物或建筑物基础的长期浸透，保证地下构筑物或地下室使用功能正常发挥的一项重要工程。根据防水标准，地下防水分为4个等级。其中建筑物的地下室多为一、二级防水，即达到“不允许渗水，结构表面无湿渍”和“不允许漏水，结构表面可有少量湿渍”的标准。地下防水工程标准见表8.17。

8.3.1 地下工程的防水方案

1. 目前，地下工程的防水方案有下列几种

（1）采用防水混凝土结构，它是利用提高混凝土结构本身的密实性来达到防水要求的。防水混凝土结构既能承重又能防水应用较广泛。

（2）排水方案，即利用盲沟、渗排水层等措施，把地下水排走以达到防水要求，此法多用于重要的、面积较大的地下防水工程。

表 8.17　地下防水工程标准

防水等级	标　准
1 级	不允许渗水，结构表面无湿渍
2 级	不允许漏水，结构表面可有少量湿渍；工业与民用建筑，湿渍总面积不大于总防水面积的 1%，单个湿渍面积不大于 0.1 m^2，任意 100 m^2 防水面积不超过 1 处；其他地下工程，湿渍总面积不大于总防水面积的 6%，单个湿渍面积不大于 0.2 m^2，任意 100 m^2 防水面积不超过 4 处
3 级	有少量漏水点，不得有线流和漏泥砂；单个湿渍面积不大于 0.3 m^2，单个漏水点的漏水量不大于 2.5 L/d，任意 100 m^2 防水面积不超过 7 处
4 级	有漏水点，不得有线流和漏泥砂整个工程平均漏水量不大于 2 L/（m^2·d），任意 100 m^2 防水面积的平均漏水量不大于 4 L/（m^2·d）

（3）在地下结构表面设防水层，如抹水泥砂浆防水层或贴卷材防水层等。

为增强防水效果，必要时采取“防”“排”结合的多道防水方案。地下室多道防水见图 8.7，防水材料选择参考选择地下防水构造图 8.8。

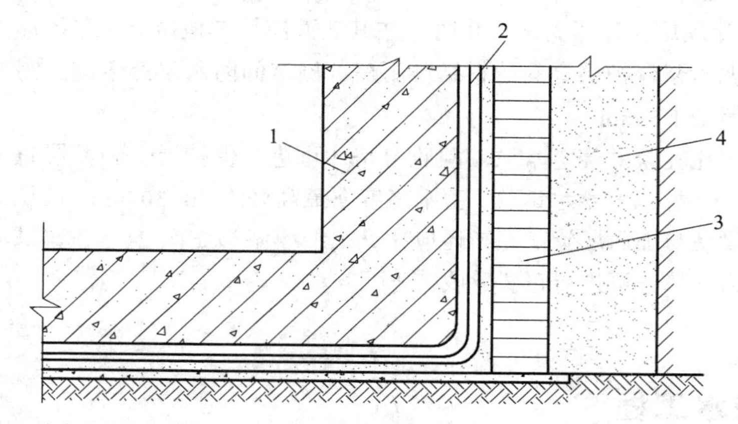

1—防水混凝土构筑物；2—卷材或涂膜防水层；3—半砖保护层；4—灰土防水层

图 8.7　多道防水示例

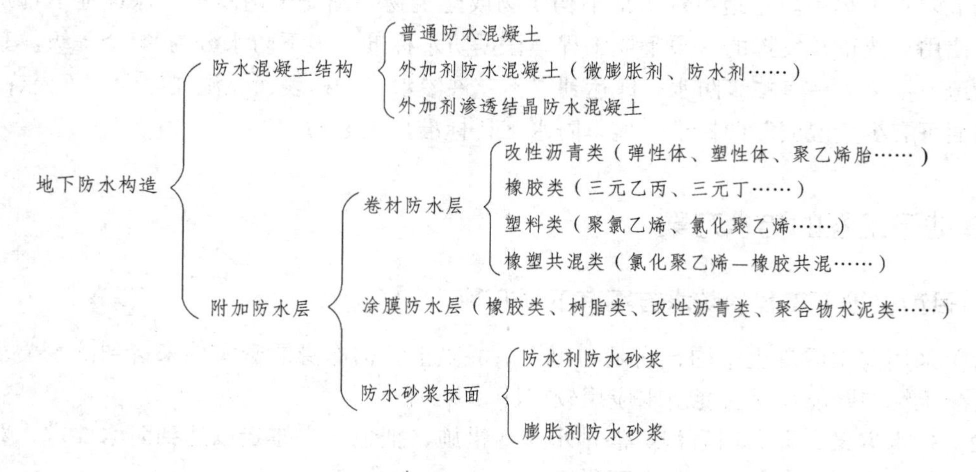

图 8.8　地下室防水材料构造

2. 地下防水施工的特点

① 质量要求高；② 施工条件差；③ 材料品种多；④ 成品保护难；⑤ 薄弱部位多。

3. 地下防水施工应遵循的原则

① 杜绝防水层对水的吸附和毛细渗透；② 接缝严密，形成封闭的整体；③ 消除所留孔洞造成的渗漏；④ 防止不均匀沉降而拉裂防水层；⑤ 防水层须做至可能渗漏范围以外。

8.3.2　水泥砂浆防水层

水泥砂浆防水层是一种刚性防水层，它是依靠提高砂浆层的密实性来达到防水要求。水泥砂浆防水层可分为刚性多层抹面水泥砂浆防水层和掺外加剂的水泥砂浆防水层两种。掺外加剂的水泥砂浆防水层又可分为掺无机盐防水剂的水泥砂浆防水层和聚合物水泥砂浆防水层。这种防水层取材容易，施工方便，成本较低，适用于地下砖石结构的防水层或防水混凝土结构的加强层。但水泥砂浆防水层抵抗变形的能力较差，当结构产生不均匀下沉或受较强烈振动荷载时，易产生裂缝或剥落。对于受腐蚀、高温及反复冻融的砖砌体工程不宜采用。

强制性条文："水泥砂浆防水层各层之间必须结合牢固，无空鼓现象。"

1. 刚性多层抹面水泥砂浆防水层

刚性多层水泥砂浆防水层是利用素灰（即较稠的纯水泥浆）和水泥砂浆分层交叉抹面而构成的防水层，具有较高的抗渗能力，如图 8.9 所示。

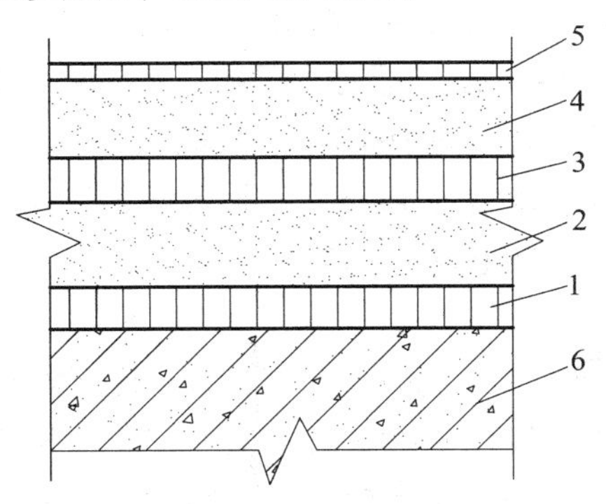

1，3—素灰层 2 mm；2，4—砂浆层 45 mm；5—水泥浆 1 mm；6—结构基层

图 8.9　多层刚性防水层

1）基层处理

水泥砂浆铺抹前，基层的混凝土和砌筑砂浆强度不低于设计值的 80%；基层表面应坚实、平整、粗糙、洁净，并充分湿润，无积水；基层表面的孔洞、缝隙应用与防水层相同的砂浆填塞抹平。

基层处理包括清理、浇水、刷洗、补平等工序，应使基层表面保持湿润、清洁、平整、坚实、粗糙。

2）灰浆的配制

与基层结合的第一层水泥浆是用水泥和水拌和而成，水灰比为 0.55 ~ 0.60；其他层水泥浆的水灰比为 0.37 ~ 0.40；水泥砂浆由水泥、砂、水拌和而成，水灰比为 0.40 ~ 0.50，灰砂比为 1.5 ~ 2.0。

3）施工方法

水泥砂浆防水层，在迎水面基层的防水层一般采用“五层抹面法”；背水面基层的防水层一般采用“四层抹面法”。

第 1 层：素灰层，厚 2 mm，水灰比为 0.55~0.6，分 2 次抹成。主要起防水作用，同时还起着封闭结构基层细小孔隙与毛细通路，并使基层与防水层紧密粘结的作用。施工时先将混凝土基层浇水湿润后，抹一层 1 mm 厚素灰，用铁抹子往返抹压 5~6 遍，使素灰填实混凝土基层表面的空隙，以增加防水层与基层的黏结力。随即再抹 1 mm 厚的素灰均匀找平，并用毛刷横向轻轻刷一遍，以便打乱毛细孔通路，并有利于和第 2 层结合。在其初凝期间做第 2 层。

第 2 层：水泥砂浆层，厚 4 ~ 5 mm，灰砂比 1：1.5 ~ 2.5，水灰比 0.4 ~ 0.5。主要起着对素灰层的保护、养护和加固（骨架）作用。在初凝的第 1 层上轻轻抹压水泥砂浆，使砂粒能压入素灰层（但注意不能压穿素灰层），以便两层间结合牢固，在水泥砂浆层初凝前用扫帚将砂浆层表面扫成横向条纹，待其终凝并具有一定强度后（一般隔一夜）做第 3 层。

第 3 层：素灰层，厚 2 mm，水灰比 0.37 ~ 0.4。此层的作用和操作方法与第一层相同。如果水泥砂浆层在硬化过程中析出游离的氢氧化钙形成白色薄膜时，需刷洗干净，以免影响黏结。

第 4 层：水泥砂浆层，厚 4 ~ 5 mm，作用、操作与第 2 层相同。在水泥砂浆硬化过程中，用铁抹子分次抹压 5~6 遍，以增加密实性，若采用 4 层防水时，则此层应表面抹平压光。

第 5 层：刷水泥浆 1 遍，厚 1 mm。当防水层在迎水面时，则需在第 4 层水泥砂浆抹压 2 遍后，用毛刷均匀涂刷水泥浆 1 道，随第 4 层一并压光。

对砖石墙面防水层的做法，除第 1 层外，其他各层操作方法和要求与混凝土墙面的操作相同。在砖墙面第 1 层是刷水泥浆 1 遍，厚度约 1 mm，用木板毛刷分段往返涂刷均匀后，立即做第 2 层。

防水层必须留施工缝时，平面留搓采用阶梯坡形搓，其接搓的层次要分明，如图 8.10 所示。

抹完后，要做好养护工作，以保证防水层不出现裂缝，并具有较高的强度。养护温度不宜低于 5 °C，养护时间不少于 14 d。水泥砂浆防水层施工，气温不应低于 5 °C，且基层表面温度应保持 0 °C 以上。

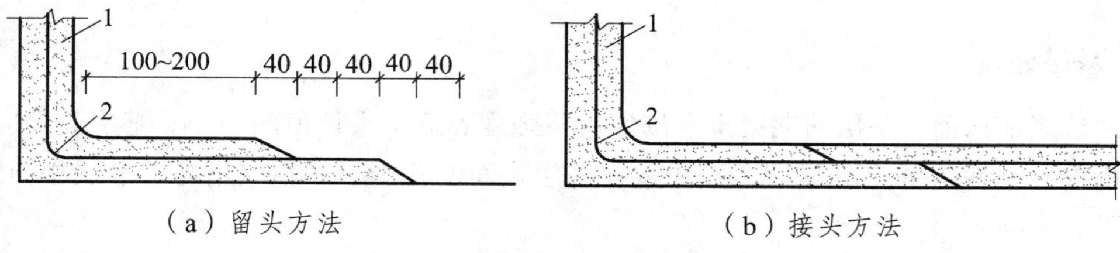

（a）留头方法　　（b）接头方法

1—砂浆层；2—素灰层

图 8.10　刚性防水层施工缝的处理

2. 掺外加剂的水泥砂浆防水层

在普通水泥砂浆中掺入防水剂，使水泥砂浆内的毛细孔填充、胀实、堵塞，获得较高的密实度，提高抗渗能力，如图8.11所示。常用的外加剂有氯化铁防水剂、铝粉膨胀剂、减水剂等。

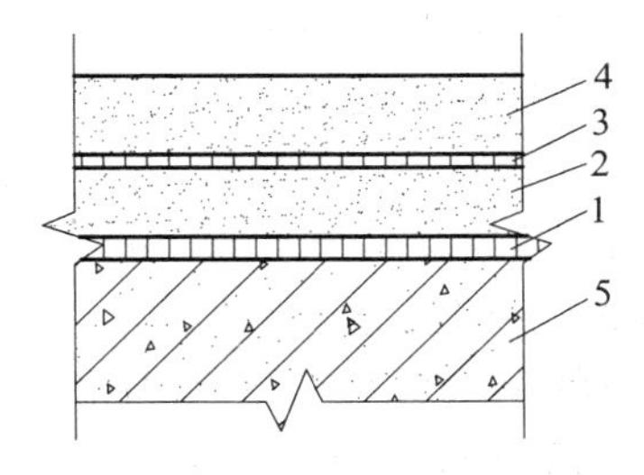

1，3—水泥浆一道；2—外加剂防水砂浆底层；4—防水砂浆面层；5—结构基层

图8.11 刚性外加剂防水层

1）防水砂浆的配制

（1）材料要求。

水泥常用普通水泥、矿渣水泥或火山灰质硅酸盐水泥，强度等级在32.5级以上不受潮、不过期，不同品种和强度等级的水泥不能混用；砂子采用干净的粗砂，平均粒径不小于0.5 mm，最大粒径不大于3 mm，含泥量不大于1%；水用饮用水，如用天然水应符合混凝土用水要求。

（2）防水砂浆及配合比。

① 氯化物金属盐类防水砂浆。

采用的氯化物金属盐类防水剂又称防水浆，是采用氯化钙、氯化铝等金属盐类和水配制而成的浅黄色液体，加入水泥砂浆中和水泥、水起作用。在砂浆硬化过程中，生成含水氯硅酸钙、氯铝酸钙等化合物，填充砂浆中空隙，提高了砂浆的密实性，起到防水作用。

氯化物金属盐类防水砂浆的配合比为，防水剂：水：水泥：砂=1：6：8：3（体积比）；防水净浆的配合比为，防水剂：水：水泥=1：6：8（体积比）。

② 氯化铁防水砂浆。

氯化铁防水砂浆是在水泥砂浆加入少量的氯化铁防水剂配制而成的。氯化铁防水砂浆是依靠化学反应产生的氢氧化铁等胶体的密实填充作用、氯化钙对水泥熟悉料矿物的激化作用，使易溶性物质转化为难溶性物质，降低析水性，使水泥砂浆的密实性增强、抗渗性提高，起到防水作用。

氯化铁防水砂浆的配合比（质量比）为，水泥：砂：水：防水剂=1：2：0.55～0.6：0.03～0.05（底层用），水泥：砂：水：防水剂=1：2.5：0.55～0.6：0.03～0.05（面层用）；防水净浆的配合比为，水泥：水：防水剂=1：0.55～0.6：0.03～0.05 。

③ 当采用无机铝盐防水剂时配合比见表8.18。

表8.18 无机铝盐防水剂配合比（质量比）

材料名称	水泥	砂	水	无机铝盐防水剂	备注
防水净浆	1		2～2.5	0.03～0.05	
防水砂浆	1	2.5～3.5	0.4～0.5	0.05～0.08	底层用
防水砂浆	1	2.5～3.5	0.4～0.5	0.05～1.00	面层用

2）防水层施工

掺外加剂的水泥砂浆防水层的施工关键点是：基层要处理好，施工要细心，抹压要密实，养护要及时。

防水层施工时的环境温度为 5～35 °C，必须在结构变形或沉降趋于稳定后进行。为抵抗裂缝，可在防水层内增设金属网片。

（1）抹压法施工。

先在基层涂刷一层 1∶0.4 的水泥浆（质量比），随后分层铺抹防水砂浆，每层厚度为 5～10 mm，总厚度不小于 20 mm。每层应抹压密实，待下一层养护凝固后再铺抹上一层。

（2）扫浆法施工。

先在基层薄涂一层防水净浆，随后分层铺刷防水砂浆，第 1 层防水砂浆经养护凝固后铺刷第 2 层，每层厚度为 10 mm，相邻两层防水砂浆铺刷方向互相垂相，最后将防水砂浆表面扫出条纹。

（3）氯化铁防水砂浆施工。

先在基层涂刷一层防水净浆，然后抹底层防水砂浆，其厚 12 mm 分 2 次抹压，第 1 次抹 5～6 mm 厚，应用力抹压，以增强防水层与基层的粘结力。第 1 次抹的砂浆凝固前用木抹子均匀搓压形成毛面，在其阴干后，按相同的方法抹压第 2 次防水砂浆；底层防水砂浆抹完 12 h 后，抹压面层防水砂浆，其厚 13 mm 分 2 次抹压。先在底层表面涂一层氯化铁防水净浆，随即抹 6～7 mm 厚防水砂浆，阴干后在抹第 2 次，并在凝固前分次抹压密实，最后压光。

（4）养护。

养护温度不宜低于 5 °C，在抹灰面终凝后，表面呈现白色（约 8～12 h），此时即可覆盖湿草袋并撒水，24 h 后即应定期浇水养护至少 14 d。

8.3.3 防水混凝土结构防水工程

防水混凝土（或结构自防水）是以调整结构混凝土的配合比或掺外加剂的方法来提高混凝土的密实度、抗渗性、抗蚀性，满足设计对地下建筑的抗渗要求，达到防水的目的。结构自防水具有施工简便、工期短、造价低、耐久性好等优点，是目前地下建筑防水工程的一种主要方法。按其类型可分为普通防水混凝土和外加剂防水混凝土两大类。

强制性条文："防水混凝土的抗压强度和抗渗压力必须符合设计要求。防水混凝土的变形缝、施工缝、后浇带、穿墙管道、埋设件等设置和构造，均须符合设计要求，严禁有渗漏。"

1. 防水混凝土及其配制

1）普通防水混凝土

普通防水混凝土是在普通混凝土骨料级配的基础上，调整配合比，控制水灰比、水泥用量、灰砂比和坍落度来提高混凝土的密实性，从而抑制混凝土中的孔隙，达到防水的目的。

原材料要求：水泥强度等级不宜低于 32.5 级，要求抗水性好、泌水小、水化热低，并具有一定的抗腐蚀性。细骨料要求颗粒均匀、圆滑、质地坚实，含泥量不大于 3 %的中粗砂，泥块含量不得大于 1.0 %。砂的粗细颗粒级配适宜，平均粒径 0.4 mm 左右。粗骨料要求组织密实、形状整齐，含泥量不大于 1 %，泥块含量不得大于 0.5 %。颗粒的自然级配适宜，粒径 5~40 mm，且吸水率不大于 1.5 %。

配合比要求：防水混凝土的配合比应根据设计要求通过试验确定。每立方米混凝土的水泥用量不少于 320 kg，掺有活性掺合料时，水泥用量不得少于 280 kg/m^3，但亦不宜超过 400 kg/m^3。水灰比不宜大于 0.55，砂率宜为 35 %～40 %，灰砂比宜为 1∶2~1∶2.5，混凝土的坍落度不宜大于 50 mm，泵送时入泵坍落度宜为 100~140 mm。

混凝土配制要求：水泥、水、外加剂掺量允许偏差不得大于±1%；砂、石计量允许偏差不得大于±2 %。为了增强混凝土的均匀性，应采用机械搅拌，搅拌时间不得少于 2 min，掺有外加剂的混凝土搅拌时间为 2~3 min。

2）掺外加剂防水混凝土

外加剂防水混凝土是在混凝土中掺入一定的有机或无机的外加剂，改善混凝土的性能和结构组成，提高混凝土的密实性和抗渗性，从而达到防水目的。由于外加剂种类较多，各自的性能、效果及适用条件不尽相同，故应根据地下建筑防水结构的要求和施工条件，选择合理、有效的防水外加剂。常用的外加剂防水混凝土有：三乙醇胺防水混凝土；加气剂防水混凝土；减水剂防水混凝土；氯化铁防水混凝土。

（1）三乙醇铵防水混凝土。

三乙醇铵防水混凝土是在混凝土中掺入适量的三乙醇铵配制而成的防水混凝土。混凝土中加入三乙醇铵，可以加快混凝土中水泥的水化作用，水化生成物增多，水泥石结晶变细，结构密实，从而提高了混凝土的密实性和抗渗性起到防水作用。三乙醇铵为橙黄色透明液体，掺量为水泥重量的 0.05 %。

（2）引气剂防水混凝土。

引气剂防水混凝土是在混凝土中掺入微量的引气剂配制而成的防水混凝土。混凝土中加入引气剂后，将产生大量微小的均匀的气泡，使其黏滞性增大，不易松散离析，显著地改善了混凝土的和易性；同时抑制了离析和泌水作用，减少了混凝土结构的缺陷；又由于大量微细气泡的存在，堵塞了混凝土中的毛细管，因此提高了混凝土的抗渗性能，起到了防水作用。适用于抗渗、抗冻要求较高的防水混凝土工程。

（3）减水剂防水混凝土。

减水剂防水混凝土是混凝土中掺入适量的不同类型减水剂配制而成的防水混凝土。混凝土中加入减水剂后，使水泥具有强烈的分散作用，大大降低了水泥颗粒间的吸引力，有效地阻碍和破坏了颗料间的凝絮作用，并放出凝絮体中的水，从而提高了混凝土的和易性，在满足施工和易性的条件下可大大降低拌和水用量，使硬化后孔隙结构的分布情况得以改变，孔径及总孔隙率均显著减少，毛细孔更加细小、分散和均匀，混凝土的密实性和抗渗性得到提高。

（4）氯化铁防水混凝土。

氯化铁防水混凝土是混凝土中掺入少量的氯化铁防水剂配制而成的防水混凝土。混凝土中加入氯化铁生成大量的氢氧化铁胶体，使混凝土密实性提高，同时使易溶性物转化为难溶性物以及降低析水性作用等，从而使得氯化铁防水混凝土具有高抗水性，是抗渗性最好的防水混凝土。由于氯离子的存在，考虑腐蚀的影响，氯化铁防水混凝土禁止使用在接触直流电流的工程和预应力混凝土工程。氯化铁防水剂为深棕色溶液，掺量为水泥重量的 3%。

2. 防水混凝土的施工

1）防水混凝土施工要点

（1）保持施工环境干燥，避免带水施工。

地下工程的防水混凝土施工中必须做好基坑排水和降低地下水位工作，保持基坑干燥，防止带水作业。

（2）模板支撑牢固、接缝严密、钢筋绑扎。

防水混凝土所用模板，除满足一般要求外，应特别注意模板拼缝严密，支撑牢固。一般不宜用螺栓或铁丝贯穿混凝土墙固定模板，以防止由于螺栓或铁丝贯穿混凝土墙面而引起渗漏水，影响防水效果。但是，当墙较高需用螺栓贯穿混凝土墙固定模板时，应采用止水措施。一般可采用螺栓加焊止水环、套管加焊止水环、螺栓加堵头的方法，如图 8.12 所示。

为了有效的保护钢筋和阻止钢筋的引水作用，防水混凝土结构内部设置的各种钢筋或绑扎铁丝不得接触模板，底板钢筋均不得接触混凝土垫层。

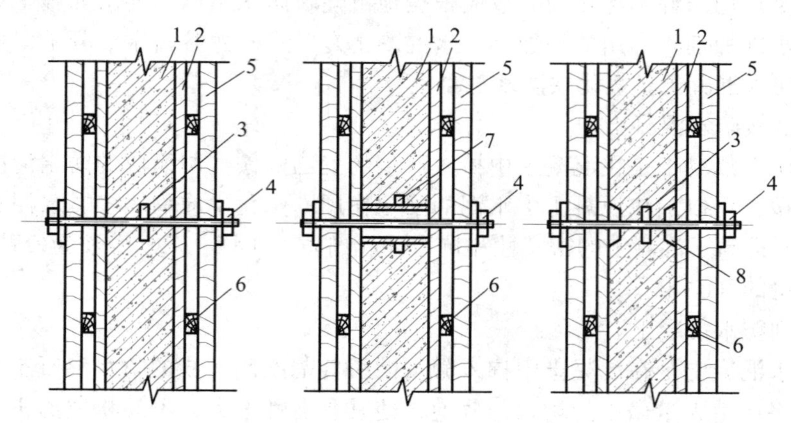

（a）螺栓加焊止水环 （b）套管加焊止水环 （c）螺栓加堵头

1—防水建筑；2—模板；3—止水环；4—螺栓；5—水平加劲肋；6—垂直加劲肋；

7—预埋套管（拆模后将螺栓拔出，套管内用膨胀水泥砂浆封堵）；

8—堵头（拆模后将螺栓沿平凹坑底刨去，再用膨胀水泥砂浆封堵）

图 8.12　螺栓穿墙止水措施

（3）防水混凝土的配制、搅拌、运输。

在进行防水混凝土配合比设计时，应将抗渗等级提高 0.2 MPa 进行配制。拌制混凝土材料的允许偏差为：水泥、水、外加剂掺量允许偏差不得大于±1%；砂、石计量允许偏差不得大于±2 %。为了增强混凝土的均匀性，应采用机械搅拌，搅拌时间不得少于 2 min，掺有外加剂的混凝土搅拌时间为 2~3 min。防水混凝土运输过程中应防止漏浆和离析，如发生分层离析、泌水现象时，应在浇筑前进行二次搅拌后再使用。

（4）混凝土浇捣。

① 防水混凝土浇筑时，混凝土的自由倾落高度不得超过 1.5 m，墙体的直接浇筑高度不得超过 3 m。

② 若结构中有密集管群或对预埋件、钢筋稠密处，可改用相同强度等级和抗渗等级的细石混凝土，以保证质量。

③ 防水混凝土也应分层浇灌、分层捣实，采用插入式振捣器振捣时，每层浇灌厚度不宜超过 300 ~ 400 mm，浇灌面应尽量保持水平，倾斜坡度不得大于 1 ∶ 5；上下层的间隔时间不宜超过 2 h，以保证在下层初凝前将上层浇捣完毕为准。

④ 浇筑墙体混凝土时，应随浇筑位置升高逐渐减小坍落度。浇至墙顶时，宜在表面均匀

地撒一层直径 10 ~ 30 mm 的石子，并压入混凝土，以免出现砂浆层。

⑤ 大体积混凝土应在室外气温较低时浇筑，混凝土入模温度不宜超过 28 °C。

⑥ 防水混凝土必须采用机械振捣，并保证振捣密实。

（5）养护。

防水混凝土应自然养护，在混凝土终凝后（一般浇后 4~6 h），应在其表面覆盖草袋，并经常浇水养护，养护时间不少于 14 d，后浇带防水混凝土养护时间不少于 28 d。

（6）拆模及回填。

不宜过早拆模。拆模时混凝土表面与环境温差不得超过 15 ~ 20 °C，以防开裂。防水泥凝土基础应及早回填，以避免干缩和温差引起开裂，并分层夯实，每层厚度不大于 300 mm。

（7）冬季施工。

混凝土入模温度不应低于 10 °C。水温不得超过 60 °C，骨料温度不得超过 40 °C，混凝土拌和物的出机温度不得超过 35 °C。

2）施工缝、变形缝、管边穿墙部位的处理

（1）施工缝。

防水混凝工应尽量连续浇筑，少留施工缝。

① 施工缝的位置。

顶板及底板防水混凝土均应连续浇筑，不宜留设施工缝；顶拱、底拱不宜留纵向施工缝；墙体需留水平施工缝时，不应留在剪力与弯矩最大处或底板与侧壁交接处，应留在底板表面以上不小于 200 mm 的墙上。墙体设有孔洞时，施工缝距孔洞边缘不宜小于 300 mm。如必须留设垂直施工缝时，应留在结构的变形缝处。垂直施工缝的处理与变形缝相同，应在施工缝中间埋设橡胶或塑料止水带，也可埋设金属止水带。

② 施工缝的构造形式。

水平施工缝的形式有：凸缝、凹缝、高低缝、止水片等，如图 8.13 所示。

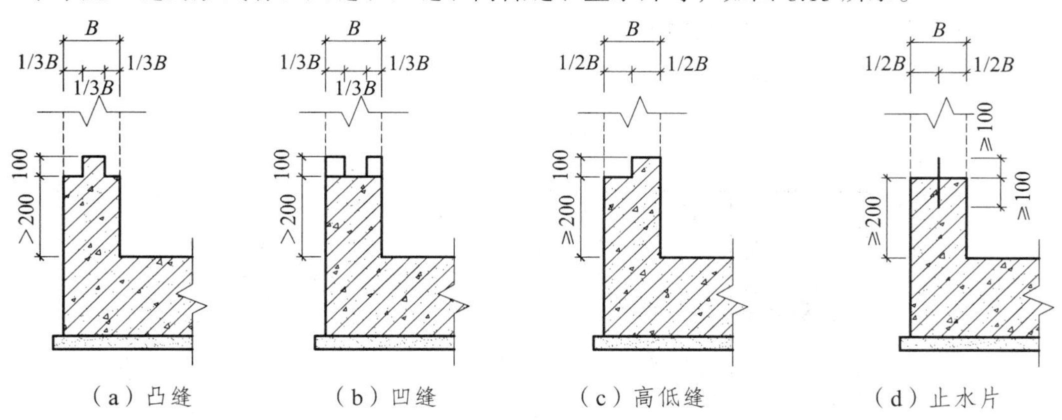

图 8.13 水平施工缝构造

③ 施工缝的处理。

施工缝的留设应保证形式正确，位置合理、准确。

当原浇混凝土达到 1.2 MPa 后，方可进行接缝施工。

在继续浇筑混凝土前，应将施工缝处松散的混凝土凿除，清理浮粒和杂物，用水冲洗干净，保持湿润，再铺 20~25 mm 厚 1∶1 的水泥砂浆一层，所用材料和灰砂比应与混凝土中的砂浆相同。

（2）结构变形缝。

在地下建筑的变形缝（沉降缝或伸缩缝）、地下通道的连接口等处，两侧的基础结构之间留一定宽度的空隙，两侧的基础是分别浇筑的，此处是结构防水的薄弱环节，若这些部位一旦产生渗漏时，抗渗堵漏较为困难。为防止变形缝处的渗漏水现象，除在构造设计中考虑防水的能力外，通常还用止水带防水。

常见的止水带材料有：橡胶止水带、塑料止水带、氯丁橡胶板止水带和金属止水带等。其中橡胶及塑料止水带均为柔性材料，抗渗、适应变形能力强，是常用的止水带材料；氯丁橡胶止水板是一种新的止水材料，施工简便、防水效果好、造价低且易修补的特点；在高温环境条件下，无法采用橡胶止水带或塑料止水带时，才采用金属止水带。

止水带构造形式有：埋入式、可卸式、粘贴式等。目前较多采用的是埋入式。根据防水设计的要求，在同一变形缝处，可采用数层、数种止水带的构造形式。图 8.14 是埋入式橡胶（或塑料）止水带的构造图。

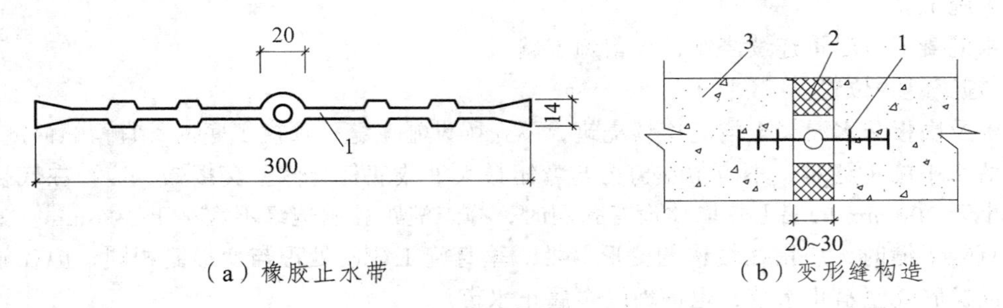

（a）橡胶止水带　　（b）变形缝构造

1—止水带；2—沥青麻丝；3 —构筑物

图 8.14　埋入式橡胶（或塑料）止水带

① 止水带的安装固定（图 8.15）。

② 对浇筑混凝土的要求。

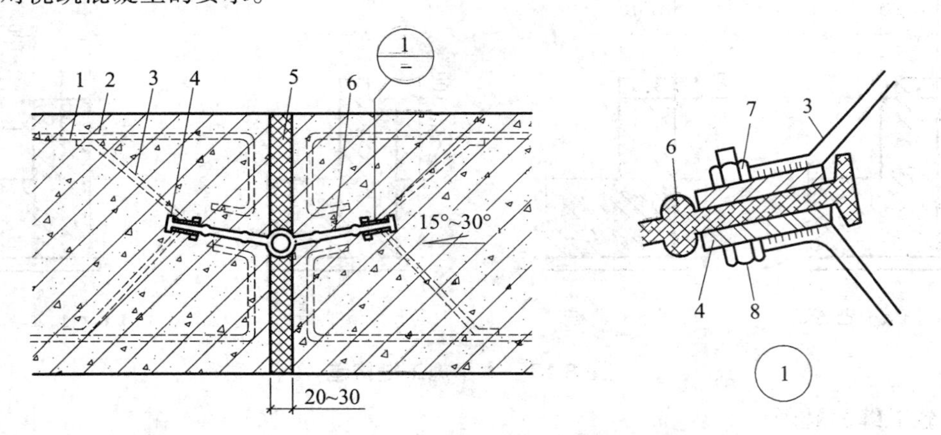

1—结构主筋；2—混凝土结构；3—固定用钢筋；4—固定止水带的扁钢；5—留缝材料；6—中埋式止水带；7—螺母；8—螺栓

图 8.15　止水带固定方法示意图

为了保证混凝土与止水带牢固结合，要严格控制水灰比和水泥用量，接触止水带的混凝土不得粗骨料集中或漏振。对水平止水带的下部，应特别注意振捣密实，排出气泡。振捣棒不得触碰止水带。

（3）后浇带。

防水混凝土防水结构后浇带应设置在受力和变形较小的部位，宽度可为 1 m。后浇带的形式如图 8.16 所示。后浇带应在其两侧混凝土达 6 周后再施工，施工前应将接缝处的混凝土凿毛，清洗干净，保持湿润，并刷水泥净浆，而后用不低于两侧混凝土强度等级的补偿收缩混凝土浇筑，振捣密实，浇后 4 ~ 8 h 开始养护，浇水养护时间不少于 28 d。后浇带防水如图 8.17 所示。

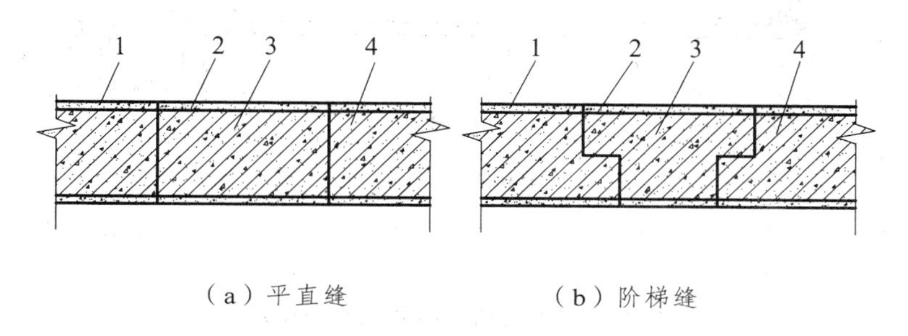

（a）平直缝　　（b）阶梯缝

1—主钢筋；2—附加钢筋；3—后浇混凝土；4—先浇混凝土

图 8.16　混凝土后浇带示意图

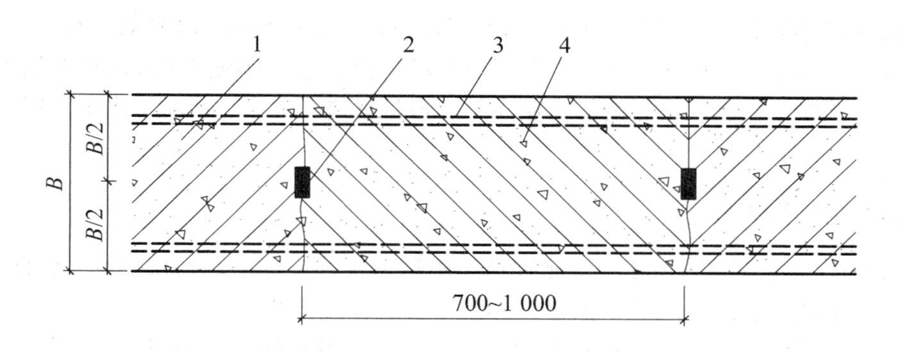

1—先浇混凝土；2—遇水膨胀止水条；3—结构主筋；4—后浇补偿收缩混凝土

图 8.17　后浇带防水构造示意图

（4）穿墙管道。

穿墙管道做法，如图 8.18 所示。

（5）预埋件。

防水混凝土中所有预埋件、预留孔均应事先埋设准确，严禁浇筑后剔凿打洞。预埋件端部或设备安装所需预留孔的底部，混凝土厚度均不得小于 200 mm，否则必须采取局部加厚或其他防水措施，以防引起渗漏。

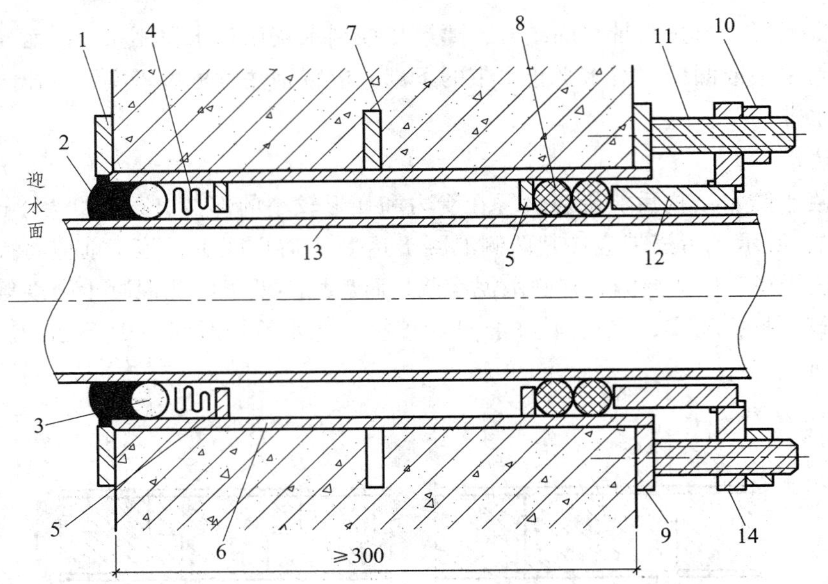

1—翼环；2—嵌缝密封材料；3—衬垫条；4—填缝材料；5—挡圈；6—套管；7—止水环；8—橡胶圈；
9—套管翼盘；10—螺母；11—双头螺栓；12—短管；13—主管；14—法兰盘

图 8.18　套管式穿墙管的构造做法

8.3.4　卷材防水层施工

这种防水层具有良好的韧性和延伸性，可以适应一定的结构振动和微小变形，防水效果较好，目前仍作为地下工程的一种防水方案而被较广泛采用。其缺点是：沥青油毡吸水率大，耐久性差，机械强度低，直接影响防水层质量，而且材料成本高，施工工序多，操作条件差，工期较长，发生渗漏后修补困难。

1. 卷材防水层材料

地下防水的油毡除应满足强度、延伸性、不透水性外，更要有耐腐蚀性。因此，宜优先采用沥青矿棉纸油毡、沥青玻璃布油毡、再生橡胶沥青油毡等。

铺贴油毡用的沥青胶的技术标准与油毡屋面要求基本相同。由于用在地下其耐热度要求不高。在浸蚀性环境中宜用加填充料的沥青胶，填充料应耐腐蚀。

2. 卷材防水层施工方法

地下油毡防水层的施工方法，有外防外贴法和外防内贴法。

1）外防外贴法施工

外防外贴法（简称外贴法）是将立面卷材防水层直接粘贴在需防水结构的外墙外表面。其防水构造如图 8.19 所示。即待混凝土垫层及砂浆找平层施工完毕，在垫层四周砌保护墙的位置干铺油毡条一层、再砌半砖保护墙高约 300~500 mm，并在内侧抹找平层。干燥后，刷冷底子油 1~2 遍，再铺贴底面及砌好保护墙部分的油毡防水层，在四周留出油毡接头，置于保护墙上，并用两块木板或其他合适材料将油毡接头压于其间，从而防止接头断裂、扭伤、弄脏。然后在油毡层上做保护层。再进行钢筋混凝土底板及砌外墙等结构施工并在墙的外边抹找平层刷冷底子油干燥后，铺贴油毡防水层（先贴留出的接头，再分层接铺到要求的高度）。完成后，立即刷涂 1.5~3 mm 厚的热沥青或加入填充料的沥青胶，以保护油毡随即继续砌保护墙至油毡防水层稍高的地方。保护墙与防水层之间的空隙用砂浆随砌随填。

2）外防内贴法施工

外防内贴法（简称内贴法）是在地下建筑墙体施工前先砌筑保护墙，然后将卷材防水层铺贴在保护墙上，最后施工地下建筑墙体。其防水构造如图 8.20 所示。即先做好混凝土垫层及找平层，在垫层四周干铺油毡一层并在其上砌一砖厚的保护墙，内侧抹找平层，刷冷底子油 1~2 遍，然后铺贴油毡防水层。完成后，表面涂刷 2~4 mm 厚热沥青或加填充料的沥青胶，随即铺撒干净、预热过的绿豆砂，以保护油毡。接着进行钢筋混凝土底板及砌外墙等结构施工。

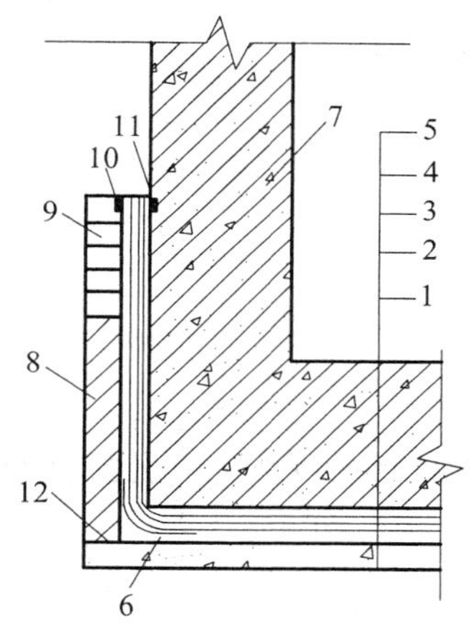

1—垫层；2—找平层；3—卷材防水层；4—保护层；5—底板；6—卷材加强层；7—防水结构墙体；8—永久性保护层；9—临时保护墙；10—临时固定木条；11—永久性木条 12—干铺油毡一层

图 8.19 外贴法施工示意图

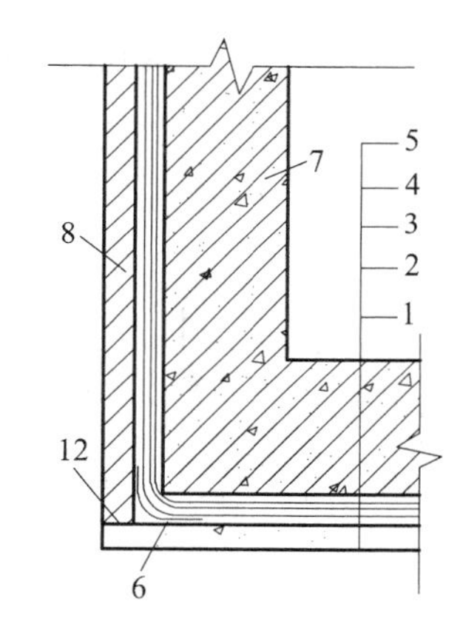

1—垫层；2—找平层；3—卷材防水层；4—保护层；5—底板；6—卷材加强层；7—防水结构墙体；8—永久性保护层；12—干铺油毡一层

图 8.20 内贴法施工示意图

3）卷材铺贴要求及结构缝的施工

保护墙每隔 5~6 m 及转角处必须留缝在缝内用油毡条或沥青麻丝填塞，以免保护墙伸缩时拉裂防水层。地下防水层及结构施工时，地下水位要设法降至底部最低标高至少 300 mm 以下并防止地面水流入。卷材防水层施工时，气温不宜低于 5 °C，最好在 10~25 °C 时进行。沥青胶的浇涂厚度，一般为 1.5~2.5 mm，最大不超过 3 mm。卷材长、短边的接头宽度不小于 100 mm 上下两幅卷材压边应错开 1/3 幅卷材宽；各层油毡接头应错开 300~500 mm，两垂直面交角处的卷材要互相交叉搭接。

应特别注意阴阳角部位，穿墙管（图 8.21）以及变形缝（图 8.22）部位的卷材铺贴，这是防水薄弱的地方，铺贴比较困难，操作要仔细，并增贴附加卷材层及采取必要的加强构造措施。

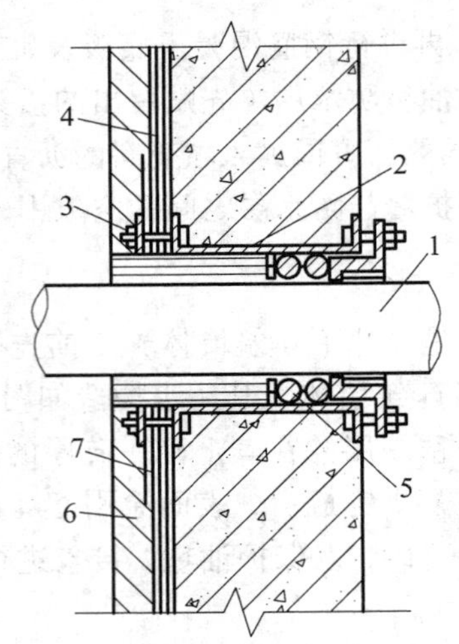

1—管道；2—套管；3—夹板；4—卷材防水层；5—填缝材料；6—保护墙；7—附加卷材衬层

图 8.21　卷材防水层与管道埋设件连接处做法

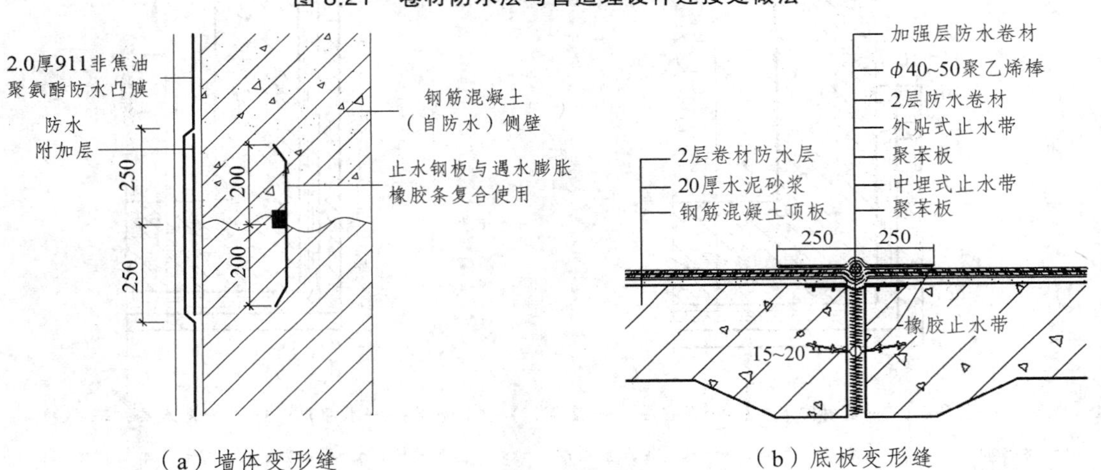

图 8.22　变形缝处防水做法

8.3.5　涂料防水层

地下工程涂料防水层应采用反应型、水乳型、聚合物水泥防水涂料或水泥基、水泥基渗透结晶型防水涂料。

1. 基层处理

涂料防水层的基面必须平整、清洁、干燥、无浮浆、无裂缝。当基层不平时，应先用水泥砂浆找平。施工找平层时，对于转角处应做成半径不小于 100 mm 的圆弧角或边长不小于 100 mm 的钝角，要求找平层要压实、抹平，不出现空鼓、裂缝、松动、起砂和脱皮等现象。在涂料防水层涂刷前先在找平层上涂一层与涂料相容的基层处理剂，以增加涂料防水层与基层的黏结力。

2. 涂料防水配料

地下工程防水涂料施工时，应严格按照防水材料产品使用说明书的要求进行配料与搅拌均匀，严禁任意改变配合比。配料时要求计量准确（过秤），主剂和固化剂的混合偏差不得大于 ± 5%。

涂料混合时，应先将主剂放入搅拌容器或电动搅拌器内，然后放入固化剂，并立即开始搅拌，并搅拌均匀，搅拌时间一般在 3~5min。

涂料每次配制数量应根据每次涂刷面积计算确定，混合后的材料存放时间不得超过规定的可使用时间。不应一次搅拌过多使涂料发生凝聚或固化而无法使用。夏天施工时尤需注意。

3. 涂料防水层施工

涂料防水层施工时，涂刷程序应先做转角处、穿墙管道、变形缝等部位的涂料加强层，后进行大面积涂刷。涂料防水层施工可用涂刷法或喷涂法，少于 2 遍，涂喷后一层的涂料必须待前一层涂料结膜后方可进行，涂刷或喷涂必须均匀。第 2 层的涂刷方向，应与第 1 层垂直。凡遇到平面与立面连接的阴、阳角，均需铺设化纤无纺布、玻璃纤维布等胎体增强材料。大面防水层为增强防水效果，也可加胎体增强材料。当涂料防水层中铺贴胎体增强材料时，同层相邻的搭接宽度应大于 100 mm，上下层接缝应错开 1/3 幅宽。涂料防水层的厚度要求见表 8.19。

表 8.19　涂料防水层的厚度

防水等级	设防道数	有机涂料		无机涂料		
		反应型	水乳型	聚合物水泥	水基型	水泥基渗透结晶型
1 级	3 道或 3 道以上设防	1.2~2.0	1.2~1.5	1.5~2.0	1.5~2.0	≥0.8
2 级	2 道设防	1.2~2.0	1.2~1.5	1.5~2.0	1.5~2.0	≥0.8
3 级	1 道设防	—	—	≥2.0	≥2.0	—
	复合设防	—	—	≥1.5	≥1.5	—

注：(1)《屋面工程技术规范》GB50345—2012；(2)《地下工程防水技术规范》GB50108—2008。

复习思考题

1. 屋面防水卷材有哪几类？
2. 什么叫胶粘剂？胶粘剂有哪几种？
3. 细石混凝土刚性防水层的施工特点是什么？
4. 地下工程防水方案有哪些？
5. 沥青卷材防水屋面基层如何处理？为什么找平层要留分隔缝？
6. 试述涂膜防水层施工要点。

第 9 章 装饰工程

【学习要点】

了解墙、地、顶常见装饰做法的分类和构造层次。

理解装饰材料、装饰工艺上的新旧变化。

掌握装饰工程的施工程序及质量检查方法。

9.1 抹灰工程

抹灰是将水泥、石灰膏、膨胀珍珠岩等各种材料配置而成的砂浆或素浆涂抹在建筑物的表面。除了保护建筑主体结构、作为其他饰面（水刷石、斩假石、饰面砖等）的底灰外，还可以通过各种工艺直接形成饰面层。

抹灰工程按面层不同分为一般抹灰和装饰抹灰。

一般抹灰按其构造可分为底层和面层。底层可用石灰砂浆、水泥混合砂浆、水泥砂浆、聚合物水泥砂浆、膨胀珍珠岩水泥砂浆等；面层可用麻刀灰、纸筋石灰以及石膏灰等。

装饰抹灰一般也分为底层和面层。底层多用水泥砂浆；面层则根据所用材料及施工工艺的不同，分为水刷石、水磨石、斩假石、干粘石、拉毛灰、喷涂、滚涂、弹涂等。

9.1.1 抹灰工程材料

1. 胶凝材料

水泥是水硬性胶凝材料，常见的有硅酸盐水泥、普通硅酸盐水泥、矿渣硅酸盐水泥、粉煤灰硅酸盐水泥等。石灰起塑化作用，按其使用状态分为生石灰和熟石灰，抹灰工程中，用于调制抹灰砂浆时，必须将生石灰熟化成石灰浆。石膏可用做硅酸盐水泥的缓凝剂，提高粉煤灰水泥、矿渣水泥强度。水玻璃是一种无色、白色或灰白色的黏稠液体，具有良好的黏结能力较高的耐酸性能，常用来配制特种砂浆，主要用于耐酸、耐热、防火工程。

2. 骨料

砂常用的是普通砂，还有特殊用途的石英砂。普通砂有山砂、河砂和海砂等。抹灰工程中多采用中砂，或中砂与粗砂混合使用。石渣是由天然大理石、花岗岩、白云石或其他天然石材破碎而成，常用做水磨石、水刷石等装饰抹灰骨料。膨胀珍珠岩一种天然璃质火山熔岩矿产，由于在 1 000~1 300 °C 高温条件下其体积迅速膨胀 4~30 倍，故统称为膨胀珍珠岩，常用做配置保温、隔热砂浆。

3. 纤维材料

纤维材料主要用于提高抹灰层抗拉强度，增加抹灰层的弹性和耐久性，使抹灰层不易开裂和脱落。主要有麻刀、纸筋、玻璃纤维、草秸等。

4. 颜料

在装饰抹灰工程中，为增强立面艺术效果和观赏性，通常在抹灰砂浆中加入适量颜料。颜料一般分为矿物质颜料和植物质颜料，矿物质颜料耐酸碱、耐光、遮盖能力强，但颜色不够鲜艳；植物质颜料颜色鲜艳，但遮盖力、耐热性差。

9.1.2 一般抹灰施工

1. 一般抹灰的级别

根据建筑物的标准及其在装饰上的要求，一般抹灰又可以分为 3 级，即普通抹灰、中级抹灰和高级抹灰。

普通抹灰用于简易住宅、大型设施和非居住性的房屋（如汽车库、仓库、锅炉房）以及居住物中的地下室、储藏室。要求做一层底层和一层面层，亦可不分层一遍成活，做到分层赶平，修整，表面压光。

中级抹灰用于一般住宅、公用和工业建筑（如住宅、宿舍、教学楼、办公楼）以及高标准建筑物中的附属用房。要求做一层底层、一层中层、一层面层。做到阳角找方，设置标筋，分层赶平、修整，表面压光。

高级抹灰用于大型公共建筑物、纪念性建筑物（如剧院、礼堂、宾馆、展览馆和高级住宅）以及有特殊要求的高级建筑等。要求一层底层、数层中层和一层面层。做到阴阳角找方，设置标筋，分层赶平，修整，表面压光。

2. 一般抹灰施工

1）施工准备

抹灰工程采用的材料质量直接影响工程质量，因而其所用材料的质量必须符合国家现行的技术标准的规定。水泥标号应不低于 32.5 号，其安定性试验必须合格；砂料应坚硬洁净，其中黏土、泥灰、粉末等含量不超 3 %，过筛后不得含有杂物；石灰膏必须经过块状石灰淋制，并经 3 mm 见方筛孔过滤，熟化时间不少于 15 d。纸筋石灰宜集中加工，纸筋应磨细，且熟化时间不少于 15 d。

一般抹灰施工常用机具有砂浆搅拌机、纤维、白灰混合磨碎机、铁抹刀、木抹刀、阳角抹刀、压刀、托灰板、木杠、方尺和托线板，如图 9.1 所示。

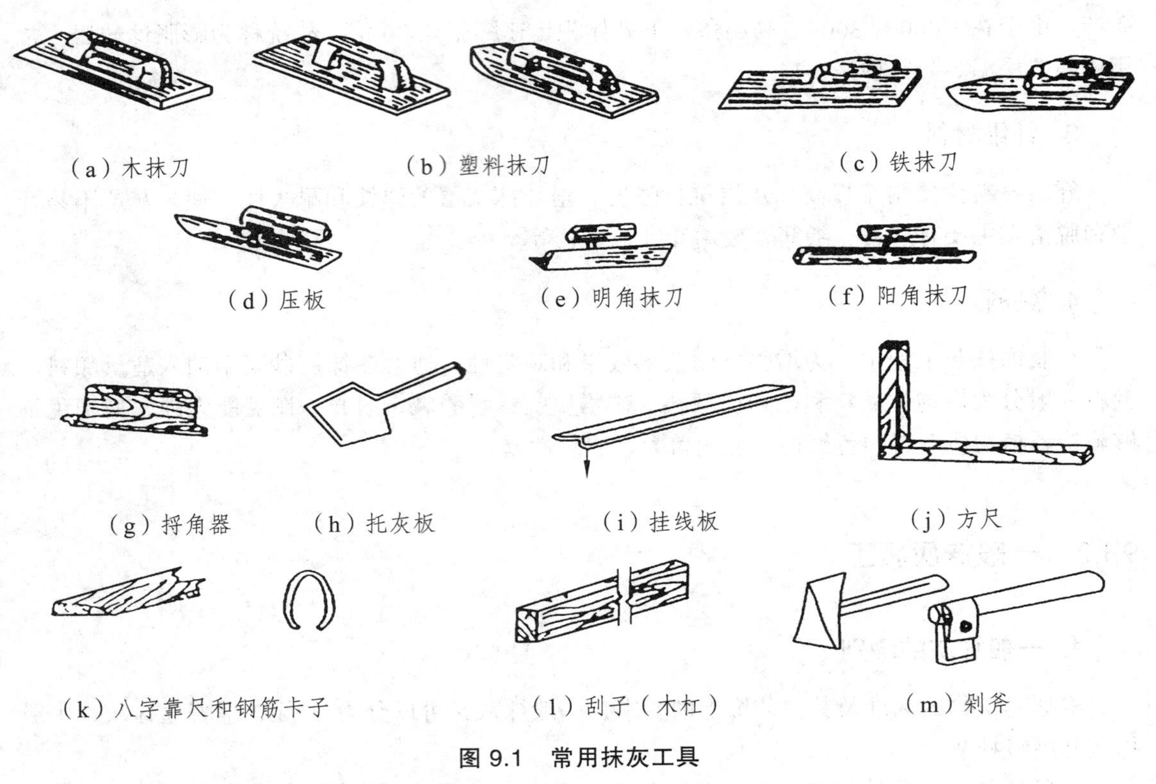

图 9.1 常用抹灰工具

2）基层处理

抹灰前应对基层进行必要的处理，对于凹凸不平的部位应剔平补齐，填平孔洞沟槽；表面太光的要剔毛，或用 1∶1 水泥浆掺 10 %环保胶薄抹一层，使之易于挂灰。不同材料交接处应铺设金属网，搭缝宽度从缝边起每边不得小于 100 mm。

3）施工方法

墙面一般抹灰施工过程为：基层处理→做灰饼→设置标筋→做阳角护角→底层灰→中层灰→面层灰及压光→清理。

（1）找规矩，弹准线。对普通抹灰，先用托线板全面检查主体墙面的垂直、平整程度，根据检查的实际情况以及抹灰等级抹灰总厚度，决定墙面抹灰厚度（最薄处一般不小于 7 mm）。对高级抹灰，先将房间规方，小房间可以一面墙做基准，用方尺规方即可；如房间面积较大，要在地面上先弹出十字线，以作为墙角抹灰准线：在离墙角约 10 cm 左右，用线坠吊直，在墙面弹一立线，再按房间规方十字线及墙面平整程度弹出墙角抹灰准线，并在准线上下两端挂通线作为抹灰饼、冲筋的依据。为有效控制抹灰厚度，保证墙面垂直度和整体平整度，大面积抹灰前应设置标筋，作为抹灰的依据。

（2）贴灰饼。首先用与抹底层灰相同的砂浆做墙体上部的两个灰饼，其位置距顶棚约 200 mm，灰饼大小一般 50 mm 见方，厚度根据墙面平整、垂直程度决定。然后根据这两个灰饼用托线板或线坠找垂直，做墙面下角两个标准灰饼（高低位置一般在踢脚线上方 200 ~ 250 mm 处），厚度以垂直为准，再在灰饼附近墙缝内钉上钉子，拴上小线挂好通线，并根据通线位置加设中间灰饼，间距 1.2 ~ 1.5 m，如图 9.2 所示。

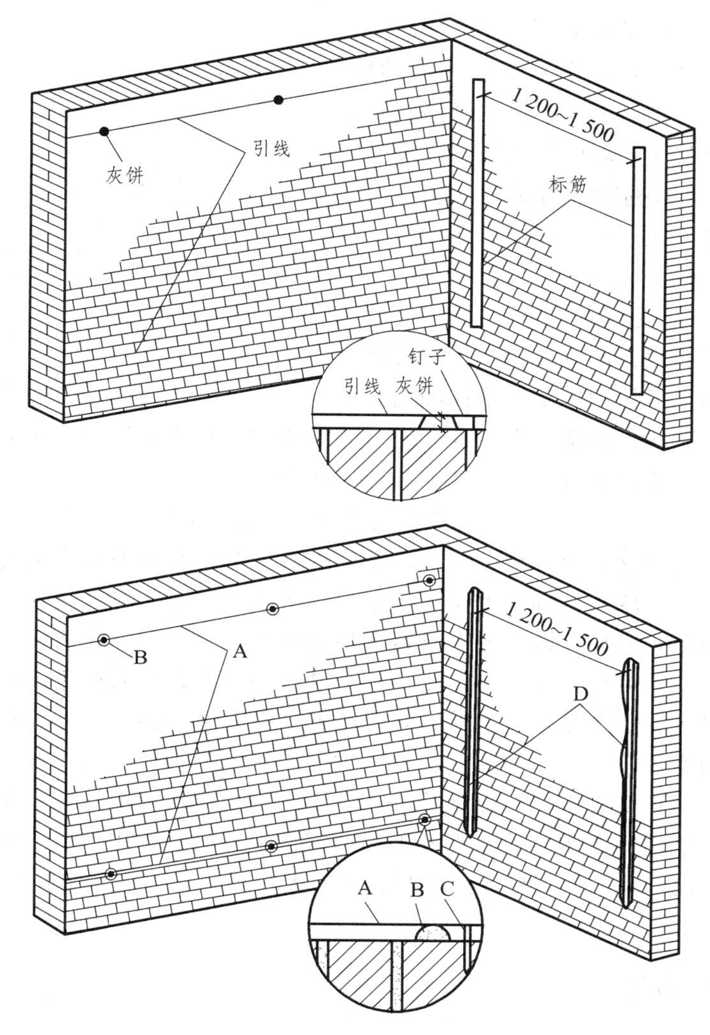

A—引线；B—灰饼（标志块）；C—钉子；D—冲筋

图 9.2 灰饼、标筋位置示意

（3）设置标筋（即冲筋）。待灰饼砂浆基本进入终凝，抹底层灰的砂浆将上下两灰饼之间抹一条宽约 100 mm 的灰梗，用刮尺刮平，厚度与灰饼一致，用来作为墙面抹灰的标准，此即为标筋。还应将标筋两边用刮尺修成斜面，使其与抹灰层接槎平顺。通过设置标筋，将抹灰面层划分为较小区域，可有效控制抹灰厚度和平整度。标筋稍干后以标筋为基准进行底层抹灰。

（4）阴、阳角找方。普通抹灰要求阳角找方。对于除门窗外还有阳角的房间，则应首先将房间大致规方，其方法是先在阳角一侧做基线，用方尺将阳角先规方，然后在墙角弹出抹灰准线，并在准线上下两端挂通线做灰饼，高级抹灰要求阴阳角方正。为了保证阴阳角方正，必须在阴阳角两边做灰饼和标筋。

（5）做护角。室内外墙面、柱面和门窗洞口的阳角抹灰要求线条清晰、挺直，要防止碰坏。该处应用 1∶2 水泥砂浆做暗护角，护角高度不应低于 2 m，每侧宽度不小于 50 mm，如图 9.3 所示。

（6）抹底层灰。当标筋稍干，刮尺操作不致损坏时，即可抹底层灰。抹底灰前，先应对基体表面进行处理，再自上而下地在标筋间施抹底灰，随抹随用刮尺齐着标筋刮平。刮尺操作用力要均匀，不准将标筋刮坏或使抹灰层出现不平的现象。待刮尺基本刮平后，再用木抹刀修补、压实、搓平、搓毛。

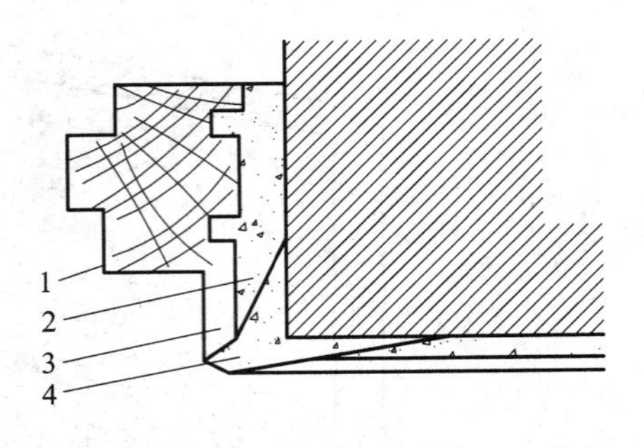

1—门框；2—底层灰；3—面层灰；4—护角

图 9.3　护角示意图

（7）抹中层灰。待底层灰凝结，达 7 ~ 8 成干后（用手指按压不软，但有指印），即可抹中层灰，根据冲筋厚填抹满砂浆，随抹随用刮尺刮平压实，再用木抹刀搓平。中层灰抹完后，对墙的阴角用阴角抹刀抹平。中层砂浆凝固前，也可在层面上交叉划出斜痕，以增强与面层的粘结。

（8）抹面层灰（也称罩面）。中层灰干至 7 ~ 8 成后，即可抹面层灰。如中层灰已干燥发白，应先适度洒水湿润后，再抹罩面灰。用于室内罩面的常有麻刀灰、纸筋灰，可用于水泥砂浆面层和石膏面层。麻刀灰和纸筋灰用于室内白灰墙面，抹灰时，用铁抹刀刮灰抹在墙面上，一般由阴角或阳角开始，从左向右进行（最好两人配合，一人在前面竖向抹灰，一人在后面跟着横向抹平、压光）。压平后，用排笔蘸水横刷一遍，使表面色泽一致，再用塑料抹子压实收光（钢皮抹子收光容易压出锈迹），表面达到光滑、色泽一致不显接槎为好。

室外抹灰常用水泥砂浆罩面。由于面积较大，为了不显接槎、防止抹灰层收缩开裂，一般应设置分格缝，留槎位置应留在分格缝处。由于大面积抹灰罩面抹纹不易压光，在阳光照射下极易显露而影响墙面美观，故水泥砂浆罩面宜抹成毛面，并用排笔蘸水横刷一遍。为防止色泽不匀，应用同一品种与规格的原材料，由专人配料，采用统一的配合比。

9.1.3　装饰抹灰施工

装饰抹灰与一般抹灰的区别在于两者具有不同的装饰面层，其底层和中层的做法基本相同，下面介绍几种主要装饰面层的施工。

1. 水刷石施工

水刷石是一种传统的装饰抹灰，常用于外墙面的装饰层，也可用于檐口、腰线、窗楣、门窗套、柱面等装饰部位。

1）施工准备工作

（1）工具：铁抹刀、压抹刀、托灰板、八字靠尺、钢筋卡子、方尺、木杠、水壶、扫帚、棕刷、砂浆搅拌机及手压（电动）式小型浆泵。

（2）材料配合比。基层一般为 10~15 mm 厚的 1∶3 水泥砂浆；面层可用 1∶1 八厚泥石子浆、1∶1.25 中八厘水泥石子浆或 1∶1.5 小八厘水泥石子浆。面层的厚度也有所不同，大八厘为 20 mm，中八厘为 15 mm，小八厘为 10 mm。有时为减轻普通水泥的灰色调，可用部分石灰膏代替水泥但不宜过多，用彩色石子时可用白水泥。

2）施工操作程序

（1）用 1∶3 水泥砂浆抹基层 10~15 mm，收平后用抹子划不规则线，以增加同面层的黏结力。

（2）在干后的基层上用水浇湿，贴分格条，薄刮素水泥浆一遍。

（3）接着抹水泥石子浆，同分格条厚，先粗抹平整，然后用铁抹子反复刮压，使石子密实、均匀。

（4）待面层刚开始初凝时（用手指按之略有指印），用棕刷将水刷沾表面水泥浆 2~3 遍，使石子露出粒径的 1/3。如表面发现因洗刷翘起的石子，即用铁抹拍平，拍平后露出水泥浆，仍用水刷洗。刷洗应自上而下进行，注意不要冲坏面层，刷洗过程也可用喷浆泵喷清水冲洗。

（5）用清水清洗表面，要求高的工程还可用稀草酸清洗一遍后，再用水冲洗。

3）质量要求

面层石粒清晰，分布均匀、紧密平整，色泽一致，不得有掉粒和接槎痕迹。

2. 斩假石施工

斩假石是在抹灰面层上做出有规律的槽缝，做成像用石头砌成的墙面。面层做法同水刷石大体相同，石子粒径一般较小，以小八厘或石屑为宜。除水刷石工具外，还要有剁斧。其操作程序为：分块弹线，嵌条分格，刷素水泥浆；接着将拌制好的水泥石屑砂浆分两次抹上，头道浆要薄，二道浆抹至与分格条平；待收水后用木抹子打磨压实，上下溜直，最后用软扫帚顺着斩纹方向清扫一遍。面层石屑抹浆后，要防烈日曝晒或冰冻，并需进行养护 6～10 d。斩假石开斩前，应先试斩，以石子不脱落为准。在边角处要轻斩，斩成水平纹，中间部分斩成垂直纹。斩好后取出分格条并用钢丝刷顺斩纹刷净尘土。

斩假石面层，要求斩纹顺直，间距均匀，深浅一致，线条清晰，留出边缘宽窄一样，棱角分明，并不得有损坏。

3. 干粘石施工

干粘石是在水刷石的基础上，改变了施工方法，达到同水刷石基本相同的外装饰效果，具有节约材料，提高工效的目的。

1）施工准备

（1）工具：干粘石施工，除用一般抹灰工具外，还需用拍板和托盘。

（2）材料：干粘石抹面所用的石子以小八厘为多（粒径 3~5 mm），也可用中八厘（粒径 5~6 mm），很少用大八厘，干粘石饰面所用砂子以 0.35~0.5 mm 的中砂为好，含泥量不得超过 3 %，使用前过筛。水泥用普通水泥和白水泥，同一饰面用同一种标号水泥。黏结砂浆可用 1∶3 水泥砂浆，也可用 1∶0.5∶2 水泥、石膏、砂的混合砂浆，因此材料还包括石膏。美术干粘石要求在黏结砂浆中加矿物颜料，颜料的色彩和质量应按设计严格检查。为增强黏结层的黏结力，砂浆中还可掺入适量的环保胶。

2）施工操作程序

（1）基层处理：先将基层清扫干净，混凝土表面要清除隔离剂，浇水湿润后薄抹纯水泥浆一次，然后抹水泥砂浆。

（2）弹线嵌条：在基层抹灰和表面处理后，按设计要求分格弹线，在线上贴分格条。

（3）抹黏结层：黏结层厚度一般为石子粒径的1~1.2倍。黏结层砂浆层一般分两次抹成，第1次薄抹打底，保证与底面黏结，第2次抹成总厚度不超过4~7 mm，然后用靠尺找平、高刮低补，注意不要留下抹纹。

（4）撒石子：黏结层砂浆抹完后立即甩石子，顺序是先边后中，先上后下，撒石子时，动作要快，撒均匀。每板上、下、左、右安排齐整，搭接紧密，撒完后可进行局部密度调整。

（5）压石子：压石子也同样是先压边、后压中间、从左至右、从上到下。压石子分三步进行，轻压、重压、重拍，即在水泥砂浆不同凝结程度时用不同压法。在完全凝结前压完，压第1次可用大铁板，后两次可用普通宽铁板，干粘石面层达到一定强度后，应洒水养护。

3）质量要求

石粒黏结牢固、分布均匀、颜色一致、不露浆、不漏粘、线条清晰、棱角方正。

4. 聚合水泥砂浆喷涂、滚涂、弹涂装饰施工

1）喷涂饰面

喷涂饰面是用喷枪将聚合物砂浆均匀喷涂在底层上，此种砂浆由于加入了环保胶，能提高装饰面层的表面强度与黏结强度。通过调整砂浆的稠度和喷射压力的大小，可喷成砂浆饱满、波纹起伏的“波面”；或表面布满细碎颗粒的“粒状”；也可在表面涂层上再喷以不同色调的砂浆点，形成“花点套色”。

其分层做法为：

（1）10~13 mm厚1∶3水泥砂浆打底，木抹搓平。采用滑升、大模板工艺的混凝土墙体，可以不抹底层砂浆，只作局部找平，但表面必须平整。在喷涂前，先喷刷1∶3（胶∶水）环保胶水溶液一次，以保证涂层黏结牢固；

（2）3~4 mm厚喷涂饰面层，要求3遍成活；

（3）饰面层收水后，在分格缝处用铁皮刮子沿着靠尺刮去面层，露出基层，做成分格缝，缝内可涂刷聚合物水泥浆；

（4）面层干燥后，喷罩甲基硅醇纳憎水剂，以提高涂层的耐久性和减小墙面的污染。

近年来广泛采用喷塑料涂料（如水性或油性丙烯树脂、聚氨酯等）作喷涂的饰面材料。实践证明，外墙喷塑是今后建筑装饰的一个发展方向，它具有防水、防潮、耐酸、耐碱的性能，面层色彩可任意选定，对气候的适应性强，施工方便，工期短等优点。

2）滚涂饰面

滚涂饰面是将带颜色的聚合物砂浆均匀涂抹在底层上，随即用平面或带有拉毛、刻有花纹的橡皮、泡沫塑料滚子滚出所需的图案和花纹。

其分层做法为：

（1）10~13 mm厚水泥砂浆打底，木抹搓平；

（2）粘贴分格条（施工前在分格处先刮一层聚合物水泥浆，滚涂前将涂有环保胶水溶液

的电工胶布贴上，等饰面砂浆收水后揭下胶布；

（3）3 mm 厚色浆罩面，随抹随用 辊子滚出各种花纹；

（4）待面层干燥后，喷涂有机硅水溶液。

3）弹涂饰面

弹涂饰面是用电动弹力器将水泥色浆弹到墙面上，形成 1~3 mm 左右的圆状色点。由于色浆一般由 2~3 种颜色组成，不同色点在墙面上相互交错、相互衬托，犹如水刷石、干粘石；也可做成单色光面、细麻面、小拉毛拍平等多种形式。实践证明，这种工艺可在墙面上做底灰，再作弹涂饰面；也可直接弹涂在基层较平整的混凝土板、石膏板、水泥石棉板等板面上。

其施工流程为：基层找平修整或做砂浆底灰→调配色浆刷底色→弹力器做第 1 遍色点→弹力器做第 2 遍色点弹力器局部找均匀→树脂罩面防护层。

9.2　楼地面装饰工程

楼地面工程是人们工作和生活中接触最频繁的一个分部工程。反映楼地面工程档次和质量水平的，有地面的承载能力、耐磨性、耐腐蚀性、抗渗漏能力、隔声性能、弹性、光洁程度、平整度等指标以及色泽、图案等艺术效果。

楼地面是房屋建筑底层地坪与楼层地坪的总称。由面层、垫层和基层等部分构成。

按面层材料分有：土、灰土、三合土、菱苦土、水泥砂浆、混凝土、水磨石、马赛克、木、砖和塑料地面等。

按面层结构分有：整体地面（如灰土、菱苦土、水泥砂浆、混凝土、现浇水磨石、三合土等）、块料地面（缸砖、拼花木板、马赛克、水泥花砖、预制水磨石块、大理石板材、花岗石板材等）和涂布地面。

9.2.1　整体面层施工

1. 水泥砂浆地面

水泥砂浆地面面层的厚度为 15~20 mm。一般用 32.5 号水泥与中砂或粗砂配制，配合比为 1∶2.5~1∶2（体积比），砂浆应是干硬性的，以手捏成团稍出浆为准。

操作前先按设计测定地坪面层标高，同时将垫层清扫干净洒水湿润后，刷一遍含 4%~5% 的环保胶水素水泥浆，紧跟着铺上水泥砂浆，用刮尺赶平，并用木抹子压实，待砂浆初凝后终凝前，用铁抹子反复压光 3 遍，不允许撒干灰砂收水抹压。砂浆终凝后（一般 12 h 后）铺盖草袋、锯末等浇水养护。水泥砂浆面层除用铁抹子压光以外，其养护是保证面层不起砂的关键，应引起足够的重视。当施工大面积水泥砂浆面层时，应按要求留设分格缝，防止砂浆面层发生不规则裂缝，一旦发生裂缝应立即修补。

2. 细石混凝土地面

细石混凝土地面可以克服水泥砂浆地面干缩较大的缺点。这种地面强度高、干缩值小，但厚度较大，一般为 30~40 mm。混凝土的强度等级不低于 C20，浇筑时的坍落度不应大于 30 mm，水泥采用不低于 32.5 号的普通硅酸盐水泥或硅酸盐水泥，砂用中砂或粗砂，碎石或卵石的粒径应不大于 15 mm，且不大于面层厚度的 2/3。

混凝土铺设时，预先在地坪四周弹出水平线，以控制面层的厚度，并用木板隔成宽小于 3 m 的条形区段，先刷以水灰比 0.4~0.5 的水泥浆，随刷随铺混凝土，用刮尺找平，用表面振动器振捣密实或采用滚筒交叉来回滚压 3~5 遍，至表面泛浆为止，然后进行抹平和压光。混凝土面层应在初凝前完成抹平工作，终凝前完成压光工作。

用钢筋混凝土现浇楼板或强度等级低于 C15 混凝土垫层兼面层时，可采用随捣随抹的方法。必要时加适量 1∶2.5~1∶2 水泥砂浆抹平压光。随抹水泥砂浆面层工作，应在基层混凝土或细石混凝土初凝前完成。

混凝土面层 3 遍压光成活及养护同水泥砂浆面层。

3. 水磨石地面施工

水磨石面层做法如图 9.4 所示，现浇水磨石地面面层应在完成顶棚和墙面抹灰后，再施工水磨石地面面层。其工艺流程如下：

基层清理→浇水冲洗湿润→设置标筋故水泥砂浆找平层→养护→镶嵌玻璃条（或金属条）→铺抹水泥石子浆面层→养护、试磨→两浆三磨→冲洗干后打蜡。

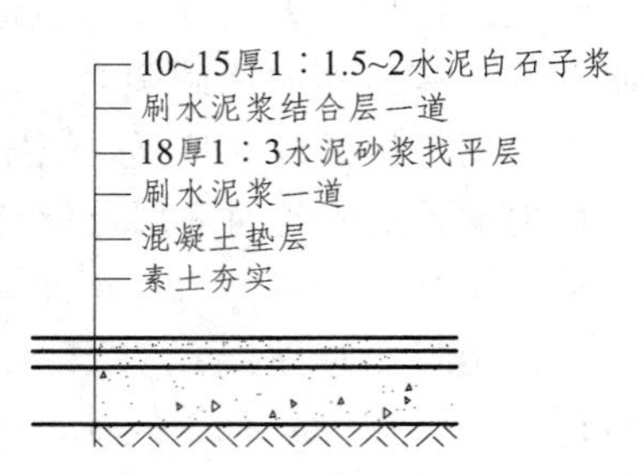

图 9.4　水磨石面层

水磨石面层所用的石粒，应用坚硬可磨的岩石（如白云石、大理石等）做成，石粒应洁净无杂物，其粒径除特殊要求外，一般为 4~12 mm。白色或浅色的水磨石面层，应采用白水泥；深色的水磨石面层，宜采用标号不低于 32.5 号的硅酸盐水泥、普通硅酸盐水泥或矿渣硅酸盐水泥。水泥中掺入的颜料宜用耐光、耐碱的矿物颜料，掺入量不宜大于水泥量的 12%。

水磨石面层宜在找平层水泥砂浆抗压强度达到 1.2 MPa（一般养护 2~3 d）后铺设。水磨石面层铺设前，应在找平层上按设计要求的图案设置分格条（可用铜条、铝条或玻璃条）。嵌条时，用木条顺线找齐，将嵌条紧靠在木条边上，用素水泥浆涂抹嵌条的一边，先稳好一面，然后拿开木条在嵌条的另一边涂抹水泥浆。在分格条下的水泥浆形成八字角，素水泥浆涂抹的高度应比分格条低 3 mm。分格条嵌好后，应拉 5 m 长通线对其进行检查并整修，嵌条应平直，交接处要平整、方正，镶嵌牢固，接头严密，以此作为铺设面层的标准。嵌条后，应浇水养护，待素水泥浆硬化后，在找平层表面刷一遍与面层颜色相同的水灰比为 0.4~0.5 的水泥浆做合层，随刷随铺水泥石子浆。水泥石子浆的虚铺厚度比分格嵌条高出 1~2 mm。要铺平整，用滚筒滚压密实。待表面出浆后，再用抹子抹平。在滚压过程中，如发现表面石子偏少，可在水泥浆较多处补撒石子并拍平，增加美观，次日开始养护。如图 9.5 所示是分隔条设置示意。

在同一面层上采用几种颜色图案时，先做深色，后做浅色，先做大面，后做镶边，待前一种色浆凝固后，再做后一种，以免混色。水磨石开磨前应先试磨，以表面石粒不松动方可开磨。

水磨石面层使用磨石机按二浆三磨磨光。第 1 遍用 60~80 号粗金刚石磨，边磨边洒水，要求磨匀磨平，使全部分格条外露。用水将水泥浆冲洗干净，用同色水泥浆涂抹，以填补面层所呈现的细小孔隙和凹痕，洒水养护 2~3 d。第 2 遍用 100~150 号金刚石，要求磨到表面光滑为止，用水冲洗干后，刷一遍同色水泥浆，养护 2 天。第 3 遍用 180~240 号金刚石，磨至表面石子均匀显露，平整光滑，无砂眼细孔，用水冲洗后，涂抹草酸溶液（热水：草酸=1：0.35 重量比，溶化冷却后用）一遍。再用 280 号细油石，研磨至出白浆，表面光滑为止，用水冲洗晾干后打蜡。

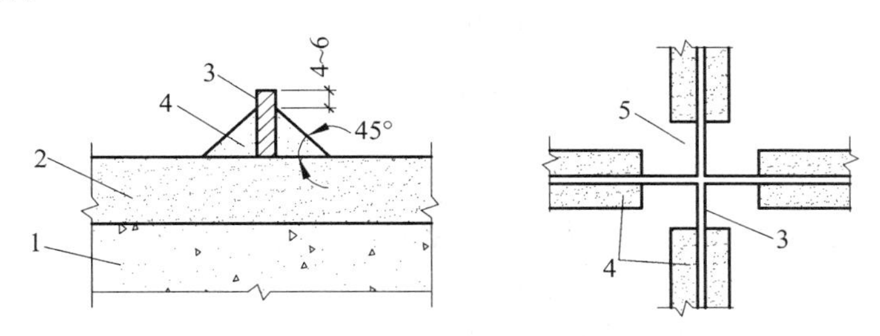

1—分格条；2—素水泥浆；3—水泥砂浆找平层；4—混凝土垫层；5—40~50 mm 内不抹素水泥浆

图 9.5 分格嵌条设置

水磨石面层上蜡工作，应在影响面层质量的其他工序全部完成后进行。可用川蜡 500 g、 煤油 2 000 g 放在桶里熬到 130 °C（冒白烟），现加松香水 300 g、鱼油 50 g 调制，将蜡包在薄布内，在面层上薄薄涂一层，待干后再用钉有细帆布（或麻布）的木块代替油石，装在磨石机的磨盘上进行研磨，直到光滑洁亮为止。上蜡后铺锯末进行保护。

9.2.2 板块面层施工

1. 大理石、花岗石板块楼地面施工

（1）翻样。根据设计给定的图案，结构平面几何形状的实际尺寸，柱位置，楼梯位置，门洞口、墙和柱的装修尺寸等综合统筹兼顾进行翻样，提出加工订货单，准确的翻样。使现场切割大理石、花岗石的现象减少到最低限度，保证总体装饰效果。

（2）定线。根据+500 mm 水平线在墙面上弹出地面标高线。已进行翻样用定形加工的板材时，按翻样把板材的经纬线翻到墙上。如采用标准板材时，排板时统筹兼顾以下几点：一是尽可能对称；二是房间与通道的板缝应相通；三是尽可能少锯板；四是房间与通道如用不同颜色的板材时，分色线应留置于门扇处。有图案的厅堂应根据图案设计，厅堂平面几何形状尺寸、板材规格、镶边宽窄、门洞口、墙、柱面装饰等统筹兼顾进行计算排板，并绘制大样图、排板后将经纬线定线尺寸翻到墙面上。

（3）试铺。在正式铺设前，对每一个房间，厅堂的板材进行试铺。试铺时充分考虑其图案、颜色、纹理等。一个好的试铺，可使地面颜色、纹理协调美观、相邻两块板的色差不能太明显，有的大理石可拼合成天然图案，能显示出独具匠心的效果。试铺后按两个方向编号排列，并按编号码放整齐。

（4）灌浆擦缝。板材铺砌 1~2 昼夜后进行灌浆擦缝。调与板面颜色接近的稀水泥色浆，用浆壶徐徐灌入板缝（一次难灌实，可几次灌），并用长把刮板把流出的水泥浆灌入缝隙内。灌浆 1~2 h 后，用棉丝团蘸原稀水泥浆擦缝，与板面擦平，同时将板面上水泥浆擦净。然后面层覆盖保护。

（5）镶贴踢脚板。在墙面抹灰时，留出踢脚板的高度和镶贴所需的厚度，有镶贴踢脚板的墙处不得留有白灰砂浆等易于造成踢脚板空鼓的杂物。踢脚板出墙厚度宜为 8~10 mm。镶贴前先将踢脚板用水浸湿阴干，在阳角相交处的踢脚板，镶贴前预先割成 45°。踢脚板的立缝宜与地面板缝对齐。镶贴踢脚板可采用粘贴法，也可采用灌浆法。

（6）打蜡。在各工序完工后才能打蜡，要求达到光滑洁净。打蜡方法与现制水磨石相同。

2. 陶瓷地砖地面

陶瓷地砖是近几年发展很快的中档地面面层材料，花色品种多，施工方便，广泛用于各类公用建筑和住宅工程。铺设陶瓷地砖、缸砖、水泥花砖地面的施工工艺如下：

（1）铺找平层。基层清理干净后提前浇水湿润。铺找平层时应先刷一遍素水泥浆，随刷随铺砂浆。

（2）排砖弹线。根据+500 mm 水平线在墙面上弹出地面标高线。根据地面的平面几何形状尺寸及砖的大小进行计算排砖。排砖时统筹兼顾以下几点：一是尽可能对称；二是房间与通道的砖缝应相通，三是不割或少割砖，可利用砖缝宽窄、镶边来调节；四是房间与通道如用不同颜色的砖时，分色线应留置于门扇处。排后直接在找平层上弹纵、横控制线（小砖可每隔四块弹一控制线），并严格控制好方正。

（3）选砖。由于砖的大小及颜色有差异，铺砖前一定要选砖分类。将尺寸大小及颜色相近的砖铺在同一房间内。同时保证砖缝均匀顺直、砖的颜色一致。

（4）铺砖。纵向先铺几行砖，找好位置和标高，并以此为准，拉线铺砖。铺砖时应从里向外退向门口的方向逐排铺设，每块砖应跟线。铺砖的操作是，在找平层上刷水泥浆（随刷随铺）；将预先浸水晾干的砖的背面朝上，抹 1∶2 水泥砂浆黏结层，厚度不小于 10 mm；将抹好砂浆的砖铺砌到找平层上，砖上楞应前跟线找正找直，用橡皮锤敲震拍实。

（5）拨缝修整。拉线拨缝修整，将缝找直，并用靠尺板检查平整度，将缝内多余的砂浆扫出，将砖拍实。

（6）勾缝。铺好的地面砖，应养护 48 h 才能勾缝。勾缝用 1∶1 水泥砂浆，要求勾缝密实、灰缝平整光洁、深浅一致，一般灰缝低于砖面 3~4 mm。如设计要求不留缝，则需灌缝擦缝，可用干水泥并喷水的方法灌缝。

9.2.3 木地板面层施工

木地板的施工方法可分为实铺式（图 9.6（a））、空铺式（图 9.6（b））、浮铺式。实铺式是指木地板通过木搁栅与基层相连或用胶粘剂直接粘贴于基层上，实铺式一般用于 2 层以上的干燥楼面；空铺式是指木地板通过地垄墙或砖墩等架空再安装，一般用于平房、底层房屋或较潮湿地面以及地面敷设管道需要将木地板架空等情况。浮铺式是新型木地板的铺设方式，铺设时仅在板块企口交接处施以胶粘或采用配件卡接即可连接牢固，整体地铺覆于建筑地面基层。

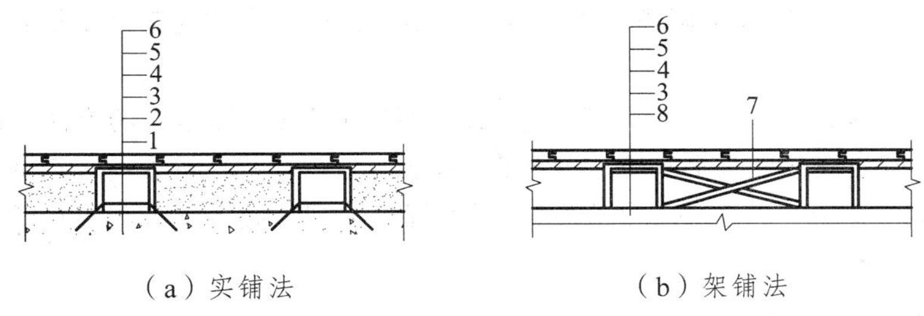

（a）实铺法　　（b）架铺法

1—混凝土基层；2—预埋件；3—木格栅；4—防腐剂；5—毛地板；6—企口硬木地板；7—剪刀撑；8—垫木

图 9.6　双层企口硬木地板构造

1. 施工工艺流程

1）实铺式

（1）格栅式。基层处理（修理预埋铁件或钻孔打木塞）→安装木格栅、撑木→钉毛地板（找平、刨平）→弹线、钉硬木地板→钉踢脚板→刨光、打磨→油漆。

（2）粘贴式。基层清理→弹线定位→涂胶→粘贴地板→刨光、打磨→油漆。

2）空铺式

基层处理→砌地垄墙→干铺油毡→铺垫木（沿缘木）、找半→弹线、安装木格栅→钉剪刀撑→钉硬木地板→钉踢脚板→刨光、打磨→油漆。

3）浮铺式

清理基层→弹线找平→（安装木格栅→钉毛地板）→铺垫层→试铺预排→铺地板→安装踢脚板→清洁表面

2. 基层施工

1）架空木地板基层施工

（1）地垄墙或砖墩。地垄墙应用水泥砂浆砌筑，砌筑时要根据地面条件设地垄墙的基础。每条地垄墙、内横墙和暖气沟墙均需预留 120 mm×120 mm 的通风洞 2 个，而且要在一条直线上，以利通风。暖气沟墙的通风洞口可采用缸瓦管与外界相通。外墙每隔 3~5 m 应预留不小于 180 mmm×180 mm 的通风孔洞，洞口下皮距室外地坪标高不小于 200 mm，孔洞应安设箅子。如果地垄不易做通风处理，需在地垄顶部铺设防潮油毡。

（2）木格栅。木格栅通常是方框或长方框结构，木格栅制作时，与木地板基板接触的表面一定要刨平，主次木方的连接可用榫结构或钉、胶结合的固定方法。无主次之分的木格栅，木方的连接可用半槽式扣接法。通常在砖墩上预留木方或铁件，然后用螺栓或骑马铁件将木格栅连接起来。

2）实铺格栅式木地板基层施工

（1）地面处理。检查地面的平整度，做水泥砂浆找平层，然后在找平层上刷二遍防水涂料或乳化沥青。

（2）木格栅。直接固定于地面的木格栅所用的木方，可采用截面尺寸为 30 mm×40 mm 或 40 mm×50 mm 的木方。组成木搁栅的木方统一规格，其连接方式通常为半槽扣接，并在两木方的扣接处涂胶加钉。

（3）木格栅与地面的固定。木格栅直接与地面的固定常用埋木楔的方法，即用 Φ16 mm 的冲击电钻在水泥地面或楼板上钻洞，孔洞深 40 mm 左右，钻孔位置应在地面弹出的木格栅位置线上，两孔间隔 0.8 m 左右。然后向孔洞内打入木楔。固定木方时可用长钉将木格栅固定在打入地面的木楔上。

3）实铺无格栅木地板的基层要求

木地板直接铺在地面时，对地面的平整度要求较高，一般地面应采用防水水泥砂浆找平或在平整的水泥砂浆找平层上刷防潮层。

4）浮铺木地板的基层要求

（1）由于采用浮铺式施工，复合地板基层平整度要求很高，平整度要求 3 m 内偏差不得大于 2 mm。基层必须保持洁净、干燥，可刷一层掺防水剂的水泥浆进行防潮。

（2）铺垫层。直接在建筑地面或是在已铺设好的毛地板表面浮铺与地板配套的防潮底垫、缓冲底垫，垫层为聚乙烯泡沫塑料薄膜，宽 1 000 mm 的卷材，铺时按房间长度净尺寸加长 120 mm 以上裁切，横向搭接 150 mm。底垫在四周边缘墙面与地相接的阴角处上折 60～100 mm（或按具体产品要求）；较厚的发泡底垫相互之间的铺设连接边不采用搭接，应采用自黏型胶带进行黏结。垫层可增加隔潮作用，增加地板的弹性并增加地板稳定性和减少行走时产生的噪声。

3. 面层木地板铺设

木地板铺在基面或基层板上，铺设方法有钉接式和黏结式 2 种。

1）钉接式

木地板面层有单层和双层 2 种。单层木地板面层是在木格栅上直接钉直条企口板；双层木地板面层是在木格栅架上先钉一层毛地板，再钉一层企口板。

双层木地板的下层毛地板，其宽度不大于 120 mm，铺设时必须清除其下方空间内的刨花等杂物。毛地板应与木格栅成 30°或 45°。斜面钉牢，板间的缝隙不大于 3 mm，以免起鼓，毛地板与墙之间留 8~12 mm 的缝隙，每块毛地板应在其下的每根木格栅上各用两个钉固结，钉的长度应为板厚的 2.5 倍，面板铺钉时，其顶面要刨平，侧面带企口，板宽不大于 120mm，地板应与木格栅或毛地板垂直铺钉，并顺进门方向。接缝均应在木格栅中心部位，且间隔错开。木板应材心朝上铺钉。木板面层距墙 8~12 mm，以后逐块紧铺钉，缝隙不超过 1mm，圆钉长度为板厚 2.5 倍，钉帽砸扁，钉从板的侧边凹角处斜向钉入（图 9.7），板与格栅交处至少钉一颗。钉到最后一块，可用明铺

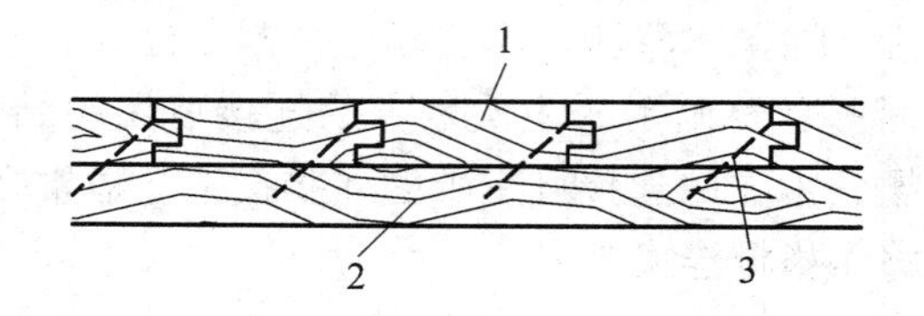

1—毛地板；2—木格栅；3—圆钉

图 9.7　企口板钉设

钉牢，钉帽砸扁冲人板内 30~50 mm。硬木地板面层铺钉前应先钻圆钉直径 0.7~0.8 倍的孔，然后铺钉。双层板面层铺钉前应在毛板上先铺一层沥青油纸隔潮。

木板面层铺完后，清扫干净。先按垂直木纹方向粗刨一遍，再顺木纹方向细刨一遍，然后磨光，待室内装饰施工完毕后再刷油漆并上蜡。

2）黏结式

黏结式木地板面层，多用实铺式，将加工好的硬木地板块材用黏结材料直接粘贴在楼地面基层上。

拼花木地板粘贴前，应根据设计图案和尺寸进行弹线。对于成块制作好的木地板块材，应按所弹施工线试铺，以检查其拼缝高低、平整度、对缝等。符合要求后进行编号，施工时按编号从房中间向四周铺贴。

先将基层表面清扫干净，用鬃刷在基层涂刷一层簿而匀的底子胶。底子胶应采用原黏剂配制。待底子胶干燥后，按施工线位置沿轴线由中央向四面铺贴。其方法是按预排编号顺序在基层上涂刷一层厚约 1 mm 左右的胶黏剂，再在木地板背面涂刷一层厚约 0.5 mm 的胶黏剂，待表面不粘手时，即可铺贴。铺贴时，人员随铺贴随往后退，要用力推紧、压平，并随即用砂袋等物压 6 ~ 24 h，其质量要求与前述沥青胶黏结法相同。

目前，可用于粘贴木地板的胶黏剂较多，可根据实际需要选择，如专用的木地板胶水、万能胶、白乳胶等。地板粘贴后应自然养护，养护期内严禁上人走动。养护期满后，即可进行刮平、磨光、油漆和打蜡工作。

4. 浮铺木地板面层施工

依据产品使用要求，按预排板块顺序，在地板块边部企口的槽（沟）榫（舌）部位涂胶（有的产品不采用涂胶而备有固定相邻地板块的卡子），顺序对接，用木锤敲击挤紧，精确平铺到位。一般要求将专用胶黏剂涂于槽与榫的朝上一面，并将挤出的胶水即时擦拭干净。有的产品要求先完成数行即采取回力钩和固定夹及拉杆等稳固已黏铺的地板，静停 1 h 左右，待黏结胶基本凝结后再继续铺装。横向用紧固卡带将三排地板卡紧，每 1 500 mm 左右设一道卡带，卡带两端有挂钩，卡带可调节长短和松紧度。从第四排起，每拼铺一排卡带就移位一次，直至最后一排，每排最后一块地板端都与墙仍留 8 ~ 15 mm 左右的缝隙。逐块拼铺至最后，到墙面时，注意同样留出缝隙用木楔卡紧，并采取回力钩等将最后几行地板予以稳固。在门洞口，地板铺至洞口外墙皮与走廊地板平接。如为不同材料时，留 5 mm 缝隙，用卡口盖缝条盖缝。

5. 木踢脚板的施工

木地板房间的四周墙脚处应设木踢脚板，踢脚板一般高 100 ~ 200 mm，长 150 mm，厚 20~25 mm。所用木板一般也应与木地板面层所用的材质品种相同。踢脚板应预先刨光，上口刨成线条。为防止翘曲，在靠墙的一面应开成凹槽，当踢脚板高 100 mm 时开 1 条凹槽，150 mm 时开 2 条凹槽，超过 150mm 时开 3 条凹槽，凹槽深度为 3~5 mm。为了防潮通风，木踢脚板每隔 1 ~ 1.5 m 设一组通风孔，孔径为 6 mm。

在墙内每隔 400 mm 砌入防腐木砖。在防腐木砖上钉防腐木垫块。一般木踢脚板与地面转角处安装木压条或安装圆角成品木条，其构造做法如图 9.8 所示。

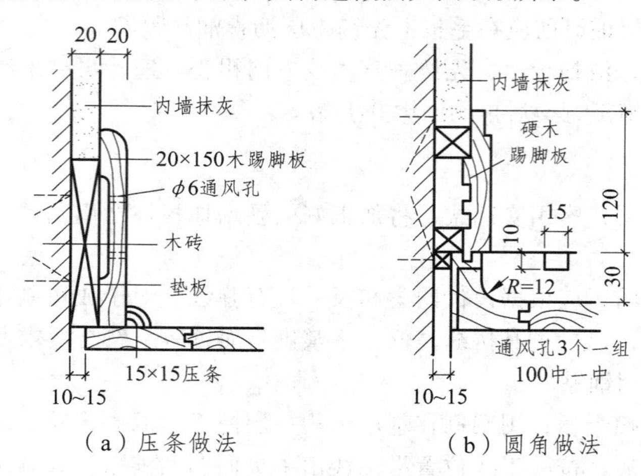

图 9.8　木踢脚板做法示意图

木踢脚板应在木地板刨光后安装，木踢脚板接缝处应做暗榫或斜坡压槎，在 90° 转角处可做成 45°斜角接缝。接缝一定要在防腐木板上。安装时木踢脚板与立墙贴紧，上口要平直，用明钉钉牢在防腐木板上，钉帽要砸扁并冲入板内 2~3 mm。

9.3　饰面板工程

饰面工程是指把块料面层镶贴于墙柱表面以形成装饰层。块料面层的种类可分为饰面砖和饰面板两大类。饰面砖有：釉面瓷砖、外墙面砖、陶瓷锦砖、玻璃锦砖、劈离砖等；饰面板有天然石饰面板（如大理石、花岗石、青石板等）、人造石饰面板（预制水磨石板、预制水刷石板、人造大理石等）、金属饰面板（如不锈钢板、涂层钢板、铝合金饰面板等）、木质饰面板（如胶合板、木条板）、塑料饰面板、玻璃饰面等。

9.3.1　饰面砖粘贴工程

1. 面砖或釉面瓷砖镶贴

面砖或釉面瓷砖镶贴前应经挑选、预排，不同部位的排列方式分别如图 9.9~9.10 所示。使规格、颜色一致，灰缝均匀。基层应扫净，浇水湿润，用 1∶3 水泥砂浆打底，厚 7 ~ 10 mm，找平划毛，打底后养护 1~2 d 方可镶贴。镶贴前应找好规矩，按砖实际尺寸弹出横竖控制线，定出水平标准和皮数。接缝宽度应符合设计要求，一般宽约为 1~1.5 mm。然后用废瓷砖按黏结层厚度用混合砂浆贴灰饼，找出标准，灰饼间距一般为 1.5~1.6 m，阳角处要两面挂直。镶贴时先浇水湿润底层，根据弹线稳好平尺板，作为镶贴第一皮瓷砖的依据。贴时一般从阳角开始，由下往上逐层粘贴，使不成整块的留在阴角。如有水池、镜框者，应以水池、镜框为中心往两面分贴，总之，先贴阳角大面，后贴阴角、凹槽等难度较大的部位。如墙面有突出的管线、灯具、卫生器具支承物，应用整套割吻合，不得用非整砖拼凑镶贴。

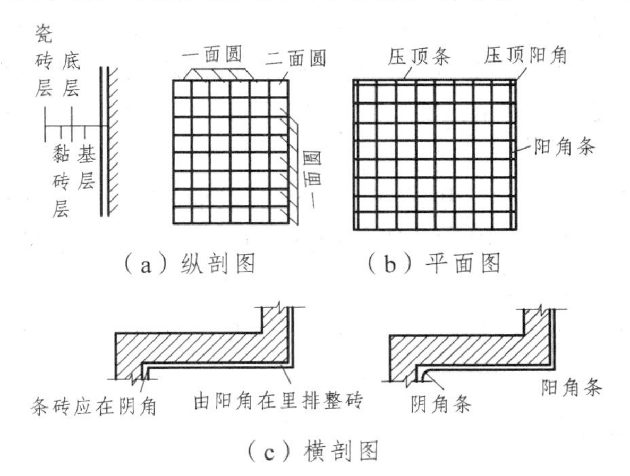

图 9.9 瓷砖墙面排砖示意图

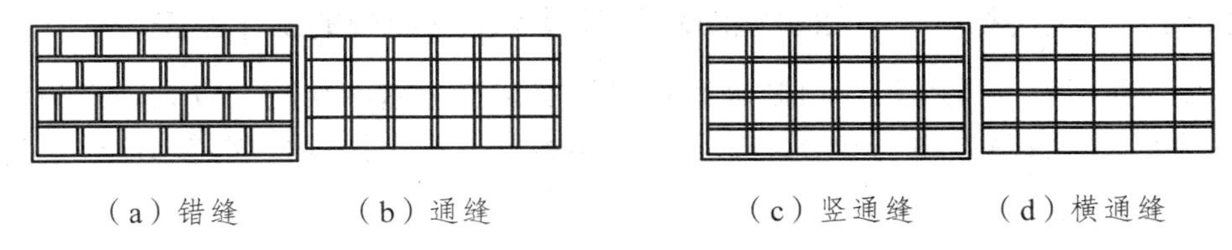

图 9.10 外墙面砖排缝示意图

镶贴后的每块瓷砖，当采用混合砂浆黏结层时，可用小铲把轻轻敲击；当采用环保胶水泥浆黏结层时，可用手轻压，并用橡皮捶轻轻敲击，使其与基层黏结密实牢固，并要用靠尺随时检查平直方正情况，修正缝隙。凡遇缺灰、黏结不密实等情况时，应取下瓷砖重新粘贴，不得在砖口处塞灰，以防止空鼓。

室外接缝应用水泥浆嵌缝；室内接缝，宜用与釉面瓷砖相同颜色的石灰膏（非潮湿房间）或水泥浆嵌缝。待整个墙面与嵌缝材料硬化后用棉丝、砂纸清理或用稀盐酸刷洗，然后用清水冲洗干净。

2. 陶瓷锦砖的镶贴

陶瓷锦砖镶贴前，应按照设计图案要求及图纸尺寸，核实墙面的实际尺寸，根据排砖模数和分格要求，绘制出施工大样图，加工好分格条，并对陶瓷锦砖统一编号，便于镶贴时对号入座，如图 9.11 所示。

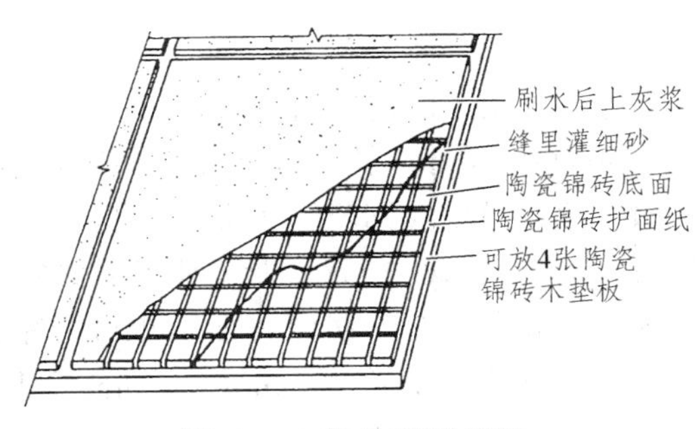

图 9.11 陶瓷锦砖镶贴

基层上用 12~15 mm 厚 1∶3 水泥砂浆打底，找平划毛，洒水养护。镶贴前弹出水平、垂直分格线，找好规矩。然后在湿润的底层上刷素水泥浆一层，再抹一层 2~3 mm 厚 1∶0.3 水泥纸筋灰或 3 mm 厚 1∶1 水泥砂浆（掺 2 %乳胶）黏结层，用靠尺刮平，抹子抹平。同时将锦砖底面朝上铺在木垫板上，缝里撒灌 1∶2 干水泥砂，并用软毛刷子刷净底面浮砂，薄薄涂上一层黏结灰浆。

将陶瓷锦砖按平尺板上口沿线由下往上对齐接缝粘贴于墙上。粘贴时应仔细拍实，使其表面平整，待水泥砂浆初凝后，用软毛刷将护纸刷水润湿，约半小时后揭纸，并检查缝的平直大小，校正拨直。粘贴 48 h 后，除了取出米厘条后留下的大缝用 1∶1 水泥砂浆嵌缝外，其他小缝均用素水泥浆嵌平。待嵌缝材料硬化后，用稀盐酸溶液刷洗，并随即用清水冲洗干净。

9.3.2 饰面板安装工程

1. 大理石（花岗石、青石板、预制水磨石板等）饰面板的湿作业安装

大理石、花岗石、青石板、预制水磨石板等安装工艺基本相同，以大理石为例，其安装工艺流程如下：材料准备与验收→基层处理→板材钻孔→饰面板固定→灌浆→清理→嵌缝→打蜡。

1）材料准备与验收

大理石拆除包装后，应按设计要求挑选规格、品种、颜色一致，无裂纹、无缺边、掉角及局部污染变色的块料，分别堆放。按设计尺寸要求在平地上进行试拼，校正尺寸，使宽度符合要求，缝平直均匀，并调整颜色、花纹，力求色调一致，上下左右纹理通顺，不得有花纹横、竖突变现象。试拼后分部位逐块按安装顺序予以编号，以便安装时对号入座。对轻微破裂的石材，可用环氧树脂胶黏剂黏结；表面有洼坑、麻点或缺棱掉角的石材，可用环氧树脂腻子修补。

2）基层处理

安装前检查基层的实际偏差，墙面还应检查垂直度、平整度情况，偏差较大者应剔凿、修补。对表面光滑的基层进行凿毛处理。然后将基层表面清理干净，并浇水湿润，抹水泥砂浆找平层。找平层干燥后，在基层上分块弹出水平线和垂直线，并在地面上顺墙（柱）弹出大理石外廓尺寸线，在外廓尺寸线上再弹出每块大理石板的就位线，板缝应符合有关规定。

3）饰面板固定方法

（1）绑扎固定灌浆法。首先绑扎用于固定饰面板的钢筋网片。采用 ϕ6 mm 双向钢筋网，依据弹好的控制线与基层的预埋件绑牢或焊牢，钢筋网竖向钢筋间距不大 500 mm，横向钢筋与块材连接孔网的位置一致。第一道横向钢筋绑在第一层板材下口上面约 100 mm 处，以后每道横向钢筋绑在比该层板材上口低 10~20 mm 处。钢筋网必须绑扎牢固，不得有颤动和弯曲现象。预埋铁件在结构施工时埋设，如图 9.12 所示。也可用冲击电钻，在基层上打直径为 ϕ6.5~ϕ8.5 mm、深不小于 60 mm 的孔，将 ϕ6 mm~ϕ8 mm 短钢筋埋入，外露 50 mm 以上，并做弯钩，用绑扎或焊接的方式固定水平钢筋，如图 9.13 所示。

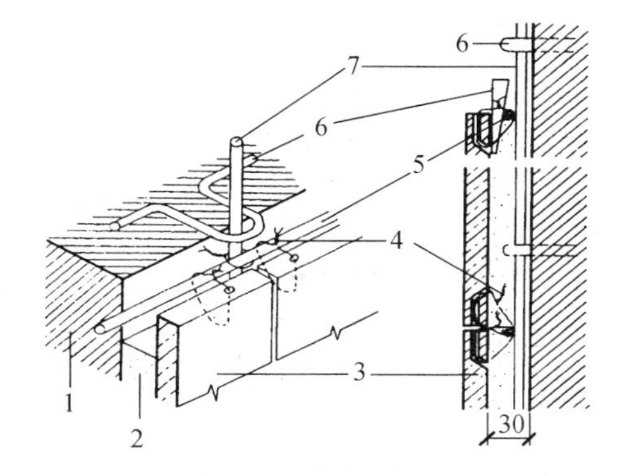

1—墙体；2—水泥砂浆；3—大理石板；4—铜丝或铅丝；5—横筋；6—铁环；7—立筋

图 9.12 饰面板钢筋网片固定

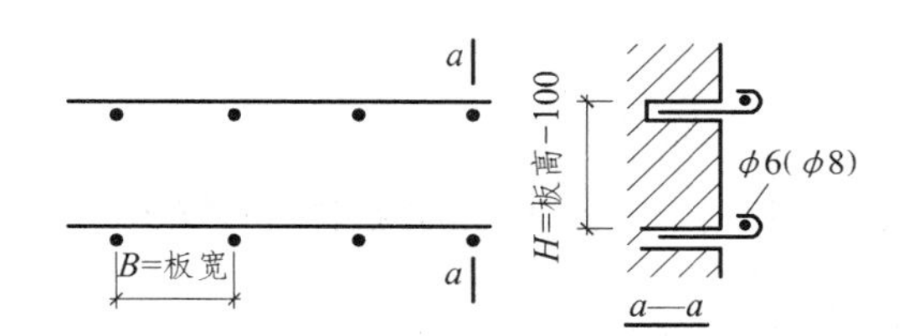

图 9.13 水平钢筋固定

其次要对大理石进行修边、钻孔、剔槽，如图 9.14 所示。以便穿绑铜丝（或铅丝）与墙面钢筋网片绑牢，固定饰面板。每块板的上、下边钻孔数量均不得少于 2 个，如板宽超过 500 mm，应不少于 3 个。打眼的位置应与基层上钢筋网的横向钢筋位置相适应，一般在板材断面上由背面算起 2/3 处，用笔画好钻孔位置，相应的背面也画出钻孔位置，距边沿不小于 30 mm，然后钻孔使竖孔、横孔相连通，孔径为 5 mm，能满足穿线即可。为了使铜丝通过处不占水平缝位置，在石板侧面的孔壁再轻轻剔一道槽，深约 5 mm，以便埋卧铜丝。板材钻孔后，即穿入 20 号铜丝备用。

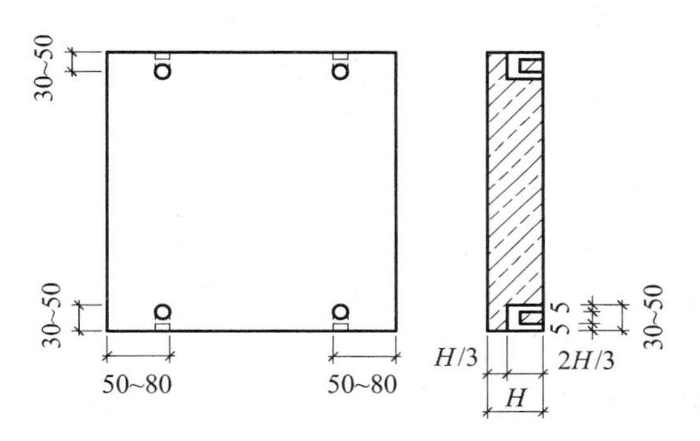

图 9.14 大理石钻孔与凿沟

饰面板安装前，先将饰面板背面，侧面清洗干净并阴干。从最下一层开始，两端用块材找平找直，拉上横线，再从中间或一端开始安装。安装时，按部位编号取大理石板就位，先将下口铜丝绑在横筋上，再绑上口铜丝，用托线板靠直靠平，并用木楔垫稳，再将铜丝系紧，保证板与板交接处四角平整。安装完一层后，再用托线板找垂直，水平尺找平整、方尺找明阳角。石板找好垂直、平整、方正后，在石板表面横竖接缝处每隔 100~150 mm 用调成糊状的石膏浆予以粘贴，临时固定石板，使该层石板成一整体，以防止发生移位。余下的石板间缝隙，应用纸或石膏灰封严。待石膏凝结、硬化后进行灌浆。

（2）钉固定灌浆法。首先进行石板钻孔。将大理石饰面板直立固定于木架上，用手电钻在距板两端 1/4 处居板厚中心钻孔，孔径 6 mm，深 35~40 mm。板宽 < 500 mm 的打直孔 2 个；板宽 > 500 mm 打直孔 3 个；> 800 mm 的打直孔 4 个。将板旋转 90°固定于木架上，在板两侧分别各打直孔一个，孔位距下端 100 mm 处，孔径 6 mm，孔深 35~40 mm，上下直孔都用合金錾子在板侧面方向剔槽，槽深 7 mm，以便安卧 U 形钉，如图 9.15 所示。然后对基体钻孔，按基体放线分块位置临时就位板材，对应于板材上下直孔的基体位置上，用冲击电钻钻成与板材孔数相等的斜孔，斜孔成 45°角度，孔径 6 mm，孔深 40~50 mm，如图 9.16 所示。

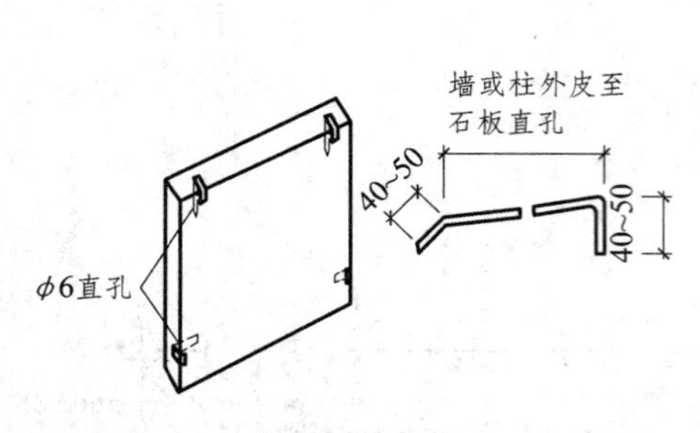

图 9.15 大理石钻直孔和 U 形钉

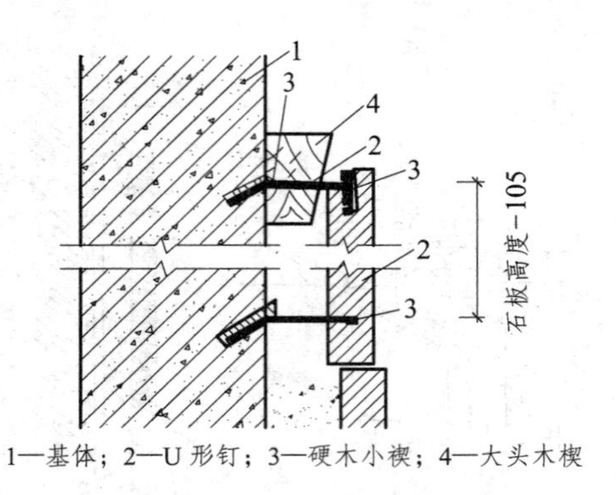

1—基体；2—U 形钉；3—硬木小楔；4—大头木楔

图 9.16 石板就位、固定示意图

基体钻孔后，将大理石板安放就位，根据板材与基体相距的孔距，用钳子现制直径 5 mm 的不锈钢 U 形钉，一端勾进大理石板直孔内，随即用硬木小楔楔紧；另一端勾进基体斜孔内，拉小线或用靠尺板和水平尺，校正板的上下口及板面的垂直度和平整度，并检查与相邻板材接合是否严密，随后将基体斜孔内不锈钢 U 形钉楔紧。接着用大头木楔紧固于板材与基体之间，以紧固 U 形钉。大理石饰面板位置校正准确、临时固定后，即可分层灌浆。

4）灌浆

灌浆工作每安装好一层饰面板，即应进行。可用 1：1.5~2.5 水泥砂浆（稠度一般为 80~120 mm）分层灌入石板内侧缝隙中，每层灌注高度为 150~200 mm，并不得超过石板高度的 1/3。灌注后应插捣密实，待下层砂浆初凝后，才能灌注上层砂浆。最后一层砂浆应只灌至石板上口水平接缝以下 50~100 mm 处，所留余量作为安装上层石板时灌浆的结合层。最后一层砂浆初凝后，可清理擦净石板上口余浆，砂浆终凝后，可将上口木楔轻轻移动抽出，打掉上口有碍安装上层石板的石膏，然后按同样方法依次逐层安装上层石板。

5）嵌缝

全部石板安装完毕，灌注砂浆达到设计强度标准值的 50%后，即可清除所有石膏和余浆痕迹，用抹布擦洗干净，并用与石板相同颜色的水泥浆填抹接缝，边抹边擦干净，保证缝隙密实，颜色一致。

室外安装光面和镜面的饰面板的接缝，可在水平缝中垫硬塑料板条，垫塑料板条时，应将压出部分保留，待砂浆硬化后，将塑料条剔出，用水泥细砂浆勾缝。

全部工程完工后：表面应清洗干净，晾干后，再进行打蜡擦亮。

除上述安装工艺外，对花岗石薄板、厚度为 10~12 mm 的镜面大理石。人造饰面板以及小规格的饰面板，也可采用胶黏剂或水泥浆粘贴。

2. 饰面板钢针式干挂法

钢针式干挂工艺是利用高强螺栓和耐腐蚀、强度高的柔性连接件将薄型石材饰面挂在建筑物结构的外表面，石材与结构表面之间留出 40~50 mm 的空腔，此工艺多用于 30 m 以下的钢筋混凝土结构，不适宜用于砖墙或加气混凝土墙。由于连接件具有三维空间的可调性，增强了石材安装的灵活性，易于使饰面平整，如图 9.17 所示。这种工艺安装板材后不需要灌浆。饰面板安装过程中，对异形尺寸板材可用切割机切割。

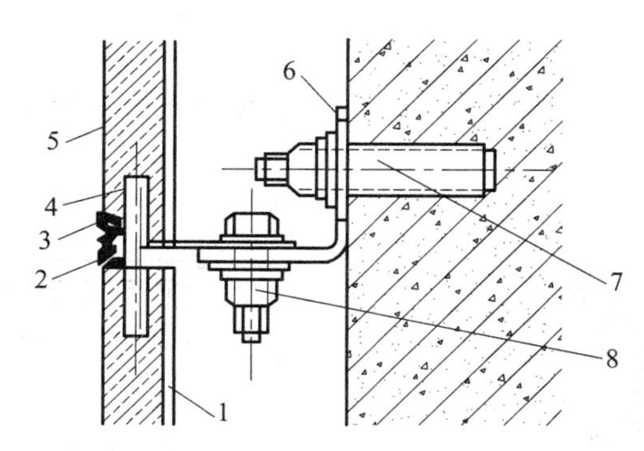

1—玻纤布增强层；2—嵌缝；3—钢针；4—长孔（充填环氧树脂胶黏剂）；
5—石衬薄板；6—L型不锈钢固定件；7—膨胀螺栓；8—紧固螺栓

图 9.17 平挂安装所意图

干挂法工艺流程为：

（1）根据设计尺寸，进行石材钻孔，孔径 4 mm，孔深 20 mm；

（2）石材背面刷胶黏剂，贴玻璃纤维网格布；

（3）墙面上挂水平、竖直位置线，以控制石材的垂直、平整；

（4）支底层石材托架，放置底层石板，调节并暂时固定；

（5）用冲击电钻在结构上钻孔，插入膨胀螺栓，镶 L 型不锈钢固定件；

（6）用胶黏剂灌入下层板材上部孔眼，插入连接钢针（ϕ4 mm 不锈钢，长 8 mm），将胶黏剂灌入上层板材下孔内，再把上层板材对准钢针插入；

（7）校正并临时固定板材；

（8）重复⑤~⑦工序，直至完成全部板材安装，最后镶顶层板材；

（9）清理板材饰面，贴防污胶条，嵌缝，刷罩面涂料。

9.4 幕墙工程

建筑幕墙工程是由金属构件与各种板材组成的悬挂在主体结构上；不承担主体结构荷载与作用的建筑物外围护结构。按建筑幕墙的面板可将其分为玻璃幕墙、金属幕墙、石材幕墙、混凝土幕墙及组合幕墙等。按建筑幕墙的安装形式又可将其分为散装建筑幕墙、半单元建筑幕墙、单元建筑幕墙、小单元建筑幕墙。

9.4.1 玻璃幕墙施工

1. 玻璃幕墙分类与构造

玻璃幕墙主要由固定玻璃的支撑体系、连接件、嵌缝密封材料、填衬材料和幕墙玻璃等组成。玻璃幕墙支撑体系所采用的材料主要为槽钢、角钢和经过特殊挤压成型的锅合金型材，其规格尺寸根据幕墙骨架受力和设计要求确定。目前采用的幕墙玻璃主要有安全玻璃（包括刚化和夹层玻璃）、中空玻璃、热反射镀膜玻璃、吸热玻璃、浮法玻璃、夹丝玻璃和防火玻璃等。

1）框支撑玻璃幕墙

（1）明框玻璃幕墙。其玻璃镶嵌在框内，金属框架构件显露在玻璃外表面的有框玻璃幕墙，其节点如图 9.18 所示。

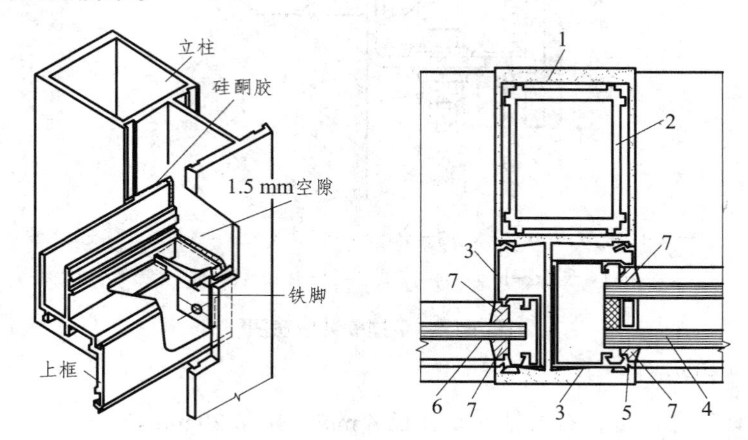

1—立柱；2—塞件；3—构件；4—双层玻璃；5—丙烯酸胶；6—玻璃；7—硅酮耐候胶

图 9.18　明框玻璃幕墙节点构造

（2）半隐框玻璃幕墙。

金属框架竖向或横向构件显露在玻璃外表面的有框玻璃幕墙，即将玻璃两对边嵌在框内，另两对边用结构胶粘在框上，形成半隐框玻璃幕墙。立柱外露，横梁隐蔽的称竖框横隐幕墙；横梁外露，立柱隐蔽的称竖隐横框幕墙。

（3）隐框玻璃幕墙。

金属框架构件全部隐蔽在玻璃后面的有框玻璃幕墙，即将玻璃用结构胶粘结在框上，大多数情况下不再加金属连接件，形成大面积全玻璃镜面，节点构造如图 9.19 所示。

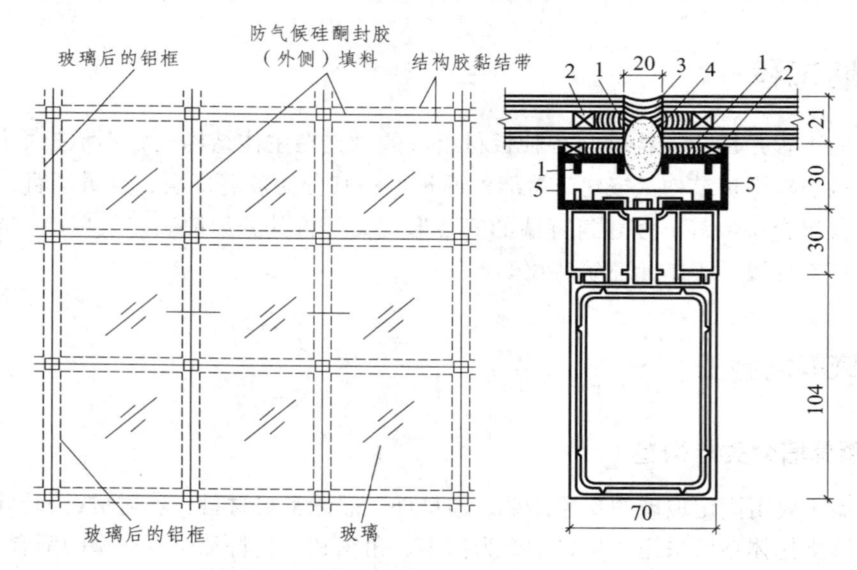

1—结构胶；2—垫块；3—耐候胶；4—泡沫棒；5—幕墙铝框

图 9.19　隐框玻璃幕墙的立面和节点构造

2）全玻璃幕墙

又称为无金属骨架玻璃幕墙，是由玻璃板和玻璃肋构成的玻璃幕墙。为便于观光，在建筑物底层、顶层及旋转餐厅的外墙，使用玻璃板幕墙，其支承结构采用玻璃肋，称之为全玻幕墙。高度不超过 4 m 的全玻幕墙，可以用下部直接支承的方式进行安装，超过 4 m 的宜用上部悬挂方式安装，如图 9.20 所示。

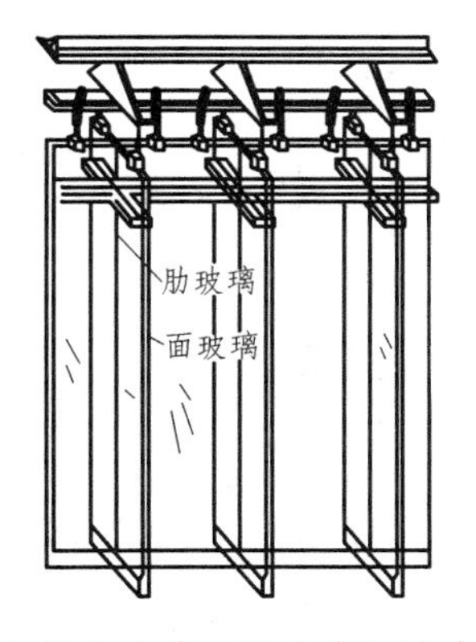

（a）肋为玻璃，面玻璃和肋玻璃都由上部结构悬挂

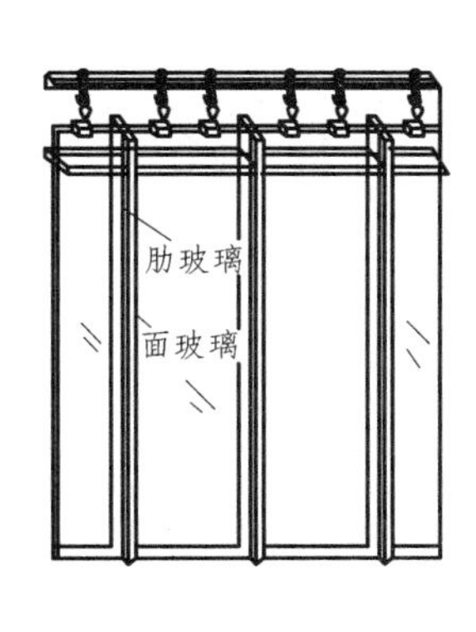

（b）金属立柱，面玻璃由上部结构悬挂

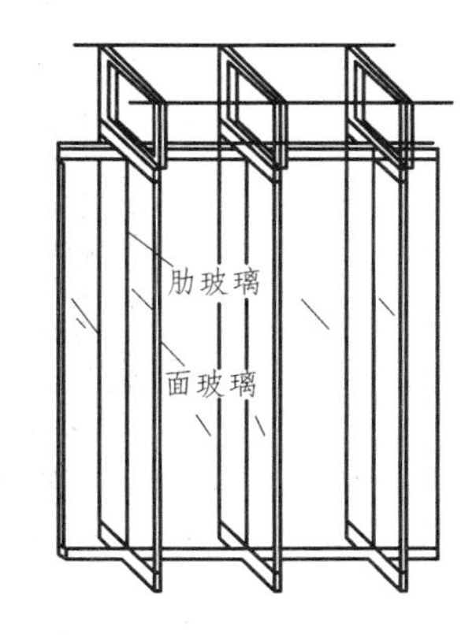

（c）肋为玻璃，不采用悬挂设备，肋玻璃和面玻璃均为底部支承

图 9.20　全玻璃幕墙的支撑系统

3）点支撑式玻璃幕墙

这种幕墙靠结构胶密封，由专门的钢骨架撑起不锈钢支点，再由支点把玻璃撑起来，即为竖起来的四点支撑的玻璃板。点支式幕墙在我国正处于蓬勃的发展阶段，从传统的玻璃肋点支式玻璃幕墙(图 9.21)、单梁点支式玻璃幕墙(图 9.22)、桁架点支式玻璃幕墙(图 9.23)，到张拉索杆结构点支式玻璃幕墙（图 9.24）和张拉自平衡索杆点支式玻璃幕墙。

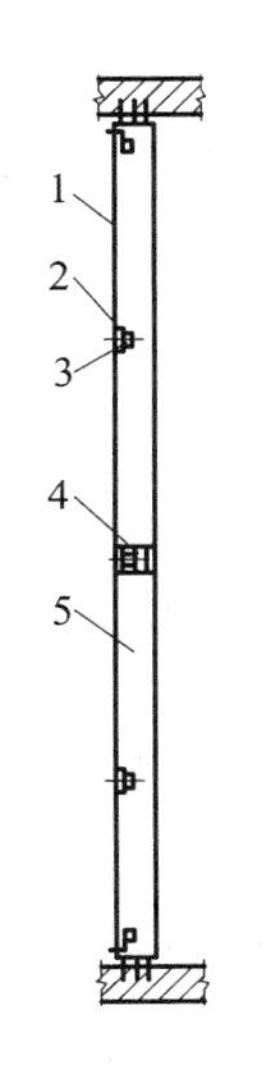

1—钢化玻璃；2—连接件；3—钢爪；4—不锈钢夹板；5—玻璃肋

图 9.21　玻璃肋点

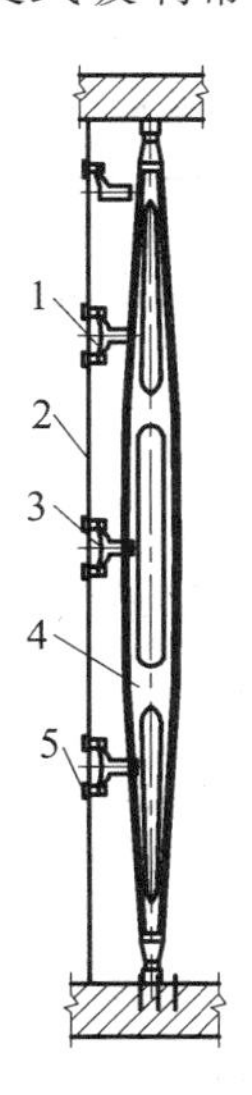

1—连接件；2—钢桁架；3—钢爪；4—转接件；5—钢化玻璃

图 9.22　单梁点

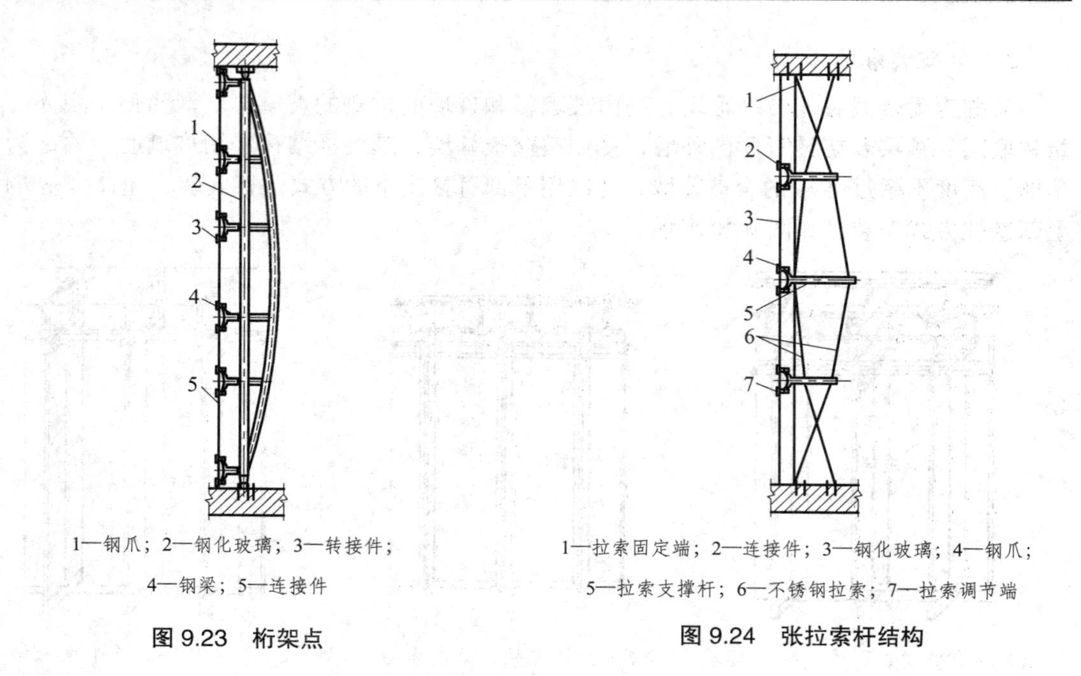

1—钢爪；2—钢化玻璃；3—转接件；
4—钢梁；5—连接件

图 9.23　桁架点

1—拉索固定端；2—连接件；3—钢化玻璃；4—钢爪；
5—拉索支撑杆；6—不锈钢拉索；7—拉索调节端

图 9.24　张拉索杆结构

2. 玻璃幕墙安装工艺

1）工艺流程

以有框幕墙为例，图 9.25 是整个幕墙安装的工艺流程图。

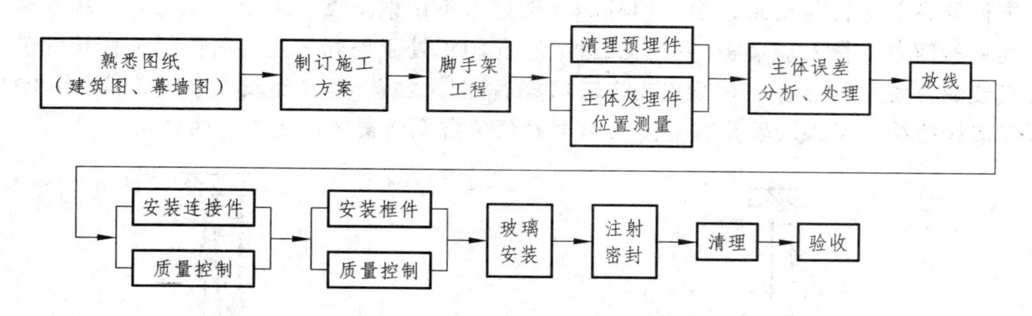

图 9.25　幕墙安装的工艺流程图

2）定位放线

玻璃幕墙的测量放线应与主体结构测量放线相配合，其中心线和标高点由主体结构施工单位提供并校核准确。放线应沿楼板外沿弹出墨线定出幕墙平面基准线，从基准线测出一定距离为幕墙平面，以此线为基准弹出立柱的位置线，再确定立柱的锚固点位置。

3）骨架安装

骨架的固定是通过连接件将骨架与主体结构相连接的。常用的固定方法有两种：一种是将型钢连接件与主体结构上的预埋铁件按弹线位置焊接牢固；另一种则是将型钢连接件与主体结构上的预埋膨胀螺栓锚固。

预埋件应在主体结构施工时按设计要求埋设，并将锚固钢筋与主体构件主钢筋绑扎牢固或点焊固定，以防预埋件在浇筑混凝土时位置变动。膨胀螺栓的准确位置可通过放线加以保证，其埋深应符合设计要求。

（1）安装连接件。检查预埋件安装合格后，将连接件通过焊接或螺栓连接到预埋件上。

（2）立柱的安装。将立柱从上至下（也可从下至上）安装就位。安装时将已加工、钻孔后的立柱嵌入连接件角钢内，用不锈钢螺栓初步固定，根据控制通线对立柱进行复核，调整立柱的垂直度、平整度，检查是否符合设计分格尺寸及进出位置，如有偏差应及时调整，经检查合格后，将螺栓最终拧紧固定。

（3）横杆的安装。待立柱通长布置完毕后，将横杆的位置线弹到立柱上。横杆一般是分段在立柱上嵌入安装，如果骨架为型钢，可以采用焊接或螺栓连接；如果是铝合金型材骨架，其横杆与立柱的连接，一般是通过铝拉铆钉与连接件进行固定。骨架横杆两端与立柱连接处设有弹性橡胶垫，橡胶垫应有 20%~30%的压缩性，以适应横向温度变形的需要。安装时应将横杆两端的连接件及橡胶垫安装在立柱预定位置，并保证安装牢固、接缝严密。当安装完一层时，应进行检查、调整、校正后再固定。支点式（挂架式）幕墙只需立柱而无横杆，所有玻璃均靠挂件驳接爪挂于立柱上。

4）玻璃安装

构件式玻璃安装前应将表面尘土和污物擦拭干净，四边的铝框也要清除污物，以保证嵌缝耐候胶可靠黏结。热反射玻璃安装应将镀膜面朝向室内。元件式幕墙框料宜由上往下进行安装，单元式幕墙安装宜由下往上进行。

玻璃安装一般可采用人工在吊篮中进行，也可室内外搭设脚手架，用手动或电动吸盘器配合安装。玻璃装入镶嵌槽，要保证玻璃与槽壁有一定的嵌入量。

5）嵌缝

玻璃安装就位后，在玻璃与槽壁间留有的空腔中嵌入橡胶条或注入耐候胶固定玻璃。注胶后，应将胶缝用小铲沿注胶方向用力施压，将多余的胶刮掉，并将胶缝刮成设计形状，使胶缝光滑、流畅。隐框、半隐框幕墙所采用的结构黏结材料必须是中性硅酮结构密封胶，其性能必须符合《建筑用硅酮结构密封胶》GB 16776 的规定，硅酮结构密封胶必须在有效期内使用。

玻璃幕墙四周与主体之间的间隙，应采用防火的保温材料填塞，内外表面应采用密封胶连续封闭，接缝应严密不漏水。

9.4.2 金属幕墙

面板材料为金属板的建筑幕墙称为金属幕墙。金属幕墙主要由金属饰面板、同定支座、骨架结构、各种连接件及同定件、密封材料等构成，金属饰面板悬挂或固定在承重骨架或墙面上，如图 9.26 所示。与玻璃幕墙和石材幕墙相比，金属幕墙的强度高、重量轻、防火性能好、施工周期短，可应用于各类建筑物。

1. 金属幕墙的构成

（1）骨架材料。金属幕墙通常采用型钢骨架或铝合金骨架。型钢骨架结构强度高、造价低、锚固间距大，一般用于低层建筑或对安装精度要求不高的金属幕墙结构中。由于型钢骨架易生锈，在施工前必须进行相应的防腐处理，而且型钢骨架对使用维护的要求较高，所以金属幕墙的骨架多采用铝型材骨架。

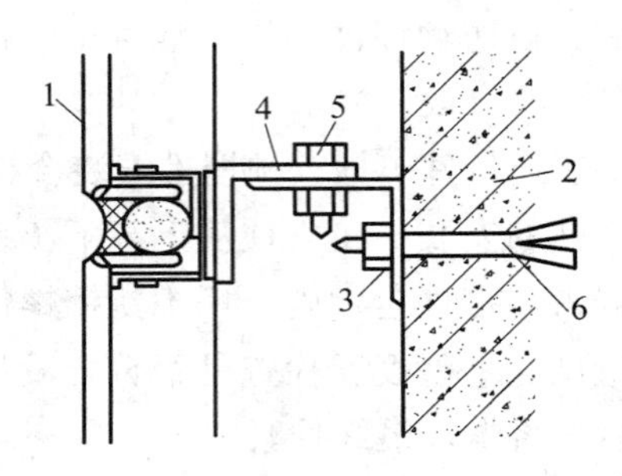

1—铝合金板或塑铝板；2—建筑结构；3—角钢连接件；4—直角形铝型材横梁；5—调节螺栓；6—锚固膨胀螺栓

图 9.26　铝合金板或塑铝板幕墙构造示意

（2）饰面材料。金属幕墙饰面板的常用材料有彩色涂层复合钢板、铝合金板、蜂窝铝合金复合板和塑铝板等。彩色涂层复合钢板是以彩色涂层钢板为面层，以轻质保温材料为芯板，经过复合后而形成的一种板材。金属幕墙采用的铝合金板一般是 LF21 铝合金板，其厚度为 2.5 mm。为了提高较大规格的铝合金板的板面刚度，通常在铝合金板的背面用与板面相同质地的铝合金带或角铝进行加强。铝合金板的表面则采用粉末喷涂或氟碳喷涂工艺进行处理，协调铝合金板面色调的同时也可提高板材的使用寿命。蜂窝铝合金复合板是在两块铝板中间加上用各种材料制成的蜂窝状夹层，蜂窝铝合金板的夹层材料以铝箔为主。塑铝板是以铝合金板为面层材料，聚乙烯或聚氯乙烯等热塑性塑料为芯板材料，经复合而成的装饰板。

（3）连接件。金属幕墙的骨架结构需通过连接件与建筑的主体结构相连。连接件需进行防锈、防腐处理。

（4）辅助材料。辅助材料主要指填充材料、保温隔热材料、防火防潮材料、密封材料和黏结材料等。填充材料主要是聚乙烯发泡材料。保温隔热材料主要用岩棉、矿棉及玻璃棉等。密封材料及黏结材料有中性的耐候硅酮胶、双面胶及结构胶。密封胶的性能应满足设计要求，且宜采用中性耐候硅酮胶，不得将过期的密封胶用于幕墙工程中。双面胶在选用时应考虑到金属幕墙所承受的风荷载的大小。当风荷载大于 1.8 kN/m^{2}时，则选用中等硬度的聚氨基乙酯低发泡间隔双面胶带；当风荷载小于或等于 1.8 kN/m^{2}时，宜选用聚乙烯低发泡间隔双面胶带。结构胶采用中性胶，并不得使用过期的结构胶，结构胶的性能应满足国家规范的有关规定。

2. 金属幕墙的安装

金属幕墙在施工前应按照施工图纸，对照现场尺寸的实际情况进行详细的核查。发现有图纸与施工现场情况不相符合时，应会同有关人员进行现场会审。

金属幕墙的施工流程如下：

安装预埋件→测量放样→骨架的安装→保温隔热和防火材料的安装→防雷处理→饰面板的安装→节点的处理→清理。

（1）安装预埋件。金属幕墙的预埋件主要是指与建筑结构相连接的预埋钢板和幕墙骨架的固定支座等。预埋铁件用厚钢板制成，其表面应做防腐防锈处理。预埋铁件在结构混凝土浇筑前进行，也可用高强膨胀螺栓直接将其固定在已施工完成的建筑结构上。预埋铁件的表面沿垂直方向的斜误差较大时，应采用厚度适中的钢板垫平后焊牢，严禁用钢筋头等不规则金属件进行垫焊或搭接焊。预埋铁件固定后，再用高强螺栓或焊接的方法将幕墙支座固定在预埋铁件上，固定支座可用不锈钢板或经过镀锌处理过的角钢制成。

（2）测量放样。将预埋件和建筑物轴线的位置复测后，再将竖向骨架和横向骨架的位置定出，并用经纬仪定出幕墙的转角位置。测量时应控制好测量误差，测量时的风力不超过 4 级。放样后应及时校核相关尺寸，确保幕墙的垂直度和立柱位置的正确性。

（3）骨架的安装。骨架在安装前应检查铝合金骨架的规格尺寸、连接件加工处理的情况等是否符合图纸和规范的要求。将经过热浸镀锌处理过的连接角钢焊接在预埋铁件上，焊接时应采用对称焊接，以防止产生焊接变形。预埋铁件上的连接铁件焊接后，需对焊缝进行防锈处理。用不锈钢螺栓将立柱固定在连接角钢上，在立柱与连接铁件的接触处固定厚度为 1 mm 左右的橡胶绝缘片，以防不同的金属之间产生电化学腐蚀。立柱的尺寸经过校准后拧紧螺栓，再用 L 形铝角件固定。

（4）幕墙的防火、隔热和防雷处理。在金属幕墙与楼板结构之间的缝隙处，用厚不小于 1.5 mm 经过防腐处理的耐热钢板和岩棉或矿棉进行防火密封处理，形成防火隔离带，隔离带中间不得有空隙。幕墙有保温隔热要求时，在铝合金骨架的空当内用阻燃型聚苯乙烯泡沫板等材料进行填充，泡沫板的尺寸可根据现场尺寸裁切。将泡沫板固定在铝合金框架内，再用彩色涂层钢板或不锈钢板等材料进行封闭。金属幕墙的饰面板如果用铝合金蜂窝板时，由于蜂窝板本身具有较好的保温隔热性能，则在板的背面可以不做上述的保温隔热处理。幕墙的防雷体系应与建筑结构的防雷体系有可靠的连接，以确保整片幕墙框架具有连续而有效的导电性，保证防雷系统的接地装置安全可靠。防雷系统与供电系统不得共享接地装置。

（5）饰面板的安装。饰面板在安装时应做好保护工作，避免板面被硬物撞击或划伤。按照幕墙上饰面板的分格布置要求，将饰面板固定在铝合金骨架上，固定时应注意分格缝的水平度和垂直度应满足有关要求。饰面板固定后，在板的接缝内安装泡沫棒。板的接缝四周须用胶纸粘贴保护，以防密封胶污染板面。注胶的宽度与深度的比一般为 2∶1。密封胶固化后再将保护胶纸撕去。

（6）节点的处理。金属幕墙的节点主要是指幕墙的转角处、不同材料的交接处、女儿墙的压顶、墙面边缘的收口、墙面下端部位和幕墙的变形缝等部位。这类节点的处理，既要满足建筑结构的功能要求，又要与建筑装饰相协调，起到烘托饰面美观的作用。在铝合金板墙中，一般采用特制的铝合金成型板进行构造处理。幕墙的变形缝处用异形金属板和氯丁橡胶带进行处理。

（7）清理。清理工作主要是指对幕墙板面的清洗。有保护胶纸的板面应将保护胶纸及时撕去，撕胶纸时应按从上至下的方向进行。板面清洗时所用的清洗剂应是中性清洗剂，不得用碱性或酸性清洗剂，以免板面被污损。

9.4.3 石材幕墙

面板材料为石板材的建筑幕墙称为石材幕墙。它利用金属挂件将石板材钩挂在钢骨架或结构上。石材幕墙主要由石材面板、固定支座、骨架结构、各种连接件及固定件、密封材料等组成。石材幕墙不仅能够承受自重荷载、风荷载、地震荷载和温度应力的作用，还应满足保温隔热、防火、防水和隔声等方面的要求，因此石材幕墙应进行承载力和刚度方面的计算。

1. 石材幕墙的主要材料

由于花岗岩的强度高、耐久性好，因而一般用花岗岩作为石材幕墙的面板材料。为保证板材的安全性，防止板材与连接件处产生裂缝，板材的厚度一般在 30 mm 以上。花岗岩板材的色泽应基本一致，板体上不应有影响安全要求的明显缝隙，毛面板的正反面和镜面板的背面应刷涂透明隔离剂，以防雨水的侵蚀作用，板材的规格公差不能超过规定的范围。石材的吸水率应小于 0.8 %，弯曲强度不应小于 8.0 MPa。石材的放射性应符合 JC 518—1993《天然石材产品放射性防护分类控制标准》的规定。

骨架结构材料有铝合金型材和碳素钢型材。铝合金型材的质量应符合石材幕墙规范的规定，碳素钢型材的质量应满足 GB50017—2003《钢结构设计规范》的要求。碳素钢构件应采用热镀锌防腐处理，焊接部位处必须刷富锌防锈漆。

石材幕墙的连接件和固定件有挂件和螺栓。挂件一般用不锈钢和铝合金。不锈钢挂件用于无骨架体系和钢骨架体系，铝合金挂件与铝合金骨架配套使用。螺栓有热镀锌、钢螺栓或不锈钢螺栓。固定支座用螺栓固定时须做现场拉拔实验，以确定螺栓的承载力。

2. 石材幕墙的构造

石材幕墙的构造有黏结式、直接式、骨架式、背栓式、和组合式等。黏结式是在板材背面的某些位置上用干挂石材胶，将石材直接粘贴在主体结构上的一种施工工艺；直接式石材幕墙就是用挂件将石材直接固定在主体结构上的一种构造形式（图 9.27）；骨架式是在主体结构上安装相应的骨架体系，在骨架上安装金属挂件，通过金属挂件将石材固定在骨架上（图 9.28）；背栓式是在石材的背面用柱锥式钻头钻出专用孔，将专用铺栓固定在孔洞内，通过锚栓和金属挂件将板材固定在骨架上；组合式则是将石材、保温材料等在工厂内加工后形成组合框架，再将组合框架固定在钢骨架上。

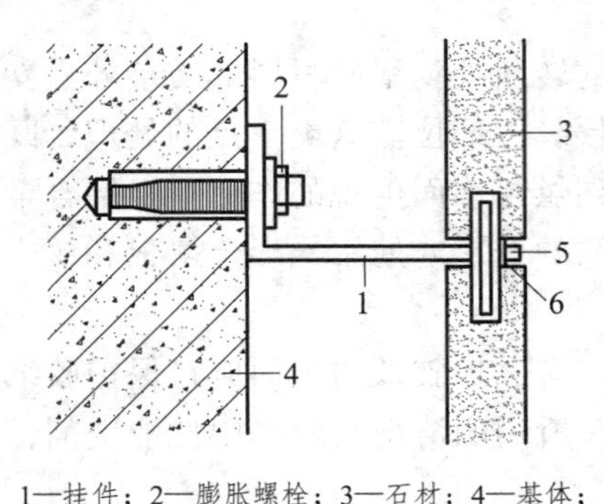

1—挂件；2—膨胀螺栓；3—石材；4—基体；
5—耐候胶；6—泡沫襻

图 9.27 直接式石材幕墙构造示意图

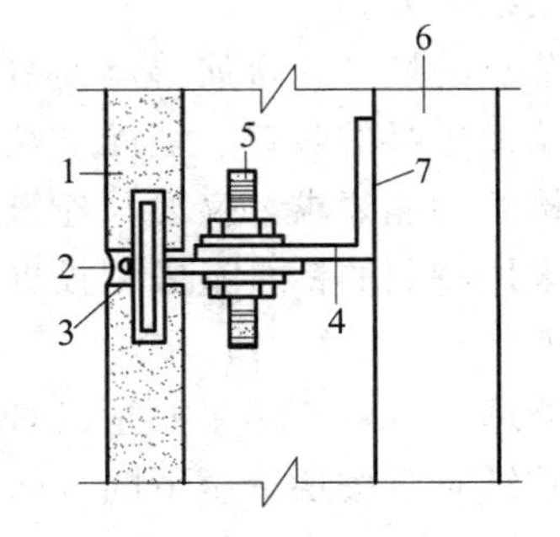

1—石核；2—耐候胶；3—泡沫棒；4—挂件；
5—螺栓；6—骨架；7—焊缝

图 9.28 骨架式石材幕墙构造示意图

3. 石材幕墙的施工工艺

安装预埋件—测量放样—安装骨架—石材面板的安装—接缝处理—清洗扫尾。

9.5 吊顶、轻质隔墙与门窗工程

9.5.1 吊顶工程

悬吊式顶棚是现代室内装饰的重要组成部分，它直接影响整个建筑空间的装饰风格与效果，同时还具有保温、隔热、隔声、照明、通风、防火等作用。悬吊式顶棚主要由吊筋（吊杆、吊头等）、龙骨（格栅）和饰面板三部分组成。

1. 吊筋

对于现浇钢筋混凝土楼板，一般在混凝土中预埋ϕ6 mm 钢筋（吊环）或 8 号镀锌铁丝作为吊筋，也可以采用金属膨胀螺丝、射钉固定钢筋（钢丝、镀锌铁丝）作为吊筋，如图 9.29 所示。

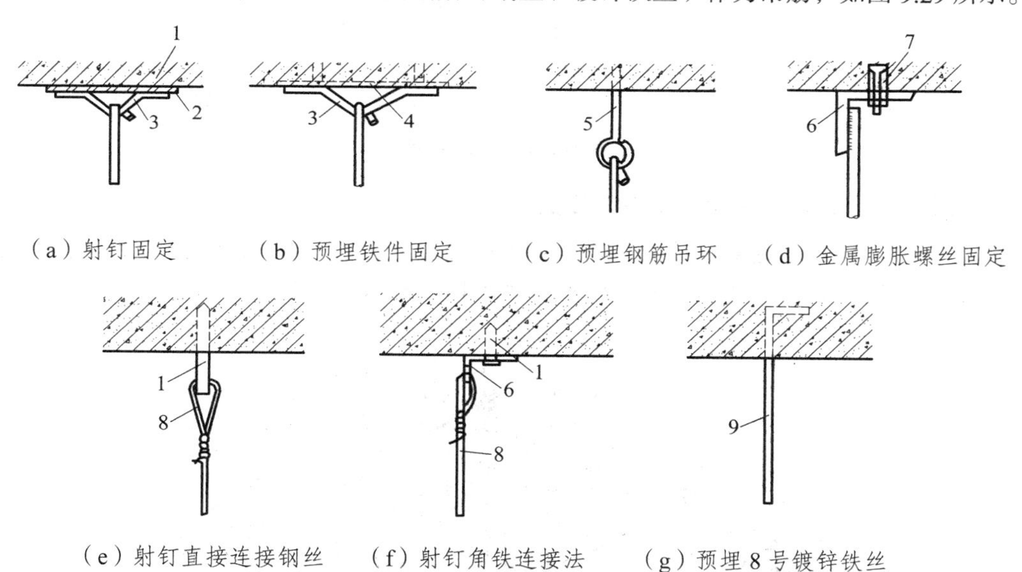

1—射钉；2—焊板；3—ϕ10 mm 钢筋吊环；4—预埋钢板；5—ϕ6 mm 钢筋；6—角钢；7—金属膨胀螺丝；8—铝合金丝（8 号、12 号、14 号）；9—8 号镀锌铁丝

图 9.29 吊筋固定法

2. 龙骨安装

悬吊式顶棚龙骨有木质龙骨、轻钢龙骨和铝合金龙骨。

1）木龙骨构造与安装

木质龙骨由大龙骨、小龙骨、横撑龙骨和吊木等组成，如图 9.30 所示。大龙骨用 60 mm×80 mm 方木，沿房间短向布置。用事先预埋的钢筋圆钩穿上 8 号镀锌铁丝将龙骨拧紧；或用ϕ6 mm 或ϕ8 mm 螺栓与预埋钢筋焊牢，穿透大龙骨上紧螺母。大龙骨间距以 1 m 为宜。吊顶的起拱一般为房间短向的 1/200。小龙骨安装时，按照墙上弹的水平控制线，先钉四周的小龙骨，然后按设计要求分档划线钉小龙骨。最后钉横撑龙骨。小龙骨、横撑龙骨一般用 40 mm×60 mm 或 50 mm×50 mm 方木，底面相平，间距与罩面板相对应，安装前须有一面刨平。大龙骨、小龙骨联接处的小吊木要逐根错开，不要钉在同一侧，小龙骨接头也要错开，接头处钉左右双面木夹板。

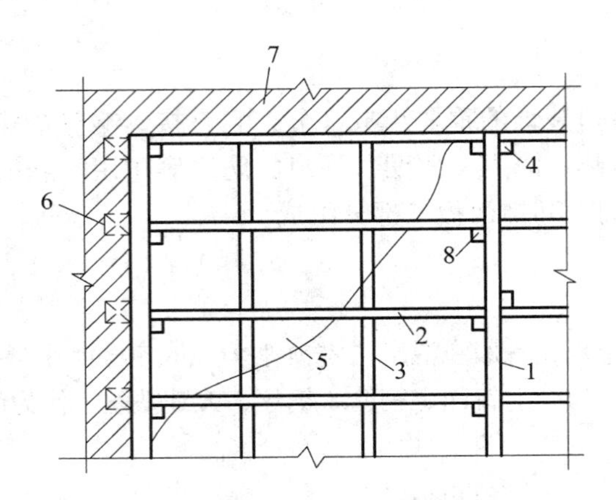

1—大龙骨；2—小龙骨；3—横撑龙骨；4—吊筋；5—罩面板；6—木砖；7—砖墙；8—吊木

图 9.30　木龙骨吊顶

2）轻钢龙骨和铝合金龙骨构造与安装

轻钢龙骨和铝合金龙骨构造：其断面形状有 U 型、T 型等数种，每根龙骨长 2~3 m，在现场用连接件拼装，接头应相应错开。U 型龙骨吊顶安装示意图如图 9.31 所示。

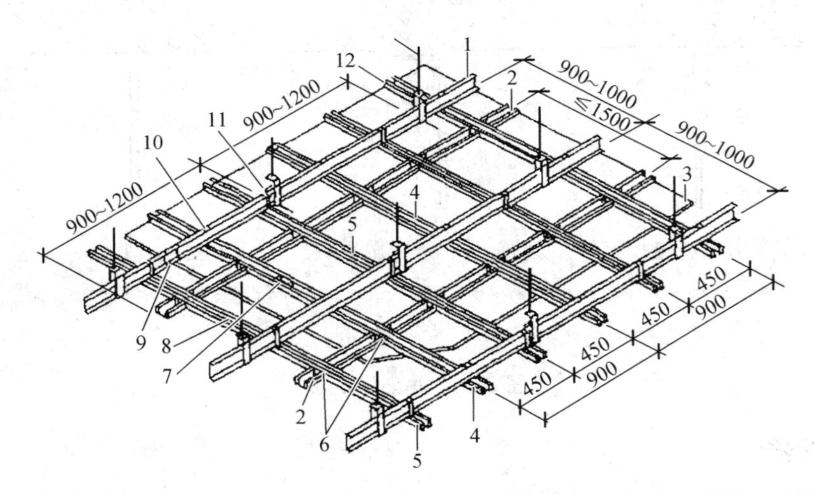

1—BD 大龙骨；2—UZ 横撑龙骨；3—吊顶板；4—UZ 龙骨；5—UX 龙骨；6—UZ3 支托连接；7—UZ2 连接件；
8—UX2 连接件；9—BD2 连接件；10—UZ1 吊挂；11—UX1 吊挂；12—BD1 吊件；13—吊杆 ϕ 8 ~10 mm

图 9.31　U 型龙骨吊顶示意图

轻钢龙骨和铝合金龙骨安装过程：

（1）弹线：根据楼层标高水平线，用尺竖向量至顶棚设计标高，沿墙四周弹出顶棚标高水平线（水平允许偏差±5 mm），并沿顶棚高水平线在墙上划好龙骨分档位置线。

（2）安装大龙骨吊杆：按在墙上弹出的标高线和龙骨位置线，找出吊点中心，将吊杆焊接固定在预埋件上。未设预埋件时，可按吊点中心用射钉固定吊杆或铁丝。计算好吊杆的长度，确定吊杆下端的标高。与吊挂件连接的一端套丝长度应留有余地，并配好螺母。

（3）大龙骨安装：将组装好吊挂件的大龙骨，按分档线位置使吊挂件穿入相应的吊杆螺栓上，拧紧螺母。然后，相接大龙骨，装连接件，并以房间为单元，拉线调整标高和平直。中间起拱高度应不小于房间短向跨度的1/200。龙骨切割采用小型无齿锯，靠四周墙边的龙骨用射钉钉固在墙上，射钉间距为1 m。

（4）小龙骨安装：按已弹好的小龙骨分档线，卡放小龙骨吊挂件，然后按设计规定的小龙骨间距，将小龙骨通过吊挂件垂直吊挂在大龙骨上；吊挂件U型腿用钳子卧入大龙骨内。小龙骨的间距应按饰面板的密缝 或离缝要求进行不同的安装。小龙骨中距应计算准确并应通过翻样确定。

（5）横撑龙骨安装：横撑龙骨应用小龙骨截取。安装时，将截取的小龙骨的端头插入支托，扣在小龙骨上，并用钳子将挂搭弯入小龙骨内。组装好后的小龙骨和横撑龙骨底面要求平齐。横撑龙骨间距应根据所用饰面板规格尺寸确定。

3. 罩面板安装

罩面板是统一的规格尺寸，所以应按室内的长和宽的净尺寸来安排。每个方向都应有中心线。若板材为单数，则对称于中间一行板材的中线；若板材为双数，则对称于中间的缝，不足一块的余数分摊在两边。安装小龙骨和横木时，也应从中心向四个方向推进，切不可由一边向另一边分格。当吊顶上设有开孔的灯具和通风排气孔时，更应该通盘考虑如何组成对称的图案排列，这种顶棚都有设计图纸可依循。

罩面板的安装方法有以下几种：

（1）搁置法。将装饰罩面板直接摆放在T型龙骨组成的格框内。摆放时要按设计图案要求摆放。有些轻质罩面板，考虑刮风时会被掀起（包括空调口附近）可用木条、卡子固定。

（2）嵌入法。将装饰罩面板事先加工成企口暗缝，安装时将T型龙骨两肢插入企口缝内固定。

（3）粘贴法。将装饰罩面板用胶黏剂直接粘贴在龙骨上。

（4）钉固法。将装饰罩面板用钉、螺丝钉、自攻螺丝等固定在龙骨上，钉子应排列整齐。

（5）压条固定法。用木、铝、塑料等压缝条将装饰罩面板钉固在龙骨上。

（6）塑料小花固定法。在板的四角采用塑料小花压角用螺丝固定，并在小花之间沿板边等距离加钉固定。

（7）卡固法。多用于铝合金吊顶，板材与龙骨直接卡接固定：不需要再用其他方法加固。

4. 吊顶工程安装注意事项

（1）吊顶龙骨在运输安装时，不得扔摔、碰撞。龙骨应平直，防止变形；罩面板在运输和安装时，应轻拿轻放，不得损坏板的表面和边角。

（2）罩面板安装前，吊顶内的通风、水电管道及上人吊顶内的人行安装通道，应安装完毕。消防管道安装并试压完毕；吊顶内的灯槽、斜撑、剪刀撑等，应根据工程情况适当布置。轻型灯具吊在大龙骨或附加龙骨上，重型灯具或电扇不得与吊顶龙骨联结，应另设吊钩；罩面板按规格、颜色等预先进行分类选配。

（3）罩面板安装时不得有悬臂现象，应增设附加龙骨固定。施工用的临时通道应架设或吊挂在结构受力构件上，严禁以吊顶龙骨作为支撑点。

5. 质量要求

吊顶工程所用的材料品种、规格、颜色以及基层构造、固定方法等符合设计要求。罩面板与龙骨应连接紧密，表面应平整，不得有污染、折裂、缺棱掉角、锤伤等缺陷、接缝应均匀一致，粘贴的罩面不得有脱层，胶合板不得有刨透之处。搁置的罩面板不得有漏、透、翘角现象。

9.5.2 轻质隔墙工程

1. 隔墙的构造类型

隔墙按照构造方式可分为 3 种：砌块式、骨架式和板材式。砌块式隔墙构造方式与黏土砖墙相似，工程中主要为骨架式和板材式隔墙。骨架式隔墙骨架多为木材或型钢（轻钢龙骨、铝合金骨架），其饰面板多用纸面石膏板、人造板（如胶合板、纤维板、木丝板、刨花板、水泥纤维板）。板材式隔墙采用高度等于室内净高的条形板材进行拼装，常用的板材有复合轻质墙板、石膏空心条板、预制或现制钢丝网水泥板等。

2. 轻钢龙骨纸面石膏板隔墙施工

轻钢龙骨纸面石膏板墙体具有施工速度快、成本低、劳动强度小、装饰美观及防火、隔声性能好等特点。因此其应用广泛，具有代表性。

用于隔墙的轻钢龙骨有 C50、C75、C100 三种系列，各系列轻钢龙骨由沿顶龙骨、沿地龙骨、竖向龙骨、加强龙骨和横撑龙骨以及配件组成（图 9.32）。

轻钢龙骨墙体的施工操作工序有：

弹线→固定沿地、沿顶和沿墙龙骨→龙骨架装配及校正→石膏板固定→饰面处理。

1）弹线

根据设计要求确定隔墙的位置、隔墙门窗的位置，包括地面位置、墙面位置、高度位置以及隔墙的宽度。并在地面和墙面上弹出隔墙的宽度线和中心线，按所需龙骨的长度尺寸，对龙骨进行划线配料。按先配长料、后配短料的原则进行。量好尺寸后，用粉饼或记号笔在龙骨上画出切截位置线。

2）固定沿地沿顶龙骨

沿地沿顶龙骨固定前，将固定点与竖向龙骨位置错开，用膨胀螺栓和打木楔钉、铁钉与结构固定，或直接与结构预埋件连接。

3）骨架连接

按设计要求和石膏板尺寸，进行骨架分格设置，然后将预选切裁好的竖向龙骨装入沿地、沿顶龙骨内，校正其垂直度后，将竖向龙骨与沿地、沿顶龙骨固定起来，固定方法用点焊将两者焊牢，或者用连接件与自攻螺钉固定。

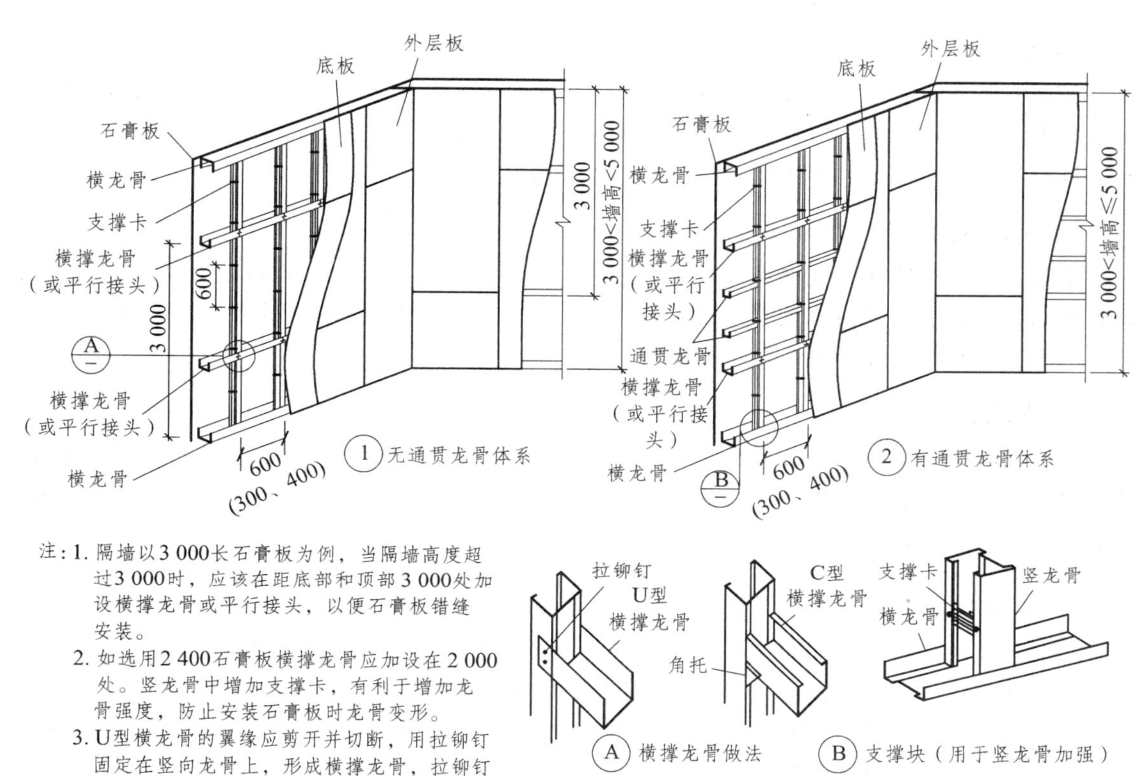

注：1. 隔墙以3 000长石膏板为例，当隔墙高度超过3 000时，应该在距底部和顶部3 000处加设横撑龙骨或平行接头，以便石膏板错缝安装。
2. 如选用2 400石膏板横撑龙骨应加设在2 000处。竖龙骨中增加支撑卡，有利于增加龙骨强度，防止安装石膏板时龙骨变形。
3. U型横龙骨的翼缘应剪开并切断，用拉铆钉固定在竖向龙骨上，形成横撑龙骨，拉铆钉距竖龙骨边缘15~20。
4. 竖龙骨应加设支撑卡用于竖龙骨加强，间距<600为宜。

图 9.32 轻钢龙骨纸面石膏板隔墙

4）石膏板固定

固定石膏板用平头自攻螺钉，其规格通常为 M4×25 或 M5×25 两种，螺钉间距 200 mm 左右。安装时，将石膏板竖向放置，贴在龙骨上用电钻同时把板材与龙骨一起打孔，再拧上自攻螺丝。螺钉要沉入板材平面 2 ~ 3 mm。

石膏板之间的接缝方法有两种：明缝和暗缝。明缝是用专门工具和砂浆胶合剂勾缝。明缝如果加嵌压条，装饰效果较好。暗缝的做法首先要求石膏板有斜角，在两块石膏板拼缝处用嵌缝石膏腻子嵌平，然后贴上 50 mm 的穿孔纸带，再用腻子补一遍，与墙面刮平。

5）饰面

待嵌缝腻子完全干燥后，即可在石膏板隔墙表面裱糊墙纸、织物或进行涂料施工。

3. 铝合金隔墙施工技术

铝合金隔墙是用铝合金型材组成框架，再配以玻璃等其他材料装配而成。其主要施工工序为：弹线→下料组装框架→安装玻璃。

1）弹线

根据设计要求确定隔墙在室内的具体位置、墙高、竖向型材的间隔位置等。

2）划线

在平整干净的平台上，用钢尺和钢划针对型材划线，要求长度误差±0.5 mm，同时不要碰伤型材表面。下料时先长后短，并将竖向型材与横向型材分开。沿顶、沿地型材要划出与竖向型材的各连接位置线。划连接位置线时，必须划出连接部位的宽度。

3）铝合金隔墙的安装固定

半高铝合金隔墙通常先在地面组装好框架后再竖立起来固定，全封铝合金隔墙通常是先固定竖向型材，再安装横档型材来组装框架。铝合金型材相互连接主要用铝角和自攻螺钉，它与地面、墙面的连接，则主要用铁脚固定法。

4）玻璃安装

先按框洞尺寸缩小 3~5 mm 裁好玻璃，将玻璃就位后，用与型材同色的铝合金槽条，在玻璃两侧夹定，校正后将槽条用自攻螺钉与型材固定。安装活动窗口上的玻璃，应与制作铝合金活动窗口同时安装。

4. 隔墙的质量要求

（1）隔墙所用材料的品种、规格、性能、颜色应符合设计要求。有隔声、隔热、阻燃、防潮等特殊要求的工程，板材应有相应性能等级的检测报告。

（2）板材隔墙安装所需预埋件、连接件的位置、数量及连接方法应符合设计要求，与周边墙体连接应牢固。隔墙骨架与基体结构连接牢固，并应平整、垂直、位置正确。

（3）隔墙板材安装应垂直、平整、位置正确，板材不应有裂缝或缺损；表面应平整光滑、色泽一致、洁净，接缝应均匀、顺墙体表面应平整、接缝密实、光滑、无凸凹现象、无裂缝。

（4）隔墙上的孔洞、槽、盒应位置正确、套割方正、边缘整齐。

9.5.3 门窗工程

1. 木门窗安装

（1）木门窗现在多数作为成品供应，大部分在工厂制作。进场应进行质量检查，核对品种、材料、规格、尺寸、开启方向、颜色、配件，办理验收手续，在仓库内竖直摆放。

（2）门窗框安装前，先核对门窗洞口位置、标高、尺寸，若不符合图纸要求，应及时改正。

（3）门窗框用后塞口法在现场安装。砌墙时预留洞口，以后再把门窗框塞进洞口内，按图纸要求的位置就位（内平、外平或居墙中，注意门扇的开启方向），调整平面和垂直度，同层门窗上口还要通线控制相互对齐，用木楔临时固定，再用钉子固定在预埋木砖上；门窗框安装完后还要做许多其他的装饰项目，要注意做好框表面的保护，不要被后续工程损坏或污染。

（4）门窗扇应在室内墙、地、顶装修基本完成后进行，应逐个丈量门窗内口尺寸，据周边缝宽度，计算门窗扇外周尺寸，在门窗扇上画出应有的外周尺寸，将门窗扇周边尺寸修整到符合要求，试安装调整到合格，画合页线，剔凿出合页槽，上合页，装门窗扇。

（5）对门窗扇修整部位补刷油漆或贴面，安装五金配件，再试门窗扇的开关是否灵活，全部达到要求完成。

2. 钢门窗安装

（1）钢门窗也作为成品供应，进场后核对品种、材料、规格、尺寸、开启方向、颜色、配件，办理验收手续，在仓库内竖直摆放。

（2）门窗框安装前，墙面装饰基本完成。先核对门窗洞口位置、标高、尺寸，若不符合图纸要求应及时改正。

（3）钢门窗产品是框扇连体，需现场一起安装。钢门窗就位后用木楔临时固定，校正其位置、垂直度和水平度，将铁脚与预埋件焊接，或埋入预留洞内灌水泥砂浆；普通钢门窗框与墙体之间的缝隙可用水泥砂浆填嵌，不得用碎砖等杂物填嵌，保证填嵌密实饱满。

（4）钢门窗玻璃的安装宜在门窗油漆工程完成，且已安装好五金配件后进行，以利于成品保护。

3. 铝合金门窗

用经过表面处理的型材，通过下料、打孔、铣槽、攻丝和制窗等加工过程而制成的门窗框料构件就是铝合金门窗，通常会再与连接件、密封件和五金配件一起组装而成。

安装要点：

1）弹线铝合金门窗框一般是用后塞口方法安装

在结构施工期间，应根据设计将洞口尺寸留出。门窗框加工的尺寸应比洞口尺寸略小，门窗框与结构之间的间隙应视不同的饰面材料而定。抹灰面一般为 20 mm；大理石、花岗石等板材，厚度一般为 50 mm。以饰面层与门窗框边缘正好吻合为准，不可让饰面层盖住门窗框。

2）门窗框就位和固定

按弹线确定的位置将门窗框就位，先用木楔临时固定，待检查立面垂直、左右间隙、上下位置等符合要求后，再将窗框与墙体弹性连接。铝合金门窗框与墙体之间最常用的连接方法是采用镀锌锚固板（或称镀锌铁脚）连接，不得将门窗外框直接埋入墙体。镀锌锚固板先与门窗框用射钉或自攻螺栓连接，再用射钉直接紧固于混凝土墙体或有混凝土块埋件的砌体上。当门窗洞口墙体是砖砌体且未设混凝土块埋件时，应使用冲击钻钻入不小于 ϕ10 mm 的深孔，用胀铆螺栓紧固连接件（图 9.33，图 9.34）。

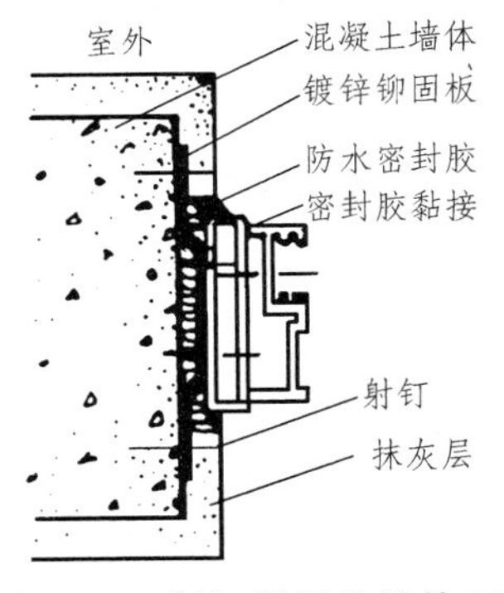

图 9.33　射钉紧固连接件示意图

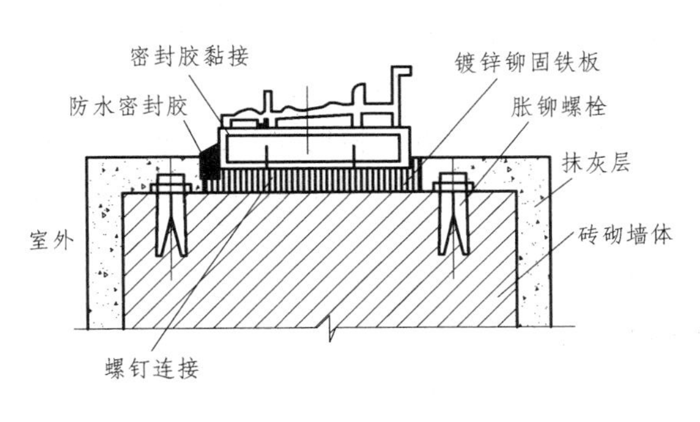

图 9.34　张铆螺栓紧固连接件示意图

3）填缝

铝合金门窗安装固定后，应按设计要求及时处理窗框与墙体缝隙。若设计未规定具体堵塞材料时，应采用矿棉或玻璃棉毡分层填塞缝隙，外表面留 1~8 mm 深槽口，槽内填嵌缝油膏或在门窗两侧做防腐处理后填 1∶2 水泥砂浆。

4）门、窗扇安装

门窗扇的安装，需在土建施工基本完成后进行，框装上扇后应保证框扇的立面在同一平面内，窗扇就位准确，启闭灵活。平开窗的窗扇安装前应先固定窗，然后再将窗扇与窗铰固定在一起；推拉式门窗扇，应先装室内侧门窗扇，后装室外侧门窗扇；固定扇应装在室外侧，并固定牢固，确保使用安全。

5）安装玻璃

平开窗的小块玻璃用双手操作就位。若单块玻璃尺寸较大，可使用玻璃吸盘就位。玻璃就位后，即以橡胶条固定。型材凹槽内装饰玻璃，可用橡胶条挤紧，然后再在橡胶条上注入密封胶；也可以直接用橡胶衬条封缝、挤紧，表面不再注胶。

为防止因玻璃的胀缩而造成型材的变形，型材下凹槽内可先放置橡胶垫块，以免因玻璃自重而直接落在金属表面上，并且也要使玻璃的侧边及上部不得与框、扇及连接件相接触。

6）清理

铝合金门窗交工前，将型材表面的保护胶纸撕掉，如有胶迹，可用香蕉水清理干净。擦净玻璃。

4. 塑料门窗

塑料门窗及其附件不得有开焊、断裂等损坏现象，如有损坏，应予以修复或更换，应符合国家标准，按设计选用。塑料门窗进场后应存放在有靠架的室内并与热源隔开，以免受热变形。

塑料门窗在安装前，先装五金配件及固定件。由于塑料型材是中空多腔的。材质较脆，因此，不能用螺丝直接锤击拧入，应先用手电钻钻孔，后用自攻螺丝拧入。钻头直径应比所选用自攻螺钉直径小 0.5~1.0 mm，这样可以防止塑料门窗出现局部凹隐、断裂和螺钉松动等质量问题，保证零部件及固定件的安装质量。

与墙体连接的固定件应用自攻螺钉等紧固于门窗框上。将五金配件及固定件安装完工并检查合格的塑料门窗框，放入洞口内，调整至横平竖直后，用木楔将塑料框料四角塞牢做临时固定，但不宜塞得过紧以免外框变形。然后用尼龙胀管螺栓将固定件与墙体连接牢固。

塑料门窗框与洞口墙体的缝隙，用软质保温材料填充饱满，如泡沫塑料条、泡沫聚氨酯条、油毡卷条等。但不得填塞过紧，因过紧会使框架受压发生变形；但也不能填塞过松，否则会使缝隙密封不严，在门窗周围形成冷热交换区发生结露现象，影响门窗防寒、防风的正常功能和墙体寿命。最后将门窗框四周的内外接缝用密封材料嵌缝严密。

5. 玻璃工程

1）玻璃的品种

（1）普通平板玻璃：一般要求的门窗使用；

（2）浮法平板玻璃：要求较高的高级建筑物的门窗使用；

（3）吸热玻璃：可减少太阳辐射的影响，用于高级建筑物的门窗；
（4）磨砂玻璃、压花玻璃：用于要求透光不透视的场合；
（5）镀膜玻璃：用于玻璃幕墙，有特殊效果；
（6）钢化玻璃：玻璃经过钢化处理后，强度提高，破坏过程不会伤人，用于高层建筑的门窗或幕墙；
（7）中空玻璃：强度和隔热性都较高，用于对热工性能要求较高的门窗。

2）配套材料

密封胶、镶嵌条、定位块等。

3）玻璃的加工

（1）玻璃外围尺寸应比门窗尺寸小约 3 mm。宜集中裁割，按先大后小、先宽后窄的顺序。边缘不得有缺口和斜曲。
（2）厚玻璃的裁割要先涂煤油。

4）玻璃的安装

（1）应在门窗框扇经过校正和五金安装完毕之后进行。
（2）玻璃安装前应对裁割口、门窗框扇槽进行清理。
（3）定位片和压胶条要安放正确，用密封胶条的不再用密封膏填缝。
（4）玻璃安装后应对玻璃和框扇同时进行清洁，清洁时不得损坏镀膜面层。

5）安装的质量要求

（1）玻璃的品种、规格、色彩、朝向应符合设计要求。
（2）安装好的玻璃应表面平整、牢固，不得有松动。
（3）密封条或玻璃胶与玻璃之间应紧密、平整、牢固。

9.6 涂料、裱糊工程

9.6.1 涂料工程

将涂料涂敷于基体表面，且与基体很好地黏结，干燥后形成完整的装饰、保护膜层的施工方法称为涂饰。涂料涂饰是当今建筑饰面广泛采用的一种方式，它具有施工方便、装饰效果较好、经久耐用、便于更新等优点。

涂饰工程按照涂装的部位可分为外墙、内墙面、墙裙、顶棚、地面、门窗、家具及细部下程涂饰等。建筑涂料的产品种类繁多，按涂料成膜物质的组成不同可分为油性涂料、有机高分子涂料、无机高分子涂料、复合涂料；按涂料分散介质（稀释剂）的不同可分为溶剂型涂料、水乳型涂料、水溶型涂料；按涂料所形成涂膜的质感可分为薄涂料、厚涂料、复层涂料等。

1. 施工程序

涂饰施工应在抹灰工程、地面工程、木装修工程、水暖工程、电气工程等全部完工并经验收合格后进行。门窗的面层涂料、地面涂饰应在墙面、顶棚等装修工程完毕后进行。

建筑物中的细木制品、金属构件和制品，如为工厂制作组装，其涂料宜在生产制作阶段涂饰，安装后再做最后一遍涂饰；如为现场制作组装，则组装前应先刷一遍底子油（干性油、防锈涂料等），待安装后再进行涂饰。

金属管线及设备的防锈涂料和第一遍银粉涂料，应在设备、管道安装就位前涂刷，最后一遍银粉涂料应在顶和墙涂料完成后再涂刷。

2. 施工条件

涂饰施工时，混凝土或抹灰基体的含水率，涂刷溶剂型涂料时不得大于 8%；涂刷乳液型涂料时不得大于 10%。木材制品的含水率不得大于 12%。以免水分蒸发造成涂膜起泡、针眼和黏结不牢。在正常温度气候条件下，抹灰面的龄期不得少于 14 d、混凝土龄期不得少于 30 d，方可进行涂料施工，以防止发生化学反应，造成涂料变色和流淌。

涂饰施工的环境温度和湿度必须符所用涂料的要求，以保证其正常成膜和硬化。室外涂料工程施工过程中，应注意气候的变化，遇大风、雨、雪及风沙等天气时不应施工。

3. 涂饰施工过程

1）基层处理

根据涂料对基层的要求，包括基层材质材性、坚实程度、附着能力、清洁度、干燥程度、平整度、酸碱度等，做好基层处理，其主要工作内容包括基层清理和修补。

（1）混凝土及砂浆基层。

为保证涂膜能与基层牢固黏结在一起，基层表面必须干净、坚实，无酥松、脱皮、起壳、粉化等现象，基层表面应清扫干净。缺棱掉角处应用 1∶3 水泥砂浆（或聚合物水泥砂浆）修补，表面的麻面、缝隙及凹陷处应用腻子填补修平。新建筑物的混凝土或抹灰基层应涂刷抗碱封闭底漆，旧墙面在涂饰涂料前应清除疏松的旧装饰层，并涂刷界面剂。

（2）木材与金属基层。

木材表面的灰尘、污垢和金属表面的油渍、锈斑、焊渣、毛刺等必须清除干净。以保证涂膜与基层黏结牢固，木料表面的裂缝等用石膏腻子填补密实、刮平收净，并用砂纸磨光。木材基层的缺陷处理好后，表面上应做打底子处理，使基层表面具有均匀吸收涂料的性能，以保证面层的色泽均匀一致。金属表面应刷防锈漆，涂饰前表面不得有湿气。

2）刮腻子与磨平

基层必须刮腻子数遍予以找平，填平孔眼和裂缝，并在每遍腻子干燥后用砂纸打磨，保证基层表面平整光滑。

腻子的种类应根据基体材料、所处环境及涂料种类确定。如室外墙面常采用水泥类腻子，室内的厨房、卫生间墙面必须使用耐水腻子，木材表面应使用石膏类腻子，金属表面应使用专用金属面腻子。刮腻子的遍数，应视涂饰工程的质量等级，基层表面的平整度和所用的涂料品种而定，但总厚度一般不得超过 3 mm。

3）涂饰施工

涂饰的基本方法有刷涂、滚涂、喷涂、刮涂、弹涂和抹涂等。根据不同施工方法，采用不同施工工具。常见涂饰工具如图 9.35 所示。

（1）刷涂。刷涂是用毛刷、排笔等将涂料涂饰在物体表面上的一种施工方法。刷涂顺序一般是先左后右、先上后下、先边后面、先难后易。刷涂时，其刷涂方向和行程长短均应一致，接槎最好在分格缝处。刷涂一般不少于 2 遍，较好的饰面为 3 遍。第 1 遍浆的稠度要小些，前一遍涂层表干后才能进行后一遍刷涂，前后两遍间隔时间与施工现场的温度、湿度有密切关系，通常不少于 2~4 h。

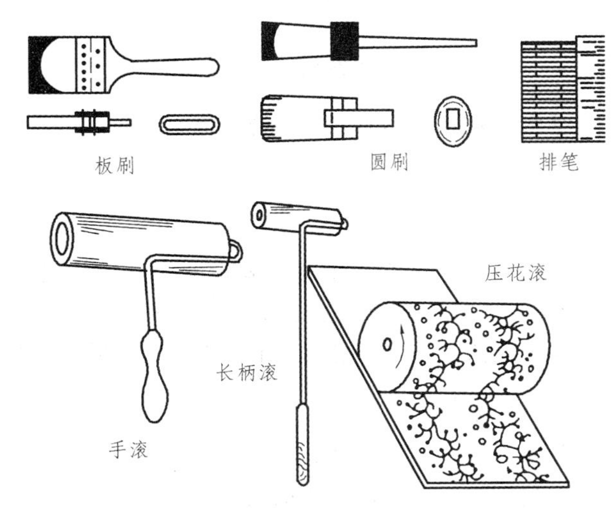

图 9.35 常见涂饰工具

（2）喷涂。喷涂是利用压力或压缩空气将涂料喷涂于墙面的机械化施工方法。其特点是：涂膜外观质量好、工效高，适合于大面积施工，并可通过调整涂料的稠度、喷嘴的大小及排气量而获得不同质感的装饰效果。在喷涂施工中，涂料稠度必须适中，空气压力在 0.4 ~ 0.8 MPa 之间选择，喷射距离一般为 40~60 cm，喷枪运行中喷嘴中心线必须与墙面垂直，喷枪运行速度要保持一致。一面内墙要一次喷完，外墙在分格缝处再停歇。

（3）滚涂。是利用滚筒蘸取涂料并将其涂布到物体表面上的一种施工方法。这种涂饰层可形成明晰的图案、花色纹理，具有良好的装饰效果。滚涂时应从上往下、从左往右进行操作，不够一个滚筒长度的留到最后处理，待滚涂完毕的墙面花纹干燥后，以遮盖的办法补滚。若是滚花时，滚筒每移动一次位置，应先将滚筒花纹的位置校正对齐，以保持图案一致。滚涂过程中若出现气泡，解决的方法是待涂料稍微收水后，再用蘸浆较少的滚筒复压一次，消除气泡。

（4）弹涂。弹涂是利用弹涂器通过转动的弹棒将涂料弹到结构表面上的一种施工方法。弹涂时，先调整和控制好浆门、浆量和弹棒，开动电机，使机口垂直对正墙面，保持适当距离（一般为 30 ~ 50 cm），按一定手势和速度，自上而下、自右（左）而左（右）循序渐进，要注意弹点密度均匀适当，接头不明显。

（5）刮涂。刮涂是用刮板，将涂料均匀地刮于待涂面上，形成厚度为 1 ~ 2 mm 的厚涂层。这种方法多用于地面厚层涂料的施工，如聚合物水泥厚质地面涂料及合成树脂厚质地面涂料等作业。

（6）抹涂。抹涂施工主要是将纤维涂料抹涂成薄层涂料饰面，使之形成硬度很高、类似汉白玉、大理石等天然石料的装饰效果，是一种室内外高级装饰涂层的施工方法。由于抹涂的厚度薄、工艺要求较严格，因此要求操作者必须有熟练的抹灰技术基础，并熟悉涂料的性能和工艺要求。

9.6.2 裱糊工程

裱糊工程是我国历史悠久的一种传统装饰工艺。常用的裱糊材料有纸基塑料壁纸和玻璃纤维墙布。按外观分为：印花、压花、浮雕、低发泡和高发泡等；按施工方法有现场刷胶裱糊和背面预涂压纸胶直接铺贴 2 种。

1. 裱糊工程施工程序

裱糊工程施工程序一般分为基层处理、刮腻子、刷底胶、弹线、裁纸、闷水、刷胶、裱糊等工序。

1）基层处理

裱糊工程基层必须干燥，要求含水率为：对混凝土和抹灰层不大于 8%；对木制品不大于 12%。基层表面应坚实、平滑；飞刺、麻点、砂浆和裂缝应清除；阴阳角顺直；表面污垢、尘土要清理干净；泛碱部位宜用 9%的稀醋酸中和、清洗等。

2）刮腻子

混凝土及抹灰面应满刮腻子，将气孔、麻点等填刮平整、光滑。每遍应薄刮，干燥、打磨后再刮另一层。厚度过大时应采取防裂加固措施。常用腻子配比为：石膏：乳胶：2%缩甲基纤维素溶液=10：0.6：6。也可用成品耐水腻子。腻子层应平整光滑，阴阳角线通畅、顺直，无裂纹、崩角、无沙眼和麻点。

3）刷底胶

为了避免基层吸水过快，裱糊前应用 1：1 的环保胶水溶液作底胶涂刷基层表面。

4）弹线

为了保证粘贴壁纸花纹、图案线条连接顺当，在基层表面底胶干燥后，应弹垂直线和水平线作为裱糊的基准线。

5）裁纸

弹好线后应根据墙面尺寸，壁纸和墙布品种、图案、颜色、规格进行选配分类，拼花裁切。图案花纹应对齐、裁边要平直整齐。然后编号平放待用。

6）闷水

壁纸一般均需先浸泡或刷水闷纸等处理。因为壁纸遇水会膨胀，干燥会收缩。如塑料壁纸在幅宽方向的自由膨胀率为 0.5 %～1.2 %，收缩率为 0.2 %~0.8 %。如果未能让纸充分胀开就涂胶上墙，纸虽被固定，但会继续吸湿膨胀产生鼓泡，或边贴边胀，产生皱折，不能成活。塑料壁纸刷胶前可用排笔在纸背刷水，保持 10 min 达到充分膨胀的目的。复合纸质壁纸由于湿强度较差，禁止浸水或刷水闷纸，可在壁纸背面均匀刷胶后，将胶面对胶面折叠，放置 4～8 min 后上墙。纺织纤维壁纸也不宜闷水，裱贴前只需用湿布在纸背稍揩一下即可达到润纸的目的。金属壁纸浸水 1～2 min 即可。对于遇水膨胀情况不了解的壁纸，可取其一小条试贴，隔日观察接缝效果及纵、横向收缩情况，以确定施工工芦。

7）涂胶

胶黏剂应据壁纸材料及基层部位选用，目前市场上有多种成品壁纸胶粉，使用较方便。几种壁纸刷胶的方法如下：PVC 壁纸裱糊墙面时，可只在墙基层面上刷胶，在裱糊顶棚时则需在基层与纸背上都刷胶。刷胶时，基层表面涂胶宽度要比壁纸宽约 30 mm。纸背涂胶后，纸背与纸背反复对叠，可避免胶污染正面，又能避免胶过快干燥。对于较厚的壁纸，如植物纤维壁纸，应对基层和纸背都刷胶。金属壁纸使用专用的壁纸粉胶。刷胶时应准备一根圆筒，边在纸背面刷胶，边进行卷绕，以免出现折痕。

8）壁纸粘贴

裱糊壁纸的顺序，原则上应先垂直面，后水平面，先细部后大面。贴垂直面时先上后下，贴水平时先高后低。从墙面所弹垂线开始至阴角处收口。每幅纸首先要挂垂直，后对花纹拼缝，再用刮板用力抹压平整。

2. 裱糊工程的质量要求

（1）壁纸、墙布必须粘贴牢固，表面色泽一致，不得有气泡、空鼓、裂缝、翘边、皱折和污斑等现象，斜视时无胶痕。

（2）表面平整，无波纹起伏。壁纸、墙布与挂镜线、贴脸板和踢脚板紧接，不得有缝隙。

（3）各幅拼接应横平竖直，拼接处花纹、图案吻合，不离缝、不搭接，距墙面 1.5 m 处正视，不显拼缝。

（4）阴阳转角垂直，棱角分明，阴角处搭接顺光，阳角处无接缝。

（5）壁纸、墙布边缘平直整齐，不得有边毛、飞刺。

（6）不得有漏贴、补贴和脱层等缺陷。

复习思考题

1. 简述一般抹灰的分类级别及相互间的工序差别。
2. 简述墙面抹灰中做灰饼和冲筋的作用。
3. 楼地面装饰工程根据面层不同如何分类？
4. 大理石、花岗岩板块楼地面排板时应注意哪些事项？
5. 复合木地板的铺设与传统木地板施工有何区别？
6. 饰面砖的预排有哪些注意要点？
7. 饰面板安装的传统做法有哪些？钢针式干挂法的工艺流程如何？
8. 什么是幕墙？建筑幕墙根据面板不同如何分类？
9. 简述有框玻璃幕墙的安装工艺流程。
10. 悬吊式顶棚由哪三部分构成？轻钢龙骨吊顶的施工工艺如何？
11. 简述铝合金门窗的安装要求。
12. 简述涂饰工程对不同基层的施工要求。
13. 简述裱糊工程的施工工艺。

参考文献

[1] 字仁岐，郑传明. 土木工程施工[M]. 北京：中国建筑工业出版社，2007.
[2] 郭正兴，李金根，李维滨，等. 土木工程施工[M]. 南京：东南大学出版社，2012.
[3] 建筑施工手册编写组. 建筑施工手册[M]. 5 版，北京：中国建筑工业出版社，2013.
[4] 吴国贤. 土木工程施工[M]. 北京：中国建筑工业出版社，2010.
[5] 文国治. 土木工程施工[M]. 重庆：重庆大学出版社，2008.
[6] 赵明华. 土力学与基础工程[M]. 湖北：武汉理工大学出版社，2009.
[7] 李文渊，土木工程施工[M]. 武汉：华中科技大学出版社，2013.
[8] 应惠清，土木工程施工[M]. 上海：同济大学出版社，2003.
[9] 郭正兴，土木工程施工[M]. 南京：东南大学出版社，2007.
[10] 张长友，土木工程施工[M]. 北京：中国电力出版社，2011.
[11] 中国建筑科学研究院. GB 50202—2002 建筑地基基础工程施工质量验收规范：北京，中国建筑工业出版社，2002.
[12] 中国建筑科学研究院. GB 50204—2002 混凝土结构工程施工质量验收规范：北京，中国建筑工业出版社，2002.
[13] 李书全. 土木工程施工[M]. 上海：同济大学，2004.
[14] 孙惠镐，小砌块建筑设计与施工. 北京：中国建筑工业出版社，2001.
[15] 中国建筑科学研究院. JGJ94—2008 建筑桩基技术规范. 北京：中国建筑工业出版社，2008.